科学出版社“十三五”普通高等教育本科规划教材

无机化学简明教程

(第三版)

权新军　张　颖　刘松艳　主编

科学出版社

北　京

内 容 简 介

本书主要针对近化学类及非化学类专业少学时无机化学课程理论教学而编写，参考学时为 50～60。

本书内容包括：绪论、化学基础知识、化学反应基本规律、化学平衡、氧化还原反应、物质结构基础、s 区元素选述、p 区元素选述、d 区元素选述、ds 区元素选述。本书将酸碱平衡、沉淀溶解平衡和配位平衡有机地整合于化学平衡一章中，配合物的价键理论并入杂化轨道理论中，体现了内容之间的内在联系。本书理论部分与元素部分并重，体系新颖，内容精练，重点突出，通俗易懂，课件、习题指导、微视频、教学参考资料一应俱全，便于教师教学和学生自学。

本书可作为高等学校环境类、材料类、冶金类、轻工类、农学类、给排水、药学、生物、食品、地球化学等专业本科生的无机化学课程教材。

图书在版编目（CIP）数据

无机化学简明教程/权新军，张颖，刘松艳主编．—3 版．—北京：科学出版社，2020.11

科学出版社“十三五”普通高等教育本科规划教材

ISBN 978-7-03-066717-5

Ⅰ．①无… Ⅱ．①权… ②张… ③刘… Ⅲ．①无机化学-高等学校-教材 Ⅳ．①O61

中国版本图书馆 CIP 数据核字（2020）第 216326 号

责任编辑：赵晓霞 李丽娇 / 责任校对：杨 赛
责任印制：师艳茹 / 封面设计：迷底书装

科学出版社 出版
北京东黄城根北街 16 号
邮政编码：100717
http://www.sciencep.com

三河市骏杰印刷有限公司 印刷

科学出版社发行 各地新华书店经销

*

2009 年 8 月第 一 版 开本：787 × 1092 1/16
2015 年 3 月第 二 版 印张：18 1/2 插页：1
2020 年 11 月第三版 字数：450 000
2023 年 7 月第十六次印刷

定价：59.00 元

（如有印装质量问题，我社负责调换）

《无机化学简明教程》(第三版)

编写委员会

主　编　权新军(吉林大学)

张　颖(吉林大学)

刘松艳(吉林大学)

副主编　于　苗(吉林大学)

许迪欧(吉林大学)

胡　滨(吉林大学)

编　委(按姓名汉语拼音排序)

邸建城(吉林大学)

胡　滨(吉林大学)

菅文平(吉林大学)

梁宏伟(吉林大学)

刘松艳(吉林大学)

权新军(吉林大学)

许迪欧(吉林大学)

杨　桦(长春工程学院)

于　苗(吉林大学)

张　颖(吉林大学)

第三版前言

近化学类专业的无机化学课程具有学时少、要求高的特点，这一特点决定了它对无机化学教材有着特殊的要求。为了满足时代发展对近化学类专业无机化学教材要求的不断提升，十几年来我们一直在进行不断地探索。本书的一贯宗旨是，坚持守正创新，坚持基础理论与元素化学并重，力求叙述简明，重点突出，体系新颖，用较小的篇幅将无机化学中最重要、最基本的内容阐述清楚，以适合少学时无机化学课程教学。第一版自 2009 年问世以来，受到了广大师生的欢迎。2015 年我们根据中学化学教材的变化和创新型人才培养的需要，对原教材进行了修订，修订后的第二版教材被选入科学出版社普通高等教育“十二五”规划教材。近年来，在教育信息化背景下，传统的课堂教学模式及学习方式正在悄然发生变化，仅以纸质教材为媒介的课堂教学载体已不能适应当前的教学需要，纸质教材与数字化资源一体化的新形态教材应运而生。为了适应这一趋势，我们借教材再次修订的机会，将纸质教材、线上线下的无机化学教学资源库有机结合起来升级为新形态教材，使之成为师生无机化学课程教与学的好帮手。

本次修订，编者对教材内容做了大量的增删和改动，其中最主要的变化有：

(1) 为了更加方便教学，将分步沉淀调回化学平衡中，同时对化学平衡一章内容进行了重新组织、改写。

(2) 为了满足农学类专业师生的要求，在第 1 章中增加了“胶体溶液”一节。

(3) 为了构建信息化学习环境，使学生的学习过程从课堂延伸到课外，我们制作了微视频，讲解教材重点、难点、典型题的解法，收集改编了一些与无机化学教学密切相关的文字和视频资料，读者可以通过扫描二维码阅读、观看。

(4) 对绝大部分阅读材料进行了重新选题、改写，内容选择上力求新颖、可靠、热门，写作上力求通俗易懂，以增强学生的阅读兴趣，提高学生学习化学的积极性。

(5) 更新了元素和化合物数据，并依据新数据对相关的例题、习题进行了修正。

本书可与《无机化学学习指导与习题解析》（张颖，2020 年）配合使用。

本书由权新军、张颖、刘松艳主编。绪论由权新军、菅文平编写，第 1 章由胡滨、许迪欧、于苗、张颖编写，第 2 章由权新军、梁宏伟、张颖编写，第 3 章由刘松艳、胡滨编写，第 4 章由邸建城、刘松艳、权新军编写，第 5 章由张颖、权新军编写，第 6 章由胡滨、权新军编写，第 7 章由权新军、于苗、杨桦编写，第 8 章由张颖、邸建城编写，第 9 章由于苗、张颖编写，附录由于苗修订。全书由权新军、张颖、刘松艳修改，最后由权新军统一整理、定稿。

科学出版社对本书的再版给予了大力支持，编者在此表示衷心感谢。

由于我们水平有限，书中不足之处在所难免，恳请各位老师和读者批评、指正。

权新军

2019 年 12 月于吉林大学

第二版前言

《无机化学简明教程》自 2009 年问世以来，以其叙述简明、重点突出、体系新颖的特点，特别适合少学时无机化学课程教学，受到广大师生的欢迎。现在，该教材出版已有 5 年，在过去的 5 年中，伴随着经济的飞速发展，我国高等教育、教学改革的力度不断加大，创新型人才的培养得到越来越多的重视，课程体系进一步优化，课程内容不断更新。为了适应这一变化，编者在总结 5 年来教学经验和读者反馈意见的基础上，对教材内容进行了修订。修订的原则是：

（1）保持第一版叙述简明、重点突出、理论部分和元素部分并重、实用性强、易教易学的特点。

（2）根据中学化学新课标和大学课程设置，尽量减少与中学化学教材和后续课程重复的内容，以及少学时无机化学课程基本要求中不涉及的部分。

（3）加强教材的导读、辅学、互动功能，注重培养学生创新能力。

（4）进一步优化课程体系，使教材更加便于教学。

基于上述原则，本书删去了金属键的能带理论、稀有气体、f 区元素简介等内容；将缓冲溶液内容调回第 3 章化学平衡中；增加了绪论和各章小结；增加了例题和习题数量；改写了阅读材料；以脚注形式介绍相关知识链接、参考文献；参照新版化学手册核对了元素和化合物有关数据。

本书绪论由权新军编写，第 1 章由刘晓丽、徐昕修订，第 2 章由金为群、张亚南修订，第 3 章由刘松艳、张亚南修订，第 4 章由刘晓丽、邵超英修订，第 5 章由权新军、邵超英修订，第 6 章由权新军修订，第 7 章由权新军、邵超英修订，第 8 章由徐昕、邸建城修订，第 9 章由权新军、邸建城修订，附录由张亚南修订。全书由权新军统一整理、修改和定稿。

科学出版社对本书的再版给予了大力支持，编者在此表示衷心感谢。

由于编者水平有限，书中不妥之处在所难免，恳请各位教师和学生批评、指正。

权新军

2014 年 11 月于吉林大学

第一版前言

无机化学是高等学校近化学类各专业本科生的第一门化学必修基础课，它对于本科生后续课程的学习和综合素质的培养都起着非常重要的作用。21 世纪，社会对人才的综合创新能力有了更高的要求，高等学校为了顺应这一趋势，不断地调整课程设置，对一些原有的基础课程进行了大幅度的压缩。近年来，许多院校近化学类专业的无机化学课程理论教学时数已经减少到 50～60 学时。在如此有限的学时内要完成无机化学基础理论和基础知识的教学，不仅需要任课教师对教学内容和课程体系进行精心的调整和改革，而且需要任课教师为学生选择一本便于学习的教材。现行的无机化学教材大多系统完整，内容丰富，同时篇幅也很大，用于少学时无机化学课程无疑会给教学带来很大不便。为此，我们从 2006 年 4 月份开始编写少学时的无机化学教材。

化学是一门以实验为基础的科学，在无机化学中，尽管基础理论占有重要地位，然而元素部分则是中心内容。国际著名无机化学家 F.A.科顿和威尔金森曾说过："一个学生读了一本《无机化学》，而这本书几乎完全由理论和所谓的原理组成，只是偶尔在'恰当地'说明那些'原理'时才提到一些不容置疑的实际内容，那么他实际上等于没有学过无机化学这门课程"。可见，不管课程的学时是多还是少，处理好理论部分和元素部分的关系都是十分必要的。

本书突破了以往主要靠削减元素化学内容来压缩学时的做法，从无机化学各部分之间内在的联系入手，对教学内容进行优化整合，建立新的无机化学课程体系。在对内容的组织上，考虑到酸碱平衡、沉淀溶解平衡、配位平衡从原理到计算方法其本质是一致的，将原来属于不同章节的这三大平衡并入化学平衡一章；对于元素化学内容，在介绍通性的基础上，着重介绍有代表性的化合物的性质和反应。此外，无机化合物的命名在实际工作中是很重要的，但通常在无机化学教材中却很少提及，为此编者专门安排了一节来介绍这方面的内容。这样本书的篇幅得到了有效的压缩，达到了重点突出，叙述简明，理论部分和元素部分并重，实用性强，易教易学的效果。

基础化学教材不仅是学生学习化学课程的教科书，还应成为学生了解化学成就、化学前沿、化学思维方式的媒体。为此，章末选编了阅读材料，以满足培养学生创新能力的要求。

全书共 9 章，第 1 章由刘晓丽、徐昕编写，第 2 章由金为群、张亚南编写，第 3 章由刘松艳、李艳编写，第 4 章由刘晓丽、咸春颖编写，第 5 ~ 7 章由权新军、邵超英编写，第 8 章由徐昕、咸春颖、权新军编写，第 9 章由李艳、梅文杰编写。全书由权新军统一整理、修改和定稿。

承蒙国家级教学名师西北大学唐宗薰教授担任本书的主审。唐老师不仅牺牲春节休息时间认真审读全书，提出了许多重要的修改意见，而且提供多页讲稿供编者参考，才使本书能以今天的面貌问世。唐老师严谨、认真的科学态度令人钦佩，在此对唐老师表示衷心感谢。本书在编写过程中自始至终得到了吉林大学宋天佑教授的关怀、支持和指导，在此对宋老师表示衷心感谢。同时也感谢吉林大学教务处对本书面世并确立为吉林大学"十一五"规划教材所给予的支持和鼓励，感谢科学出版社为本书出版所付出的辛劳。

我们深知，一本优秀的教材需要经过千锤百炼、精雕细琢才能形成。作为一种新的尝试，本书无论从教材体系到具体内容的表述都难免有不尽如人意的地方，虽然本书已在吉林大学本科生教学中试用过三届，并经过再三修改，但由于作者水平有限，不妥之处仍在所难免，恳请各位老师和读者不吝赐教。

权新军

quanxinjun@sina.com

2009 年 4 月于吉林大学

目　录

绪　论

世界是由物质构成的，物质是不断变化的。化学就是研究物质化学变化的自然科学分支，它是人类用以认识和改造物质世界的主要方法和手段之一，它的成就大大地改善了人类的生存质量，推动了科学进步，成为社会文明的重要标志。

0.1.1　化学的研究对象及其在社会发展和科学进步中的作用

1. 化学的研究对象与分支

化学，顾名思义，是指“变化的科学”。它的经典定义是：在原子、分子层次上研究物质的组成、结构、性质与变化规律的科学。

随着科学技术的发展，化学的研究对象也在不断扩展。进入 21 世纪，化学的研究对象已经从原来的原子、分子层次扩展到超分子层次(如包裹 C_{60} 的环糊精分子)、高分子层次、生物分子层次、纳米分子和纳米聚集体层次(如碳纳米管)、原子和分子的宏观聚集体层次(如固体、液体、气体、溶液、胶体、熔融体等)、复杂分子体系、分子器件(如分子芯片、分子开关)、分子机器(如分子马达)、宏观组装器件(如燃料电池)等。因此，中国科学院院士、北京大学徐光宪教授称，21 世纪的化学是研究泛分子的科学。

化学的魅力在于可以创造出种类繁多、性质各异的新物质。根据美国化学文摘社(CAS)官网提供的数据，人类从天然产物中分离和用人工方法合成的化合物的种类总数 1900 年为 55 万种，1945 年达到 110 万种，1970 年达到 236.7 万种，1999 年达到 2340 万种，2019 年 4 月达到 7500 万种，这些化合物绝大多数是人工合成的。难怪著名化学家、诺贝尔化学奖获得者伍德沃德(Woodward，美)曾说：“化学家在老的自然界旁边又建立起了一个新的自然界。”①

按照国家学科分类标准，化学属于一级学科，它又分 5 个二级学科：无机化学、有机化学、分析化学、物理化学、高分子化学与物理。

现代科学研究有一个显著的特点，即新理论、新发明的产生，新的工程技术的出现，经常是在学科的边缘或交叉点上，化学研究也不例外。化学与其他学科相互渗透产生了许多重要的交叉学科，如生物化学、环境化学、材料化学、地球化学、能源化学、药物化学、计算化学、海洋化学、大气化学、食品化学等。

2. 化学的作用

在现今社会中，只要一提起化学，很多人就会把温室效应、臭氧层空洞、酸雨、大气污染、水污染这些环境问题归咎于化学。实际上，这些环境问题的产生，有的是人类当时对某些化学品的性质以及对环境的潜在影响认识不足造成的，有的是人们过分追求经济效益忽视环境保护造成的。不管是哪种原因，从本质上讲，都是人们没有正确地运用化学变化的基本规律造成的。也就是说，化学本身并没有错，真正有错的是缺乏环境保护意识的人和将经济

---

① 参见：R.布里斯罗. 化学的今天和明天——一门中心的、实用的和创造性的科学. 北京：科学出版社，2001。

利益置于环境利益之上的人，把环境问题归咎于化学是不公正的。事实上，化学在推动社会发展和科学进步的过程中一直都发挥着巨大的作用。

首先，化学的发展为满足人类生存、提高生存质量和保障生存安全提供了坚实的物质基础。例如，合成氨技术的发明，使全世界粮食产量增加了 1 倍以上，30 亿人口免于饿死；许多新药物的发明和诊断方法的建立，使人类在 20 世纪能够战胜和消灭某些疾病，人均寿命提高了 25 年。化学创造的许多功能材料，用以制造高速交通工具、高效计算机、通信设备、家用电器和生活用具，大大提高了人们的生活质量。

其次，作为自然科学三大基石之一的化学学科，同时还在其他自然科学学科的发展过程中起着重要的作用。化学的前身——古代的炼金术带动了药学的发展，而近代化学的发展更是促进了材料、环境及生物等相关学科的进步，化学学科一直在相关学科的发展中起着牵头的作用。正如美国化学家皮门特尔(Pimentel)在《化学中的机会——今天和明天》一书中指出的“化学是一门中心科学，它与社会发展各方面的需要都有密切的关系”。

0.1.2 无机化学及其研究前沿

无机化学是研究无机物质的组成、结构、反应、性质和应用的学科，它是化学学科中历史最悠久的分支学科。

无机化学的研究对象非常广泛，涉及元素周期表中的所有元素。无机化学从分子、团簇[①]、纳米、介观[②]、体相等多层次、多尺度上研究物质的组成和结构，以及物质的反应与组装，探索物质的性质和功能。

无机化学在化学学科中占有重要的地位，是其他化学分支学科的基础和先导。同时，无机化学学科在自身发展中不断与其他学科交叉与融合，产生了许多重要的分支学科，如配位化学、生物无机化学、有机金属化学、无机材料化学、无机固体化学、团簇化学、无机纳米化学、理论无机化学等。

目前国际上无机化学研究的前沿领域主要有以下几个方面[③]。

1. 无机合成化学

无机合成化学最重要的任务是创造新的无机物质和弄清楚它们的结构，它涵盖传统的无机合成化学和现代制备化学及组装科学，为化学及相关学科的持续性发展提供驱动力。研究热点主要集中在以下几个方面：

(1) 无机合成新方法、新路线、新技术、新概念的提出与发展。

随着现代科学技术的进步，发展可用于合成复杂和特殊结构与性能无机物的新方法和新技术显得非常重要，包括高通量组合化学方法、环境友好的绿色无机合成、极端条件下或外场(光、磁场)诱导下的无机合成、非水溶剂体系和反应离子热合成、无机光化学和电化学合成等。

(2) 以功能为导向，在多尺度开展结构可控设计、定向合成、制备和剪裁。

(3) 无机自组装合成的研究。

---

① 团簇是由几个乃至上千个原子、分子或离子通过物理或化学结合力组成的相对稳定的微观或亚微观聚集体，其物理和化学性质随所含的原子数目而变化。

② 指介于微观和宏观之间的状态。

③ 参见：陈荣，高松. 无机化学学科前沿与展望. 北京：科学出版社，2012。

自组装是指在适当条件下没有外部干预时，基本组装单元(分子、纳米材料、微米或更大尺度的物质)发生自聚集或有序排列，从而形成一个稳定、具有一定规则几何外形结构的过程。自组装合成是以分子水平构筑功能材料的一种新方法，目前在无机超分子晶体合成、新型微孔及功能金属有机骨架(MOF)材料的合成、新型介孔材料的合成、功能插层材料的合成、有机–无机杂化材料的合成、功能纳米材料的合成、特殊结构及复合结构材料的合成中都有重要的应用。

(4) 对复杂无机体系反应过程与机制的深入理解。

(5) 无机固体材料、功能配合物、原子团簇化合物的设计合成、组装与功能化。

2. 无机材料化学

无机材料化学是研究无机材料制备、组成、结构、功能及其应用的一门学科，当前的研究热点主要有：

(1) 金属、氧化物结构敏感催化材料。结构敏感材料是一类光、电、磁性能对原子的空间排列变化敏感的晶体材料，许多金属、氧化物结构敏感催化材料在催化反应中表现出很高的活性和选择性。

(2) 高效能源材料。包括锂离子电池材料、高容量储氢材料、质子交换膜燃料电池材料、薄膜太阳能电池材料、热电材料(可以将热能和电能直接进行转换)等。

(3) 非线性光学晶体材料。用于激光器中，是激光变频、激光调制、光折变晶体记忆和存储技术必不可少的材料。

(4) 分子筛及多孔材料。包括多孔碳材料、多孔半导体材料、多孔主客体材料、多级孔材料等，这些材料在石油化工、吸附与分离、储能、催化等领域具有广泛的应用。

(5) 稀土化合物功能材料。包括稀土永磁材料、稀土磁致伸缩材料、稀土磁致冷材料、稀土储氢材料、稀土发光材料、稀土催化材料、稀土陶瓷材料等，它们广泛应用于各类高科技领域。

(6) 无机–有机杂化材料。无机材料具有电子结构多样性、高强度、高硬度及光、热化学稳定等特征，有机分子材料具有分子和能带结构可以进行人工设计、光电转换效率高、响应速度快及分子柔性等特点，实施无机–有机材料的功能复合能得到性能更优异的杂化材料，在能源、信息储存、传递、隐身、生物、医学及仿生等领域呈现出诱人的应用前景。

(7) 先进碳材料。富勒烯、碳纳米管、石墨烯等碳基纳米材料因其具有特殊的结构和性质，在很多领域(如生物学、催化、传感器、磁共振成像、锂电池等)具有重要的潜在应用前景。

3. 生物无机化学

生物无机化学研究生命体系内金属离子、无机小分子和矿物的化合状态、结构和转化等过程的机理，阐明无机离子、分子和分子有序聚集体在生命过程中的功能和意义，发现和研究能够显示或调控生命过程的金属化合物探针，具有治疗、诊断和预防疾病的金属和无机药物，进而研究生命体系和无机自然环境的相互作用，探索生物分子和生命体系的起源和进化规律。

生物体绝非过去人们想象中的单纯有机体。事实上，生物体中有很多种金属元素，其中一些与酶有关，它们对于生命过程起着极为重要的作用。例如，血红素中铁的含量直接影响氧的传输与消耗，叶绿素中的镁影响植物对光的吸收与转化，人体中钙离子的多少会影响肌肉的收缩等。药物化学家据此研发出一系列无机药物，如抗肿瘤的铂配合物、钌配合物、卟啉金配合物，抗糖尿病的钒化合物，治疗急性早幼粒细胞白血病的砷化合物，治疗贫血的铁化合物等。

21 世纪以来，生物无机化学的研究目标从分离体系中的金属酶/金属蛋白、金属配合物-生物大分子(核酸/蛋白质)相互作用，逐渐转向阐明活细胞体系如何在避免金属毒性的同时利用金属离子及其配合物的分子机制或化学基础，而金属酶模型体系、生物启发的无机材料和智能仿生体系也表现出非常活跃的状态。

4. 有机金属化学

含有金属-碳键的一类化合物称为金属有机化合物。例如，1951 年英国的威尔金森(Wilkinson)等发现了夹心化合物二茂铁[$(C_5H_5)_2Fe$]，该分子中 Fe 原子位于两个平面基团 C_5H_5 之间，他因此项研究和他人一起获得 1973 年诺贝尔化学奖。再如，1953 年，德国的齐格勒(Ziegler)成功地利用三乙基铝-四氯化钛作为催化剂合成了低压聚乙烯，反应机理为四氯化钛与有机铝首先作用，被还原至三氯化钛，然后被烷基化而得氯化烷基钛，烯烃配位在钛原子的空位而逐步聚合成长链。1955 年，意大利的纳塔(Natta)用此类催化剂实现了丙烯的等规聚合，他的研究成果为现代合成材料工业奠定了基础，两人因此获得了 1963 年诺贝尔化学奖。含有金属-碳键化合物的大量涌现使传统的有机和无机界限趋于消失。有机金属化学就是研究金属与碳成键化合物的制备、结构、反应、功能及其应用的学科。

有机金属化学对石油化工、制药、材料科学的发展起到了巨大的推动作用。它不仅为烯烃聚合、医药中间体的制备、有机分子的转化、不对称合成等重要反应提供了一系列高活性和高选择性的新型催化剂，而且为分子水平上的现代配位催化理论研究提供了重要的科学依据。目前有机金属化学的研究热点主要有以下几个方面：

(1) 金属-碳多重键化学。
(2) 不饱和有机金属化合物的合成与反应性能研究。
(3) 有机金属框架化合物的可控制备与性能研究。
(4) 有机金属簇合物。
(5) 有机金属分子材料及器件。
(6) 有机金属催化的小分子活化反应。

0.1.3 无机化学的学习方法

无机化学是大学近化学类专业的第一门化学基础课，也是其他化学课程及许多专业课程的基础。这门课程学得好与不好不仅对后续化学课程的学习有很大的影响，而且对许多专业课程的学习乃至学生综合能力的提高也会产生很大的影响。因此，首先要从主观上对无机化学课程给予足够的重视，坚定学好无机化学的决心，并投入一定比例的学习时间。其次，要尽快适应大学的学习特点和节奏，找到适合自己行之有效的学习方法。大学的学习特点与中学有很大不同。一般来说，大学四年要学 40 多门课程，每门课程信息量都很大，难度也很高，然而讲授学时大多只有 50～60 学时，因此老师讲课不会面面俱到"手把手"地教，反复地练，而是以介绍思路和方法、讲授重点和难点为主，讲课进度非常快，教学方式大多以多媒体教学为主，课后的时间则完全由学生自己支配。针对上述特点，学生在学习无机化学这门课程时应该注意以下几个环节。

1. 做好课前预习

做好预习可以对每堂课老师要讲的重点和难点内容心中有数,容易跟上老师的讲课思路,提高听课效率。

2. 集中精力听课

上课时要把主要精力放在听课上，而不是埋头记笔记。现阶段无机化学的教学方式以多媒体教学为主，学生可以事先将老师的课件打印出来，上课时认真听课，遇到难点、重点或课件上没有提到的内容可以在课件上适当补记。要注意老师对化学基本概念和基本原理的讲授，这对正确理解所学内容非常有帮助。实践证明，每当遇到具体问题不会解决时，往往是对基本概念和原理不清楚造成的。

3. 课后及时复习

做好复习可以帮助学生及时消化所学内容，使所学知识成为个人知识链条中的一个有机组成部分，为进一步学习扫清障碍。大学生的课外时间比较多，如何安排完全由学生自己决定，安排得合理可以起到事半功倍的效果。当天学的内容最好当天复习，这要比周末一起复习效率高得多，而那种平时不复习、全靠考前突击的做法已经被无数次证明是非常失败的。除了当天复习之外，每学完一章还应该对本章内容进行归纳总结，理清知识脉络，把握知识结构体系，达到举一反三的效果，同时自学能力也会大大提高。

4. 充分利用答疑和网络资源

由于大学化学内容多，讲授速度快，想在课堂上听懂老师讲的全部问题很不容易。对于不懂的问题，自己看书可以解决一部分，看书仍不明白的应尽快找老师答疑或向同学请教。应尽量利用高等教育课程资源共享平台辅助学习，拓展视野，开阔思路，提高学习效果。

5. 独立完成作业

思维能力和思维习惯是学生综合能力的重要组成部分，而独立完成作业就是培养学生灵活、持久的思维能力和积极主动、勤奋深入的思维习惯的重要环节。只有独立完成作业才能发现哪些概念还没有理解，哪些原理还不会应用，哪些性质还没有记住，进而对存在的问题有的放矢地加以解决，提升自己对无机化学知识的理解把握程度，同时自己也会获得成就感。

6. 重视化学实验

化学实验在化学学科中占有非常重要的地位。化学中的许多理论都是从大量的实验研究中得出来的。做好化学实验可以帮助学生加深对化学基本原理的理解。更重要的是，实验还是培养创新型复合人才的重要环节。它对于培养扎实的实验技能和提高分析问题、解决问题的能力，理论联系实际的作风，实事求是的科学态度，百折不挠的科学精神，整齐清洁的实验习惯，相互协作的团队精神，勇于开拓的创新意识都具有重要的作用。

第 1 章　化学基础知识

1.1　溶液浓度的表示方法

溶液在工农业生产、科学研究和日常生活中有着广泛的应用。许多化学反应是在溶液中进行的，物质的一些性质也是在溶液中呈现的。

溶液由溶质和溶剂组成，而溶质和溶剂的相对数量又会影响溶液的某些性质。

通常将一定量溶剂或溶液中所含溶质 B 的量称为溶液的浓度。这里介绍几种常用浓度的表示方法。

1.1.1　B 的质量分数

B 的质量分数(w_B)定义为 B 的质量与溶液的质量之比，即

$$w_B = \frac{m_B}{m} \tag{1-1}$$

式中，m 为溶液的质量，单位为 kg(或 g)；m_B 为 B 的质量，单位为 kg(或 g)；w_B 为量纲一的量，其 SI 单位为 1。

这种表示法比较简便，在工农业和医学上经常使用。

1.1.2　B 的物质的量浓度

B 的物质的量浓度(c_B)简称 B 的浓度，定义为 B 的物质的量除以溶液的体积，即

$$c_B = \frac{n_B}{V} \tag{1-2}$$

式中，V 为溶液的体积，单位为 L；n_B 为 B 的物质的量，单位为 mol；c_B 的单位为 $mol \cdot L^{-1}$。使用时必须指明基本单元，如 $c(H_2SO_4)$，括号内为基本单元 B。

这种浓度表示法在实验室中最常用，其优点是溶液体积容易量取，缺点是溶液的密度受温度影响，导致浓度值随温度变化而略微变化。

1.1.3　溶质 B 的质量摩尔浓度

在溶液中，溶质 B 的质量摩尔浓度(b_B)定义为 B 的物质的量除以溶剂的质量，即

$$b_B = \frac{n_B}{m_A} \tag{1-3}$$

式中，m_A 为溶剂 A 的质量(而不是溶液的质量)，单位为 kg；b_B 的单位为 $mol \cdot kg^{-1}$。注意：使用质量摩尔浓度时，必须指明基本单元，如 $b(1/2H_2SO_4)$。应该指出，对于较稀的水溶液，质量摩尔浓度在数值上近似等于物质的量浓度。

这种浓度表示法的优点是浓度值不随温度变化，常用于理论研究，缺点是用天平称量液体的质量很不方便。

1.1.4　B 的摩尔分数

B 的摩尔分数(x_B)定义为溶液中任一组分 B 的物质的量与各组分的物质的量之和的比值，即

$$x_B = \frac{n_B}{n} \tag{1-4}$$

式中，x_B 为量纲一的量，其 SI 单位为 1。若溶液是由溶剂 A 和溶质 B 组成的，则

$$x_A + x_B = 1$$

显然，对任一分散系，$\sum_B x_B = 1$。

1.2　气　　体

与液体、固体相比，气体是物质的一种较简单的聚集状态。许多过程和变化都是在空气中发生的，如动物的呼吸、植物的光合作用、燃烧、生物固氮等都与空气密切相关。

通过观察和简单的鉴别，很容易确定气体的基本物理特性：扩散性和可压缩性。主要表现在：

(1) 气体没有固定的体积和形状。组成气体的分子处于永恒的无规则运动之中，将一定量的气体引入一密闭容器中时,气体分子立即向各个方向扩散并均匀地充满容器的整个空间。所以，气体只能具有与容器相同的形状和体积。

(2) 气体是最易被压缩的一种聚集状态。扩散是气体本身能自动进行的过程，压缩是扩散的相反过程，必须依靠外界作用才能进行。

(3) 不同种类的气体能以任意比例相互均匀地混合。这是气体自动扩散的必然结果。

(4) 与液体和固体相比，气体分子间距离相对较远，密度小很多。

1.2.1　理想气体状态方程

17～18 世纪，科学家在比较温和的条件(如常压和室温)下探求气体体积的变化规律，将观察和实验结果归纳后，提出了波义耳(Boyle，英)定律、盖 · 吕萨克(Gay-Lussac，法)定律、查理(Charles，法)定律和阿伏伽德罗(Avogadro，意)定律。再经过综合，得到一定量气体的体积 V、压力 p、热力学温度 T 和物质的量 n 之间符合如下关系式：

$$pV = nRT \tag{1-5}$$

式(1-5)称为理想气体状态方程。式中，R 为摩尔气体常量。在 SI 单位制中，p 用 Pa(帕斯卡)、V 用 m^3(立方米)、 n 用 mol(摩尔)、T 用 K(开尔文)为单位，此时 $R = 8.314 J \cdot mol^{-1} \cdot K^{-1}$。

严格地说，式(1-5)只适用于气体分子本身没有体积、分子间也没有相互作用的假想情况。这种假想的气体模型称为理想气体。理想气体实际上并不存在，但对于实际气体而言，在高温低压条件下，分子间平均距离比较大，分子间作用力比较小，分子自身的体积与气体体积相比微不足道，就可以近似地看成理想气体。因此，理想气体是人们以实际气体为根据抽象而成的气体模型。这种抽象对于确定高温低压下实际气体所处的状态或状态变化是有实际意义的。

例 1-1　某氮气钢瓶的容积 $V_1 = 30.00 dm^3$，温度 $T_1 = 293.15K$，压力 $p_1 = 1.013 \times 10^6 Pa$。计算该钢瓶中 N_2

的物质的量。在标准状况下，这些氮气的体积是多少立方分米？

解　已知 $V_1 = 30.00\ dm^3 = 30.00\times10^{-3}m^3$，$T_1 = 293.15K$，$p_1 = 1.013\times10^6Pa$，因为

$$pV = nRT$$

所以

$$\begin{aligned} n(N_2) &= \frac{p_1V_1}{RT_1} \\ &= \frac{1.013\times10^6 Pa\times30.00\times10^{-3}m^3}{8.314J\cdot mol^{-1}\cdot K^{-1}\times293.15K} \\ &= \frac{1.013\times10^6 N\cdot m^{-2}\times30.00\times10^{-3}m^3}{8.314N\cdot m\cdot mol^{-1}\cdot K^{-1}\times293.15K} \\ &= 12.47mol \end{aligned}$$

又因为在标准状况时，$T_2 = 273.15K$，$p_2 = 1.013\times10^5Pa$，$n(N_2)$ 不变，所以

$$\frac{p_1V_1}{T_1} = \frac{p_2V_2}{T_2}$$

$$\begin{aligned} V_2 &= \frac{p_1V_1}{T_1}\times\frac{T_2}{p_2} \\ &= \frac{1.013\times10^6 Pa\times30.00\times10^{-3}m^3\times273.15K}{293.15K\times1.013\times10^5 Pa} \\ &= 279.5\times10^{-3}m^3 \\ &= 279.5dm^3 \end{aligned}$$

例 1-2　氩气(Ar)可由液态空气蒸馏而得到。若氩的质量为0.7990g，温度为298.15K时，其压力为111.46kPa，体积为 $0.4448dm^3$。计算氩的摩尔质量 $M(Ar)$、相对原子质量 $A_r(Ar)$，以及标准状况下氩的密度 $\rho(Ar)$。

解　已知 $m(Ar) = 0.7990g$，$T = 298.15K$，$p = 111.46kPa = 1.1146\times10^5Pa$，$V = 0.4448dm^3 = 4.448\times10^{-4}m^3$。因为 $n = \frac{m}{M}$，M 为摩尔质量，$pV = \frac{m}{M}RT$，所以

$$M = \frac{mRT}{pV}$$

$$M(Ar) = \frac{0.7990g\times8.314J\cdot mol^{-1}\cdot K^{-1}\times298.15K}{1.1146\times10^5Pa\times4.448\times10^{-4}m^3} = 39.95g\cdot mol^{-1}$$

由于氩气是单原子分子，因此 $A_r(Ar) = 39.95$。氩气的密度为

$$\rho = \frac{m}{V} = \frac{pm}{nRT} = \frac{pM}{RT}$$

在标准状况下，$T = 273.15K$，$p = 1.013\times10^5Pa$，则

$$\rho(Ar) = \frac{1.013\times10^5Pa\times39.95g\cdot mol^{-1}}{8.314J\cdot mol^{-1}\cdot K^{-1}\times273.15K} = 1.782\times10^3g\cdot m^{-3}$$

根据理想气体状态方程，可以从摩尔质量求得一定条件下的气体密度，也可以通过测定气体密度来计算摩尔质量，进而求得相对分子质量或相对原子质量。这是测定气体摩尔质量的常用经典方法。

1.2.2　混合气体分压定律

几种不同的气体在同一容器中混合时，如果相互间不发生化学反应，分子本身的体积和它们之间的相互碰撞作用力都可以忽略不计，就可看作是理想气体混合物。混合前后，各组分气体的温度和体积保持不变，混合气体中每一组分气体都能均匀地充满整个容器的空间，

又互不干扰，如同单独存在于容器中一样。任一组分气体分子对器壁碰撞所产生的压力不因其他组分气体的存在而有所改变，与它独占整个容器时所产生的压力相同。混合气体中各组分气体所施加的压力称为该组分气体的分压。对于理想气体来说，某组分气体的分压等于在相同温度下该组分气体单独占有与混合气体相同体积时所产生的压力。例如，在某容器中盛有由 N_2 和 O_2 组成的气体混合物，若将此容器中的 O_2 除掉，所余 N_2 的压力为 79kPa；而将容器中的 N_2 除掉，所余 O_2 的压力为 21kPa，则在上述气体混合物中 N_2 的分压为 79kPa，O_2 的分压为 21kPa。

1801 年，英国科学家道尔顿(Dalton)在发表《化学哲学新系统》这一著名论著之前，通过实验提出：混合气体的总压等于混合气体中各组分气体的分压之和。这一经验定律称为道尔顿分压定律，其数学表达式为

$$p = p_1 + p_2 + \cdots$$

或

$$p = \sum_B p_B \tag{1-6}$$

式中，p 为混合气体的总压；p_B 为任一组分 B 的分压。

根据式(1-5)，如果以 n_B 表示 B 组分气体的物质的量，在温度 T 时，混合气体体积为 V，则

$$p_B V = n_B RT \tag{1-7}$$

$$p_B = \frac{n_B RT}{V}$$

以 n 表示混合气体中各组分气体的物质的量之和，即

$$n = n_1 + n_2 + \cdots = \sum_B n_B$$

则

$$p = \frac{n_1 RT}{V} + \frac{n_2 RT}{V} + \cdots = p_1 + p_2 + \cdots$$

以式(1-5)除式(1-7)，得

$$\frac{p_B}{p} = \frac{n_B}{n}$$

令

$$\frac{n_B}{n} = x_B$$

则

$$p_B = p\frac{n_B}{n} = p x_B \tag{1-8}$$

式(1-8)表明，混合气体中某组分气体的分压等于该组分的摩尔分数与总压的乘积。

例 1-3　在容积为 50.0dm^3 的容器中，含有 140.0g 的 CO 和 20.0g 的 H_2，温度为 300K，试计算：(1)CO 和 H_2 的分压；(2)混合气体的总压。

解　(1)已知 $V = 5.00\times10^{-2}\text{m}^3$，$T = 300\text{K}$，则

$$n(\text{CO}) = \frac{140.0}{28} = 5.0(\text{mol}) \qquad n(\text{H}_2) = \frac{20.0}{2.0} = 10(\text{mol})$$

根据 $p_B = \frac{n_B RT}{V}$，有

$$p(\text{CO}) = \frac{n(\text{CO})RT}{V} = \frac{5.0\text{mol}\times8.314\text{J}\cdot\text{mol}^{-1}\cdot\text{K}^{-1}\times300\text{K}}{5.00\times10^{-2}\text{m}^3} = 2.49\times10^5\text{Pa}$$

$$p(H_2) = \frac{n(H_2)RT}{V} = \frac{10\text{mol} \times 8.314\text{J} \cdot \text{mol}^{-1} \cdot \text{K}^{-1} \times 300\text{K}}{5.00 \times 10^{-2}\text{m}^{-3}} = 4.99 \times 10^5\text{Pa}$$

(2) 设混合气体总压为 p，根据分压定律，有

$$p = p(H_2) + p(CO) = (2.49\times10^5 + 4.99\times10^5)\text{Pa} = 7.48\times10^5\text{Pa}$$

在混合气体的有关计算中，常涉及体积分数的问题。设有一理想气体混合物，含有 A、B 两种组分。根据阿伏伽德罗定律，定温、定压下，气体的体积与该气体的物质的量成正比，可以引出如下结果：

$$\frac{n_B}{n} = \frac{V_B}{V} \quad 或 \quad x_B = \varphi_B$$

式中，$\varphi_B=V_B/V$，称为组分气体 B 的体积分数；V_B 称为组分气体 B 的分体积，它是该组分气体在具有与混合气体相同温度和压力并单独存在时占有的体积。实践中，组分气体的体积分数一般都是以实测的体积分数表示的。因此，式(1-8)便可化为

$$p_B = px_B = p\varphi_B \tag{1-9}$$

这就是说，某组分气体的分压等于混合气体总压力与该组分气体的体积分数的乘积。这样一来，组分气体分压的计算就十分方便了。

例 1-4　某天然气的组成为 CH_4、C_2H_6、C_3H_8 和 C_4H_{10}。若该混合气体的温度为 298K，总压力为 150.0kPa，n(总)为 100mol，各组分的物质的量比为 $n(CH_4)$ ∶ $n(C_2H_6)$ ∶ $n(C_3H_8)$ ∶ $n(C_4H_{10})$= 47.0 ∶ 2.0 ∶ 0.80 ∶ 0.20。试计算甲烷的分体积。

解　混合气体 p=150.0kPa，n=100mol，T=298K。

根据 $V = \frac{nRT}{p}$，混合气体的总体积

$$V= \frac{100\text{mol} \times 8.314\text{J} \cdot \text{mol}^{-1} \cdot \text{K}^{-1} \times 298\text{K}}{150.0 \times 10^3\text{Pa}} =1.65\text{m}^3$$

甲烷的物质的量分数

$$x_B = \frac{47.0}{47.0 + 2.0 + 0.8 + 0.2} = 0.94$$

甲烷的分体积

$$V_B = Vx_B = (1.65\times0.94)\text{m}^3 = 1.55\text{m}^3$$

1.3　无机化合物系统命名法简介

在中学化学中，我们对常见的酸、碱、盐及氧化物的命名已经有了初步的了解。本节在此基础上简单介绍常见无机化合物的系统命名原则，重点介绍配位化合物的组成与命名。

1.3.1　无机化合物命名的常用术语

1. 化学介词

化合物的系统名称是由其基本构成部分名称连缀而成的。化学介词就是起着连缀作用的连接词，如化、合、代、聚等都属于化学介词。

“化”表示简单的化合，如氯原子(Cl)与钠原子(Na)化合而成的 NaCl 称为氯化钠。

“合”表示分子与分子或分子与离子相结合，如 $CaCl_2 \cdot H_2O$ 称为一水合氯化钙，H_3O^+称为水合氢离子。

“代”表示取代了母体化合物中的某原子，如 $H_2S_2O_3$ 可以看作是 1 个硫原子取代了硫酸分子中 1 个氧原子的产物，因而称为硫代硫酸。

“聚”表示两个以上同种的分子互相聚合，如$(HF)_2$称为二聚氟化氢。

2. 基和根

化合物中以共价键和其他组分相连的原子团称为基，而以离子键和其他组分相连的原子团称为根，如氨基酸中的—NH_2 称为氨基，而小苏打中的 HCO_3^- 称为碳酸氢根。

个别的基和根有特定名称，如—OH 称为羟基，C═O 称为羰基，—CN 称为氰基，—N_3 称为叠氮基，NH_4^+ 称为铵根。

此外，含氧酸分子中去掉全部—OH 基后剩下的基称为酰(基)；如果只去掉 *m* 个—OH 基，则称为某酸 *m* 酰(基)，“基”字通常省略，如—NO_2 称为硝酰，—NO 称为亚硝酰，—H_2PO_3 称为磷酸一酰，═HPO_2 称为磷酸二酰。

1.3.2　二元及三元、四元化合物的命名

1. 二元化合物的命名

只含两种元素的化合物称为二元化合物。二元化合物的名称是在两种元素的名称之间加化学介词“化”字缀合而成。两种元素的命名顺序为，非金属性强的元素在前，金属性强的元素在后。化合物中两种元素的比例可以有两种方法表示，一种方法是标明金属元素的化合价，另一种方法是标明化学组成。

1) 由金属元素与非金属元素组成的二元化合物

(1) 如果金属元素仅有一种化合价称“某化某”，此时不需另加冠词标明其化合价，如 Al_2O_3 称为氧化铝。

(2) 如果金属元素通常仅有两种化合价，而所形成的化合物其组成又与此两种化合价之一相符合时，最常见的化合价用词头“正”字表示(正字一般省去)，低于常见化合价的用词头“亚”字表示，高于常见化合价的用词头“高”字表示。例如，FeO 和 Fe_2O_3 分别称为氧化亚铁和氧化铁，$CoCl_2$ 和 $CoCl_3$ 分别称为氯化钴和氯化高钴。

表 1-1 列出了部分通常仅有两种化合价金属元素在所形成化合物中的名称。

表 1-1　部分通常仅有两种化合价金属元素在所形成化合物中的名称

元素	Cr		Fe		Co		Ni		Cu		Hg		Sn		Pb	
化合价	+2	+3	+2	+3	+2	+3	+2	+3	+1	+2	+1	+2	+2	+4	+2	+4
名称	亚铬	铬	亚铁	铁	钴	高钴	镍	高镍	亚铜	铜	亚汞	汞	亚锡	锡	铅	高铅

(3) 如果金属元素的化合价不止两种，或金属元素在所形成的化合物中其组成不符合常见的化合价时，则要标明化学组成。例如，MnO 称为一氧化锰，Mn_2O_3 称为三氧化二锰，MnO_2 称为二氧化锰，Fe_3O_4 称为四氧化三铁。

2) 由两种非金属元素组成的二元化合物

由两种非金属元素组成的二元化合物都需标明化学组成。例如，N_2O 称为一氧化二氮，NO 称为一氧化氮，N_2O_5 称为五氧化二氮。

2. 三元、四元等化合物的命名

用特定的根基名称，并在尽可能的情况下采用二元化合物的命名法。例如，NaCN 称为氰化钠，Na_3PO_3 称为亚磷酸钠，$Ni(OH)_3$ 称为氢氧化高镍，$Ni(OH)_2$ 称为氢氧化镍，$SOCl_2$ 称为亚硫酰氯。

1.3.3 简单含氧酸及其盐的命名

1. 简单含氧酸的命名

(1) 简单含氧酸分子，因成酸元素氧化态不同，需分别加上词头高、正(一般可省略)、亚、次。其中，最常见的酸称为“(正)某酸”，较之多一个氧原子的酸称为“高某酸”，较之少一个氧原子的酸称为“亚某酸”，再少一个氧原子的酸称为“次某酸”。例如，$HClO_4$ 称为高氯酸，$HClO_3$ 称为氯酸，$HClO_2$ 称为亚氯酸，HClO 称为次氯酸。

(2) 用词头原、偏、焦等表示含水量不同。当含氧酸根中氧原子的数目等于中心原子的化合价时，该酸称为“原某酸”，原某酸脱去一分子水称为“(正)某酸”，再脱去一分子水称为“偏某酸”，两分子含氧酸脱一分子水称为“焦某酸”或“重(发音 chóng)某酸”。例如，H_5PO_5 称为原磷酸，H_3PO_4 称为(正)磷酸，HPO_3 称为偏磷酸，$H_4P_2O_7$ 称为焦磷酸，$H_2Cr_2O_7$ 称为重铬酸。但有例外，如 H_2SO_4 称为硫酸，H_3BO_3 称为硼酸，HBO_2 称为偏硼酸。

(3) 一个分子中成酸元素原子不止一个，而各成酸原子之间又直接相连，则称为“连若干某酸”。例如，$H_2S_4O_6$ 称为连四硫酸，$H_2S_2O_4$ 称为连二亚硫酸。

(4) 含有过氧键(—O—O—)的酸称为“过若干某酸”。例如，H_2SO_5 称为过一硫酸，$H_2S_2O_8$ 称为过二硫酸。

(5) 在含氧酸中用硫原子代替氧原子得到的酸称为“硫代某酸”。例如，$H_2S_2O_3$ 称为硫代硫酸。

2. 简单含氧酸盐的命名

酸中能电离的氢全部被其他阳离子取代所形成的中式盐，命名为“某酸某”，如 $CoSO_4$ 称为硫酸钴，$Co_2(SO_4)_3$ 称为硫酸高钴。

酸式盐中的氢以“氢”字表示，如 $CaHPO_4$ 为磷酸一氢钙。

碱式盐中的氢氧基以“羟”表示，如 $Cu_2(OH)_2CO_3$ 为碳酸羟铜。

氧基盐中的氧以“氧化”表示，如 $BiONO_3$ 为硝酸氧化铋。

1.3.4 配位化合物的组成与命名

1. 配位化合物的组成

1) 配位单元与配合物

AgCl 是一种既难溶于水、又难溶于强酸和强碱的沉淀，但 AgCl 却易溶于弱碱性的氨水，原因是 AgCl 与 NH_3 可以发生如下反应：

$$AgCl + 2NH_3 = [Ag(NH_3)_2]Cl$$

生成的$[Ag(NH_3)_2]Cl$在水溶液中能够完全解离为$[Ag(NH_3)_2]^+$和Cl^-，但$[Ag(NH_3)_2]^+$具有相当的稳定性，不能完全解离。

研究表明，在$[Ag(NH_3)_2]^+$中，Ag^+与 NH_3 之间是以配位键①结合的。通常将$[Ag(NH_3)_2]^+$这类由一定数量的阴离子或中性分子与阳离子(或原子)以配位键相结合所形成的复杂离子或分子称为配位单元。含有配位单元的化合物称为配位化合物，简称配合物。

不带电荷的配位单元本身就是配合物，也称配位分子；带电荷的配位单元称为配离子，配离子与含有相反电荷的离子组成配合物。

配位单元是配合物的特征部分，也称配合物的内界，通常把内界写在方括号之内；除了内界以外的其他离子称为外界。内界与外界之间以离子键相结合。例如，在上面所提到的配合物$[Ag(NH_3)_2]Cl$中，$[Ag(NH_3)_2]^+$是内界，Cl^-则是外界。当然，像$[Ni(CO)_4]$这样的配位分子只有内界，没有外界。

2) 形成体与配位体

在配位单元中，接受电子对的原子或离子称为形成体，因其位于配位单元的中心位置，故又称为中心离子(或原子)。例如，在$[Ag(NH_3)_2]^+$中，Ag^+就是形成体。形成体通常是金属离子和原子，多为过渡金属离子和原子，也有少数是非金属元素。

给出电子对的离子或分子称为配位体，简称配体。通常作为配位体的是阴离子或分子，如F^-、Cl^-、Br^-、I^-、OH^-(羟)、CN^-(氰)、NH_3、H_2O、CO(羰基)、RNH_2(胺)等。在配位体中，与形成体成键的原子称为配位原子。常见的配位原子有 F、Cl、Br、I、O、S、N、C 等，它们都含有孤电子对。

配位体又有单基配位体和多基配位体之分。配位体中只有一个配位原子的为单基(又称为单齿)配位体，如NH_3、Cl^-、OH^-等。如果有两个或多个配位原子的，称为多基配位体。例如，乙二胺(结构式为 $H_2N—CH_2—CH_2—NH_2$，通常简写为 en)分子中两个 N 原子都是配位原子。而乙二胺四乙酸根离子(简称 EDTA)则含有 6 个配位原子(在如下结构式中标有“··”的原子，“··”表示可以给出的电子对)。

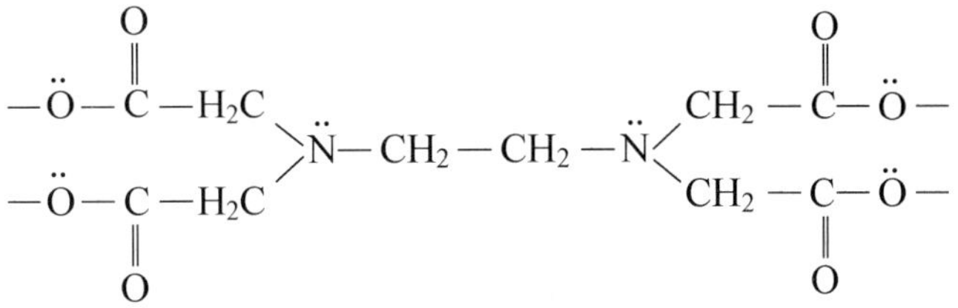

3) 配位数

配位体中与形成体成键的配位原子的数目称为形成体的配位数。配位体为单基配体时，形成体的配位数等于配位体的数目，如在$[Ag(NH_3)_2]^+$中，Ag^+的配位数为 2；而在$[Cu(NH_3)_4]^{2+}$中，Cu^{2+}的配位数为 4。配位体为多基配体时，形成体的配位数等于每个配体的基数与配体数的乘积。

外界离子所带电荷总数与配离子的电荷数在数值上相等。配离子的电荷数等于形成体的电荷数与配位体的电荷总数的代数和。例如，六氰合铁(Ⅲ)酸钾(赤血盐)，它的外界为 3 个

① 由一方单独提供电子对所形成的共价键称为配位键，详见本书 5.7.1 小节“价键理论”。

K^+，电荷数为+3，推算出配离子的电荷数为−3；又 CN^-带一个负电荷，则形成体电荷数为+3，即 Fe^{3+}。赤血盐的组成可表示如下：

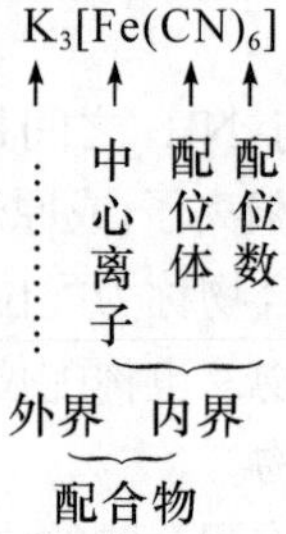

4) 配合物的类型简介

根据配合物的组成，可将配合物分为多种类型：

(1) 简单配合物。简单配合物分子或离子中只有一个形成体，配位体只有一个配位原子(单基配体)与形成体成键，如$[Ag(NH_3)_2]^+$、BF_4^-、$[CoCl_3(NH_3)_3]$等。

(2) 螯合物。在螯合物分子或离子中，其配位体为多基配体，配位体中多个配位原子与形成体成键，形成环状结构，如$[Ca(EDTA)]^{2-}$。

除以上两种常见类型外，还有多核配合物、羰基配合物、烯烃配合物及多酸型配合物等类型。

2. 配位化合物的命名

配合物的命名遵从无机化合物命名的一般原则。通常在内界和外界之间以“某化某”或“某酸某”命名。内界中，以“合”字将配位体与形成体连接起来，按下面的格式命名：

配位体数—配位体名称—“合”—形成体名称(形成体氧化数)

其中的配位体数用中文表示，氧化数用罗马数字表示。如果有几种不同配体，配体之间要用“·”隔开。

含配阳离子的配合物的命名遵照无机盐的命名原则。例如，$[Cu(NH_3)_4]SO_4$为硫酸四氨合铜(Ⅱ)，$[Pt(NH_3)_6]Cl_4$为氯化六氨合铂(Ⅳ)。

含配阴离子的配合物，内外界间缀以“酸”字。例如，$K_4[Fe(CN)_6]$为六氰合铁(Ⅱ)酸钾。

配体的排列次序：

配体中既有无机配体又有有机配体，则将无机配体排列在前，有机配体排列在后，如$K[PtCl_3(C_2H_4)]$为三氯·乙烯合铂(Ⅱ)酸钾。

含有多种无机配体时，通常先列出阴离子的名称，后列出中性分子的名称，如$K[PtCl_3(NH_3)]$为三氯·氨合铂(Ⅱ)酸钾。

配体同是中性分子或同是阴离子时，按配位原子元素符号的英文字母顺序排列，如$[Co(NH_3)_5(H_2O)]Cl_3$为氯化五氨·水合钴(Ⅲ)。

若配位原子相同，则将含较少原子数的配体排在前面，较多原子数的配体排列在后；若配位原子相同且配体中含原子数目也相同，则按在结构中与配位原子相连的非配位原子的元素符号的英文顺序排列。例如，$[Pt(NH_2)(NO_2)(NH_3)_2]$为氨基·硝基·二氨合铂(Ⅱ)。

表 1-2 列举了某些常见配合物的命名及组成。

表 1-2 某些常见配合物的命名与组成

配合物化学式	命名	形成体	配(位)体	配位原子	配位数
$[Ag(NH_3)_2]^+$	二氨合银(Ⅰ)配离子	Ag^+	$:NH_3$	N	2
$[CoCl_3(NH_3)_3]$	三氯·三氨合钴(Ⅲ)	Co^{3+}	$:Cl^-$, $:NH_3$	Cl, N	6
$[Al(OH)_4]^-$	四羟合铝(Ⅲ)配离子	Al^{3+}	$:OH^-$	O	4
$[Fe(CN)_6]^{4-}$	六氰合铁(Ⅱ)配离子	Fe^{2+}	$:CN^-$	C	6
$[Fe(NCS)_6]^{3-}$	六异硫氰酸根合铁(Ⅲ)配离子	Fe^{3+}	$:NCS^-$	N	6
$[Hg(SCN)_4]^{2-}$	四硫氰酸根合汞(Ⅱ)配离子	Hg^{2+}	$:SCN^-$	S	4
$[BF_4]^-$	四氟合硼(Ⅲ)配离子	B^{3+}	$:F^-$	F	4
$Ni(CO)_4$	四羰基合镍	Ni	$:CO$	C	4
$[Cu(en)_2]^{2+}$	二乙二胺合铜(Ⅱ)配离子	Cu^{2+}	en	N	4
$[Ca(EDTA)]^{2-}$	乙二胺四乙酸根合钙(Ⅱ)配离子	Ca^{2+}	EDTA	N, O	6
$[Fe(C_2O_4)_3]^{3-}$	三草酸根合铁(Ⅲ)配离子	Fe^{3+}	$(:OOC)_2^{2-}$	O	6

1.4 胶体溶液

1861 年，英国科学家格莱姆在研究物质的扩散性质时，第一次提出了胶体的概念。随后，胶体的研究得到了迅速的发展，目前已经成为一门独立的学科。胶体在自然界中普遍存在，它与人类生活、工农业生产及生物、土壤、医疗卫生、地质、气象等学科密切相关。

胶体又称为胶状分散体，是物质在介质中以一定分散程度存在的一种状态，其分散相颗粒的大小为 1～100nm。它可分为三种类型：一类是胶体溶液，又称溶胶，是由小分子、原子或离子聚集成较大颗粒而形成的多相系统，如氢氧化铁溶胶；另外两类是高分子溶液和胶束。本节重点讨论的是溶胶。

1.4.1 溶胶的制备

溶胶常用的制备方法有两种：一种是使固体粒子变小的分散法；另一种是使分子或离子凝聚成胶粒的凝聚法。

分散法包括研磨法、超声波分散法、胶溶法和电弧法等。其中，研磨法是用胶体磨把大颗粒固体磨细，使粒子大小达到胶体分散范围的方法。一般研磨时需要加入单宁或明胶作为稳定剂。工业用的胶体石墨、颜料、医用硫溶胶等都是用胶体研磨制成的。

凝聚法通常包括化学凝聚法和物理凝聚法。化学凝聚法是利用化学反应使产物凝集而形成溶胶。在溶液中进行的复分解、水解、氧化还原等反应，只要有一种产物的溶解度较小，就可以控制反应条件使该产物凝集而得到溶胶。一般来说，在制备溶胶时，反应物的浓度要比较低，反应物混合要比较缓慢，其中一种反应物要稍过量。物理凝聚法则是利用适当的物理过程使某些物质凝聚而制得溶胶。例如，改换溶剂法就是利用分散质在两种不同分散剂中的溶解度相差悬殊的特点制备溶胶。

1.4.2 溶胶的性质

溶胶具有高度分散性、多相性和聚结不稳定性，由此它在光学、动力学和电学等方面具有一些特殊性质。

1. 溶胶的光学性质——丁铎尔现象

1869 年，英国物理学家丁铎尔(Tyndall)发现，在暗室中让一束会聚的光通过溶胶，在与光束垂直的方向上可以看到一个圆锥形光柱(图 1-1)，这种现象就称为丁铎尔现象。溶胶分散质粒子的直径为 1～100nm，小于可见光的波长(400～760nm)。因此，当光通过溶胶时发生明显的散射作用，产生丁铎尔现象。在溶液中，溶质颗粒太小(<1nm)，光的散射极弱，看不到丁铎尔现象。因此，可以根据丁铎尔现象来区分胶体和溶液。

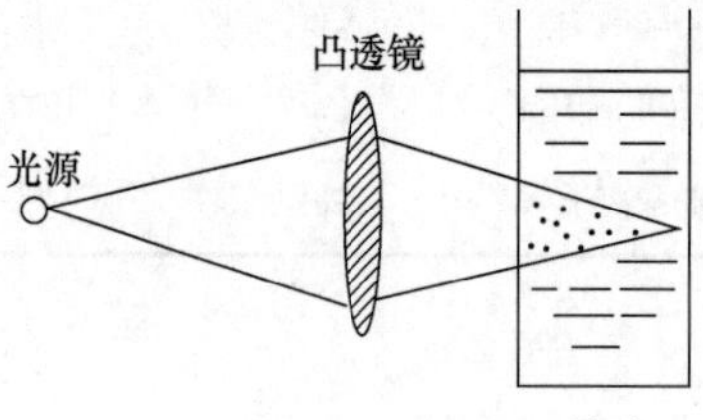

图 1-1 丁铎尔现象示意图

2. 溶胶的动力学性质——布朗运动

在超显微镜下可以观察到溶胶的分散质粒子在分散剂中不停地做不规则的折线运动，这种运动称为布朗(Brown)运动。布朗运动的产生是由于分散剂分子的热运动不断地从各个方向撞击分散质粒子，其合力未被相互抵消，因而胶粒时刻以不同的速度、沿着不同方向做不规则的运动。另外，胶体粒子本身也有热运动。

由于分散质粒子的布朗运动，它可以自发地从浓度较高处移向浓度较低处，这种现象称为扩散。溶胶黏度越小，浓度差越大，温度越高，越容易扩散。在生物体内，扩散是物质输送或物质分子通过细胞膜的推动力之一。

3. 溶胶的电学性质——电泳和电渗

在外加电场的作用下，分散质粒子在分散剂中向阴极(或阳极)做定向移动的现象称为电泳。胶体微粒的移动说明胶粒是带电的，且有正负之分。因此，可以通过溶胶粒子在电场中的迁移方向来判断溶胶粒子的带电性。

胶粒带正电称为正溶胶，如一般金属氢氧化物的溶胶，向直流电源负(阴)极移动；胶粒带负电称为负溶胶，如土壤、硫化物、硅酸、金、银、硫等溶胶，则向直流电源正(阳)极移动。如图 1-2 所示，在一个 U 形管中装入新鲜的棕红色的 $Fe(OH)_3$ 溶胶，小心地在溶胶上面加入适量的 NaCl 溶液，两液面间要有清楚的分界线。然后分别插入电极，接通直流电源，一段时间后，可以观察到负极一端的棕红色界面上升，正极一端的界面下降。由此表明，$Fe(OH)_3$ 溶胶的胶粒带正电，向负极移动。

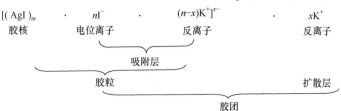

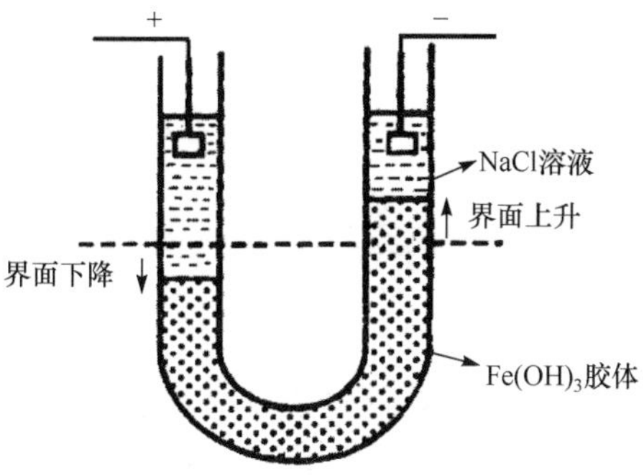

图 1-2　电泳示意图

由于胶体溶液是电中性的，因此胶粒带正电荷(或负电荷)，则分散介质必带负电荷(或正电荷)。如果让胶粒固定不动，分散剂将在外电场中做定向移动，这种现象称为电渗。分散介质的移动方向总是和胶体粒子电泳的方向相反。

电泳和电渗现象都说明了溶胶粒子是带电的。其带电的主要原因有：

(1) 吸附作用。溶胶是高度分散的多相体系，分散质具有很大的比表面积，胶体粒子具有吸附其他物质而降低其表面能的趋势，通常会优先吸附分散系中与其组成类似的离子，从而使胶体粒子带上与被选择吸附的离子相同符号的电荷。例如，用 $FeCl_3$ 水解来制备 $Fe(OH)_3$ 胶体溶液时，Fe^{3+}水解反应是分步进行的，除生成 $Fe(OH)_3$ 外，还有 FeO^+生成。由大量的 $Fe(OH)_3$ 分子聚集而成的胶体颗粒优先吸附与它组成有关的 FeO^+而带上正电荷。

(2) 解离作用。胶粒与溶液中的分散剂接触时，部分表面分子发生解离，其中一种离子进入溶液，使胶粒带上相反的电荷。例如，硅酸溶胶的胶粒是由很多 $x SiO_2 \cdot y H_2O$ 分子组成的，表面上的 H_2SiO_3 分子在水分子作用下发生解离，H^+扩散到介质中，而 $HSiO_3^-$ 和 SiO_3^{2-} 则滞留在胶粒表面，使胶粒带负电荷，故硅胶为负溶胶。

1.4.3　胶团的结构

胶体的性质与其内部结构有关。现以 AgI 溶胶为例，当 KI 过量时，分析胶团的结构组成。

在该溶胶中，每个粒子的中心是由 m 个 AgI 分子聚集而成的颗粒，该颗粒称为胶核。胶核是不带电的。如果此时系统中 KI 过量，AgI 胶核就要优先选择吸附溶液中与其组成有关的 n 个 I^-，使胶核表面带电。这种决定胶体带电的离子称为电位离子。带有电位离子 I^-的胶核，由于静电引力的作用，还能吸引溶液中带有相反电荷的反离子 K^+。一部分反离子被紧密地吸引在胶核表面，并与胶核表面的电位离子一起而形成带电层，称为吸附层。AgI 胶核与吸附层构成胶粒。在吸附层外面，另一部分离胶核较远的反离子 x 个 K^+则较疏松地分布于胶粒的周围，受异电引力较弱，有较大的自由，形成了与吸附层电荷符号相反的另一个带电层，这个液相层称为扩散层。胶粒和扩散层构成的整体称为胶团。在胶团中，电位离子的电荷总数与反离子的电荷总数相等，因此整个胶团是电中性的。AgI 溶胶的胶团结构式可表示为

$$\underbrace{\underbrace{[(AgI)_m}_{\text{胶核}} \cdot \underbrace{\underbrace{nI^-}_{\text{电位离子}} \cdot \underbrace{(n-x)K^+]^{x-}}_{\text{反离子}}}_{\text{吸附层}}}_{\text{胶粒}} \cdot \underbrace{\underbrace{xK^+}_{\text{反离子}}}_{\text{扩散层}}$$

（胶粒 + 扩散层 = 胶团）

当 $AgNO_3$ 过量时分散质带正电荷，胶团结构可表示如下：

$$[(AgI)_m \cdot nAg^+ \cdot (n-x)\ NO_3^-]^{x+} \cdot xNO_3^-$$

1.4.4 溶胶的稳定性和聚沉

1. 溶胶的稳定性

溶胶属于热力学不稳定体系，其不稳定性表现在两个方面。第一，溶胶会在重力作用下发生聚沉；第二，溶胶分散度高，表面能大，因此胶粒有自发凝聚成大颗粒以降低其表面能的趋势。但事实上，溶胶是相当稳定的体系，这主要是因为溶胶具有动力学稳定性和聚集稳定性。

动力学稳定性：从动力学角度看，分散质粒子不会在重力作用下从分散剂中分离出来。由于胶体粒子不断地在做无规则的布朗运动，克服了重力引起的沉降作用。

聚集稳定性：由于同一种溶胶的胶粒带有相同电荷，当彼此接近时，就会相互排斥而分开，使胶体微粒很难聚集成较大的粒子而沉降，有利于胶体的稳定。胶粒荷电量越多，胶粒之间静电斥力就越大，溶胶就越稳定。胶粒带电是大多数溶胶能稳定存在的主要原因。

此外，溶胶的吸附层和扩散层的离子存在溶剂化(水化)作用，即吸引水分子形成水合离子，使胶核外围形成一层水化膜。当胶粒相互接近时，将使这层保护膜受到挤压而变形，并有力图恢复原来形状的倾向，成为胶粒接近的机械阻力，这样胶粒很难因碰撞聚集变大而发生聚沉。水化膜越厚，溶胶越稳定。

2. 溶胶的聚沉和保护

在实际过程中，往往要根据现实需要选择保护或破坏溶胶。例如，分离沉淀时，溶胶会透过滤纸并使过滤时间延长，因此要破坏溶胶，使其发生聚沉。

1) 溶胶的聚沉

(1) 电解质对溶胶的聚沉作用。在溶胶中加入易溶的强电解质，将使更多的反离子进入扩散层，减少了胶粒所带电荷，使水化膜变薄或消失，这样胶粒的布朗运动足以克服胶粒之间的静电斥力，导致胶粒在相互碰撞时可能聚集合并变大，最终从溶胶中聚沉下来。生活中有许多溶胶聚沉的实例，如江河入海处常形成由大量淤泥沉积的三角洲，其主要原因之一就是海水含有大量盐类，当河水与海水相混合时，河水中所携带的胶体物质(淤泥)的电荷部分或全部被中和而凝结，淤泥、泥砂粒子就很快沉降下来。

电解质对溶胶的聚沉作用主要是与胶粒带相反电荷的离子(反离子)引起的。一般来说，反离子所带电荷越多，其聚沉能力越大。另外，带有相同电荷的离子的聚沉能力虽然接近，但也略有不同。例如，碱金属和碱土金属对负溶胶的聚沉能力大小顺序为 $Cs^+ > Rb^+ > K^+ > Na^+ > Li^+ > Ba^{2+} > Sr^{2+} > Ca^{2+} > Mg^{2+}$。

(2) 温度对溶胶稳定性的影响。加热可以使胶体粒子的运动加剧，增加胶粒相互接近或碰撞的机会，同时降低胶核对离子的吸附作用和溶剂化作用的程度，使其所带电量减少，促使胶体凝结。例如，将 $Fe(OH)_3$ 胶体适当加热后，可使红褐色 $Fe(OH)_3$ 沉淀析出。

(3) 溶胶的相互聚沉。将胶粒带相反电荷的两种溶胶以适当的数量混合，由于异性相吸，互相中和电性，也会产生聚沉现象，称为溶胶的互聚。与电解质的聚沉作用不同的是，只有当两种溶胶的胶粒所带电荷完全中和时，才会完全聚沉；否则，可能聚沉不完全，甚至不聚沉。

2) 溶胶的保护

在化学过程中，有时需要破坏溶胶，但是某些情况下需要对溶胶进行保护。保护溶胶的方法很多：可以加入适量的保护剂，如动物胶等，以增加胶粒的溶剂化保护膜，显著提高溶胶对电解质的稳定性；还可以对溶胶进行渗析和超过滤，减少溶胶中所含电解质的浓度，防止胶粒的聚沉。溶胶被保护以后，通常具有抗电解质影响、抗老化、抗温等优良性质。

本章小结

【主要内容】

1. 常用的溶液浓度表示方法

w_B : B 的质量分数，定义为溶质 B 的质量与溶液的质量之比。
c_B : B 的物质的量浓度，定义为溶质 B 的物质的量除以溶液的体积。
b_B : B 的质量摩尔浓度，定义为溶质 B 的物质的量除以溶剂的质量。
x_B : B 的摩尔分数，定义为组分 B 的物质的量与各组分的物质的量之和的比值。

2. 理想气体状态方程

$$pV = nRT$$

根据理想气体状态方程，可以从摩尔质量求得一定条件下的气体密度，也可以通过测定气体密度来计算摩尔质量。

3. 混合气体分压定律

$$p = \sum_B p_B$$

或

$$p_B = px_B = p\varphi_B$$

4. 无机化合物的系统命名

用元素、根或基的名称来表示该化合物中的各个组分；用化学介词来表示各组分之间的连接情况；用词头“高、亚、次”表示元素氧化态相对高低，“原、偏、焦(或重)”表示含氧酸含水量不同，“连”表示含氧酸分子中成酸原子不止一个，“过”表示分子中有—O—O—结构。

5. 配位化合物的组成与命名

(1) 组成。配合物一般由内界和外界组成，其中内界由形成体和配位体组成。
(2) 命名。遵从无机化合物命名的一般原则。
内界的命名格式：配位体数—配位体名称—“合”—形成体名称(形成体氧化数)。

配体的排列次序：先无后有；先阴后中；先 A 后 B；先简后繁。

6. 胶体溶液

(1) 溶胶的性质。溶胶在光学、动力学和电学等方面具有一些特殊性质，如丁铎尔现象(可用来区分胶体和溶液)、布朗运动、电泳和电渗等。

(2) 胶团的结构。胶核和吸附层组成胶粒，胶粒和扩散层构成整个呈电中性的胶团。

(3) 溶胶的稳定性和聚沉。溶胶具有动力学稳定性和聚集稳定性，其稳定性受电解质、温度等因素影响。

阅读材料

离子液体——化学界的“模范夫妻”

对于离子液体(ionic liquids, ILs)这个名词，很多人可能不太熟悉，但是一说到盐我们都知道，它是由阳离子和阴离子组成的离子化合物，最为人们熟知的是每天餐桌上都少不了的调料食盐，即氯化钠。在室温的时候盐只能以晶体形式存在，只有温度升高到熔点以上才会变成液体，而这个熔点温度非常高，一般会达到几百摄氏度甚至上千摄氏度。然而，如果把阴阳离子中的一方或者双方都从体积小且形状规则的无机离子替换成体积大且形状不规则的有机离子，情况就有所不同了。由于不规则的形状削弱了正负电荷之间的吸引，这一类离子化合物不需要太高的温度就可以熔化。像这样的离子化合物，我们就称为离子液体。一般阳离子有三烷基锍类、季铵盐类、季鏻盐类、吡咯烷鎓(盐)类、咪唑类、哌啶类、吡啶类等；典型的阴离子有卤化物、硫氰酸根、乙酸根、硝酸根、氟硼酸根、硫酸根、三乙基硫双(三氟甲基磺酰)亚胺根等。

如果将离子液体中的阳离子和阴离子比作“夫妻”双方，和绝大多数模范夫妻一样，离子液体这对“夫妻”一路走来也并非一帆风顺。1914 年，Walklen 发现了世界上第一个离子液体硝酸乙基铵($[C_2H_5NH_3][NO_3]$)，其熔融温度为 12℃。由于硝酸乙基铵暴露在空气中极易氧化，是一种极易发生爆炸的物质，因此没有引起研究者的重视。很长时间以来，科学家只是把离子液体当成一些“另类”的化合物，并没有对其进行深入的研究。这种状况直到 20 世纪末、21 世纪初时才发生改变，从那时起，关于离子液体的研究开始呈爆炸性地增长。

离子液体这对“夫妻”之所以被视为“模范夫妻”，首先要归功于它们之间牢不可破的稳定关系，以及一系列突出的优点。接下来我们介绍一下离子液体的优点。与传统有机溶剂相比，离子液体具有多种优异的物理化学性质：①液态温度范围宽，在低于室温 200℃左右时，有较高的热稳定性和化学稳定性；②蒸气压很小，基本不挥发，无色、无嗅，可以循环使用，消除了挥发性有机化合物环境污染及易燃的问题；③电导率高，室温下电导率可达 10^{-3}S/cm，电化学窗口宽，可作为许多物质电化学研究的电解液；④ 可根据需要对其结构进行设计，以调节其对无机物、水、有机物及聚合物的溶解性；⑤黏度较高，表面张力转大，有利于加速相分离过程；⑥溶解能力强，对大量无机和有机物质都表现出良好的溶解能力，且具有溶剂和催化剂的双重功能。由于离子

液体的这些特殊性质和表现，它与超临界流体 CO_2 和双水相一起构成三大绿色溶剂，具有广阔的应用
前景。很显然，“夫妻和睦”更容易获得外界的尊重，使其纵横驰骋在各个领域。

从理论上计算，离子液体大约能组合 10^{18} 种，比有机溶剂更具多样性，虽然已经投入实际应用的远没有这么多，但这仍然为化工行业提供了极为丰富的选择。例如，许多化工生产都需要使用催化剂，在传统的工艺中，通常是将催化剂溶解在溶剂中，但现在可以通过调整化学结构，让离子液体身兼溶剂和催化剂两种角色，从而简化反应流程。

离子液体在天然高分子中的应用最初是对小分子糖类有溶解作用，后来发现对淀粉等大分子也有溶解作用，直到美国阿拉巴马大学的 Rogers 教授发现离子液体还可以溶解纤维素，从此离子液体在天然高分子中的应用受到越来越多的关注。离子液体对纤维素溶解的优越性足以弥补纤维素溶解存在的缺憾。Myllymake 将离子液体用于制浆造纸，能有效地脱除植物纤维原料中的木质素和半纤维素。相比于传统的制浆造纸技术，该工艺条件温和，而且更加绿色环保。

中国科学院化学研究所张军课题组以自然界中储量最大的纤维素为原料，以新型绿色环保的“离子液体”为溶剂，开发了通过调控再生工艺制备透明、柔性、具有可调的三维纳米孔结构和高孔隙率的纤维素气凝胶的简便方法。在此基础上，他们利用气凝胶中三维纳米孔结构作为锂离子传输通道，成功地将纤维素气凝胶膜应用于锂离子电池。

2017 年，希腊科学家开发了一种从铝土矿渣中溶解和分离稀土元素的简单方法。此方法使用离子液体而不是传统溶剂，可以选择性地浸出稀土元素，而不需要将所有矿渣溶解。将铝土矿渣倒入含有离子液体溶液的反应器中，几个小时后稀土元素可完全溶解在离子液体中，在过滤后的液体中加入一些酸即可使离子液体恢复到可再次使用的状态，剩下的则是含稀土元素的提取物。由于离子液体具有不易燃和不挥发的特性，因此可在更高的温度下工作，而不会带来火灾或健康危害。

离子液体已经在聚合反应、选择性烷基化和胺化反应、酰基化反应、酯化反应、化学键的重排反应、室温和常压下的催化加氢反应、烯烃的环氧化反应、电化学合成、支链脂肪酸的制备等方面得到应用，并显示出反应速率快、转化率高、反应选择性高、催化体系可循环重复使用等优点。此外，离子液体在溶剂萃取、物质的分离和纯化、废旧高分子化合物的回收、燃料电池和太阳能电池、工业废气中二氧化碳的提取、地质样品的溶解、核燃料和核废料的分离与处理等方面也显示出潜在的应用前景。随着人们对离子液体认识的不断深入，相信离子液体这对“模范夫妻”作为绿色溶剂的大规模工业应用指日可待，并给人类带来一个面貌全新的绿色化学高科技产业。

习　题

1. 潜水员的肺中可容纳 $6.0dm^3$ 的空气，在某深海中的压力为 980kPa。在 37℃条件下，如果潜水员很快升至水面，压力为 100kPa，则他的肺将膨胀至多大体积？这样安全吗？

(59dm^3，不安全)

2. 某气体化合物是氮的氧化物，其中含氮的质量分数 w(N)为 30.5%。某一容器中充有该氮氧化物的质

量是 4.107g，其体积为 0.500dm^3，压力为 202.65kPa，温度为 0℃。试求：

(1) 在标准状况下该气体的密度。

(2) 该氧化物的相对分子质量 M_r 和化学式。

(4.11kg · m^{-3}；92.0，N_2O_4)

3. 在实验室中用排水集气法收集制取氢气。在 23℃、100.5kPa 压力下，收集了 370.0cm^3 的气体(23℃时，水的饱和蒸气压为 2.800kPa)。试求：

(1) 23℃时该气体中氢气的分压。

(2) 氢气的物质的量。

(3) 若在收集氢气之前，集气瓶中已充有干燥氮气 20.0cm^3，其温度也是 23℃，压力为 100.5kPa；收集氢气之后，气体的总体积为 390.0cm^3。计算此时收集的氢气分压，与(2)相比，氢气的物质的量是否发生变化？

(97.7kPa；0.0147mol；92.7kPa，不变)

4. 为了行车安全，可在汽车上装备安全气囊，以便遭到碰撞时使司机不受到伤害。这种安全气囊是用氮气填充的，所用氮气由叠氮化钠与三氧化二铁在火花的引发下反应生成。总反应为

$$6NaN_3(s) + Fe_2O_3(s) \longrightarrow 3Na_2O(s) + 2Fe(s) + 9N_2(g)$$

在 25℃、9.97×10^{4}Pa 下，要产生 75.0dm^3 的 N_2 需要叠氮化钠的质量是多少？

(131g)

5. 在质量摩尔浓度为 1.00mol · kg^{-1} 的 NaCl 水溶液中，溶质的摩尔分数 x_B 和质量分数 w_B 分别为多少？

(0.0177，5.53%)

6. 30%的盐酸溶液，密度为 1.15g · cm^{-3}，其物质的量浓度 c_B 和质量摩尔浓度 b_B 分别为多少？

(9.45mol · L^{-1}，11.7mol · kg^{-1})

7. 下列四种配合物 $K_2[MnF_6]$、$[Co(NH_3)_6]Cl_3$、$[Cr(NH_3)_6]Cl_3$ 和 $K_4[Fe(CN)_6]$，相同浓度水溶液导电能力最强和最弱的分别是哪一个？

($K_4[Fe(CN)_6]$，$K_2[MnF_6]$)

8. 给出下列化合物的中文名称。

$FeCl_3$　　$KMnO_4$　　K_2MnO_4　　$K_2Cr_2O_7$　　K_2CrO_4　　CuCl　　HBrO

$H_2S_2O_7$　　$HBrO_4$　　$HBrO_3$　　$HBrO_2$　　$Na_2S_2O_3$　　$(NH_4)_2S_2O_8$

9. 填表。

化学式	名称	中心原子	配位体	配位原子	配位数	配离子电荷
$[Pt(NH_3)_4(NO_2)Cl]SO_4$						
$[Ni(en)_3]Cl_2$						
$[Fe(EDTA)]^{2-}$						
	四异硫氰根 · 二氨合钴(Ⅲ)酸铵					
	二氯化亚硝酸根 · 三氨 · 二水合钴(Ⅲ)					
	三草酸根合钴(Ⅲ)配离子					

10. 将 12mL 0.01mol · L^{-1} 的 KCl 溶液和 100mL 0.005mol · L^{-1} 的 $AgNO_3$ 溶液混合以制备 AgCl 溶胶，写出其胶团结构，通电后胶粒向正极移动还是向负极移动?

11. 胶体有哪些稳定性因素？产生这些稳定性因素的原因是什么？

12. 胶粒带电的原因有哪些?

第 2 章　化学反应基本规律

人类生活在丰富多彩、不断变化的物质世界之中，而化学变化是物质变化的两大基本类型之一。尽管物质的种类极其繁多，彼此间的化学反应错综复杂，但随着化学学科的发展，化学家对化学反应的基本规律已经有了相当清晰的认识。掌握了这些基本规律，就可以控制化学反应向有利于人类的方向发展，使化学为人类的进步做出更大的贡献。

化学反应的基本规律主要包括以下几个方面：

(1) **化学反应的质量和能量守恒问题**。某化学反应进行时反应物与产物的质量之间存在怎样的消长关系？反应进行时是吸热还是放热？反应热是多少？

(2) **化学反应的方向和限度问题**。某化学反应在一定条件下方向如何？限度多大？

(3) **化学反应的速率和机理问题**。某化学反应在一定条件下速率有多大？反应条件对反应速率有何影响？反应的机理如何？

在自然科学中，研究热与其他形式能量之间转化规律的科学称为热力学。而利用热力学原理和方法研究化学问题，就形成了化学热力学。因此，能量守恒与反应方向和限度问题属于化学热力学的研究范畴，反应速率和机理问题属于另一门科学——化学动力学的研究范畴，这两个化学的分支学科涉及的内容既广且深，在无机化学中只能介绍其中最基本的概念、理论及方法，因此本章标题为“化学反应基本规律”。掌握本章的知识，对于学好无机化学是十分必要的。

2.1　几个热力学基本概念

为使我们在讨论化学热力学问题时有共同语言，先来学习几个基本概念。

2.1.1　系统与环境

任何物质总是和它周围的其他物质相联系着。为了科学研究的需要，常需要划定待研究物质的范围，即把被研究的对象和周围的物质划分开来。这种被划定的研究对象称为**系统**；而系统以外且与系统密切相关的其他物质称为**环境**。

例如，研究物质在水溶液中的反应时，溶液就称为系统；而烧杯、溶液上方的空气则称为环境。

按照系统与环境之间物质和能量的交换关系，通常将系统分为三类：

敞开系统　系统与环境之间既有能量交换，又有物质交换。

封闭系统　系统与环境之间有能量交换，但没有物质交换。

孤立系统　系统与环境之间既无能量交换，又无物质交换。

例如，当以热水为系统时，若将热水放入敞口杯中便属于敞开系统；若放入密封玻璃瓶中便属于封闭系统；若放入隔热良好的保温瓶中则可近似看作是孤立系统。

在无机化学中，我们主要研究封闭系统。

2.1.2　状态与状态函数

系统的**状态**是系统物理性质和化学性质的综合表现。例如，气体的状态可由压力 p、体积 V、温度 T 及各组分的物质的量 n_i 来确定，当这些参数都有确定值时，就说系统处在一定的状态；如果其中的一个或几个参数发生变化，系统就由一种状态转变为另一种状态。

热力学中把描述系统状态的物理量称为**状态函数**。它的特征是：

(1) 系统的状态一定时，状态函数有单一确定值。

(2) 系统的状态变化时，状态函数的改变量只取决于系统的始态和终态，而与变化的途径无关。

状态函数的特征是热力学方法的重要基础，也是进行热力学计算的依据。掌握状态函数的特征，对于学习化学热力学是很重要的。

2.1.3　过程与途径

系统状态的变化称为**热力学过程**，简称**过程**。根据系统与环境之间能量传递的条件，可将过程分成若干类型。例如：

恒温过程　T(始态) = T(终态) = T(环境) = 常数

恒压过程　p(始态) = p(终态) = p(环境) = 常数

恒容过程　V=常数

系统完成一个过程，可以经历不同的具体路线或步骤，这些具体路线或步骤称为**途径**。

例如，1mol 理想气体，从始态(p_1, V_1, T_1)变为终态(p_2, V_2, T_2)，可以有很多种途径，如下所示：

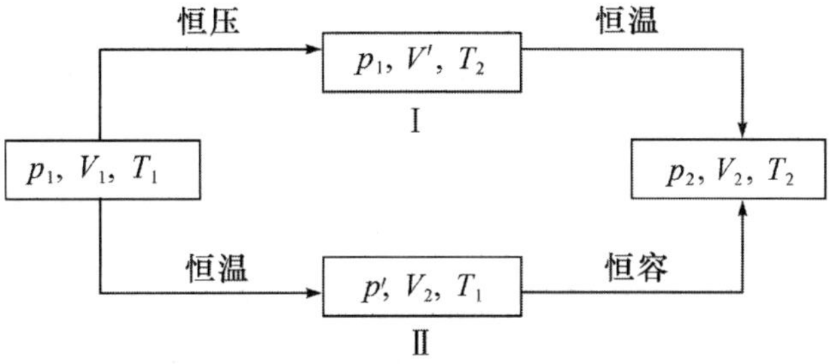

其中，Ⅰ和Ⅱ就是两种不同途径。虽然途径有所不同，但由于始、终态相同，因而状态函数的改变量相同，即

$$\Delta p = p_2 - p_1$$

$$\Delta V = V_2 - V_1$$

$$\Delta T = T_2 - T_1$$

而对于非状态函数(如后面介绍的热和功)，其数值取决于系统变化所经历的具体途径，必须根据具体途径来计算。

2.1.4　相

相是指系统中任何物理性质和化学性质都完全相同的部分。只有一个相的系统称为**单相系统**。含有两个相或多于两个相的系统称为**多相系统**。在多相系统中，相与相之间有明确的界面。对于相这个概念，要分清以下几种情况。

(1) 一个相不一定只由一种物质组成。例如，气体混合物虽然由几种物质混合而成，但各种物质都是以分子状态均匀分布的，性质完全相同，没有界面存在，因而属于单相系统。同理，溶液也属于单相系统。

(2) 同一种物质在不同条件下可以形成不同的相和具有不同的相数。例如，H_2O 在101.325kPa下，温度高于373.15K时以气相(水蒸气)存在，等于373.15K时为气–液两相(水蒸气和水)平衡共存，而在273.15K和373.15K之间时以液相(水)存在。

(3) 要注意“相”和“聚集状态”的区别。聚集状态相同的物质在一起，并不一定是单相系统。例如，一个油水分层的系统，虽然都是液态，但两液层的物理性质和化学性质截然不同，因而有两个相。

2.2　化学反应中的质量守恒和能量守恒

从原子和分子的观点来看，化学反应是反应物分子的化学键发生断裂，所含各原子重新组合生成产物分子的过程。因而，在化学反应中一方面有新的物质产生，另一方面还伴随着能量变化。尽管化学反应千差万别，但是它们都遵循着两个最基本的定律，这就是质量守恒定律和能量守恒定律。

2.2.1　化学反应中的质量守恒定律　反应进度

1. 化学反应中的质量守恒定律

实验证明，参加化学反应的各物质的质量总和，等于反应后生成的各物质的质量总和。这就是1756年罗蒙诺索夫(Ломоносов，俄)首先提出的**质量守恒定律**[①]。

以合成氨的反应为例：

$$N_2 + 3H_2 \xlongequal{} 2NH_3$$

若按国际标准应改写为

$$0 = 2NH_3 - N_2 - 3H_2$$

此反应方程式表述了反应物与产物之间的原子数目和质量的平衡关系，称为**化学反应计量方程式**。它是质量守恒定律在化学变化中的具体体现。

若以B表示物质(反应物或产物)，则任一化学反应的化学计量方程式可用如下的通式表示：

$$0 = \sum_B \nu_B B \qquad (2\text{-}1)$$

式中，ν_B为物质B的**化学计量数**，是量纲为一的量。对于反应物(如N_2、H_2)，ν_B取负值；对于产物(如NH_3)，ν_B取正值。

2. 反应进度

反应进度是描述化学反应进行程度的物理量，常用符号ξ表示。对于任一化学反应：

① 不过罗蒙诺索夫的这一发现当时并没有引起科学界的注意。直到1777年，拉瓦锡(Lavoisier，法)再次用实验证明了化学反应中的质量守恒定律，这一定律才获得公认。

$$0=\sum_{B}\nu_B B$$

反应进度定义为

$$\xi=\frac{n_B(\xi)-n_B(0)}{\nu_B} \tag{2-2}$$

式中，$n_B(0)$为$\xi=0$时 B 的物质的量；$n_B(\xi)$为$\xi=\xi$时 B 的物质的量。显然，反应进度ξ的量纲为 mol。

以合成氨反应为例，对于反应式：

$$N_2(g)+3H_2(g) \xlongequal{} 2NH_3(g)$$

	N_2	H_2	NH_3
$n_B(0)$/mol	3.0	8.0	0
$n_B(\xi)$/mol	2.0	5.0	2.0

则

$$\xi=\frac{n_{N_2}(\xi)-n_{N_2}(0)}{\nu_{N_2}}=\frac{2.0\text{mol}-3.0\text{mol}}{-1}=1.0\text{mol}$$

ξ等于 1.0mol，表示按照化学反应计量方程式进行了 1.0mol 反应，即表示 1.0mol N_2和 3.0mol H_2反应生成了 2.0mol 的 NH_3。

需要说明的是，由于化学反应遵循质量守恒定律，各物质的改变量必然彼此相关，因此对于同一化学反应计量方程式，选用哪一种物质来计算某一时刻的反应进度所得结果都是相同的。这是因为反应进度实际上是以化学反应计量方程式整体作为一个特定组合单元来表示反应进行程度的。

2.2.2 热力学第一定律

热力学第一定律即能量守恒和转化定律①。热力学第一定律与热力学第二定律一起构成了热力学的理论基础。

1. 热力学第一定律的表述

在任何过程中，能量是不会自生自灭的，只能从一种形式转化为另一种形式，或从一个物体传递给另一个物体，但在转化和传递过程中总能量恒定不变。

热力学第一定律是经过长期的生产实践和科学实验证明的普遍适用的基本定律，恩格斯称它为 19 世纪具有决定意义的三大发现之一。

2. 热力学中能量的划分

热力学中把能量分为系统内部的能量(热力学能)和系统与环境交换的能量(热和功)两大部分。

① 最早提出这一定律的人是德国物理学家迈耶(Mayer)，但当时他的观点不仅没有得到承认，还招来了一些攻击。再加上家庭频遭变故，他的精神终于被击垮，以致跳楼摔成残疾。后来，焦耳(Joule，英)和汤姆孙(Thomson，英)等经过多年研究，终于在 1853 年完成了能量守恒和转化定律的精确表述。

1) 热力学能

系统内部各种能量的总和称为**热力学能**，也称**内能**，通常用符号 U 来表示。

热力学能包括系统内部分子(或离子、原子)的平动能、转动能、振动能，分子间势能，原子间键能，电子运动能，原子核能等。

热力学能属于系统自身的性质，是系统的状态函数，在一定状态下应具有一定的数值。但由于微观粒子运动的复杂性，人们对于物质结构层次的认识尚未终结，因此热力学能的绝对值目前还无法实验测定，但其改变量ΔU值是可以计算的。

2) 热和功

热和功是系统状态发生变化时系统与环境之间交换能量的两种形式。

(1) 热。当系统与环境之间存在温度差时，系统与环境之间所交换的能量称为**热**，通常用符号 Q 来表示。

热力学规定，系统从环境吸热，热为正值，即 $Q>0$；系统放热给环境，热为负值，即 $Q<0$。

(2) 功。除热以外，系统与环境之间的一切能量交换形式统称为**功**，通常用符号 W 来表示。

热力学规定，系统对环境做功，功为负值，即 $W<0$；环境对系统做功，功为正值，即 $W>0$。

功又可分为**体积功**和**非体积功**。前者指由于系统体积变化反抗外力作用而与环境交换的功，而后者则是除体积功以外的功的总称，如电功等。非体积功用符号 W' 来表示。在通常的化学反应系统(不包括原电池和电解池)中只涉及体积功。下面讨论气体反抗恒外压膨胀时的体积功。

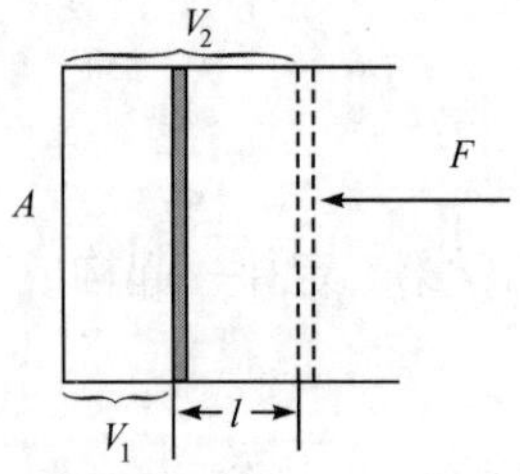

图 2-1　体积功示意图

如图 2-1 所示，一定量的气体被截面积为 A 的活塞密封在气缸里，气缸外有一热源。当热源对气缸加热时，气体将推动活塞移动距离 l，气体的体积由 V_1 膨胀到 V_2，反抗恒定的外力 F 做功。若恒定外力来自环境的压力 $p_{外}$，同时忽略活塞自身的质量及其与气缸壁之间的摩擦力，注意此时系统是对环境做功，W 取负值，则

$$p_{外} = \frac{F}{A} = \frac{Fl}{Al} = \frac{-W}{V_2 - V_1}$$

所以体积功为

$$W = -p_{外}(V_2 - V_1) = -p_{外}\Delta V \tag{2-3}$$

式(2-3)是计算恒外压过程体积功的基本公式。

由于热和功作为系统与环境之间能量交换的两种形式只有当系统状态发生变化时才会出现，所以它们不是系统的性质，当然也就不是状态函数。因此，对于相同的始、终态来说，只要途径不同，热和功的数值就可能不同。

3. 热力学第一定律数学表达式

设有一个封闭系统，始态热力学能为 U_1，该系统从环境吸热 Q，同时环境对系统做功 W，结果系统从始态变化到终态，热力学能变为 U_2，根据能量守恒定律，应有

$$\Delta U = U_2 - U_1 = Q + W \tag{2-4}$$

式(2-4)即为热力学第一定律的数学表达式。

例 2-1　某系统从始态变到终态，从环境中吸热 200J，同时对环境做功 300J，求系统的热力学能变。

解　由热力学第一定律的数学表达式，得

$$\Delta U = Q + W = 200\text{J} + (-300\ \text{J}) = -100\text{J}$$

2.2.3　化学反应的反应热

热是化学反应过程中系统与环境进行能量交换的主要形式。通常把反应过程中只做体积功，且始态和终态具有相同温度时，系统所吸收或放出的热量称为**化学反应的热效应，**简称**反应热**。根据反应条件的不同，反应热又分为恒容反应热和恒压反应热。

1. 恒容反应热

恒容条件下反应的热效应，称为**恒容反应热**，用符号 Q_V 来表示，其中下标 V 表示恒容过程。

对于刚性密闭容器中进行的化学反应，$\Delta V=0$，即系统与环境之间彼此不做体积功，由于已假定反应中不存在非体积功，故有 $W=0$，根据热力学第一定律表达式可得

$$\Delta_r U = Q + W = Q_V \tag{2-5}$$

式中，$\Delta_r U$ 为反应的热力学能改变量，其中下标 r 代表反应(reaction)。

式(2-5)说明，在不做非体积功的恒容反应系统中，反应的热效应在数值上等于热力学能的改变量。

利用弹式热量计可以测定有机物燃烧反应的恒容反应热[①]。

2. 恒压反应热与焓

恒压条件下反应的热效应，称为**恒压反应热**，用符号 Q_p 来表示，其中下标 p 表示恒压过程。

如果化学反应系统的变化为不做非体积功的恒压过程，则

$$\Delta_r U = Q_p - p_{外}\Delta V$$

$$U_2 - U_1 = Q_p - p_{外}(V_2 - V_1) = Q_p - p_2V_2 + p_1V_1$$

$$(U_2 + p_2V_2) - (U_1 + p_1V_1) = Q_p \tag{2-6}$$

由于 U、p、V 均为状态函数，故$(U+pV)$也是状态函数，热力学中定义为焓，用 H 表示，即

$$H = U + pV \tag{2-7}$$

H 的数值取决于系统的状态，ΔH 取决于始、终态，而与途经无关，H 的绝对值无法确定。由式 (2-6)可知

$$\Delta_r H = H_2 - H_1 = Q_p \tag{2-8}$$

式中，$\Delta_r H$ 为反应的焓的改变量。

式(2-8)说明，在不做非体积功的恒压反应系统中，反应的热效应在数值上等于焓的改变量。

由于反应大多是在恒压、不做非体积功的条件下进行的，所以反应的焓变 $\Delta_r H$ 是最常用的反应热。

3. 恒压反应热与恒容反应热的关系

对于恒温恒压，不做非体积功的化学反应：

---

① 参见：宋天佑，程鹏，王杏乔，等. 无机化学(上册). 2 版. 北京：高等教育出版社，2009 : 39。

$$aA + bB \longrightarrow gG + hH$$

为了导出恒压反应热与恒容反应热之间的关系，可设计如下过程：

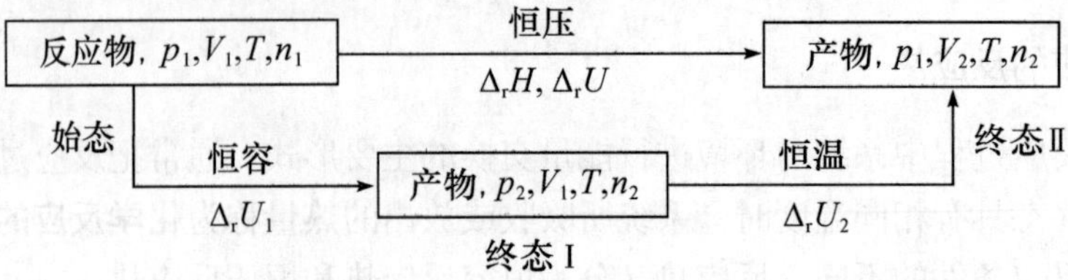

由焓的定义式可知

$$\Delta_r H = \Delta_r U + \Delta_r(pV)$$

或

$$Q_p = \Delta_r U_1 + \Delta_r U_2 + \Delta_r(pV) = Q_V + \Delta_r U_2 + \Delta_r(pV) \tag{2-9}$$

式中，$\Delta_r(pV)$等于产物(终态Ⅱ)与反应物(始态)的(pV)之差。

若反应系统中各物质为液体或固体，则终态Ⅰ与终态Ⅱ基本上没有区别，$\Delta_r U_2 \approx 0$，而产物的pV之和与反应物的pV之和也相差无几，$\Delta_r(pV)$可忽略不计，所以

$$Q_p \approx Q_V \tag{2-10}$$

若反应有气体参加，且可视作理想气体，则由于理想气体分子之间没有作用力，其热力学能与分子的平均距离即压力无关，故只是温度的函数，所以$\Delta_r U_2=0$，这样式(2-9)变为

$$Q_p = Q_V + \Delta_r(nRT) = Q_V + RT\Delta n \tag{2-11}$$

或

$$\Delta_r H = \Delta_r U + RT\Delta n \tag{2-12}$$

式中，Δn为反应前后气体物质的物质的量之差。由于$\Delta_r H$、$\Delta_r U$这样的热力学函数改变量其数值大小与反应进度有关，因此引入反应进度为 1mol 时的热力学函数变是很有必要的。例如，定义

$$\Delta_r H_m = \frac{\Delta_r H}{\xi} \tag{2-13}$$

式中，$\Delta_r H_m$为反应的**摩尔焓变**，单位 $J \cdot mol^{-1}$ 或 $kJ \cdot mol^{-1}$，它表示反应进度为 1mol 时反应的焓变，下标 m 表示反应进度为 1mol。同理，$\Delta_r U_m$表示反应的**摩尔热力学能变**。这样，将式(2-12)除以ξ便得到

$$\Delta_r H_m = \Delta_r U_m + RT\Delta\nu \tag{2-14}$$

式中，$\Delta\nu$为反应前后气体物质的化学计量数的改变量。

例 2-2　298K 时，用弹式热量计测得 1mol 正庚烷完全燃烧变为 CO_2 (g)和 H_2O(l)的反应热 $Q_V = -4807.12kJ \cdot mol^{-1}$，求其$Q_p$值。

解　$$C_7H_{16}(l) + 11O_2(g) \longrightarrow 7CO_2(g) + 8H_2O(l)$$

$$\begin{aligned} Q_p &= Q_V + RT\Delta\nu \\ &= -4807.12kJ \cdot mol^{-1} + 8.314 \times 10^{-3} kJ \cdot mol^{-1} \cdot K^{-1} \times 298\,K \times (-4) \\ &= -4817.03kJ \cdot mol^{-1} \end{aligned}$$

2.2.4　反应热的计算

1. 赫斯定律

早期的反应热效应数据都是通过实验直接测定的。1840 年赫斯(Гесс，俄)在总结了大量反应热效应实验数据的基础上提出了**赫斯定律**：在恒压或恒容条件下，一个化学反应不管是一步完成或是分几步完成，其过程总的热效应都是相同的。

已知热不是状态函数，其数值与途径有关，而赫斯定律却指出反应热与反应所经历的途径无关，这二者之间是否矛盾？这个疑问在热力学第一定律提出以后得到了圆满的解释。

事实上，化学反应一般都是在恒压、不做非体积功，或恒容、不做非体积功的条件下进行的，在前一种情况下 $Q_p=\Delta_r H$，在后一种情况下 $Q_V=\Delta_r U$。由于 $\Delta_r H$ 和 $\Delta_r U$ 都是状态函数的改变量，与反应所经历的途径无关，所以反应热也就与反应所经历的途径无关。由此可见，赫斯定律是热力学第一定律的必然结果。

赫斯定律的提出，为间接计算一些很难用实验方法测定的反应的热效应提供了可能，由此奠定了热化学的基础。例如，在煤气生产中，下列反应是很重要的：

$$C(s)+\frac{1}{2}O_2(g) = CO(g) \qquad Q_p=?$$

工厂设计时需要参考该反应的热效应，而实验却难以测定，原因是反应过程中不可避免会生成 CO_2。但根据赫斯定律，在 100kPa 和 298.15K 时，可将此反应分成两步来完成：

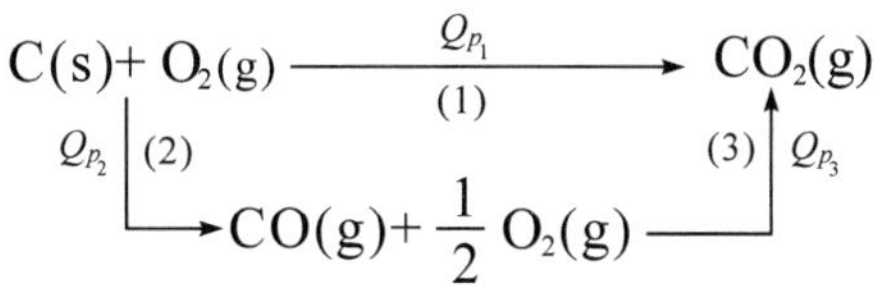

反应(1)和反应(3)的热效应都很容易测得，其中 $Q_{p_1}=-393.5\text{kJ}\cdot\text{mol}^{-1}$，$Q_{p_3}=-283.0\text{kJ}\cdot\text{mol}^{-1}$，因为

$$\text{反应}(1)=\text{反应}(2)+\text{反应}(3)$$

根据赫斯定律，有

$$Q_{p_1}=Q_{p_2}+Q_{p_3}$$

故

$$Q_{p_2}=Q_{p_1}-Q_{p_3}=-110.5\text{kJ}\cdot\text{mol}^{-1}$$

应用赫斯定律时应当注意，反应式如何组合，则反应热也应当如何组合。

2. 标准摩尔生成焓与反应的标准摩尔焓变

利用赫斯定律可由若干已知相关反应的热效应来间接计算某一指定反应的热效应，然而这需要知道许多反应的热效应，并找出已知反应与未知反应之间的关系，这些过程有时候是相当复杂的，显然很有必要建立一种利用最少数目的相关反应的反应热数据来计算任一反应的反应热的方法。

1) 标准摩尔生成焓

恒温恒压下化学反应的热效应($\Delta_r H_m$)等于产物焓的总和减去反应物焓的总和。如果能够知道参加反应的各个物质的焓值，$\Delta_r H_m$ 就可直接计算求得。然而，如前所述，焓的绝对值至今尚无法确定。为此，人们采用了相对值的办法，规定了物质的相对焓值。

以碳酸钙分解反应为例：

$$CaCO_3(s) = CaO(s) + CO_2(g) \quad (1)$$

可以把它看作是由以下三个反应组合而成的：

$$Ca(s) + C(\text{石墨}, s) + \frac{3}{2}O_2(g) = CaCO_3(s) \quad (2)$$

$$Ca(s) + \frac{1}{2}O_2(g) = CaO(s) \quad (3)$$

$$C(\text{石墨}, s) + O_2(g) = CO_2(g) \quad (4)$$

显然，反应(1)=反应(4)–反应(2)+反应(3)。若能设法得到反应(2)、(3)、(4)的焓变，就可以根据赫斯定律计算出反应(1)的焓变。这里，反应(2)、(3)、(4)的焓变也可以分别看作是 $CaCO_3(s)$、$CaO(s)$和 $CO_2(g)$相对于合成它们的单质的相对焓值。

化学热力学规定：在某温度和标准态下，由各种元素的指定单质生成单位物质的量的纯物质时反应的焓变称为该物质的**标准摩尔生成焓**，记作 $\Delta_f H_m^\ominus$，其中下标 f 表示生成(formation)，上标“$\ominus$”表示物质处于标准态。

物质的标准态是热力学中为了方便确定或计算热力学函数的改变量所选定的一些状态。气体的标准态是指压力为标准压力 $p^\ominus$($p^\ominus$=100kPa)下的纯理想气体，或混合气体中分压为 $p^\ominus$ 的理想气体组分的状态；液体或固体的标准态是指压力为 $p^\ominus$下的纯液体或纯固体；溶液中溶质的标准态是指压力为 $p^\ominus$，浓度为标准质量摩尔浓度 $b^\ominus$($b^\ominus$=1mol · kg^{-1})的状态，而 $b^\ominus$在实际工作中又经常用标准物质的量浓度 $c^\ominus$($c^\ominus$=1mol · L^{-1})来代替。

热力学中对各种**元素的指定单质**有明确的规定。大多数情况下选择某元素在标准态下的最稳定状态为指定单质。例如，常温下，碳的指定单质是石墨，而不是金刚石；氧的指定单质是 $O_2(g)$，而不是 $O_2(l)$、$O_2(s)$和 O_3；碘的指定单质则是 $I_2(s)$。但也有例外，例如，尽管白磷不如红磷和黑磷稳定，但热力学中仍规定白磷作为磷的指定单质。

化学中通常将298.15K时物质的标准摩尔生成焓 $\Delta_f H_m^\ominus$(298.15K)汇编成表，供人们查阅。

由标准摩尔生成焓的定义可推知：**指定单质的标准摩尔生成焓为零**。

例如，在 298.15K、100kPa 下，反应：

$$C(\text{石墨}) + O_2(g) = CO_2(g) \quad \Delta_r H_m^\ominus = -393.5\text{kJ} \cdot \text{mol}^{-1}$$

其中

$$\Delta_f H_m^\ominus(C,\ \text{石墨}) = 0\text{kJ} \cdot \text{mol}^{-1}$$

$$\Delta_f H_m^\ominus(O_2, g) = 0\text{kJ} \cdot \text{mol}^{-1}$$

$$\Delta_f H_m^\ominus(CO_2, g) = -393.5\text{kJ} \cdot \text{mol}^{-1}$$

对于水合离子的相对焓值，热力学中还规定**水合氢离子的标准摩尔生成焓为零**，即 $\Delta_f H_m^\ominus(H^+，aq，298.15K) = 0$，据此可比较出其他水合离子在 298.15K 时的标准摩尔生成焓。

本书附录 8 中给出了一些物质的标准摩尔生成焓。

2) 反应的标准摩尔焓变

应用物质的标准摩尔生成焓数据可以很方便地计算化学反应的热效应。对于任一反应，可以设计成如下两种途径：

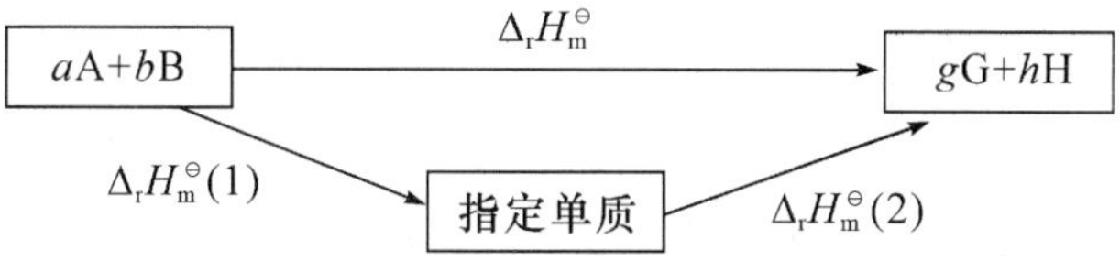

根据赫斯定律，有

$$\begin{aligned}\Delta_r H_m^\ominus &= \Delta_r H_m^\ominus(1) + \Delta_r H_m^\ominus(2)\\ &= -[a\Delta_f H_m^\ominus(A) + b\Delta_f H_m^\ominus(B)] + [g\Delta_f H_m^\ominus(G) + h\Delta_f H_m^\ominus(H)]\\ &= [g\Delta_f H_m^\ominus(G) + h\Delta_f H_m^\ominus(H)] - [a\Delta_f H_m^\ominus(A) + b\Delta_f H_m^\ominus(B)]\end{aligned}$$

或

$$\Delta_r H_m^\ominus = \sum_B \nu_B \Delta_f H_m^\ominus(B) \tag{2-15}$$

式(2-15)表示，反应的标准摩尔焓变等于产物的标准摩尔生成焓之和减去反应物的标准摩尔生成焓之和。

例 2-3　绿色植物在太阳光作用下，借助于叶绿素可以将空气中的 CO_2 和 H_2O 转化为碳水化合物，同时放出 O_2，这个过程称为光合作用，可以用下列热化学方程式表示：

$$6CO_2(g) + 6H_2O(l) = C_6H_{12}O_6(s) + 6O_2(g)$$

这是生命世界最重要、最基本的化学反应之一。按此化学方程式计算，在 298.15K、标准态下，每生成 100kg 葡萄糖，需要吸收多少千焦太阳能(已知葡萄糖的标准摩尔生成焓为 $-1274.45\ kJ\cdot mol^{-1}$)?

解　首先查出各物质的标准摩尔生成焓，然后代入式(2-15)计算 $\Delta_f H_m^\ominus$。

	$6CO_2(g)$	$+\ 6H_2O(l)$	$=\ C_6H_{12}O_6(s)$	$+\ 6O_2(g)$
$\Delta_f H_m^\ominus(298.15K)/(kJ\cdot mol^{-1})$	−393.5	−285.8	−1274.45	0

$$\begin{aligned}\Delta_r H_m^\ominus &= [\Delta_f H_m^\ominus(C_6H_{12}O_6) + 6\Delta_f H_m^\ominus(O_2)] - [6\Delta_f H_m^\ominus(CO_2) + 6\Delta_f H_m^\ominus(H_2O)]\\ &= [(-1274.45kJ\cdot mol^{-1}) + 6\times 0kJ\cdot mol^{-1}] - [6\times(-393.5kJ\cdot mol^{-1}) + 6\times(-285.8kJ\cdot mol^{-1})]\\ &= 2801.7kJ\cdot mol^{-1}\end{aligned}$$

$C_6H_{12}O_6$ 的相对分子质量为 180，每生成 100kg 葡萄糖需要吸收的太阳能为

$$\Delta_r H^\ominus = 2801.7kJ\cdot mol^{-1}\times 100000g/(180g\cdot mol^{-1}) = 1.5565\times 10^6\ kJ$$

3. 标准摩尔燃烧焓与反应的标准摩尔焓变

大多数有机化合物难以从单质直接合成，其标准摩尔生成焓数据不易得到。但有机化合物大多易燃，且燃烧反应的热效应很容易实验测定。

化学热力学规定，1mol 物质在标准压力下完全燃烧时的热效应称为该物质的**标准摩尔燃烧焓**，用符号 $\Delta_c H_m^\ominus$ 表示。

完全燃烧是指对燃烧产物做出严格的规定。具体说就是：C 变为 $CO_2(g)$；H 变为 $H_2O(l)$；N 变为 $N_2(g)$；S 变为 $SO_2(g)$；Cl 变为 HCl(aq)。这也意味着 $CO_2(g)$、$H_2O(l)$、$N_2(g)$、$SO_2(g)$、HCl(aq)等物质的标准摩尔燃烧焓等于零。

通过如下过程可以推导出反应的标准摩尔焓变与物质的标准摩尔燃烧焓之间的关系：

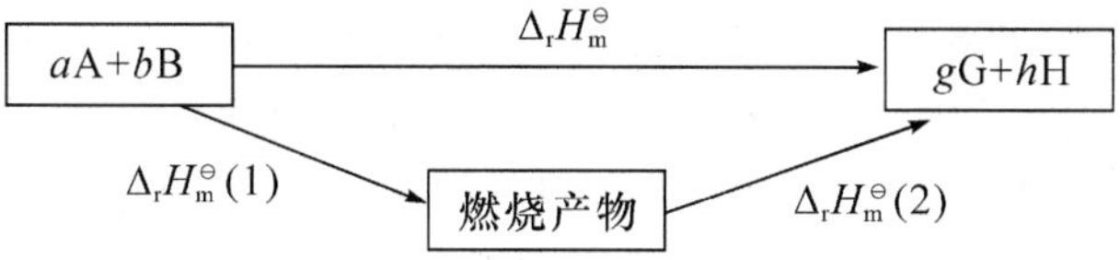

$$\begin{aligned}\Delta_r H_m^\ominus &= \Delta_r H_m^\ominus(1) + \Delta_r H_m^\ominus(2) \\ &= [a\Delta_c H_m^\ominus(A) + b\Delta_c H_m^\ominus(B)] - [g\Delta_c H_m^\ominus(G) + h\Delta_c H_m^\ominus(H)] \\ &= \sum \nu_i \Delta_c H_m^\ominus(\text{反应物}) - \sum \nu_j \Delta_c H_m^\ominus(\text{产物}) \\ &= -\sum_B \nu_B \Delta_c H_m^\ominus(B)\end{aligned} \tag{2-16}$$

即反应的标准摩尔焓变等于反应物的标准摩尔燃烧焓之和减去产物的标准摩尔燃烧焓之和。应用时要注意式(2-15)与式(2-16)的区别。

表 2-1 给出了 298.15K 时一些物质的标准摩尔燃烧焓。

表 2-1　一些物质的标准摩尔燃烧焓(298.15K)

物质	$\Delta_c H_m^\ominus$ /(kJ · mol^{-1})	物质	$\Delta_c H_m^\ominus$ /(kJ · mol^{-1})
$H_2(g)$	−285.8	$HCOOH(l)$	−254.62
C(石墨)	−393.5	$CH_3COOH(l)$	−874.2
$CO(g)$	−283.0	$(COOH)_2(s)$(草酸)	−245.6
$CH_4(g)$	−890.36	$C_6H_6(l)$	−3267.6
$C_2H_6(g)$	−1559.83	$C_6H_5CHO(l)$	−3527.9
$C_3H_8(g)$	−2219.9	$C_6H_5OH(s)$	−3053.5
$HCHO(g)$	−570.77	$C_6H_5COOH(s)$	−3226.9
$CH_3CHO(l)$	−1166.38	$CO(NH_2)_2(s)$(尿素)	−631.7
$CH_3OH(l)$	−726.51	$C_6H_{12}O_6$(葡萄糖)	−2803.0
$C_2H_5OH(l)$	−1366.8	$C_{12}H_{22}O_{11}$(蔗糖)	−5640.9

例 2-4　已知葡萄糖和乙醇的标准燃烧热分别为−2803.0kJ · mol^{-1} 和−1366.8kJ · mol^{-1}，试求 298.15K、$p^\ominus$ 时由葡萄糖发酵生成 1mol 乙醇时的 $\Delta_r H_m^\ominus$。

解　葡萄糖发酵生成乙醇反应为

$$C_6H_{12}O_6(s) \xlongequal{} 2C_2H_5OH(l)+2CO_2(g)$$

或写成

$$\frac{1}{2}C_6H_{12}O_6(s) \xlongequal{} C_2H_5OH(l)+CO_2(g)$$

因此

$$\begin{aligned}\Delta_r H_m^\ominus &= \Delta_c H_m^\ominus(\text{葡萄糖}) - \Delta_c H_m^\ominus(\text{乙醇}) - \Delta_c H_m^\ominus(CO_2) \\ &= \frac{1}{2}(-2803\text{kJ}\cdot\text{mol}^{-1}) - (-1366.8\text{kJ}\cdot\text{mol}^{-1}) - 0\text{kJ}\cdot\text{mol}^{-1} \\ &= -34.7\text{kJ}\cdot\text{mol}^{-1}\end{aligned}$$

上面讨论了温度为 298.15K 时化学反应 $\Delta_r H_m^\ominus$ 的计算问题，那么其他温度时化学反应的 $\Delta_r H_m^\ominus(T)$该如何计算呢？化学热力学指出，虽然物质的焓值随着温度的升高都有一定程度的增加，但对于一个指定的化学反应而言，反应物的总焓值与产物的总焓值随温度升高的幅度大体相当，因而一般来说 $\Delta_r H_m^\ominus$ 受温度影响很小，在无机化学课程中，我们可以认为 $\Delta_r H_m^\ominus(T) \approx \Delta_r H_m^\ominus(298.15\text{K})$。

2.3　化学反应进行的方向

热力学第一定律解决了物理变化和化学变化过程中能量转化的问题。一切化学变化中的能量转化都遵循热力学第一定律。但是，许多不违背热力学第一定律的化学变化，却未必都能自动发生。那么，一个化学反应在给定条件下能否自动发生？若能发生，进行到什么程度为止？这类问题是热力学第一定律所不能回答的，需要用热力学第二定律来解决。

2.3.1　化学反应的自发性

1. 自发过程

实践经验表明，自然界中发生的过程都有确定的方向。例如，水总是自动地从高处流向低处，而不会自动地反方向流动；发亮的铁钉在潮湿的空气中会自动地生锈，而生了锈的铁钉则不会自动变回到发亮的状态；甲烷与氧气在室温下一经点燃就能自动化合成水和 CO_2，而相反过程却不能自发进行。

在不需要任何外力的情况下一经引发就自动进行的过程称为**自发过程**。

从上述讨论可以看出，自发过程具有一定的方向，其逆过程在没有环境对系统做功的情况下是不可能进行的。而且变化一旦开始，将一直进行到平衡状态，或者说过程的最大限度是系统达到平衡状态。

过程的方向与限度是热力学第二定律所讨论的问题。热力学第二定律有多种表述，但实质都是一样的，即自然界中一切自发过程在没有环境对系统做功的情况下都是不可逆的。

化学反应在指定条件下自动进行的方向和限度问题，是科研和生产中十分重要的问题。例如，对于下面的反应：

$$CO(g) + NO(g) = CO_2(g) + \frac{1}{2}N_2(g)$$

如果能确定此反应在给定条件下可以自发地向右进行，而且进行程度又较大，就可以利用此反应来消除汽车尾气中的 CO 和 NO 这两种污染物质。接下来，就可以集中力量去研究和开发对此反应有利的催化剂以促使该过程的实现。如果从理论上证明，该反应在任何的温度和压力下都不能实现，显然就没有必要去研究如何让此反应实现了，只能转而寻求其他净化汽车尾气的办法。那么，化学反应进行的方向到底与什么因素有关呢?

2. 影响化学反应进行方向的因素

1) 焓变

早在 19 世纪 70 年代，贝塞罗(Berthelot，法)和汤姆孙(Thomson，丹麦)根据处于高能态的系统不稳定的思想，提出反应热效应可作为反应是否自发进行的一种判断依据，并认为“只有放热反应才能自发进行”。的确，在常温下放热反应大多是可以自发进行的。例如：

(1) $H_2(g) + \frac{1}{2}O_2(g) = H_2O(l)$　　$\Delta_r H_m^{\ominus}(298.15K) = -285.8kJ \cdot mol^{-1}$

(2) $CH_4(g) + 2O_2(g) = CO_2(g) + 2H_2O(l)$　　$\Delta_r H_m^{\ominus}(298.15K) = -890.36kJ \cdot mol^{-1}$

(3) $Zn(s) + 2H^+(aq) = Zn^{2+}(aq) + H_2(g)$　　$\Delta_r H_m^{\ominus}(298.15K) = -153.9kJ \cdot mol^{-1}$

上述反应的共同特点是，反应发生后系统的能量降低，更趋于稳定。可以说，焓变的确是使化学反应自发进行的一种重要推动力。

那么，是不是所有的吸热反应都不能自发进行呢？回答是否定的。事实上有些吸热反应在一定条件下也能够自发进行。例如：

(4) $CuSO_4 \cdot 5H_2O(s) \longrightarrow CuSO_4(s) + 5H_2O(g)$　　高于 240℃可自发进行

(5) $CaCO_3(s) \longrightarrow CaO(s) + CO_2(g)$　　高于 846℃可自发进行

显然，这些情况不能用反应的焓变来解释。这表明，焓变不是影响化学反应方向的唯一因素。因此，在给定条件下，要判断一个反应或过程能否自发进行，除了要考虑焓变这一重要因素外，还必须考虑其他因素。

2) 混乱度

混乱度是指组成物质的质点在一个指定空间区域内排列和运动的无序程度，它也是影响化学反应方向的重要因素之一。

向一杯水中滴入几滴墨水，墨水就会自发扩散到整杯水中，但其逆过程却不能自发进行。同理，在用隔板隔开的一个密闭容器的两边各盛放一种不同的气体，若将隔板除去，这两种气体就会自动扩散在一起，而相反过程却不能自发进行。将混合后与混合前加以比较就会发现，混合后系统内分子处于一种更加混乱的状态，也就是说，过程是自发地向着混乱度增大的方向进行(严格地说，该结论只适用于孤立系统)。

上面讨论的反应(4)、(5)就属于混乱度增大的情况。这是因为它们是气体物质的量增加的反应，随着反应的进行，系统的体积增大，分子的运动空间增大，因而系统内分子的无序程度增大。

混乱度属于系统的微观性质，其大小用微观状态数(Ω)定量表示。对于宏观系统来说，由于微粒数目巨大，微观状态数(Ω)的使用很不方便，故实际上常用另一物理量——熵来描述它。

2.3.2　熵与熵变

1. 熵

熵是描述系统混乱度大小的一个物理量，用符号 S 表示，它与微观状态数 Ω 的关系为

$$S = k\ln\Omega$$

式中，$k = \dfrac{R}{N_A} = 1.38\times10^{-23}\,J \cdot K^{-1}$，称为玻尔兹曼常量。

讨论：

(1) S 与 H、U 一样，是状态函数，熵的单位为 $J \cdot K^{-1}$。

(2) 微观状态数越多，则混乱度越大，熵值也越大。

前面说过，在孤立系统中，过程是自发地向着混乱度增大的方向进行的，由此可得出推论：**在孤立系统中，过程是自发地向着熵增大的方向进行的**。这正是热力学第二定律的本质。

(3) 熵值的绝对值可求。其中，在 0K 时，任何纯物质的完美晶体的熵值为零。这一叙述称为**热力学第三定律**。以此为基准，可以计算出其他温度下的熵。

(4) 单位物质的量的纯物质在标准条件下的熵称为**标准摩尔熵**，简称**标准熵**，记作 $S_m^\ominus$，单位 $J \cdot mol^{-1} \cdot K^{-1}$。

本书附录 8 中给出了一些物质在 298.15K 时的标准熵 $S_m^\ominus(298.15K)$。

(5) 根据熵的意义和对各种物质的标准熵数据进行分析，可以得出如下规律：

① 熵与物质的聚集状态有关。同种物质 $S_m^\ominus(s) < S_m^\ominus(l) \ll S_m^\ominus(g)$，如

NaCl	固	液	气
$S_m^\ominus(298.15K)/(J \cdot mol^{-1} \cdot K^{-1})$	72.1	84.6	229.6

② 同种物质，相态相同时，温度越高，$S_m^\ominus$ 越大，如

Fe(s)	298K	500K
$S_m^\ominus/(J \cdot mol^{-1} \cdot K^{-1})$	27.3	41.2

③ 摩尔质量相近的物质，分子的对称性越差，$S_m^\ominus$ 越大，如

	$C_2H_5OH(g)$	$CH_3OCH_3(g)$
$S_m^\ominus(298.15K)/(J \cdot mol^{-1} \cdot K^{-1})$	282.6	266.3

④ 结构相似的物质，摩尔质量越大，$S_m^\ominus$ 越大；摩尔质量相近，则 $S_m^\ominus$ 接近，如

	HF(g)	HCl(g)	HBr(g)	HI(g)
$S_m^\ominus(298.15K)/(J \cdot mol^{-1} \cdot K^{-1})$	173.8	186.9	198.5	206.6

	CO(g)	$N_2(g)$
$S_m^\ominus(298.15K)/(J \cdot mol^{-1} \cdot K^{-1})$	197.7	191.6

2. 化学反应标准摩尔熵变的简单计算

熵是状态函数，某一反应的熵变只与始态和终态有关，而与具体途径无关。对于恒温过程，在相同的始、终态之间可以有各种途径，其中必定有一个途径是可逆[①]的，过程热用 Q_r 表示，热力学中可以证明，该恒温过程的熵变为

$$\Delta S = \frac{Q_r}{T} \tag{2-17}$$

但对于恒温下进行的化学反应来说，则主要应用 $S_m^\ominus(298.15K)$的数据来计算化学反应的标准摩尔熵变 $\Delta_r S_m^\ominus$ 。

对于一般反应：

$$aA + bB = gG + hH$$

$$\Delta_r S_m^\ominus(298.15K) = [g S_m^\ominus(G) + h S_m^\ominus(H)] - [a S_m^\ominus(A) + b S_m^\ominus(B)]$$

$$= \sum_B \nu_B S_m^\ominus(B) \tag{2-18}$$

例 2-5　计算石灰石热分解反应的 $\Delta_r S_m^\ominus(298.15K)$ 。

解

	$CaCO_3(s)$	$=$ $CaO(s)$	$+$ $CO_2(g)$
$S_m^\ominus(298.15K)/(J \cdot mol^{-1} \cdot K^{-1})$	91.7	38.1	213.8

① 可逆过程是热力学从实际过程中抽象出来的一种理想过程，其定义为：系统与环境能够同时复原而不留下任何痕迹的过程。可逆过程是以无限小的变化进行的，过程进行时系统的作用力与作用于系统的力几乎相等，整个过程是由一系列连续的近似平衡的无限小过程构成。在反向过程中，用同样的程序，循着原过程逆向进行，可以使系统和环境同时完全复原。在可逆过程中，系统对环境做最大功(绝对值)，而环境对系统做最小功。客观世界中并不存在真正的可逆过程，但有些实际变化非常接近可逆过程，如物质在相变点所发生的相变化，原电池在外电压近似等于电池电动势时的充放电等。

$$\begin{aligned}\Delta_r S_m^\ominus &= S_m^\ominus(CaO) + S_m^\ominus(CO_2) - S_m^\ominus(CaCO_3)\\ &= 38.1J\cdot mol^{-1}\cdot K^{-1} + 213.8J\cdot mol^{-1}\cdot K^{-1} - 91.7J\cdot mol^{-1}\cdot K^{-1}\\ &= 160.2J\cdot mol^{-1}\cdot K^{-1}\end{aligned}$$

在实际工作中，反应温度常常不是 298.15K，温度变化也会对 $\Delta_r S_m^\ominus$ 产生影响。不过，与温度变化对 $\Delta_r S_m^\ominus$ 的影响情况相似，$\Delta_r S_m^\ominus$ 随温度变化也较小，因此在无机化学近似计算中可以认为 $\Delta_r S_m^\ominus(T) \approx \Delta_r S_m^\ominus(298.15K)$。

3. 对反应熵变的定性估计

根据聚集状态对物质熵值的影响程度，可以得出结论：在化学反应中，如果气态物质的化学计量数是增加的，则反应的熵变 $\Delta_r S > 0$；反之，如果气态物质的化学计量数是减少的，则反应的熵变 $\Delta_r S<0$。

应当指出，上述结论对于水溶液离子反应是不适用的。原因在于，离子在水溶液中是以水合离子形式存在的，此时反应的熵变还与离子的水合程度有关①。

2.3.3 吉布斯自由能变与化学反应进行的方向

1. 吉布斯自由能变与化学反应进行的方向概述

前已指出，在孤立系统中，可以用熵变来判断过程自发进行的方向，即 $\Delta S>0$，过程可以自发进行。然而化学反应系统基本上都不是孤立系统，而是封闭系统。因此，不能用熵变来判断反应进行的方向。此时，影响反应方向的因素不仅有熵变，还有焓变，因此要判断化学反应的方向，就必须同时考虑焓变和熵变两个因素。考虑自发过程总是力图使系统的能量减小，熵值增大，吉布斯(Gibbs，美)将 H 和 S 以能量的形式组合在一起，定义

$$G = H - TS \tag{2-19}$$

G 称为**吉布斯自由能**。由于 H、T、S 都是状态函数，故 G 也是状态函数。它的绝对值无法测量，但有用的是其改变量，是可以测量的。

对于恒温、恒压、不做非体积功的化学反应，有

$$\Delta_r G_m = \Delta_r H_m - T\Delta_r S_m = Q_p - T\Delta_r S_m \tag{2-20}$$

若 $\Delta_r H_m$ (或 Q_p)<0 (放热)，$\Delta_r S_m>0$ (混乱度增大)，恒有 $\Delta_r G_m<0$，则正反应永远自发进行；若 $\Delta_r H_m>0$，$\Delta_r S_m<0$，恒有 $\Delta_r G_m>0$，则正反应永远不能自发进行，而逆反应永远自发进行；若 $\Delta_r H_m$ 与 $\Delta_r S_m$ 的符号相同，则 $\Delta_r G_m$ 的符号取决于 $\Delta_r H_m$ 和 $T\Delta_r S_m$ 的相对大小，这时，温度将对 $\Delta_r G_m$ 的符号起着决定性的作用，即温度将影响反应的方向。

归纳起来，对于恒温、恒压、不做非体积功的化学反应，有

$\Delta_r G_m < 0$，反应正向进行；

$\Delta_r G_m > 0$，反应逆向进行；

$\Delta_r G_m = 0$，反应达到平衡。

可见，在恒温、恒压、不做非体积功的条件下，封闭系统中的化学反应总是自发地向着吉布斯自由能减小的方向进行，直至该条件下系统的吉布斯自由能最小、达到平衡。这就是

① 参见：唐宗薰. 无机化学热力学. 北京：科学出版社，2010：58。

著名的**吉布斯自由能判据**。吉布斯自由能判据也是热力学第二定律的一种表述形式，它解决了如何判断化学反应的方向与限度这两个重大问题。

对于恒温、恒压、做非体积功的化学反应，当反应以可逆方式进行时，热力学能够证明：

$$\Delta_r G_m = W'_{max} \tag{2-21}$$

式中，W'_{max} 为最大非体积功。

2. 标准状态下化学反应吉布斯自由能变的计算

1) 298.15K 时化学反应标准吉布斯自由能变的计算

$\Delta_r G_m^{\ominus}$(298.15K) 的计算主要有两种方法。

(1) 利用 $\Delta_r H_m^{\ominus}$ 和 $\Delta_r S_m^{\ominus}$ 计算。

由式(2-20)可知，在恒温、标准状态下，有

$$\Delta_r G_m^{\ominus} = \Delta_r H_m^{\ominus} - T\Delta_r S_m^{\ominus} \tag{2-22}$$

将给定反应的 $\Delta_r H_m^{\ominus}$ (298.15K)和 $\Delta_r S_m^{\ominus}$ (298.15K)代入上式，即可求得 $\Delta_r G_m^{\ominus}$ (298.15K)。

例 2-6　利用 $\Delta_f H_m^{\ominus}$ (298.15K)和 $S_m^{\ominus}$ (298.15K)求下列反应的 $\Delta_r G_m^{\ominus}$ (298.15K)，并判断反应的方向。

	2NO(g)	+ O_2(g) ══	$2NO_2$(g)
$S_m^{\ominus}$ (298.15K) /(J · mol^{-1} · K^{-1})	210.8	205.2	240.1
$\Delta_f H_m^{\ominus}$(298.15K) / (kJ · mol^{-1})	91.3	0	33.2

解　$\Delta_r S_m^{\ominus} = 2\times240.1\text{J}\cdot\text{mol}^{-1}\cdot\text{K}^{-1} - (2\times210.8\text{J}\cdot\text{mol}^{-1}\cdot\text{K}^{-1} + 205.2\text{J}\cdot\text{mol}^{-1}\cdot\text{K}^{-1})$

$= -146.6\text{J}\cdot\text{mol}^{-1}\cdot\text{K}^{-1}$

$\Delta_r H_m^{\ominus} = 2\times33.2\text{kJ}\cdot\text{mol}^{-1} - (2\times91.3\text{kJ}\cdot\text{mol}^{-1} + 0\text{kJ}\cdot\text{mol}^{-1})$

$= -116.2\text{kJ}\cdot\text{mol}^{-1}$

$\Delta_r G_m^{\ominus} = -116.2\ \text{kJ}\cdot\text{mol}^{-1} - 298.15\text{K}\times(-146.6)\times10^{-3}\text{kJ}\cdot\text{mol}^{-1}\cdot\text{K}^{-1}$

$= -72.5\ \text{kJ}\cdot\text{mol}^{-1} < 0$

所以在 298.15K、标准状态下，该反应将自发进行。

(2) 利用标准生成吉布斯自由能计算。

G 的绝对值无法计算，但可仿照 $\Delta_f H_m^{\ominus}$ 建立吉布斯自由能的相对标准。

在标准状态下，由指定单质生成单位物质的量的纯物质的吉布斯自由能变，称为该物质的**标准摩尔生成吉布斯自由能**，简称**标准生成吉布斯自由能**，记作 $\Delta_f G_m^{\ominus}$ 。

推论：指定单质的 $\Delta_f G_m^{\ominus}$ 为零。

规定：水溶液中 H^+的 $\Delta_f G_m^{\ominus}$ 为零。

本书附录 8 中给出了一些物质在 298.15K 时的标准生成吉布斯自由能。

利用 $\Delta_f G_m^{\ominus}$ (298.15K)可以方便地计算化学反应在 298.15K 下的标准吉布斯自由能变。对于

$$a\text{A} + b\text{B} = g\text{G} + h\text{H}$$

有

$$\begin{aligned}\Delta_r G_m^{\ominus} &= [g\Delta_f G_m^{\ominus}(\text{G}) + h\Delta_f G_m^{\ominus}(\text{H})] - [a\Delta_f G_m^{\ominus}(\text{A}) + b\Delta_f G_m^{\ominus}(\text{B})] \\ &= \sum_B \nu_B \Delta_f G_m^{\ominus}(\text{B})\end{aligned} \tag{2-23}$$

式(2-23)表示，反应的标准摩尔吉布斯自由能变等于产物的标准生成吉布斯自由能之和减

去反应物的标准生成吉布斯自由能之和。

例 2-7 求下列反应的 $\Delta_r G_m^\ominus(298.15K)$，并指出该反应是否自发。

	$4NH_3(g)$	$+ 5O_2(g)$	$=\!=\!= 4NO(g)$	$+ 6H_2O(l)$
$\Delta_f G_m^\ominus(298.15K)/(kJ \cdot mol^{-1})$	−16.4	0	87.6	−237.1

解 $\Delta_r G_m^\ominus = [4\times 87.6\,kJ\cdot mol^{-1} + 6\times(-237.1kJ\cdot mol^{-1})] - [4\times(-16.4kJ\cdot mol^{-1}) + 5\times 0kJ\cdot mol^{-1}]$

$= -1006.6kJ\cdot mol^{-1} < 0$

故在标准状态和 298.15K 下该反应将自发进行。

2) 非 298.15K 时 $\Delta_r G_m^\ominus$ 的近似计算

对于任意温度、标准状态下的化学反应，有

$$\Delta_r G_m^\ominus(T) = \Delta_r H_m^\ominus(T) - T\Delta_r S_m^\ominus(T)$$

由于任意温度下物质的 $\Delta_f H_m^\ominus$ 和 $S_m^\ominus$ 很难查到，故无法既准确又方便地计算出 $\Delta_r H_m^\ominus(T)$ 和 $\Delta_r S_m^\ominus(T)$。但前面说过，反应的焓变和熵变随温度变化都很小，$\Delta_r H_m^\ominus(T) \approx \Delta_r H_m^\ominus(298.15K)$，$\Delta_r S_m^\ominus(T) \approx \Delta_r S_m^\ominus(298.15K)$，因此有近似公式：

$$\Delta_r G_m^\ominus(T) \approx \Delta_r H_m^\ominus(298.15K) - T\Delta_r S_m^\ominus(298.15K) \qquad (2\text{-}24)$$

利用式(2-24)不仅可以近似计算出非 298.15K 时化学反应的标准摩尔吉布斯自由能变，还能估算出在恒温、标准状态下，$\Delta_r H_m^\ominus > 0$、$\Delta_r S_m^\ominus > 0$ 的反应自发进行的最低温度，以及 $\Delta_r H_m^\ominus < 0$、$\Delta_r S_m^\ominus < 0$ 的反应自发进行的最高温度。

例 2-8 为了减少大气污染，常向燃煤锅炉中投入生石灰 CaO(s)，以便吸收高炉废气中的 $SO_3(g)$气体，其反应方程式为

$$CaO(s) + SO_3(g) =\!=\!= CaSO_4(s)$$

试计算该反应在 298.15K 时的 $\Delta_r G_m^\ominus$，以说明反应进行的可能性；再计算反应逆转的温度，说明这种方法是否有效(一般炉温低于 1300K)。

解 查表得

	$CaO(s)$	$+ SO_3(g)$	$=\!=\!= CaSO_4(s)$
$\Delta_f H_m^\ominus(298.15K)/(kJ\cdot mol^{-1})$	−634.9	−395.7	−1434.5
$S_m^\ominus(298.15K)/(J\cdot mol^{-1}\cdot K^{-1})$	38.1	256.8	106.5

所以

$$\Delta_r H_m^\ominus(298.15K) = -1434.5kJ\cdot mol^{-1} - [(-634.9kJ\cdot mol^{-1}) + (-395.7kJ\cdot mol^{-1})]$$
$$= -403.9kJ\cdot mol^{-1}$$

$$\Delta_r S_m^\ominus(298.15K) = 106.5J\cdot mol^{-1}\cdot K^{-1} - (38.1J\cdot mol^{-1}\cdot K^{-1} + 256.8J\cdot mol^{-1}\cdot K^{-1})$$
$$= -188.4J\cdot mol^{-1}\cdot K^{-1}$$

$$\Delta_r G_m^\ominus(298.15K) = \Delta_r H_m^\ominus(298.15K) - T\Delta_r S_m^\ominus(298.15K)$$
$$= -403.9kJ\cdot mol^{-1} - 298.15K\times(-188.4)\times 10^{-3}J\cdot mol^{-1}\cdot K^{-1}$$
$$= -347.7kJ\cdot mol^{-1} < 0$$

计算表明，该反应在 298.15K 时可以自发进行。不过，由于该反应的 $\Delta_r H_m^\ominus(298.15K) < 0$，$\Delta_r S_m^\ominus(298.15K) < 0$，所以当温度达到很高的程度时反应方向是可以发生逆转的。

根据 $$\Delta_r G_m^\ominus(T) \approx \Delta_r H_m^\ominus(298.15K) - T\Delta_r S_m^\ominus(298.15K) < 0$$

所以

$$T > \frac{\Delta_r H_m^\ominus(298.15\text{K})}{\Delta_r S_m^\ominus(298.15\text{K})} \quad \text{(此温度又称转折温度)}$$

即

$$T > \frac{-403.9 \times 10^3 \text{J} \cdot \text{mol}^{-1}}{-188.4\text{J} \cdot \text{mol}^{-1} \cdot \text{K}^{-1}} = 2144\text{K}$$

计算结果表明，当温度高于 2144K 时，硫酸钙将在标准状态下发生分解，而高炉废气的温度远低于这个温度，因此用该反应吸收高炉废气中的 $SO_3(g)$以达到防止其污染环境的目的是可行的。

3. 非标准态下化学反应吉布斯自由能变的计算

对于任一恒温、恒压下进行的化学反应：

$$a\text{A} + b\text{B} = g\text{G} + h\text{H}$$

若各组分 $p \neq p^\ominus$，$c \neq c^\ominus$，即反应处于非标准态，则不能用 $\Delta_r G_m^\ominus$ 是否小于 0 来判断反应方向，而应当用 $\Delta_r G_m$ 作方向判据。化学热力学中给出 $\Delta_r G_m$ 与 $\Delta_r G_m^\ominus$ 之间的关系如下：

$$\Delta_r G_m = \Delta_r G_m^\ominus + RT \ln Q \tag{2-25}$$

式(2-25)称为**化学反应等温式**。式中，Q 称为反应商。对于气相反应：

$$Q = \frac{[p(\text{G})/p^\ominus]^g [p(\text{H})/p^\ominus]^h}{[p(\text{A})/p^\ominus]^a [p(\text{B})/p^\ominus]^b} \tag{2-26a}$$

对于液相反应：

$$Q = \frac{[c(\text{G})/c^\ominus]^g [c(\text{H})/c^\ominus]^h}{[c(\text{A})/c^\ominus]^a [c(\text{B})/c^\ominus]^b} \tag{2-26b}$$

对于多相反应，计算反应商时，气体组分要用分压代入，溶液组分要用浓度代入，水、纯液体、纯固体的浓度视为常数不代入计算。

化学反应等温式反映了反应系统中各组分的分压或浓度对 $\Delta_r G_m$ 的影响。

例 2-9　已知下列反应在 25℃时的 $\Delta_r G_m^\ominus = 7.6\text{kJ} \cdot \text{mol}^{-1}$，求 $\Delta_r G_m$，并判断反应的方向。

$$\text{HI}(\text{g}, 40\text{kPa}) = \frac{1}{2}\text{I}_2(\text{g}, 1\text{kPa}) + \frac{1}{2}\text{H}_2(\text{g}, 1\text{kPa})$$

解　各物质的分压不等于标准压力，系统处于非标准状态，因此

$$\begin{aligned}\Delta_r G_m &= \Delta_r G_m^\ominus + RT\ln \frac{[p(\text{I}_2)/p^\ominus]^{1/2}[p(\text{H}_2)/p^\ominus]^{1/2}}{p(\text{HI})/p^\ominus} \\ &= 7.6\text{kJ} \cdot \text{mol}^{-1} + 8.314 \times 10^{-3}\text{kJ} \cdot \text{mol}^{-1} \cdot \text{K}^{-1} \times 298\text{K} \times \ln \frac{(1\text{kPa}/100\text{kPa})^{1/2}(1\text{kPa}/100\text{kPa})^{1/2}}{40\text{kPa}/100\text{kPa}} \\ &= -1.5\text{kJ} \cdot \text{mol}^{-1} < 0\end{aligned}$$

反应正向进行。

原则上讲，非标准态下用 $\Delta_r G_m$ 来判断反应方向是无可争议的，但前提是需要知道反应系统中各物质的分压或浓度，这在实际应用中常会感到不方便。事实上，当$|\Delta_r G_m^\ominus|$很大(习惯上以大于 $40\text{kJ} \cdot \text{mol}^{-1}$ 为标志)时，分压或浓度的变化往往难以使$|RT\ln Q|$超过$|\Delta_r G_m^\ominus|$，即此时 $\Delta_r G_m$ 的正负号由 $\Delta_r G_m^\ominus$ 决定，这样就可以用 $\Delta_r G_m^\ominus$ 代替 $\Delta_r G_m$ 对反应方向进行判断。具体来

说，就是

$\Delta_r G_m^\ominus < -40\text{kJ}\cdot\text{mol}^{-1}$，反应正向进行；

$\Delta_r G_m^\ominus > 40\text{kJ}\cdot\text{mol}^{-1}$，反应逆向进行；

而当$-40\text{kJ}\cdot\text{mol}^{-1} < \Delta_r G_m^\ominus < 40\text{kJ}\cdot\text{mol}^{-1}$时，反应方向必须用 $\Delta_r G_m$ 判断。

2.4　化学反应速率

化学热力学研究化学反应中能量的变化、化学反应进行的可能性及进行的限度，但它不涉及时间因素，因此不能反映化学反应进行的快慢，即化学反应速率的大小。以下面两个反应为例：

$2H_2(g) + O_2(g) = 2H_2O(l)$　　$\Delta_r G_m^\ominus(298.15\text{K}) = -474.2\text{kJ}\cdot\text{mol}^{-1}$

$2NO(g) + O_2(g) = 2NO_2(g)$　　$\Delta_r G_m^\ominus(298.15\text{K}) = -72.6\text{kJ}\cdot\text{mol}^{-1}$

就反应的吉布斯自由能变而言，二者都小于 0，且前一反应要比后一反应小得多。然而当氢和氧在室温下混合时，尽管这种混合物在热力学上很不稳定，但却观察不到反应的发生；但当 NO 和 O_2 混合时，却能立刻生成 NO_2。这个例子说明，化学反应速率并不取决于热力学函数改变量的大小，前者具有动力学稳定性(这对于生物体来说是好事情，否则会由于生命物质被氧气快速氧化而遭受灭顶之灾)，后者不具有动力学稳定性。

在实际生产中，化学反应速率恰恰是决定生产效率和成本的重要因素，而反应所经历的途径也必然会对反应速率产生影响。因此，研究反应速率和反应机理，找出影响反应速率的因素，才能控制化学反应按照人们所期望的速率发生。这样，一方面使石油化工产品的生产周期在保证安全的前提下尽可能地缩短；另一方面使生产过程中的副反应，以及像金属腐蚀、塑料老化等有害反应的速率越小越好。由此可见，掌握化学反应速率的基本规律是十分重要的。

本节主要讨论化学反应的速率及其影响因素。

2.4.1　化学反应速率的表示方法

在相同条件下，有些反应可以进行得很快，有些反应则进行得很慢。在不同条件下，即使是同一反应进行的快慢也不相同。为了比较反应的快慢，需要明确化学反应速率的概念。

化学反应速率是指单位体积内反应进度随时间的变化率。即

$$v = \frac{1}{V}\frac{d\xi}{dt} \tag{2-27}$$

式中，反应速率 v 的单位为 $\text{mol}\cdot\text{L}^{-1}\cdot\text{s}^{-1}$。对于任一化学反应 $0 = \sum_B \nu_B B$，当反应进行的程度为无限小时，有

$$d\xi = \frac{dn_B}{\nu_B} \tag{2-28}$$

若化学反应在恒温恒容条件下进行，则 $c_B = \frac{n_B}{V}$，故式(2-28)变为

$$v=\frac{1}{V}\frac{\mathrm{d}n_{\mathrm{B}}}{\nu_{\mathrm{B}}\mathrm{d}t}=\frac{1}{\nu_{\mathrm{B}}}\frac{\mathrm{d}c_{\mathrm{B}}}{\mathrm{d}t} \tag{2-29}$$

若实验测得某一时刻反应系统中某组分浓度随时间的变化率,代入式(2-29)即可求得此刻的反应速率。

当反应方程式为

$$a\mathrm{A}+b\mathrm{B}\longrightarrow g\mathrm{G}+h\mathrm{H}$$

时，分别用各组分表示的反应速率为

$$v=-\frac{1}{a}\frac{\mathrm{d}c(\mathrm{A})}{\mathrm{d}t}=-\frac{1}{b}\frac{\mathrm{d}c(\mathrm{B})}{\mathrm{d}t}=\frac{1}{g}\frac{\mathrm{d}c(\mathrm{G})}{\mathrm{d}t}=\frac{1}{h}\frac{\mathrm{d}c(\mathrm{H})}{\mathrm{d}t}$$

例如，合成氨反应：

	N_2	+ $3H_2$	═══ $2NH_3$
起始浓度/$(\mathrm{mol\cdot L^{-1}})$	1.0	3.0	0
2s 后浓度/$(\mathrm{mol\cdot L^{-1}})$	0.8	2.4	0.4

则在 0～2s 的平均反应速率为

$$v=\frac{1}{\nu(\mathrm{N_2})}\frac{\Delta c(\mathrm{N_2})}{\Delta t}=\frac{1}{(-1)}\frac{(0.8\mathrm{mol\cdot L^{-1}}-1.0\mathrm{mol\cdot L^{-1}})}{2\mathrm{s}}=0.1\mathrm{mol\cdot L^{-1}\cdot s^{-1}}$$

$$=\frac{1}{\nu(\mathrm{H_2})}\frac{\Delta c(\mathrm{H_2})}{\Delta t}=\frac{1}{(-3)}\frac{(2.4\mathrm{mol\cdot L^{-1}}-3.0\mathrm{mol\cdot L^{-1}})}{2\mathrm{s}}=0.1\mathrm{mol\cdot L^{-1}\cdot s^{-1}}$$

$$=\frac{1}{\nu(\mathrm{NH_3})}\frac{\Delta c(\mathrm{NH_3})}{\Delta t}=\frac{1}{2}\frac{(0.4\mathrm{mol\cdot L^{-1}}-0\mathrm{mol\cdot L^{-1}})}{2\mathrm{s}}=0.1\mathrm{mol\cdot L^{-1}\cdot s^{-1}}$$

可见，对于特定的反应来说，无论用哪种组分表示，某一时刻的反应速率总是相同的。这也正是该表示法的优点所在。当然，在实际工作中总是选择容易测定的物质进行研究。

2.4.2　反应速率理论和活化能

为什么反应速率存在差异？它与什么因素有关？为了解释这些问题，人们提出了各种理论，其中影响较大的主要有碰撞理论和过渡状态理论。

1. 碰撞理论

1) 碰撞理论的基本要点

碰撞理论由路易斯(Lewis，美)在 1918 年提出。它的基本要点如下：

(1) 反应速率与碰撞频率有关。该理论认为，反应物分子间的相互碰撞是化学反应进行的先决条件，如果反应物分子互不接触，就根本谈不上反应。碰撞频率越高，反应速率越大。

(2) 在反应物分子的无数次碰撞中，只有少数具备足够能量的分子按一定取向才能发生**有效碰撞**——转化为产物。

以碘化氢气体的分解反应为例：

$$2\mathrm{HI(g)}\longrightarrow \mathrm{H_2(g)}+\mathrm{I_2(g)}$$

理论计算表明，浓度为 $1.0\times10^{-3}\mathrm{mol\cdot L^{-1}\cdot s^{-1}}$ 的 HI 气体，在 973K 时，分子碰撞次数约为 $3.5\times10^{28}\mathrm{L^{-1}\cdot s^{-1}}$。如果每次碰撞都能发生反应，反应速率应高达 $5.8\times10^{4}\mathrm{mol\cdot L^{-1}\cdot s^{-1}}$ 左右。

但实验测得，实际反应速率只有 $1.2\times10^{-8}\text{mol}\cdot\text{L}^{-1}\cdot\text{s}^{-1}$ 左右。这说明绝大多数碰撞是无效的，并没有引起反应。

2) 活化分子　活化能

有效碰撞与无效碰撞的内在区别在哪里呢？碰撞理论认为是在分子的能量和取向上。化学反应的过程是分子中的原子重新组合的过程，这就需要破旧键立新键，“破”就需要有足够的能量。

分子运动论认为，在一定温度下，分子的能量是有差别的，其分布情况如图 2-2 所示。图中横坐标 E 为能量，纵坐标 $\Delta N/N\Delta E$ 表示能量处于 E～$(E+\Delta E)$单位能量区间的分子数 ΔN 与分子总数 N 的比值，此比值称为分子分数。$E_{平均}$ 为该温度下分子的平均能量。

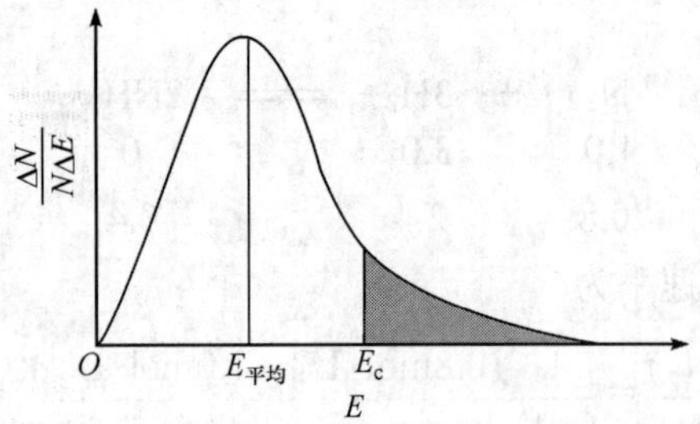

图 2-2　气体分子的能量分布

可以看出，大部分分子的能量都接近 $E_{平均}$，只有一小部分分子的能量大于或等于 E_c，正是这一部分分子在相互碰撞中有可能发生化学反应，这部分分子称为**活化分子**。E_c 为活化分子的最低能量。活化分子的最低能量与反应系统中分子的平均能量之差称为反应的**活化能**，用 E_a 表示。即

$$E_a = E_c - E_{平均}$$

活化能是化学反应的“能垒”。不同的反应，活化能大小不同。在一定温度下，活化能越小，活化分子数就越多，反应速率就越大，反之亦然。E_a 可以通过实验测定。

活化分子间的碰撞不一定都有效，它们还必须采取合适的取向。例如：

$$NO_2 + CO \longrightarrow NO + CO_2$$

只有当 CO 分子中的碳原子与 NO_2 中的氧原子迎头相碰时，才能发生重排反应；而碳原子与氮原子迎头相碰，则不会发生氧原子的转移(图 2-3)。

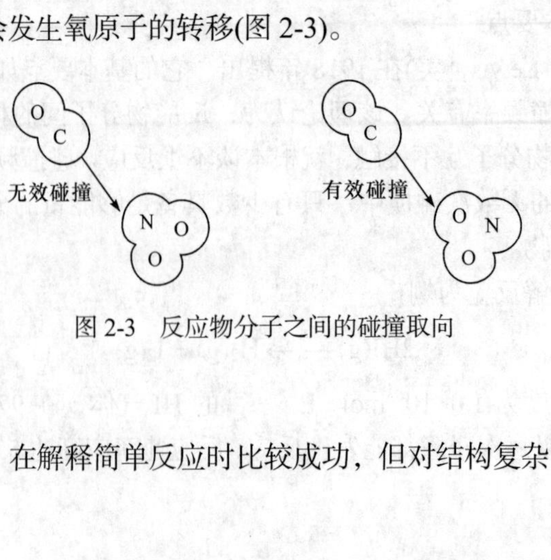

图 2-3　反应物分子之间的碰撞取向

2. 过渡状态理论

碰撞理论比较直观，在解释简单反应时比较成功，但对结构复杂的分子的反应适应性较

差。为此，艾林(Eyring，美)借助于统计力学和量子力学方法于 20 世纪 30 年代提出了**过渡状态理论**。

1) 过渡状态理论的基本要点

(1) 当两个具有足够能量的反应物分子相互接近时，分子中的化学键重排，能量重新分配。在反应过程中，要经过一个中间的过渡状态形成活化配合物，而后分解成产物。因此，该理论又称**活化配合物理论**。

例如，在上述的 CO 与 NO_2 的反应中，当具有较高能量的 CO 和 NO_2 分子彼此以适当的取向相互靠近到一定程度时，电子云便可相互重叠而形成一种活化配合物。在活化配合物中，原有的 N—O 键部分地断裂，新的 C—O 键部分地形成，如图 2-4 所示。

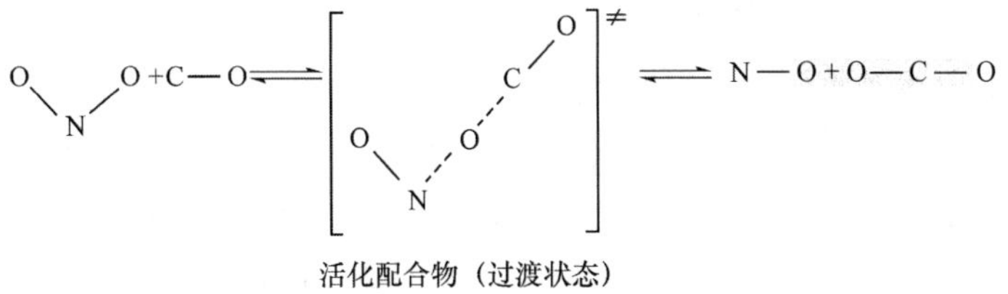

图 2-4　活化配合物示意图

这时，反应物分子的动能暂时转变为活化配合物的势能，因此活化配合物能量较高，很不稳定，寿命通常只有 10^{-12}s 左右，便很快分解为生成物或反应物。

在过渡状态理论提出以后的几十年里，化学家一直在通过各种方法试图直接观察到过渡态，以求对化学反应有一个全面深入的理解。直到 20 世纪 80 年代中期，将超短激光脉冲和分子束技术相结合制成了分子“照相机”，其分辨率可达 6fs(飞秒，1fs $=1\times10^{-15}$s)，才使得跟踪化学反应的过程成为现实。人们终于可以直接观察到过渡态，并以此为基础形成了一门新的学科——飞秒化学。

(2) 反应速率与下列三个因素有关：①活化配合物的浓度；②活化配合物分解为产物的概率；③活化配合物分解为产物的速率。

2) 反应历程–势能图

应用反应历程–势能图可以进一步加深对过渡状态理论的理解。仍以上述反应为例，其反应历程–势能图如图 2-5 所示。图中 *A* 点表示反应物 NO_2 和 CO 分子的平均势能，*B* 点表示活化配合物的平均势能，*C* 点表示生成物 NO 和 CO_2 分子的平均势能。在反应历程中，NO_2 和 CO 分子必须越过能垒 *B* 才能由活化配合物生成 NO 和 CO_2 分子。由于活化配合物具有较高的平均势能，因而不稳定，会很快分解为生成物分子或反应物分子。

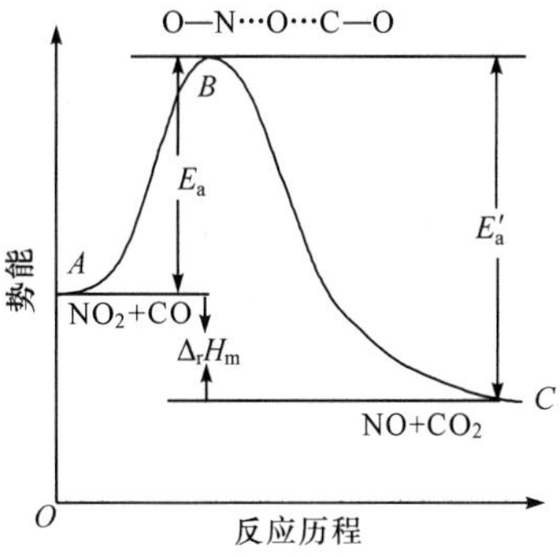

图 2-5　反应历程–势能图

活化配合物的平均势能与反应物分子的平均势能的差值等于反应的活化能。E_a 为正反应的活化能，E'_a 为逆反应的活化能。

从图 2-5 中可以看出，反应前后系统的势能发生了变化，这部分能量转化成了热能，即系统终态与始态的势能差等于化学反应的焓变 $\Delta_r H_m$。显然，它又等于正反应的活化能减去逆反应的活化能：

$$\Delta_r H_m = E_a - E'_a \qquad (2\text{-}30)$$

当 $E_a > E'_a$ 时，$\Delta_r H_m > 0$，反应吸热；当 $E_a < E'_a$ 时，$\Delta_r H_m < 0$，反应放热。正反应如果吸热，其逆反应必定放热。

2.4.3　影响化学反应速率的因素

化学反应速率首先取决于反应物的性质，当反应确定以后，反应速率则主要受浓度(或分压)、温度和催化剂的影响。

1. 浓度对化学反应速率的影响

燃料在氧气中燃烧要比在空气中燃烧剧烈得多。这说明反应物氧气的浓度增大，反应速率也增大。这一现象可用碰撞理论加以解释。因为对某一反应来说，活化分子总数等于反应物分子总数乘以活化分子百分数，在一定温度下，反应物分子中活化分子的百分数是一定的。当反应物浓度增大时，单位体积内反应物分子总数增多，活化分子数也相应增多，因此反应速率加快。但是，反应速率与反应物浓度之间存在怎样的定量关系呢？要回答这个问题，先要从基元反应谈起。

从反应历程来看，任何一个化学反应，其反应物分子在有效碰撞中有可能一步直接转化为产物分子，也有可能经过若干步骤才转化为产物分子。**基元反应**是指反应物分子在有效碰撞中一步直接转化为产物分子的反应。

实验证明，基元反应的反应速率与反应物浓度以其计量数为指数的幂的乘积成正比。这个规律称为**质量作用定律**。它可以用反应速率方程式来表达。

对于任一基元反应，根据质量作用定律，可以直接写出速率方程式，如

$$a\text{A} + b\text{B} \longrightarrow g\text{G} + h\text{H}$$

反应速率方程为

$$v = kc^a(\text{A}) \cdot c^b(\text{B}) \qquad (2\text{-}31)$$

式中，k 为一定温度下该反应的**速率常数**，它是温度的函数。对给定反应，当温度、催化剂等条件一定时，k 为定值，与浓度无关。

需要注意，基元反应方程式是根据化学动力学实验研究得出的，不可以随意加倍，如对于上一反应不能写成

$$2a\text{A} + 2b\text{B} \longrightarrow 2g\text{G} + 2h\text{H}$$

尽管上式服从质量守恒定律。

在反应速率方程中，某反应物浓度的指数称为该物质的**级数**，各反应物浓度的指数之和称为**反应级数**。反应级数等于几，就称该反应为几级反应。在基元反应中，反应级数也就是反应式中反应物分子的计量数之和，如

$SO_2Cl_2 \longrightarrow SO_2 + Cl_2$　　　$v = kc(SO_2Cl_2)$　　　一级反应

$NO_2 + CO \longrightarrow NO + CO_2$　　　$v = kc(NO_2) \cdot c(CO)$　　　二级反应

由于反应速率方程中，c 的单位为 $mol \cdot L^{-1}$，v 的单位为 $mol \cdot L^{-1} \cdot s^{-1}$，因此 k 的单位随反应级数变化而变化。也就是说，可以由 k 的单位判断出反应级数。

对于**非基元反应**，即由若干个基元反应步骤组成的复杂反应来说，虽然质量作用定律适用于其中每一个步骤，但往往不适用于总的反应，故反应级数与反应式中反应物分子的计量数之和往往不相等，即

$$v = kc^m(A) \cdot c^n(B) \tag{2-32}$$

式中，m、n 不一定等于 a 和 b，而是由这若干基元反应中最慢的一步决定。例如，实验测得，下列反应

$$2NO + 2H_2 \longrightarrow N_2 + 2H_2O$$

的反应速率方程为

$$v = kc^2(NO) \cdot c(H_2)$$

反应速率与 H_2 浓度的一次方而不是二次方成正比，表明该反应不是基元反应，而是复杂反应。进一步的研究发现，该反应实际上分为如下两步进行：

$$2NO + H_2 \longrightarrow N_2 + H_2O_2 \tag{1}$$

$$H_2O_2 + H_2 \longrightarrow 2H_2O \tag{2}$$

在这两步反应中，第(2)步反应很快，而第(1)步反应很慢，所以总反应速率取决于第(1)步反应的反应速率。因此，总反应对 NO 是二级的，而对 H_2 则是一级的。由此可见，非基元反应的速率方程必须根据实验来确定。有时候，尽管由实验测得的速率方程与按基元反应处理写出的速率方程完全一致，也不能认为这种反应就一定是基元反应。

例 2-10　乙醛的分解反应 $CH_3CHO(g) \longrightarrow CH_4(g) + CO(g)$在一系列不同浓度时的初始反应速率的实验数据如下：

$c(CH_3CHO)/(mol \cdot L^{-1})$	0.1	0.2	0.3	0.4
$v/(mol \cdot L^{-1} \cdot s^{-1})$	0.020	0.081	0.182	0.318

求：(1) 此反应是几级反应?

(2) 计算反应速率常数 k。

(3) 计算 $c(CH_3CHO) = 0.15 mol \cdot L^{-1}$ 时的反应速率。

解　(1) 根据反应式先写出此反应的速率方程式的未定式：

$$v = kc^m(CH_3CHO)$$

从实验数据可以看出：

$$v \propto c^2(CH_3CHO)$$

所以此反应是二级反应。

(2) 由(1)知反应速率方程式为 $v = kc^2(CH_3CHO)$，所以

$$k = \frac{v}{c^2(CH_3CHO)}$$

将 $c(CH_3CHO) = 0.30 mol \cdot L^{-1}$ 时，$v = 0.182 mol \cdot L^{-1} \cdot s^{-1}$ 代入得

$$k = 2.02\text{L} \cdot \text{mol}^{-1} \cdot \text{s}^{-1}$$

(3) 将 $c(CH_3CHO) = 0.15\text{mol} \cdot \text{L}^{-1}$ 代入速率方程中，就可求得此时的反应速率

$$v = 2.02\text{L} \cdot \text{mol}^{-1} \cdot \text{s}^{-1} \times (0.15\text{mol} \cdot \text{L}^{-1})^2 = 0.045\text{mol} \cdot \text{L}^{-1} \cdot \text{s}^{-1}$$

2. 温度对化学反应速率的影响

温度对化学反应速率的影响特别显著。一般来说，温度升高，反应速率增大。许多实验表明，当反应物浓度恒定时，温度每升高 10K，反应速率增大 2～4 倍。

根据碰撞理论的观点，一方面，温度升高时分子运动速率增大，分子间碰撞频率增加，反应速率加快；另一方面，也是最主要的，由于温度升高，分子能量普遍增加，更多的分子成为活化分子，有效碰撞的百分数增加，使反应速率大大地加快。

1) 阿伦尼乌斯公式

温度对化学反应速率的影响是通过改变反应速率常数来实现的。1889 年，阿伦尼乌斯(Arrhenius，瑞典)总结了大量实验事实，指出反应速率常数和温度之间的定量关系为

$$k = A\text{e}^{-\frac{E_a}{RT}} \tag{2-33}$$

对式(2-33)取对数，得

$$\ln\frac{k}{[\text{k}]} = -\frac{E_a}{RT} + \ln\frac{A}{[\text{A}]} \tag{2-34a}$$

或

$$\lg\frac{k}{[\text{k}]} = -\frac{E_a}{2.303RT} + \lg\frac{A}{[\text{A}]} \tag{2-34b}$$

上面三个公式均称为**阿伦尼乌斯公式**。式中，k 为反应速率常数；E_a 为反应活化能；R 为摩尔气体常量；T 为热力学温度；A 为一常数，称为指前因子或频率因子；[k]、[A]分别为 k 与 A 的单位。在一般温度范围(如 100K)内，E_a 和 A 可认为不随温度的变化而变化。

讨论：

(1) 对同一反应，E_a 一定时，温度越高，k 值越大。从阿伦尼乌斯公式可以看出，速率常数 k 与温度 T 呈指数关系，温度的微小变化，将导致 k 值的较大变化，且活化能越大，这种变化越显著。因此，在科研和生产上通常通过改变温度来控制化学反应的速率。

(2) 在同一温度下，E_a 大的反应，其 k 值较小；反之，E_a 小的反应，其 k 值较大(严格地说，不同反应的 A 值不同，这里暂不考虑它的影响)。因此，活化能 E_a 是表征化学反应系统动力学特征的重要参数。

2) 阿伦尼乌斯公式的应用

(1) 计算反应速率常数。

例 2-11　对于下列反应：

$$C_2H_5Cl(g) \longrightarrow C_2H_4(g) + HCl(g)$$

其指前因子 $A=1.6\times10^{14}\text{s}^{-1}$，$E_a=246.9\text{kJ} \cdot \text{mol}^{-1}$，求其 700K 时的速率常数 k。

解

$$\ln\frac{k}{[\text{k}]} = -\frac{E_a}{RT} + =\ln\frac{A}{[\text{A}]}$$

$$= -\frac{246.9\times10^3\text{J}\cdot\text{mol}^{-1}}{8.314\text{J}\cdot\text{mol}^{-1}\cdot\text{K}^{-1}\times700\text{K}} + \ln(1.6\times10^{14})$$

$$= -9.72$$

$$k = 6.0\times10^{-5}\text{s}^{-1}\quad \text{(注意：}k\text{ 与 }A\text{ 的单位一致)}$$

(2) 求反应活化能 E_a 和指前因子 A。

以 $\lg\frac{k}{[k]}$ 对 $\frac{1}{T}$ 作图，可得一直线，由直线的斜率可求活化能 E_a，由截距可求指前因子 A。此法比较准确。

此外，活化能 E_a 也可用“两点法”求得。若实验测得某反应在温度 T_1 时的速率常数 k_1 和温度 T_2 时的速率常数 k_2，则根据阿伦尼乌斯公式：

$$\lg\frac{k_1}{[k]} = -\frac{E_a}{2.303RT_1} + \lg\frac{A}{[A]}$$

$$\lg\frac{k_2}{[k]} = -\frac{E_a}{2.303RT_2} + \lg\frac{A}{[A]}$$

两式相减得

$$\lg\frac{k_2}{k_1} = \frac{E_a}{2.303R}\left(\frac{1}{T_1}-\frac{1}{T_2}\right) = \frac{E_a}{2.303R}\left(\frac{T_2-T_1}{T_1T_2}\right) \tag{2-35}$$

将有关数据代入式(2-35)，即可求出 E_a。此法简便，但不如斜率法准确。

此外，若已知 E_a 和 T_1 时的 k_1，还可由式(2-35)求得 T_2 时的速率常数 k_2。

例 2-12　反应 $N_2O_5(g) \longrightarrow N_2O_4(g)+1/2O_2(g)$，在 298K 时的速率常数 $k_1=3.4\times10^{-5}\text{s}^{-1}$，在 328K 时的速率常数 $k_2=1.5\times10^{-3}\text{s}^{-1}$，求反应的活化能。

解　由式(2-35)得

$$E_a = \frac{2.303RT_1T_2}{T_2-T_1}\lg\frac{k_2}{k_1}$$

$$= \frac{2.303\times8.314\text{J}\cdot\text{mol}^{-1}\cdot\text{K}^{-1}\times298\text{K}\times328\text{K}}{328\text{K}-298\text{K}}\lg\frac{1.5\times10^{-3}}{3.4\times10^{-5}}$$

$$= 1.03\times10^5\text{J}\cdot\text{mol}^{-1}$$

$$= 103\text{kJ}\cdot\text{mol}^{-1}$$

3. 催化剂对化学反应速率的影响

如前所述，增大浓度、升高温度都能提高反应速率。但前一种方法的效率有限，后一种方法的效率虽然还可以，在实际生产中往往带来能源消耗多、对设备有特殊要求(耐高温)、使放热反应进行程度降低等问题。而采用催化剂则可以有效地提高反应速率。

催化剂是指能显著改变反应速率，而本身的组成、质量和化学性质在反应前后均不发生变化的物质。加快反应的为正催化剂，减慢反应的为负催化剂(如金属缓蚀剂、橡胶抗老化剂等)。一般提到催化剂时，若不明确指出是负催化剂，则都是指正催化剂。由于催化剂在大多数情况下能为反应物创造发生反应的有利条件，如同在一对素不相识的青年男女之间起牵线搭桥作用的媒人一样，故又称为**触媒**。

催化剂的应用十分广泛，在现代化学、化工中占有极其重要的地位。据统计，80%～90%的化工产品生产过程都使用催化剂。可以说，没有催化剂就没有现代化学工业。另外，现代人类所面临的许多困难，如能源、自然资源的开发，以及环境污染等问题的解决也都在一定程度上依赖于催化过程。

在生物体内，几乎所有重要的生化反应都是由各种各样的生物催化剂(酶)催化完成的。酶的催化效率通常比一般化学催化剂高出很多倍，如蔗糖酶催化蔗糖水解比盐酸快大约20000亿倍。这是生物体内各种生化反应能够在常温常压的温和条件下顺利进行的根本原因。如果细胞中缺少酶，大多数代谢反应就难以进行，生命也就难以维持了。因此，催化作用在生命现象中是非常重要的。

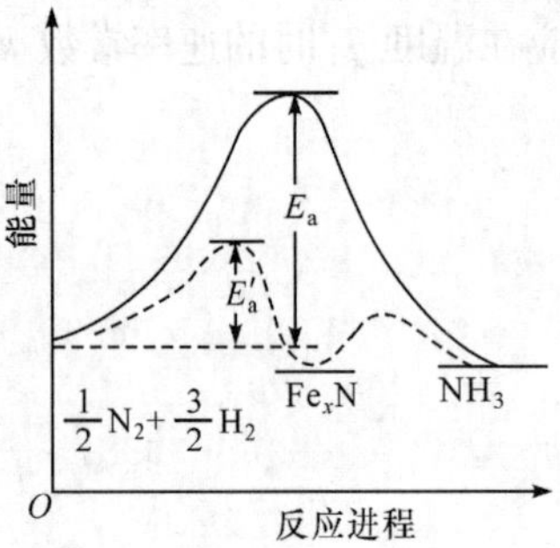

图 2-6　催化剂降低活化能示意图

催化剂之所以能加快反应速率，是因为它改变了反应历程，降低了反应的活化能，使一部分能量低的非活化分子成为活化分子，大大增加了活化分子的百分数，导致有效碰撞次数骤增，因此反应速率大大加快。例如，合成氨反应(图 2-6)，没有催化剂时反应的活化能大约为 $335kJ \cdot mol^{-1}$，加铁作催化剂时，由于有中间产物——Fe_xN(铁的氮化物)生成，活化能降低为 126～$167kJ \cdot mol^{-1}$，从而使 773K 时的反应速率大约提高 10^{10} 倍。

说明四点：

(1) 催化剂只能改变反应速率，而不能改变反应方向。对于热力学上不能发生的反应，使用任何催化剂也不能使其自发进行。

(2) 催化剂同时加快或减慢正逆反应的速率，而且改变的倍数相同。因此，催化剂只能缩短或延长到达平衡的时间，而不能改变转化率。

(3) 催化剂具有选择性。某一种催化剂往往只对某一反应有催化作用。不同的反应需要用不同的催化剂进行催化。以甲酸为例，当用 Al_2O_3 作催化剂时，发生脱水反应，生成 H_2O 和 CO；当用 ZnO 作催化剂时，发生脱氢反应，生成 H_2 和 CO_2。利用这一性质，在化工生产上可以选择适当的催化剂，加速主反应进行而抑制副反应进行。

(4) 反应系统中的少量杂质常可强烈地影响催化剂的性能。有些物质本身无催化作用，但加到催化剂中后，能大大提高催化剂的活性，称为**助催化剂**。另有一些物质，加入少量就可大大降低甚至消除催化剂的催化作用，称为**毒物**(或抑制剂)。例如，合成氨的铁催化剂中加入 Al_2O_3 可以提高催化作用，Al_2O_3 就是助催化剂，而原料气中的 O_2、H_2O、CO、S、PH_3、As 等对于铁催化剂都是毒物。

4. 影响多相反应速率的因素

在多相系统中发生的反应过程比前面讨论的单相反应要复杂得多。在单相系统中，所有反应物的分子都可能相互碰撞并发生化学反应；在多相系统中，只有在相的界面上，反应物粒子才有可能接触进而发生化学反应。反应产物如果不能离开相的界面，将阻碍反应的继续进行。因此，对于多相反应系统，除反应物浓度、反应温度、催化作用等因素外，相的接触面和扩散作用对反应速率也有很大影响。

在多相反应中，增大接触面会使发生在相界面上的反应物粒子之间的有效碰撞机会增大，从而使反应速率增大。因此，在生产上常把固态物质破碎成小颗粒或磨成细粉，将液态物质喷淋、雾化，来增大相与相之间的接触面，以提高反应速率。汽车工业中生产汽车尾气净化器时，将 Pt、Pd、Rh 等贵金属以极小的颗粒分散附着在蜂窝陶瓷上，目的也是获得较大的表面积以提高催化剂的性能。

多相反应速率还受扩散作用的影响。一般来说，气体、液体在固体表面上发生的反应，可以认为至少要经过以下几个步骤才能完成：反应物分子向固体表面扩散；反应物分子被吸附在固体表面；反应物分子在固体表面上发生反应，生成产物；产物分子从固体表面上解吸；产物分子经扩散离开固体表面。这些步骤中的任何一步都会影响整个反应的速率。因此，在实际生产中常采取振荡、搅拌、鼓风等措施以加强扩散作用。

本章小结

化学反应的能量转化关系、反应的方向与限度、反应的速率是人们最为关心的三大问题，这些问题可以通过本章的学习得到初步解决。其中，第一个问题用热力学第一定律来解决，第二个问题用热力学第二定律来解决，第三个问题用反应速率理论来解决。

【主要概念】

系统及其分类，环境，状态，状态函数及其性质，过程与途径，相，化学反应计量方程式，反应进度，热力学能，热和功及其符号规定，焓，标准状态，指定单质，标准摩尔生成焓，标准摩尔燃烧焓，自发过程，熵，标准熵，物质标准熵值的影响因素，吉布斯自由能，标准摩尔生成吉布斯自由能，反应商，基元反应，反应速率及其影响因素，反应级数，活化分子，活化能。

【主要内容】

1. 热力学第一定律

封闭系统第一定律数学表达式	$\Delta U = Q + W$
焓的定义式	$H = U + pV$
不做非体积功的恒容反应	$\Delta_r U = Q_V$
不做非体积功的恒压反应	$\Delta_r H = Q_p$
恒温、不做非体积功	$\Delta_r H_m = \Delta_r U_m + RT\Delta\nu$

2. 反应热的计算

(1) 利用赫斯定律计算。

如果一个化学反应可以由其他反应组合而成，则这个化学反应的反应热也可以由其他反应的反应热组合而得到。

(2) 由物质的标准摩尔生成焓计算反应的标准摩尔焓变。

$$\Delta_r H_m^\ominus = \sum_B \nu_B \Delta_f H_m^\ominus(B)$$

(3) 由物质的标准摩尔燃烧焓计算反应的标准摩尔焓变。

$$\Delta_r H_m^\ominus = -\sum_B \nu_B \Delta_c H_m^\ominus(B)$$

3. 化学反应的方向与限度

(1) 熵与化学反应的标准摩尔熵变。

熵的定义式　$S = k\ln\Omega$

热力学第三定律：在 0K 时，任何纯物质的完美晶体的熵值为零。

化学反应的标准摩尔熵变　$\Delta_r S_m^\ominus(298.15\text{K}) = \sum_B \nu_B S_m^\ominus(\text{B})$

(2) 吉布斯自由能与反应的摩尔吉布斯自由能变。

吉布斯自由能的定义式　$G = H - TS$

由反应的标准摩尔焓变和反应的标准摩尔熵变计算 $\Delta_r G_m^\ominus$：

$$\Delta_r G_m^\ominus = \Delta_r H_m^\ominus - T\Delta_r S_m^\ominus$$

由物质的标准生成吉布斯自由能计算反应的标准摩尔吉布斯自由能变：

$$\Delta_r G_m^\ominus = \sum_B \nu_B \Delta_f G_m^\ominus(\text{B})$$

非 298.15K 时 $\Delta_r G_m^\ominus$ 的近似计算：

$$\Delta_r G_m^\ominus(T) \approx \Delta_r H_m^\ominus(298.15\text{K}) - T\Delta_r S_m^\ominus(298.15\text{K})$$

恒温、非标准态下化学反应的吉布斯自由能变：

$$\Delta_r G_m = \Delta_r G_m^\ominus + RT\ln Q$$

(3) 吉布斯自由能判据。

在恒温、恒压、不做非体积功的条件下：

$\Delta_r G_m < 0$，反应正向进行；

$\Delta_r G_m > 0$，反应逆向进行；

$\Delta_r G_m = 0$，反应达到平衡。

4. 化学反应速率

(1) 反应速率定义式。

$$v = \frac{1}{V}\frac{d\xi}{dt} = \frac{1}{\nu_B}\frac{dc_B}{dt}$$

(2) 基元反应质量作用定律表达式。

$$v = kc^a(\text{A}) \cdot c^b(\text{B})$$

(3) 温度对反应速率常数的影响。

$$k = Ae^{-\frac{E_a}{RT}}$$

或

$$\lg\frac{k_2}{k_1} = \frac{E_a}{2.303R}\left(\frac{1}{T_1} - \frac{1}{T_2}\right) = \frac{E_a}{2.303R}\left(\frac{T_2 - T_1}{T_1 T_2}\right)$$

(4) 活化能与焓变的关系。

$$\Delta_r H_m = E_a - E_a'$$

阅读材料

飞秒世界里观赏原子“舞蹈”

飞秒(fs)即毫微微秒($1fs=1\times10^{-15}s$)，飞秒化学(femtochemistry)是物理化学的一个分支，专门研究在极短的时间内化学反应的过程和机理。1999 年，自然科学的桂冠诺贝尔化学奖授予了在飞秒化学领域中做出突出贡献的美国加州理工学院的科学家艾哈迈德·泽维尔(Ahmed H. Zewail)，以表彰他应用超短激光(飞秒激光)闪光成像技术观测到分子中的原子在化学反应中如何运动，从而有助于人们理解和预期重要的化学反应。

为了揭示化学反应的真实过程，我们必须要在分子层次上了解基元反应的机理，包括分子内部的能量传递、反应物和生成物的能量状态，以及过渡态的真实状况。首先分子要获得足够的能量，而被激发形成过渡态，越过反应能垒，最后形成产物分子。过渡态是反应过程中非常重要的中间物，但它的寿命却非常短。这些过程实际发生的时间往往是在皮秒(ps，$1ps=1\times10^{-12}s$)和飞秒的量级，就在一眨眼的瞬间(少于 1/4s)，化学反应体系中的分子之间的相互碰撞的次数就在 1×10^{10} 次以上。因此，研究化学反应过程就必须在飞秒的时间尺度上对反应进行观测。

早在 20 世纪 30 年代科学家就预言到化学反应的模式，但以当时的技术条件根本无法对反应的过渡态进行实时探测。很长时间里，它就好像一个“黑匣子”，解读难度非常大。为了捕捉这种变化动态，从 20 世纪 80 年代起泽维尔教授做了一系列实验，成功研制了一台台式激光器，这是当时世界上最快速的闪光照相机。实验中，他把一束脉宽为若干飞秒的激光分成两束，一束用于激活反应物分子达到活化状态，然后用另一束在反应开始后的不同时刻去检测，或者通过其他仪器探测反应中间体。通过这一方法，真正实现对化学反应的“实时”检测。他的研究成果可以让人们通过“慢动作”观察处于化学反应过程中的原子与分子的转变状态，欣赏原子化学键断裂和形成的“舞蹈”动作，从而揭示过渡态在其存在的寿命区间内的变化动态，认识化学反应的本质。

泽维尔研究了一系列从简单到复杂的化学和生物体系中各种类型的反应，包括单分子反应和双分子反应，其中有异构化、解离、电子转移、质子转移、分子内部的弛豫过程，还有许多生物过程的反应。他在实验观测的基础上，从理论上对这些过程进行了计算，并给出了很好的解释，从而大大推进了人类对化学反应微观过程在深度和广度上的认识和控制能力。

在泽维尔有关飞秒化学的诸多研究中，最有特色的是关于 H 原子和 CO_2 分子间的双分子反应。由于在气相中，H 原子或能够提供 H 原子的前体分子和 CO_2 分子的碰撞频率和压力成反比，在低压情况下两次碰撞间的时间间隔在纳秒(ns)至微秒(μs)的量级，比起皮秒和飞秒大了许多个数量级。即使用交叉分子束技术，在最佳条件下实验结果仍然会存在 3 个以上数量级的不确定性。所以在进行飞秒化学研究时，如何确定双分子反应的起始时间($t=0$)，是一个十分棘手的难题。泽维尔利用范德华分子 IH⋯OCO 作为研究体系，这种想法有很大的创造性。由于 I 原子的质量比 H 原子大很多，所以用光使其中的 IH 发生光解时，I 原子将离去，H 原子则仍然留在原来的范德华半径之内，即基本上可以保持着 H···OCO 的状态，并立即开始发生 H···OCO ⟶ HO + CO 的反应，从而使确定这个反应的起始时间并实时观测它的过渡态和反应生成产物 OH 和 CO 的时间成为可能。他所建立的这种方法，为解决超快反应过程(包括过渡态及中间体的生成和衰变过程)的计时问题提供了一种具有普遍意义的方法。

随着研究的拓展，飞秒化学已经渗透到许多领域，不仅在分子束方面而且在表面化学方面(如理解和改良催化剂)、液体和溶剂方面、聚合物方面(如导体材料)等都得到应用。另一个重要的应用领域是生命科学方面。在飞秒化学中，人们可以进一步了解发生在气相、液相、固相、团簇和界面中分子的动力学行为，可以帮助我们了解发生在生物体系中的种种变化，同时也为从量子态-态相互作用的层次上对化学反应过程实现控制提供了可能性。这一切将对人类认识世界产生深远的影响。

飞秒化学的出现，让人们在分子、原子和离子平台上，对化学反应历程的研究有了一个新的思考视角，实现了实时了解化学反应进程中过渡态演变的各个细节，为合成、分离新物质，探讨反应机理实现化学目标提供新的研究方法和技术。同时，对整个科学系统也产生巨大的影响，提出了很多具有挑战意义的问题，有待人们深入探索。

习　题

1. 正确区分下列基本概念。

(1) 系统与环境　　(2) 状态与状态函数

(3) 过程与途径　　(4) 相与聚集状态

(5) 热和功　　(6) 热力学能与焓

(7) 反应进度与化学计量数　　(8) 标准态与标准状况

(9) 标准生成焓与反应的标准摩尔焓变　　(10) 标准生成焓与标准燃烧焓

(11) 混乱度与熵　　(12) 反应进度与反应速率

(13) 基元反应与复杂反应　　(14) 活化能与反应热

2. 状态函数有哪些特征？说明热力学能和焓是状态函数，而热和功不是状态函数。

3. 焓的物理意义是什么？是否只有等压过程才有 ΔH?

4. 热不是状态函数，为何恒压反应热却只取决于始、终态?

5. 1mol $H_2O(l)$在 273K、101.3kPa 下变为水蒸气，若 1g 水汽化要吸热 2.255 kJ，试计算上述过程的 ΔH 和 ΔU。

(40.59kJ，38.32kJ)

6. 油酸甘油酯在人体中代谢时发生下列反应：

$$C_{57}H_{104}O_6(s) + 80O_2(g) = 57CO_2(g) + 52H_2O(l)$$

$\Delta_r H_m^{\ominus} = -3.35\times10^4\ kJ\cdot mol^{-1}$，试计算消耗这种脂肪 1kg 时，反应进度是多少？将有多少热量放出?

(1.13mol，3.79×10^4kJ)

7. 有一种甲虫，名为投弹手，它能用尾部喷射出来的爆炸性排泄物作为防卫措施，所涉及的化学反应是氢醌被过氧化氢氧化生成醌和水：

$$C_6H_4(OH)_2(aq) + H_2O_2(aq) = C_6H_4O_2(aq) + 2H_2O(l)$$

试根据下列热化学方程式计算该反应的 $\Delta_r H_m^{\ominus}$。

(1) $C_6H_4(OH)_2(aq) = C_6H_4O_2(aq) + H_2(g)$　　$\Delta_r H_m^{\ominus}(1) = 177.4\ kJ\cdot mol^{-1}$

(2) $H_2(g) + O_2(g) \longrightarrow H_2O_2(aq)$　　$\Delta_r H_m^\ominus(2)=-191.2\ kJ \cdot mol^{-1}$

(3) $H_2(g) + \frac{1}{2}O_2(g) \longrightarrow H_2O(g)$　　$\Delta_r H_m^\ominus(3)=-241.8\ kJ \cdot mol^{-1}$

(4) $H_2O(g) \longrightarrow H_2O(l)$　　$\Delta_r H_m^\ominus(4)=-44.0\ kJ \cdot mol^{-1}$

($-203.0kJ \cdot mol^{-1}$)

8. 火箭推力的大小与燃料的热效能有关。已知火箭燃料水合肼与过氧化氢反应及 298.15K 时有关物质的标准摩尔生成焓数据如下：

	$N_2H_4 \cdot H_2O(l)$ +	$2H_2O_2(l)$ ══	$N_2(g)$ +	$5H_2O(g)$
$\Delta_r H_m^\ominus(298.15K)/(kJ \cdot mol^{-1})$	−242	−187.8	0	−241.8

试计算该反应在 298.15K 时的 $\Delta_r H_m^\ominus$。

($-592kJ \cdot mol^{-1}$)

9. 将铝粉和一定量的三氧化二铁的混合物引燃，会发生剧烈反应。反应中放出大量的热(温度可达 3000℃以上)，可使钢铁熔化，铁道工程上利用这一性质进行钢轨的焊接。试利用有关物质的标准生成焓数据，计算下列反应在 298.15K 时的 $\Delta_r H_m^\ominus$。

$$2Al(s) + Fe_2O_3(s) \longrightarrow Al_2O_3(s) + 2Fe(s)$$

($-851.5kJ \cdot mol^{-1}$)

10. 人体所需能量大多来源于食物在体内的氧化反应，如葡萄糖在细胞中与氧发生氧化反应生成 $CO_2(g)$ 和 $H_2O(l)$，并释放能量。通常用标准燃烧焓来估算人们对食物的需求量。已知葡萄糖的标准生成焓为 $-1274kJ \cdot mol^{-1}$，试计算葡萄糖的标准燃烧焓[$CO_2(g)$和 $H_2O(l)$的热力学数据可查阅书后附录]。

($-2802kJ \cdot mol^{-1}$)

11. 某患者住院期间每天只能喝 500g 牛奶，同时吃 50g 面包。如果他平均每天需要 6300kJ 才能维持生命的话，每天还需给他输多少升 $100g \cdot L^{-1}$ 的葡萄糖溶液？已知牛奶、面包和葡萄糖的燃烧焓分别为 $3kJ \cdot g^{-1}$、$12kJ \cdot g^{-1}$ 和 $15.6kJ \cdot g^{-1}$。

(2.692L)

12. 试判断下列过程的 ΔS 是大于 0，还是小于 0。

(1) 冰融化成水　　(2) 炸药爆炸

(3) 甲烷的燃烧反应　　(4) 合成氨反应

(5) 晶体从溶液中析出

13. 计算 298K 时汽车尾气净化反应：

$$CO(g) + NO(g) \longrightarrow CO_2(g) + \frac{1}{2}N_2(g)$$

的 $\Delta_r G_m^\ominus$，并判断该反应在标准态下自发进行的方向(请自己查阅有关数据)。

($\Delta_r G_m^\ominus=-343.7kJ \cdot mol^{-1}<0$，自发进行)

14. 白锡如果保存不当，会变为脆性的灰锡：

$$Sn(白) \rightleftharpoons Sn(灰)$$

已知 298K 时，Sn(白)的 $\Delta_r H_m^\ominus=0$，$S_m^\ominus=51.2J \cdot K^{-1} \cdot mol^{-1}$，Sn(灰)的 $\Delta_r H_m^\ominus=-2.1kJ \cdot mol^{-1}$，$S_m^\ominus=44.1J \cdot K^{-1} \cdot mol^{-1}$，试估算该转化反应的温度条件。

($T<296K$)

15. 碘钨灯的发光效率和使用寿命都优于白炽灯。其原理是由于碘钨灯内所含少量碘发生了如下可逆反应：

$$W(s) + I_2(g) \rightleftharpoons WI_2(g)$$

当生成的 $WI_2(g)$扩散到灯丝附近的高温区时，会立即分解出 W 而重新沉积在灯丝上。已知 298K 时 W(s)的 $\Delta_f H_m^{\ominus}=0$，$S_m^{\ominus}=33.5J \cdot K^{-1} \cdot mol^{-1}$，$WI_2(g)$ 的 $\Delta_f H_m^{\ominus}=-8.37kJ \cdot mol^{-1}$，$S_m^{\ominus}=251J \cdot K^{-1} \cdot mol^{-1}$，$I_2(g)$ 的 $\Delta_f H_m^{\ominus}=62.4kJ \cdot mol^{-1}$，$S_m^{\ominus}=260.7J \cdot K^{-1} \cdot mol^{-1}$，试计算：

(1) 若灯管壁温度为 623K，上述反应的 $\Delta_r G_m^{\ominus}$ 为多少？

(2) $WI_2(g)$在灯丝上发生分解所需的最低温度是多少？

($-43.86kJ \cdot mol^{-1}$；1638K)

16. 金属钙极易与空气中的氧反应：

$$Ca(s) + \frac{1}{2}O_2(g) = CaO(s) \qquad \Delta_r G_m^{\ominus}=-603.3kJ \cdot mol^{-1}$$

欲使钙不被氧化，25℃时空气中氧气的分压不能超过多少？(计算时不查表)

(4.73×10^{-207}Pa)

17. 对于反应 $2SO_2(g) + O_2(g) = 2SO_3(g)$，请通过计算回答：

(1) 在 25℃和标准态下，反应向什么方向进行？

(2) 温度不变，但 $p(SO_3)=1.0\times10^5$Pa，$p(O_2)=0.25\times10^5$Pa，$p(SO_2)=0.25\times10^5$Pa，此时反应向什么方向进行？

($\Delta_r G_m^{\ominus}=-142kJ \cdot mol^{-1}$，自发进行；$\Delta_r G_m=-131kJ \cdot mol^{-1}$，自发进行)

18. 若温度 T 时某化学反应的 $\Delta_r H_m^{\ominus}=100kJ \cdot mol^{-1}$，则其正反应的活化能 E_a 是大于、等于还是小于 $100kJ \cdot mol^{-1}$，又或是不能确定？

19. 对反应 $A(g) + B(g) = 2C(g)$，测得如下动力学数据：

实验编号	$c_0(A)/(mol \cdot L^{-1})$	$c_0(B)/(mol \cdot L^{-1})$	$v_0/(mol \cdot L^{-1} \cdot s^{-1})$
(1)	0.20	0.30	4.0×10^{-4}
(2)	0.20	0.60	7.9×10^{-4}
(3)	0.40	0.60	1.1×10^{-3}

试推导出反应级数，写出速率方程，并求出速率常数。

[1.5 级；$v=kc(A)^{1/2} \cdot c(B)$；$2.9\times10^{-3}mol^{-1/2} \cdot L^{1/2} \cdot s^{-1}$]

20. 甲醛是烟雾中刺激眼睛的主要物质之一，它可以由臭氧与乙烯反应生成：

$$O_3(g) + C_2H_4(g) \longrightarrow 2HCHO(g) + \frac{1}{2}O_2(g)$$

反应速率方程为 $v = kc(O_3) \cdot c(C_2H_4)$，已知 $k = 2.0\times10^3 mol^{-1} \cdot L \cdot s^{-1}$。在受严重污染的空气中，臭氧和乙烯的浓度分别为 $5.0\times10^{-8} mol \cdot L^{-1}$ 和 $1.0\times10^{-8} mol \cdot L^{-1}$。试计算：

(1) 该反应的反应速率。

(2) 若空气中臭氧和乙烯的浓度保持不变，经过多长时间甲醛浓度能达到 $1.0\times10^{-8} mol \cdot L^{-1}$(超过此浓度，甲醛将对眼睛产生明显刺激作用)?

($1.0\times10^{-12} mol \cdot L^{-1} \cdot s^{-1}$；5000s)

21. 在 310K 时的鲜牛奶大约 4h 变酸，但在 278K 的冰箱中可保持 48h。若反应速率常数与牛奶变酸的时间成反比，计算牛奶变酸反应的活化能。

($55.6kJ \cdot mol^{-1}$)

22. 烟雾形成的化学反应之一是 $O_3(g) + NO(g) \xlongequal{} O_2(g) + NO_2(g)$。已知此反应对 O_3 和 NO 都是一级的，且速率常数为 $1.2\times10^7 mol^{-1}\cdot L\cdot s^{-1}$。试计算当被污染的空气中 $c(O_3)=c(NO)=5.0\times10^{-8} mol\cdot L^{-1}$ 时，生成 NO_2 的初速率。

$(3.0\times10^{-8} mol\cdot L^{-1}\cdot s^{-1})$

23. 在没有催化剂存在时，$H_2O_2(l)$的分解反应：

$$H_2O_2(l) \longrightarrow H_2O(l) + \frac{1}{2} O_2(g)$$

的活化能为 $75kJ\cdot mol^{-1}$。当有过氧化氢酶存在时，该反应的活化能降低到 $26kJ\cdot mol^{-1}$。试计算在 298K 下，有催化剂存在比没有催化剂存在时反应速率提高多少倍?

(3.85×10^8 倍)

24. 高温下焦炭与二氧化碳的反应为 $C + CO_2 \xlongequal{} 2CO$，反应的活化能为 $167.4kJ\cdot mol^{-1}$，若温度从 900K 升到 1000K，试求反应速率之比。

(9.37)

第3章 化学平衡

人们在研究一个化学反应时，不仅要研究该反应在给定条件下的反应方向和反应速率问题，而且要研究该反应最终能够进行到什么程度，也就是它在给定条件下有多少反应物能够转变成产物，这在解决化工、制药以及生物体、生态环境中的各种实际问题都是一个很重要的内容。化学反应进行的限度是有关化学平衡的问题。

3.1 化学平衡与标准平衡常数

只有少数化学反应，反应物基本上能全部转变为生成物，这类反应称为**不可逆反应**。例如，氯酸钾在二氧化锰存在下的加热分解反应：

$$2KClO_3 \xrightarrow[\triangle]{MnO_2} 2KCl + 3O_2$$

就属于不可向逆反应。

大多数化学反应在给定条件下并不能全部转变为生成物，而是既可以向正反应方向进行，也可以向逆反应方向进行。这种在同一条件下，既能向正反应方向进行，同时又能向逆反应方向进行的反应，称为**可逆反应**。可逆反应的化学方程式用“$\rightleftharpoons$”代替等号。例如：

$$H_2(g) + I_2(g) \rightleftharpoons 2HI(g)$$

对于一个可逆反应，在一定条件下随着反应的正向进行，反应物的浓度将逐渐减小，正反应速率也将逐渐减小，同时产物的浓度不断增大，从而逆反应速率由小变大，当正、逆反应速率相等时，系统达到一种动态平衡状态，该状态称为**化学平衡**。系统达平衡后，只要外界条件(如 T、p、c 等)不发生改变，各物质的浓度(或分压)就不再随时间而改变，反应在该条件下达到了最大限度。

3.1.1 标准平衡常数

大量研究表明，对于密闭容器中的任意一个可逆反应，不论其始态如何，在一定温度下达到平衡时，各生成物平衡浓度幂的乘积与反应物平衡浓度幂的乘积之比为一常数，化学中称之为平衡常数，用符号 K 表示。

平衡常数的大小能够反映一个化学反应在一定条件下进行的程度。不同反应，K 值不同。当其他条件相同时，K 值越大，表明反应进行程度越大，反应物的转化率越高；反之，K 值越小，表明反应进行程度越小，反应物的转化率越低。

平衡常数分为经验平衡常数和标准平衡常数。后者是国家标准要求一律使用的，本书只介绍标准平衡常数。

1. 标准平衡常数

当可逆反应达到平衡时，系统中各物质的浓度或分压不再随着时间而改变，若将各物质的浓度或分压分别与标准浓度($c^{\ominus}$)或标准压力($p^{\ominus}$)相除，然后再进行平衡常数计算，所得平衡常数称为**标准平衡常数**，用$K^{\ominus}$表示。例如，对于任意一可逆反应，在一定温度下达到化学平衡时：

$$a\mathrm{A}+b\mathrm{B} \rightleftharpoons g\mathrm{G}+h\mathrm{H}$$

若为液相反应：

$$K^{\ominus}=\frac{[c_{\mathrm{eq}}(\mathrm{G})/c^{\ominus}]^{g}[c_{\mathrm{eq}}(\mathrm{H})/c^{\ominus}]^{h}}{[c_{\mathrm{eq}}(\mathrm{A})/c^{\ominus}]^{a}[c_{\mathrm{eq}}(\mathrm{B})/c^{\ominus}]^{b}} \tag{3-1a}$$

若为气相反应：

$$K^{\ominus}=\frac{[p_{\mathrm{eq}}(\mathrm{G})/p^{\ominus}]^{g}[p_{\mathrm{eq}}(\mathrm{H})/p^{\ominus}]^{h}}{[p_{\mathrm{eq}}(\mathrm{A})/p^{\ominus}]^{a}[p_{\mathrm{eq}}(\mathrm{B})/p^{\ominus}]^{b}} \tag{3-1b}$$

式中，下标 eq 表示平衡。由式(3-1)可以看出，标准平衡常数是量纲为一的量。标准平衡常数可以通过实验测得，也可以通过热力学方法计算得到。

在式(3-1a)标准平衡常数表达式中，由于 $c^{\ominus}$=1mol · L^{-1}，因此 $c_{\mathrm{eq}}(\mathrm{B})/c^{\ominus}$只是将 $c_{\mathrm{eq}}(\mathrm{B})$的单位消掉，其值仍然等于 $c_{\mathrm{eq}}(\mathrm{B})$的数值。从书写简便的角度考虑，本书统一将 $c_{\mathrm{eq}}(\mathrm{B})/c^{\ominus}$用 $c_{\mathrm{eq}}(\mathrm{B})$代替。

2. 标准平衡常数与反应的标准吉布斯自由能变

由化学反应等温方程式可以导出标准平衡常数与$\Delta_{\mathrm{r}}G_{\mathrm{m}}^{\ominus}$的数量关系。

在一定温度下，对于任一反应来说，任意时刻时，根据式(2-25)，有

$$\Delta_{\mathrm{r}}G_{\mathrm{m}}=\Delta_{\mathrm{r}}G_{\mathrm{m}}^{\ominus}+RT\ln Q$$

当系统达到平衡时：

$$\Delta_{\mathrm{r}}G_{\mathrm{m}}=\Delta_{\mathrm{r}}G_{\mathrm{m}}^{\ominus}+RT\ln Q_{\mathrm{eq}}=0 \tag{3-2}$$

式中，Q_{eq}为平衡时的反应商，其表达式中各组分的浓度或分压均为平衡浓度或平衡分压，由于 T 和$\Delta_{\mathrm{r}}G_{\mathrm{m}}^{\ominus}$均为定值，故 Q_{eq}为常数，即 $K^{\ominus}=Q_{\mathrm{eq}}$。

由式(3-2)可得

$$\Delta_{\mathrm{r}}G_{\mathrm{m}}^{\ominus}=-RT\ln K^{\ominus} \tag{3-3}$$

所以

$$\ln K^{\ominus}=-\frac{\Delta_{\mathrm{r}}G_{\mathrm{m}}^{\ominus}}{RT} \tag{3-4}$$

对于确定的反应，$K^{\ominus}$可由式(3-4)计算得出。式(3-4)同时表明，$K^{\ominus}$与温度 T 有关，而与各组分的浓度(或分压)无关。

3. 书写平衡常数表达式和应用平衡常数时应注意的问题

(1) 平衡常数表达式中各物质的浓度或分压是指系统在平衡状态时的浓度或分压。

(2) 化学反应中的纯固体、纯液体、稀溶液中的溶剂不写入平衡常数表达式。例如：

$$CaCO_3(s) \rightleftharpoons CaO(s) + CO_2(g) \qquad K^\ominus = p_{eq}(CO_2)/p^\ominus$$

$$Cr_2O_7^{2-} + H_2O \rightleftharpoons 2CrO_4^{2-} + 2H^+ \qquad K^\ominus = \frac{c_{eq}^2(Cr_2O_4^{2-}) \cdot c_{eq}^2(H^+)}{c_{eq}(Cr_2O_7^{2-})}$$

(3) 平衡常数表达式必须与反应方程式相对应，反应式的写法不同，平衡常数表达式不同，$K^\ominus$ 值不同。例如：

$$N_2(g) + 3H_2(g) \rightleftharpoons 2NH_3(g) \qquad K^\ominus = \frac{p_{eq}^2(NH_3)}{p_{eq}(N_2) \cdot p_{eq}^3(H_2)}(p^\ominus)^2$$

$$\frac{1}{2}N_2(g) + \frac{3}{2}H_2(g) \rightleftharpoons NH_3(g) \qquad K^{\ominus\prime} = \frac{p_{eq}(NH_3)}{p_{eq}^{1/2}(N_2) \cdot p_{eq}^{3/2}(H_2)}p^\ominus$$

显然

$$K^\ominus = (K^{\ominus\prime})^2$$

(4) 正、逆反应的平衡常数值互为倒数。例如：

$$2SO_2(g) + O_2(g) \rightleftharpoons 2SO_3(g) \qquad K^\ominus = \frac{p_{eq}^2(SO_3)}{p_{eq}^2(SO_2) \cdot p_{eq}(O_2)}p^\ominus$$

相同条件下其逆反应：

$$2SO_3(g) \rightleftharpoons 2SO_2(g) + O_2(g)$$

$$K^{\ominus\prime} = \frac{p_{eq}^2(SO_2) \cdot p_{eq}(O_2)}{p_{eq}^2(SO_3)}(p^\ominus)^{-1} = \frac{1}{K^\ominus}$$

(5) 对于多相反应，计算标准平衡常数时，气体组分要用分压代入，溶液组分要用浓度代入。例如：

$$2MnO_4^-(aq) + 5H_2O_2 + 6H^+ \rightleftharpoons 2Mn^{2+}(aq) + 5O_2(g) + 8H_2O$$

$$K^\ominus = \frac{c_{eq}^2(Mn^{2+}) \cdot p_{eq}^5(O_2)/(p^\ominus)^5}{c_{eq}^2(MnO_4^-) \cdot c_{eq}^5(H_2O_2) \cdot c_{eq}^6(H^+)}$$

例 3-1 尿素合成反应为

$$CO_2(g) + 2NH_3(g) \rightleftharpoons H_2O(g) + CO(NH_2)_2(s)$$

试根据以下数据计算 298K 时尿素合成反应的标准平衡常数。

物质	$CO_2(g)$	$NH_3(g)$	$H_2O(g)$	$CO(NH_2)_2(s)$
$\Delta_f G_m^\ominus/(kJ \cdot mol^{-1})$	−394.4	−16.4	−228.6	−197.4

解 298K 时反应的标准吉布斯自由能变为

$$\begin{aligned}\Delta_r G_m^\ominus &= \Delta_f G_m^\ominus[CO(NH_2)_2(s)] + \Delta_f G_m^\ominus[H_2O(g)] - 2\Delta_f G_m^\ominus[NH_3(g)] - \Delta_f G_m^\ominus[CO_2(g)] \\ &= [-197.4 + (-228.6) - 2\times(-16.4) - (-394.4)]kJ \cdot mol^{-1} = 1.2kJ \cdot mol^{-1}\end{aligned}$$

$$\ln K^{\ominus} = -\frac{\Delta_r G_m^{\ominus}}{RT} = -\frac{1.2\times10^3}{8.314\times298} = -0.484$$

$$K^{\ominus} = 0.62$$

尿素合成反应的标准平衡常数为 0.62。

3.1.2　多重平衡规则

同一系统中，若同时存在几个平衡，那么系统中同一种物质的浓度在不同平衡反应中是一个值，即同一系统中的不同平衡中，每种物质的平衡浓度只有一个。每个平衡都对应一个平衡常数，那么各平衡常数之间存在怎样的关系呢？例如，在某一系统中存在以下三个平衡：

$$SO_2(g) + NO_2(g) \rightleftharpoons SO_3(g) + NO(g)$$

$$K_1^{\ominus} = \frac{[p_{eq}(SO_3)/p^{\ominus}][p_{eq}(NO)/p^{\ominus}]}{[p_{eq}(SO_2)/p^{\ominus}][p_{eq}(NO_2)/p^{\ominus}]} \tag{1}$$

$$NO(g) + \frac{1}{2}O_2(g) \rightleftharpoons NO_2(g)$$

$$K_2^{\ominus} = \frac{p_{eq}(NO_2)/p^{\ominus}}{[p_{eq}(O_2)/p^{\ominus}]^{1/2}[p_{eq}(NO)/p^{\ominus}]} \tag{2}$$

$$SO_2(g) + \frac{1}{2}O_2(g) \rightleftharpoons SO_3(g)$$

$$K_3^{\ominus} = \frac{p_{eq}(SO_3)/p^{\ominus}}{[p_{eq}(SO_2)/p^{\ominus}][p_{eq}(O_2)/p^{\ominus}]^{1/2}} \tag{3}$$

从反应式看：

$$(1) + (2) = (3)$$

则上述可逆反应的标准吉布斯函数变关系为

$$\Delta_r G_m^{\ominus}(1) + \Delta_r G_m^{\ominus}(2) = \Delta_r G_m^{\ominus}(3)$$

将式(3-3)代入上式得

$$-RT\ln K_1^{\ominus} - RT\ln K_2^{\ominus} = -RT\ln K_3^{\ominus}$$

即

$$K_1^{\ominus}K_2^{\ominus} = K_3^{\ominus}$$

结论：在一个多重平衡系统中，如果一个可逆反应是由另外几个可逆反应相加或相减所得，则该可逆反应的标准平衡常数等于另外几个反应标准平衡常数的乘积或商。这个规则称为**多重平衡规则**。当某些可逆反应的标准平衡常数很难通过实验测定时，可以利用一些已知可逆反应的标准平衡常数，应用多重平衡规则计算得到。

例 3-2　已知 298K 时下列反应的标准平衡常数：

(1) $N_2(g) + \frac{1}{2}O_2(g) \rightleftharpoons N_2O(g)$　　$K_1^{\ominus} = 3.4\times10^{-18}$

(2) $\frac{1}{2}N_2(g) + O_2(g) \rightleftharpoons NO_2(g)$　　$K_2^{\ominus} = 4.1\times10^{-9}$

(3) $2N_2O(g) + 3O_2(g) \rightleftharpoons 2N_2O_4(g)$　　$K_3^{\ominus} = 1.2\times10^{6}$

试求 298K 时反应 $N_2O_4(g) \rightleftharpoons 2NO_2(g)$的标准平衡常数 $K^{\ominus}$ 。

解 反应(2)×4–反应(1)×2–反应(3)，得反应(4)

$$2N_2O_4(g) \rightleftharpoons 4NO_2(g)$$

根据多重平衡原则，该反应的标准平衡常数为

$$K_4^{\ominus} = (K_2^{\ominus})^4 / [(K_1^{\ominus})^2 K_3^{\ominus}] = 2.04\times10^{-5}$$

则反应

$$N_2O_4(g) \rightleftharpoons 2NO_2(g)$$

的标准平衡常数为

$$K^{\ominus} = (K_4^{\ominus})^{1/2} = 4.5\times10^{-3}$$

3.1.3 利用平衡常数计算平衡转化率

利用平衡常数可以求算反应系统中有关物质的平衡浓度和平衡转化率。转化率是指某反应物中已消耗部分占反应物起始量的百分数，即

$$\text{某反应物的转化率} = \frac{\text{某反应物已转化的物质的量}}{\text{某反应物起始时的物质的量}}\times100\%$$

在一定温度下，当反应系统达平衡时，反应物和生成物的浓度不再随时间而改变。这表明反应物转化为生成物已经达到最大限度，转化率最高，称为平衡转化率。平衡转化率又称最高转化率或理想转化率。

例 3-3 一氧化碳的转化反应 $CO(g) + H_2O(g) \rightleftharpoons CO_2(g) + H_2(g)$，在 797K 时的平衡常数 $K^{\ominus} = 0.5$ 。若在该温度下使 2.0mol CO(g)和 3.0mol H_2O(g)在密闭容器中反应，试计算 CO 在此条件下的平衡转化率。

解 设达到平衡状态时 CO 转化了 x mol，则可建立如下关系：

	$CO(g)$	$+\ H_2O(g)$	$\rightleftharpoons\ CO_2(g)$	$+\ H_2(g)$
反应起始时各物质的量/mol	2.0	3.0	0	0
平衡时各物质的量/mol	$(2.0-x)$	$(3.0-x)$	x	x

平衡时物质的量的总和为

$$n=[(2.0-x) + (3.0-x) + x + x\,]\text{mol}=5.0\text{mol}$$

设平衡时系统的总压为 p，则

$$p_{eq}(CO_2)=p_{eq}(H_2)=\frac{px}{5.0}$$

$$p_{eq}(CO)=\frac{p(2.0-x)}{5.0}$$

$$p_{eq}(H_2O)=\frac{p(3.0-x)}{5.0}$$

代入 $K^{\ominus}$ 表达式：

$$K^{\ominus}=\frac{[p_{eq}(CO_2)/p^{\ominus}][p_{eq}(H_2)/p^{\ominus}]}{[p_{eq}(CO)/p^{\ominus}][p_{eq}(H_2O)/p^{\ominus}]}=\frac{\frac{x}{5.0}\cdot\frac{x}{5.0}}{\left(\frac{2.0-x}{5.0}\right)\left(\frac{3.0-x}{5.0}\right)}=\frac{x^2}{6.0-5.0x+x^2}=0.5$$

解得 x=1.0，即 CO 转化了 1.0mol，其转化率为

$$\frac{x}{2.0}\times100\%=\frac{1.0}{2.0}\times100\%=50\%$$

3.2 化学平衡的移动

化学平衡是有条件的、相对的、暂时的，当外界条件变化时，平衡状态就会被破坏。由于外界条件的改变，可逆反应从一种平衡状态向另一种平衡状态转变的过程称为**化学平衡的移动**。影响化学平衡的外界因素有浓度、压力和温度。下面将分别讨论这三个因素对化学平衡的影响。

3.2.1 浓度对化学平衡的影响

根据式(2-25)和式(3-3)可知，恒温恒压条件下的可逆反应：

$$\Delta_r G_m = -RT\ln K^\ominus + RT\ln Q = RT\ln Q / K^\ominus \tag{3-5}$$

对于一定温度下达平衡的可逆反应，$\Delta_r G_m = 0$，$K^\ominus$ 为一常数，且 $K^\ominus = Q$。在其他条件不变时，改变平衡系统中反应物或生成物的浓度，因温度不变，标准平衡常数 $K^\ominus$ 值不会发生改变，但反应商 Q 值会随之改变，这必然导致 $K^\ominus$ 值与 Q 值不再相等，化学平衡将发生移动。根据式(3-5)，可以判断出化学平衡因浓度的改变而移动的方向。

当增大反应物浓度或减小生成物浓度时，Q 值减小，$Q< K^\ominus$，$\Delta_r G_m <0$，化学平衡被打破，反应正向自发进行，随着反应的进行，反应物浓度不断减小，生成物浓度不断增大，Q 值不断增大，当 Q 值增大到与 $K^\ominus$ 值再次相等时，$\Delta_r G_m$ 又等于零，系统建立了新的化学平衡。所以，增大反应物浓度或减小生成物浓度，化学平衡正向移动。同理，减小反应物浓度或增大生成物浓度，化学平衡逆向移动。

总之，在平衡系统中，在其他条件不变的情况下，增大(或减小)某物质的浓度，平衡就向着减小(或增加)该物质的方向移动。

3.2.2 压力对化学平衡的影响

压力的改变对于固体和液体物质的体积影响很小，只有固体和液体物质参加的可逆反应，可以忽略压力改变对化学平衡的影响。但对于有气体参加的可逆反应，改变某气体的分压或系统的总压，化学平衡可能会发生移动。

因温度不发生改变，所以化学反应的标准平衡常数 $K^\ominus$ 为一常数，不会随着压力的改变而改变。改变压力可能发生改变的是反应商 Q 值。下面分别讨论改变系统中某气体的分压和改变系统总压对化学平衡的影响。

1. 改变系统中某组分的分压

在等温、等容条件下，改变系统中某一气体的分压，反应商 Q 值将发生改变，化学平衡将发生移动。改变某气体分压对化学平衡的影响与改变某组分浓度对化学平衡的影响是相同的。在等温、等容条件下，增大气体反应物分压或减小气体生成物分压，$Q< K^\ominus$，化学平衡正向移动；反之，减小气体反应物分压或增大气体生成物分压，$Q> K^\ominus$，化学平衡逆向移动。

2. 改变系统的总压

对于有气体参加的可逆反应：

$$aA(g) + bB(g) \rightleftharpoons gG(g) + hH(g)$$

当系统在一定温度下达到平衡时：

$$K^{\ominus} = Q = \frac{[p_{eq}(G)/p^{\ominus}]^g [p_{eq}(H)/p^{\ominus}]^h}{[p_{eq}(A)/p^{\ominus}]^a [p_{eq}(B)/p^{\ominus}]^b}$$

当其他条件不变的情况下，如果将平衡系统的总压增加到原来的 $N(N>1)$倍，系统的体积将减小到原来的 $1/N$，各气体组分的分压也将增大 N 倍。此时反应商为

$$Q = \frac{[Np_{eq}(G)/p^{\ominus}]^g [Np_{eq}(H)/p^{\ominus}]^h}{[Np_{eq}(A)/p^{\ominus}]^a [Np_{eq}(B)/p^{\ominus}]^b} = \frac{[p_{eq}(G)/p^{\ominus}]^g [p_{eq}(H)/p^{\ominus}]^h}{[p_{eq}(A)/p^{\ominus}]^a [p_{eq}(B)/p^{\ominus}]^b} N^{(g+h)-(a+b)}$$

令$(g+h)-(a+b)=\Delta n_g$，则有

$$Q = \frac{[p_{eq}(G)/p^{\ominus}]^g [p_{eq}(H)/p^{\ominus}]^h}{[p_{eq}(A)/p^{\ominus}]^a [p_{eq}(B)/p^{\ominus}]^b} N^{\Delta n_g} = N^{\Delta n_g} K^{\ominus}$$

当$\Delta n_g>0$ 时，为气体分子数增加的反应，$Q > K^{\ominus}$，$\Delta_r G_m >0$，化学平衡逆向移动(气体分子数目减少的方向)；当$\Delta n_g<0$ 时，为气体分子数减少的反应，$Q < K^{\ominus}$，$\Delta_r G_m <0$，化学平衡正向移动(气体分子数目减少的方向)；当$\Delta n_g = 0$ 时，$Q = K^{\ominus}$，$\Delta_r G_m = 0$，化学平衡不发生移动。

同理，当温度不变的情况下，如果将平衡系统的总压减小到原来的 $1/N(N>1)$，系统的体积将增大到原来的 N 倍，各气体组分的分压也将减小 N 倍。此时反应商为

$$Q = \frac{[p_{eq}(G)/p^{\ominus}]^g [p_{eq}(H)/p^{\ominus}]^h}{[p_{eq}(A)/p^{\ominus}]^a [p_{eq}(B)/p^{\ominus}]^b} \left(\frac{1}{N}\right)^{\Delta n_g} = \left(\frac{1}{N}\right)^{\Delta n_g} K^{\ominus}$$

当$\Delta n_g>0$ 时，为气体分子数增加的反应，$Q< K^{\ominus}$，$\Delta_r G_m <0$，化学平衡正向移动(气体分子数目增加的方向)；当$\Delta n_g<0$ 时，为气体分子数减少的反应，$Q > K^{\ominus}$，$\Delta_r G_m >0$，化学平衡逆向移动(气体分子数目增加的方向)；当$\Delta n_g = 0$ 时，$Q = K^{\ominus}$，$\Delta_r G_m = 0$，化学平衡不发生移动。

总之，对于反应前后气体物质化学计量系数无变化的化学反应，在其他条件不变的情况下，改变反应系统的总压，化学平衡不受影响；对于反应前后气体物质化学计量系数有变化的化学反应，在其他条件不变的情况下，增大系统总压，化学平衡将向气体分子数目减少的方向移动，减小系统总压，化学平衡将向气体分子数目增大的方向移动。

3.2.3　温度对化学平衡的影响

温度对化学平衡的影响是通过使标准平衡常数发生改变而实现的，这与浓度和压力对化学平衡的影响有着本质的区别。那么温度和标准平衡常数之间到底存在怎样的关系呢？下面将通过热力学方法导出。

对于一个给定的平衡系统，则有

$$\Delta_r G_m^{\ominus}(T) = -RT \ln K^{\ominus}$$

又
$$\Delta_r G_m^\ominus = \Delta_r H_m^\ominus - T\Delta_r S_m^\ominus$$

两式合并，得
$$-RT\ln K^\ominus = \Delta_r H_m^\ominus - T\Delta_r S_m^\ominus$$

设一可逆反应，在温度为 T_1 时的标准平衡常数为 $K_1^\ominus$，在温度为 T_2 时的标准平衡常数为 $K_2^\ominus$，由于温度对 $\Delta_r H_m^\ominus$ 和 $\Delta_r S_m^\ominus$ 的影响比较小，可以认为 $\Delta_r H_m^\ominus$ 和 $\Delta_r S_m^\ominus$ 在一定温度范围内基本不变，则有
$$-RT_1\ln K_1^\ominus = \Delta_r H_m^\ominus - T_1\Delta_r S_m^\ominus$$
$$-RT_2\ln K_2^\ominus = \Delta_r H_m^\ominus - T_2\Delta_r S_m^\ominus$$
整理得
$$\ln\frac{K_2^\ominus}{K_1^\ominus} = \frac{\Delta_r H_m^\ominus}{R}\left(\frac{1}{T_1}-\frac{1}{T_2}\right) = \frac{\Delta_r H_m^\ominus}{R}\left(\frac{T_2-T_1}{T_1T_2}\right) \tag{3-6}$$

式(3-6)给出了标准平衡常数与温度之间的定量关系，可以进行相关的定量计算，也可以讨论温度对化学平衡的影响。

由式(3-6)可以看出，对于吸热反应，由于 $\Delta_r H_m^\ominus>0$，所以：

当 $T_2>T_1$ 时，$K_2^\ominus > K_1^\ominus$，反应正向移动，即平衡向吸热反应方向移动；

当 $T_2<T_1$ 时，$K_2^\ominus < K_1^\ominus$，反应逆向移动，即平衡向放热反应方向移动。

对于放热反应，由于 $\Delta_r H_m^\ominus<0$，所以：

当 $T_2>T_1$ 时，$K_2^\ominus < K_1^\ominus$，反应逆向移动，即平衡向吸热反应方向移动；

当 $T_2<T_1$ 时，$K_2^\ominus > K_1^\ominus$，反应正向移动，即平衡向放热反应方向移动。

总之，在其他条件一定时，升高温度，化学平衡向吸热反应方向移动；降低温度，化学平衡向放热方向移动。

例 3-4 已知在 1028K 时，$CaCO_3$ 分解反应的标准摩尔焓变 $\Delta_r H_m^\ominus$=109.32kJ · mol^{-1}，标准平衡常数 $K^\ominus$=0.114。计算 1128K 时反应的标准平衡常数和 $CaCO_3$ 的分解压力。

解 $CaCO_3$ 分解反应为
$$CaCO_3(s) \rightleftharpoons CaO(s) + CO_2(g)$$
$$\ln\frac{K_2^\ominus}{K_1^\ominus} = \frac{\Delta_r H_m^\ominus}{R}\left(\frac{T_2-T_1}{T_1T_2}\right) = \frac{109.32\times10^3}{8.314}\times\frac{1128-1028}{1128\times1028} = 1.134$$
$$\frac{K_2^\ominus}{K_1^\ominus} = 3.108$$
1128K 时，反应的标准平衡常数为
$$K_2^\ominus = 0.354 = p_{eq}(CO_2)\ /\ p^\ominus$$
1128K 时，$CaCO_3$ 的分解压力为
$$p_{eq}(CO_2) = p^\ominus K_2^\ominus = 100\text{kPa}\times0.354 = 35.4\text{kPa}$$

3.3 酸碱平衡

酸和碱是两类重要的化合物，在生产实践中，酸和碱起着重要的作用。酸碱平衡在生命

科学中的应用也极其广泛，对于维持体液的正常渗透压，尤其是维持体液 pH 是必不可少的。

3.3.1　酸碱质子理论

中学化学中对于酸与碱概念的讨论是建立在 1887 年阿伦尼乌斯提出的酸碱电离理论基础之上的。该理论使人们对酸碱的认识产生了飞跃，对酸碱的本质有了极为深刻的了解，成为酸碱理论发展过程中的一个重要里程碑。但酸碱电离理论将认识局限于水溶液中，因而不适用于非水系统，同时无法解释一些盐类物质的酸碱性，表明其还存在着很大的局限性。

为了克服酸碱电离理论的局限性，1923 年布朗斯台德(Brønsted，丹麦)和劳瑞(Lowry，英)提出了酸碱质子理论。

1. 酸、碱的定义

该理论认为，凡是能给出质子的物质是**酸**，如 HCl、HAc、NH_4^+ 等；凡是能接受质子的物质是**碱**，如 NaOH、NH_3、H_2O 等。酸和碱不是孤立的，酸给出质子后的物质就是碱，碱接受质子后就成为酸，这种酸碱相互依存的关系，称为酸碱共轭关系，可以用简式表示如下：

$$\text{酸} \rightleftharpoons \text{质子} + \text{碱}$$

$$HCl \rightleftharpoons H^+ + Cl^-$$

$$HAc \rightleftharpoons H^+ + Ac^-$$

$$NH_4^+ \rightleftharpoons H^+ + NH_3$$

$$H_3O^+ \rightleftharpoons H^+ + H_2O$$

$$H_2O \rightleftharpoons H^+ + OH^-$$

$$H_3PO_4 \rightleftharpoons H^+ + H_2PO_4^-$$

$$H_2PO_4^- \rightleftharpoons H^+ + HPO_4^{2-}$$

$$H_2CO_3 \rightleftharpoons H^+ + HCO_3^-$$

$$HCO_3^- \rightleftharpoons H^+ + CO_3^{2-}$$

$$[Al(H_2O)_6]^{3+} \rightleftharpoons H^+ + [Al(H_2O)_5(OH)]^{2+}$$

按照酸碱质子理论，酸或碱可以是分子，也可以是离子。

只差一个质子的一对酸碱称为**共轭酸碱对**。例如，HCl 与 Cl^-为一对共轭酸碱对，HCl 是 Cl^-的共轭酸，Cl^-是 HCl 的共轭碱，表示为：HCl-Cl^-。

通过以上酸碱之间的共轭关系表达式可以看出，有些物质既可以给出质子，又可以接受质子，称为**两性物质**，如 H_2O、HS^-、$H_2PO_4^-$、HCO_3^- 等。判断两性物质是酸还是碱，要在具体环境中分析其发挥的作用，若失去质子则为酸，若接受质子则为碱。例如：

$$H^+ + HCO_3^- \rightleftharpoons H_2CO_3 \qquad HCO_3^- \text{ 为碱}$$

$$HCO_3^- \rightleftharpoons H^+ + CO_3^{2-} \qquad HCO_3^- \text{为酸}$$

其水溶液显酸性还是显碱性，取决于以上两个反应向右进行程度的大小。

酸碱质子理论扩大了酸和碱的范围，解决了非水溶液和气体间的酸碱反应。但它不能解释没有质子传递的酸碱反应。

2. 酸碱反应的实质

酸碱质子理论认为，酸碱反应的实质是两对共轭酸碱之间的质子转移，就是一种酸和一种碱反应生成新酸和新碱。反应可以在水溶液中或非水溶液中进行。

$$\overset{H^+}{\overbrace{\text{酸1} + \text{碱2}}} \rightleftharpoons \text{酸2} + \text{碱1}$$

例如：

$$H_2O + NH_3 \rightleftharpoons NH_4^+ + OH^-$$

$$HAc + H_2O \rightleftharpoons H_3O^+ + Ac^-$$

$$H_2O + Ac^- \rightleftharpoons HAc + OH^-$$

$$HAc + NH_3 \rightleftharpoons NH_4^+ + Ac^-$$

酸碱反应总是由较强的酸和较强的碱作用，向着生成较弱的酸和较弱的碱方向进行。相互作用的酸和碱越强，反应进行得越完全。

3. 酸碱的强度

酸碱强弱不仅取决于酸给出质子的能力和碱接受质子的能力，同时也取决于溶剂接受和释放质子的能力。在不同溶剂中，酸或碱的相对强弱与溶剂的性质有关。例如，HAc 在水中是弱酸，而在氨溶液中则为强酸，因为 NH_3 接受质子的能力比水强。

同一溶剂中，酸碱的相对强弱取决于其本性。在水溶液中，一般根据弱酸弱碱的质子转移平衡常数(又称解离平衡常数)的大小，比较酸碱的相对强弱。平衡常数越大，酸(或碱)的酸性(或碱性)越强。

在共轭酸碱对中，若酸的酸性越强，给出质子的能力越强，其共轭碱接受质子的能力就越弱，即共轭碱的碱性越弱；若碱的碱性越强则其共轭酸的酸性就越弱。例如，酸性 HCl > HAc，则碱性 $Cl^- < Ac^-$。

3.3.2 一元弱酸、弱碱的解离平衡

1. 酸常数和碱常数

弱酸和弱碱的**解离常数**(又称为**酸常数**和**碱常数**)分别用 $K_a^\ominus$ 和 $K_b^\ominus$ 表示。例如：

$$HAc + H_2O \rightleftharpoons H_3O^+ + Ac^-$$

$$K_a^\ominus(HAc) = \frac{c_{eq}(H_3O^+) \cdot c_{eq}(Ac^-)}{c_{eq}(HAc)}$$

$$NH_3 \cdot H_2O \rightleftharpoons NH_4^+ + OH^-$$

$$K_b^{\ominus}(NH_3 \cdot H_2O) = \frac{c_{eq}(NH_4^+) \cdot c_{eq}(OH^-)}{c_{eq}(NH_3 \cdot H_2O)}$$

酸常数反映了酸给出质子的能力。$K_a^{\ominus}$ 值越大，表明平衡时弱酸给出质子的能力越强，酸性就越强；反之，$K_a^{\ominus}$ 值越小，酸给出质子的能力就越弱，酸性就越弱。

同理，碱常数反映了碱得到质子的能力。$K_b^{\ominus}$ 值越大，表明平衡时弱碱得到质子的能力越强，碱性就越强；反之，$K_b^{\ominus}$ 值越小，碱得到质子的能力就越弱，碱性就越弱。

$K_a^{\ominus}$ 与弱酸(弱碱)的本性和温度有关，与弱酸(弱碱)的浓度无关。通常，常见弱酸或弱碱的解离常数可以从附录或有关手册中查得，而一些离子型弱酸或弱碱的解离常数只能通过其共轭碱或共轭酸的解离常数间接计算。

2. 共轭酸碱对中 $K_a^{\ominus}$ 与 $K_b^{\ominus}$

现以 HA-A⁻为例，推导共轭酸碱对中 $K_a^{\ominus}$ 与 $K_b^{\ominus}$ 之间的定量关系。HA-A⁻在水溶液中存在如下平衡：

$$HA + H_2O \rightleftharpoons A^- + H_3O^+$$

$$A^- + H_2O \rightleftharpoons HA + OH^-$$

达平衡时，有下列关系：

$$K_a^{\ominus}(HA) = \frac{c_{eq}(H_3O^+) \cdot c_{eq}(A^-)}{c_{eq}(HA)}$$

$$K_b^{\ominus}(A^-) = \frac{c_{eq}(HA) \cdot c_{eq}(OH^-)}{c_{eq}(A^-)}$$

以上两式相乘得

$$K_a^{\ominus}(HA) \cdot K_b^{\ominus}(A^-) = K_w^{\ominus} \tag{3-7}$$

式(3-7)说明：共轭酸碱对中，$K_a^{\ominus}$ 与 $K_b^{\ominus}$ 成反比，$K_a^{\ominus}$ 值越大，弱酸的酸性越强，其共轭碱的 $K_b^{\ominus}$ 越小，碱性越弱。若已知共轭酸碱对中弱酸的解离常数，就可以通过式(3-7)计算其共轭碱的解离常数，反之亦然。

例 3-5 计算 0.010mol · L⁻¹ HAc 溶液的 pH 和解离度。已知 25℃时 $K_a^{\ominus}(HAc) = 1.75 \times 10^{-5}$。

解 设 H⁺平衡浓度为 x，则

	$HAc + H_2O \rightleftharpoons$	H_3O^+	Ac^-
初始浓度/(mol · L⁻¹)	c_a	0	0
平衡浓度/(mol · L⁻¹)	$c_a - x$	x	x

$$K_a^{\ominus}(HAc) = \frac{c_{eq}(H_3O^+) \cdot c_{eq}(Ac^-)}{c_{eq}(HAc)} = \frac{x^2}{c_a - x}$$

当 $c_a / K_a^{\ominus} \geqslant 400$ 时，$c_a - x \approx c_a$(此时计算误差小于 5%)，故

$$c_{eq}(H_3O^+) = \sqrt{K_a^\ominus c_a} = \sqrt{0.010 \times 1.75 \times 10^{-5}} = 4.2 \times 10^{-4}(mol \cdot L^{-1})$$

$$pH = -lg(4.2 \times 10^{-4}) = 3.38$$

解离度

$$\alpha = \frac{4.2 \times 10^{-4}}{0.010} \times 100\% = 4.2\%$$

通过此题的计算，可以得到，当 $c_a / K_a^\ominus \geqslant 400$ 时，计算一元弱酸 H_3O^+浓度的最简公式：

$$c_{eq}(H_3O^+) = \sqrt{K_a^\ominus c_a} \tag{3-8}$$

同理，对于浓度为 c_b 的一元弱碱溶液，当 $c_b / K_b^\ominus \geqslant 400$ 时，也可得到计算 OH^-浓度的最简公式：

$$c_{eq}(OH^-) = \sqrt{K_b^\ominus c_b} \tag{3-9}$$

应用式(3-8)、式(3-9) 计算需要注意公式的适用条件。若不满足条件，则应解一元二次方程。感兴趣的学生可分别用最简式和解一元二次方程两种方法计算 0.010mol · L^{-1} HF 溶液的 H^+浓度，通过对照可以看出前者的误差。

例 3-6　计算 0.10mol · L^{-1} NaAc 溶液的 pH。已知 25℃时 $K_a^\ominus(HAc) = 1.75 \times 10^{-5}$。

解　根据酸碱质子理论：

$$Ac^- + H_2O \rightleftharpoons HAc + OH^-$$

$$K_b^\ominus(Ac^-) = \frac{K_w^\ominus}{K_a^\ominus(HAc)} = 5.71 \times 10^{-10}$$

因为 $c(Ac^-) / K_b^\ominus(Ac^-) > 400$，所以应用最简公式：

$$c_{eq}(OH^-) = \sqrt{K_b^\ominus(Ac^-) \cdot c(Ac^-)} = \sqrt{5.71 \times 10^{-10} \times 0.10} = 7.6 \times 10^{-6}(mol \cdot L^{-1})$$

$$pH = 14 - pOH = 14 + lg(7.6 \times 10^{-6}) = 8.88$$

3.3.3　多元弱酸、弱碱的解离平衡

凡是在水溶液中释放出两个或两个以上质子的弱酸称为**多元弱酸**(如 H_2CO_3、H_2S、H_3PO_4 等)，而在水溶液中接受两个或两个以上质子的弱碱称为**多元弱碱**(如 S^{2-}、PO_4^{3-}、CO_3^{2-} 等)。多元弱酸、弱碱在水溶液中的解离是分步进行的，每一步反应都有相应的解离平衡常数，如

$$H_2S + H_2O \rightleftharpoons H_3O^+ + HS^-$$

$$K_{a1}^\ominus = \frac{c_{eq}(H_3O^+) \cdot c_{eq}(HS^-)}{c_{eq}(H_2S)} = 1.07 \times 10^{-7}$$

$$HS^- + H_2O \rightleftharpoons H_3O^+ + S^{2-}$$

$$K_{a2}^\ominus = \frac{c_{eq}(H_3O^+) \cdot c_{eq}(S^{2-})}{c_{eq}(HS^-)} = 1.26 \times 10^{-13}$$

式中，$K_{a1}^\ominus$ 和 $K_{a2}^\ominus$ 分别表示 H_2S 的一级和二级解离常数。

可以看出，$K_{a1}^\ominus \gg K_{a2}^\ominus$，这是多元弱酸的普遍现象。以 H_2S 为例，因为带两个负电荷的 S^{2-}对 H_3O^+的吸引比带一个负电荷的 HS^-对 H_3O^+的吸引要强得多。因此，对于任何多元弱酸，

后一级质子转移平衡总要比前一级困难得多。所以，在多元弱酸的水溶液中，H_3O^+主要来自于第一级解离。通常，当$K_{a1}^{\ominus}/K_{a2}^{\ominus}>100$ 时，H_3O^+浓度的计算可按一元弱酸处理；同理，如果多元弱碱的$K_{b1}^{\ominus}/K_{b2}^{\ominus}>100$时，多元弱碱$OH^-$浓度的计算可按一元弱碱处理。

例 3-7　已知 25℃时 H_2S 饱和溶液的浓度为 0.10mol · L^{-1}，计算此溶液中 H_3O^+、HS^-、S^{2-}的物质的量浓度和溶液的 pH。

解　H_2S 的$K_{a1}^{\ominus}=1.07\times10^{-7}$，$K_{a2}^{\ominus}=1.26\times10^{-13}$。因为$K_{a1}^{\ominus}/K_{a2}^{\ominus}>100$，所以 H_3O^+浓度的计算可按一元弱酸处理，又因为$c(H_2S)/K_{a1}^{\ominus}(H_2S)>400$，故采用最简公式：

$$c_{eq}(H_3O^+)=\sqrt{K_{a1}^{\ominus}(H_2S)\cdot c_a(H_2S)}=\sqrt{0.10\times1.07\times10^{-7}}=1.03\times10^{-4}(\text{mol}\cdot\text{L}^{-1})$$

因只考虑第一步解离平衡，所以

$$c_{eq}(HS^-)\approx c_{eq}(H_3O^+)=1.03\times10^{-4}(\text{mol}\cdot\text{L}^{-1})$$

$$\text{pH}=-\lg c(H_3O^+)=-\lg(1.03\times10^{-4})=3.99$$

根据第二步解离平衡：

$$HS^-+H_2O\rightleftharpoons H_3O^++S^{2-}$$

$$K_{a2}^{\ominus}=\frac{c_{eq}(H_3O^+)\cdot c_{eq}(S^{2-})}{c_{eq}(HS^-)}$$

由于$K_{a2}^{\ominus}$很小，所以 $c_{eq}(HS^-)\approx c_{eq}(H_3O^+)$，这样

$$c_{eq}(S^{2-})\approx K_{a2}^{\ominus}=1.26\times10^{-13}(\text{mol}\cdot\text{L}^{-1})$$

结果表明，对于多元弱酸$K_{a1}^{\ominus}/K_{a2}^{\ominus}>100$ 时，第二步解离平衡所得共轭碱(如 S^{2-})的浓度在数值上近似等于第二步解离平衡常数$K_{a2}^{\ominus}$，与酸的浓度关系不大。由此可见，在 H_2S 溶液中，$c_{eq}(H_3O^+)$并不等于 $c_{eq}(S^{2-})$的 2 倍。

3.3.4　两性物质溶液 H_3O^+浓度的计算

多元酸的酸式盐、弱酸弱碱盐和氨基酸(如 $H_2PO_4^-$、NH_4Ac、NH_2CH_2OOOH)都是两性物质，其酸碱平衡十分复杂，应根据具体情况进行合理的近似处理。下面简单介绍两性物质溶液中 H_3O^+浓度计算的最简公式。

若以 NaHA 表示两性物质，则 NaHA 在溶液中完全解离：

$$NaHA=Na^++HA^-$$

而 HA^-在水溶液中存在下列解离平衡：

$$HA^-+H_2O\rightleftharpoons H_3O^++A^{2-}\qquad K_a^{\ominus}=K_{a2}^{\ominus}(H_2A)$$

$$HA^-+H_2O\rightleftharpoons OH^-+H_2A\qquad K_b^{\ominus}=K_w^{\ominus}/K_{a1}^{\ominus}(H_2A)$$

同时水自身也会发生解离(称为水的质子自递平衡)：

$$H_2O+H_2O\rightleftharpoons H_3O^++OH^-\qquad K_w^{\ominus}=c(H^+)\cdot c(OH^-)$$

$K_{a1}^{\ominus}$和$K_{a2}^{\ominus}$为 H_2A 的第一步和第二步解离常数。当$K_{a2}^{\ominus}c(\text{NaHA})>20K_w^{\ominus}$，且 $c(\text{NaHA})>20K_{a1}^{\ominus}$时，根据电荷平衡、物料平衡、标准平衡常数表达式，经过近似处理，可得计算两性物质溶液 H_3O^+浓度的最简公式：

$$c_{eq}(H_3O^+)=\sqrt{K_{a1}^{\ominus}K_{a2}^{\ominus}} \tag{3-10}$$

例如：

NaH₂PO₄溶液 $c_{eq}(H_3O^+)=\sqrt{K_{a1}^{\ominus}(H_3PO_4)\cdot K_{a2}^{\ominus}(H_3PO_4)}$

NH₄Ac 溶液 $c_{eq}(H_3O^+)=\sqrt{K_{a}^{\ominus}(NH_4^+)\cdot K_{a}^{\ominus}(HAc)}$

例 3-8 计算 0.10mol · L⁻¹ NaHCO₃溶液的 pH。已知 25℃时 H_2CO_3 的 $K_{a1}^{\ominus}=4.45\times10^{-7}$，$K_{a2}^{\ominus}=4.69\times10^{-11}$。

解 由于 $K_{a2}^{\ominus}c(NaHCO_3)>20K_{w}^{\ominus}$，且 $c(NaHCO_3)>20K_{a1}^{\ominus}$，所以

$$c_{eq}(H_3O^+)=\sqrt{K_{a1}^{\ominus}(H_2CO_3)\cdot K_{a2}^{\ominus}(H_2CO_3)}=\sqrt{4.45\times10^{-7}\times4.69\times10^{-11}}=4.57\times10^{-9}(mol\cdot L^{-1})$$

$$pH=8.34$$

3.3.5 同离子效应与缓冲溶液

1. 同离子效应

例 3-9 在 1L 0.010mol · L⁻¹ HAc 溶液中，加入 NaAc 使其浓度达到 0.010mol · L⁻¹(忽略体积变化)，求加入 NaAc 后溶液的 pH 和 HAc 的解离度，并将计算结果与例 3-5 的结果进行比较。

解 设平衡时溶液中 $c_{eq}(H^+)=x$ mol · L⁻¹，若初始时 HAc 和 NaAc 的浓度分别用 c_a 和 c_s 表示，可建立如下关系:

质子转移平衡	$HAc+H_2O \rightleftharpoons$	H_3O^+ +	Ac^-
初始浓度/(mol · L⁻¹)	c_a	0	c_s
平衡浓度/(mol · L⁻¹)	c_a-x	x	c_s+x

代入平衡常数表达式：

$$K_{a}^{\ominus}=\frac{x(c_s+x)}{c_a-x}$$

因 $K_{a}^{\ominus}$ 很小，加入 NaAc 后 HAc 的解离更加微弱，因而 $c_s+x\approx c_s$，$c_a-x\approx c_a$，所以

$$K_{a}^{\ominus}=\frac{xc_s}{c_a}$$

故

$$x=c_{eq}(H^+)=K_{a}^{\ominus}\frac{c_a}{c_s}$$

$$c_{eq}(H^+)=1.75\times10^{-5}\times\frac{0.010}{0.010}=1.75\times10^{-5}(mol\cdot L^{-1})$$

$$pH=4.75$$

$$\alpha=0.175\%$$

与例 3-5 结果(pH=3.38，α=4.2%)比较可以看出，加入 NaAc 后 HAc 的解离度大大降低了。

通过例 3-9 可知，如果在弱电解质溶液中加入含有相同离子的强电解质，则弱电解质的解离度将会显著降低，这种现象称为**同离子效应**。

但如果在弱电解质溶液中，加入的是不含有相同离子的强电解质，则会导致弱电解质的解离度略微增大，这种现象称为**盐效应**。这是由于离子浓度增大，离子间相互牵制作用增大。一般情况下，盐效应的影响远小于同离子效应的影响，在无机化学计算中可以忽略。

在例 3-9 的解题过程中，导出了弱酸及其共轭碱所组成溶液的 H^+浓度计算公式：

$$c_{\mathrm{eq}}(\mathrm{H}^+) = K_{\mathrm{a}}^{\ominus}\frac{c_{\mathrm{a}}}{c_{\mathrm{s}}} \tag{3-11}$$

式中，c_s 和 c_a 分别表示共轭碱和弱酸的起始浓度。

同理，也可以导出弱碱及其共轭酸(如 NH_3-NH_4Cl)溶液的 OH^-浓度计算公式：

$$c_{\mathrm{eq}}(\mathrm{OH}^-) = K_{\mathrm{b}}^{\ominus}\frac{c_{\mathrm{b}}}{c_{\mathrm{s}}} \tag{3-12}$$

式中，c_s 和 c_b 分别表示共轭酸和弱碱的起始浓度。

例 3-10　向 1.0L 含有 0.010mol · L^{-1} HAc 与 0.010mol · L^{-1} NaAc 的溶液中加入 1.0mL 1.0mol · L^{-1}HCl 溶液后，溶液的 pH 变为多少？

解　由例 3-9 可知，加入 HCl 之前，pH = 4.75。加入 HCl 后，由于稀释作用，有

$$c(\mathrm{HCl}) = 1.0\times1.0/(1000+1) \approx 0.0010(\mathrm{mol\cdot L^{-1}})$$

忽略体积变化的微小影响，则

$$c(\mathrm{HAc}) \approx 0.010 + 0.0010 = 0.011(\mathrm{mol\cdot L^{-1}})$$

$$c(\mathrm{Ac^-}) \approx 0.010 - 0.0010 = 0.009(\mathrm{mol\cdot L^{-1}})$$

$$c_{\mathrm{eq}}(\mathrm{H}^+) = K_{\mathrm{a}}^{\ominus}\frac{c_{\mathrm{s}}}{c_{\mathrm{a}}} = 1.75\times10^{-5}\times\frac{0.011}{0.009}$$

$$\mathrm{pH} = 4.75 - \lg(0.011/0.009) = 4.66$$

可见，加入 HCl 前后，pH 变化不大。

2. 缓冲溶液

例 3-10 计算表明，像 HAc-NaAc、NH_3-NH_4Cl、H_2CO_3-$NaHCO_3$ 这样的由弱酸与弱酸盐或弱碱与弱碱盐组成的混合溶液能对外来的少量强酸或强碱起到一定的抵抗作用，使溶液的 pH 保持相对稳定。这种对少量外来强酸或强碱的引入而几乎不改变 pH 的溶液称为缓冲溶液。组成缓冲溶液的一对共轭酸碱称为缓冲对或缓冲系。缓冲溶液在化学、生物学、医学及工农业生产的许多领域都有广泛的应用。

1) 缓冲溶液的组成和缓冲作用机理

缓冲溶液一般是由浓度比较大的弱酸及其共轭碱组成的混合溶液。常见的缓冲对有 HAc-Ac^-、$H_2PO_4^-$-HPO_4^{2-}、H_2CO_3-HCO_3^- 和 NH_4^+-NH_3 等。

现以 HAc 和 NaAc 组成的缓冲溶液为例，解释缓冲溶液的缓冲作用机理。

在含有 HAc 和 NaAc 的水溶液中，弱电解质 HAc 的质子转移平衡和强电解质 NaAc 的解离反应如下：

$$\mathrm{HAc + H_2O \rightleftharpoons H_3O^+ + \boxed{Ac^-}}$$

$$\longleftarrow$$

$$\mathrm{NaAc \longrightarrow Na^+ + \boxed{Ac^-}}$$

NaAc 的加入使 HAc 的质子转移平衡向左移动，发生了同离子效应，抑制 HAc 的解离。使得 c(HAc)和 $c(Ac^-)$都比较大，而 $c(H_3O^+)$则很小。

当在该溶液中加入少量强酸时，迫使 HAc 的质子转移平衡向左移动，H_3O^+ 与 Ac^- 结合形成 HAc。因此，溶液中的 $c(H_3O^+)$ 不会显著地增大，溶液的 pH 基本不变。

$$\begin{array}{l} NaAc \longrightarrow Na^+ + \boxed{Ac^-} \\ HAc + H_2O \Longleftrightarrow H_3O^+ + \boxed{Ac^-} \end{array} \Big\} + H_3O^+ \Longleftrightarrow HAc$$

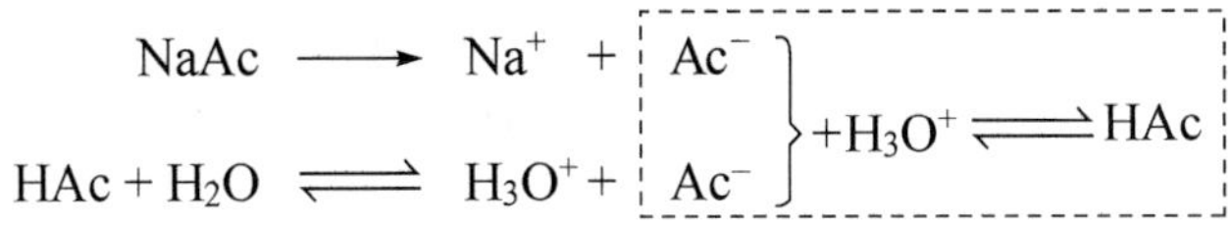

当在该溶液中加入少量强碱时，H_3O^+ 便与 OH^- 结合成 H_2O，使 $c(H_3O^+)$ 降低，HAc 的质子转移平衡向右移动，不断释放出 H_3O^+ 和 Ac^-，维持 $c(H_3O^+)$ 几乎不变，因此溶液的 pH 基本不变。

$$NaAc \longrightarrow Na^+ + Ac^-$$
$$HAc + H_2O \Longleftrightarrow \boxed{\begin{array}{c} H_3O^+ \\ + \\ OH^- \\ \Updownarrow \\ H_2O \end{array}} + Ac^-$$

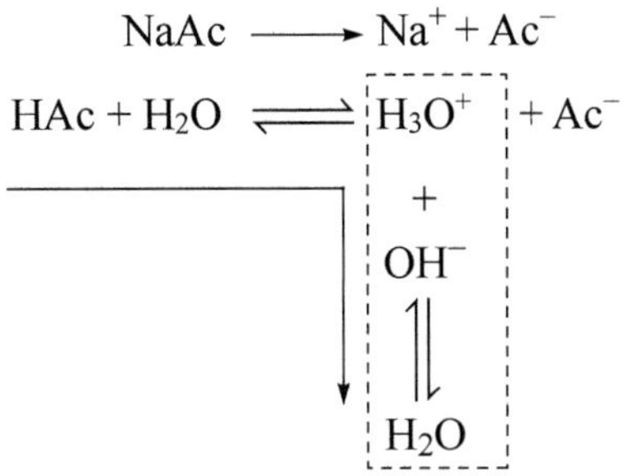

加水稀释时，各物质的浓度随之降低，由于 HAc 的解离度随浓度的变小而略有增加，从而保持溶液的 $c(H_3O^+)$ 基本不变。

这就是缓冲溶液具有缓冲能力的原因。其中弱酸(HAc)称为抗碱成分，其共轭碱(Ac^-)称为抗酸成分。正是由于在缓冲溶液中弱酸及其共轭碱浓度比较大，且存在弱酸及其共轭碱之间的质子转移平衡，抗酸时消耗共轭碱并转变为原来的弱酸，消耗加入的 H_3O^+，抗碱时消耗弱酸并转变为它的共轭碱，补充被反应掉的 H_3O^+，从而维持溶液的 pH 基本不变。

2) 缓冲溶液 pH 的计算

缓冲溶液 pH 的计算方法与同离子效应 pH 的计算方法相似，以 HA-NaA 为例推导缓冲溶液 pH 的计算公式。

在 HA-A^- 缓冲溶液中存在下列质子转移平衡：

$$HA + H_2O \Longleftrightarrow A^- + H_3O^+$$

同时有

$$NaA \longrightarrow A^- + Na^+$$

当体系达平衡时：

$$K_a^\ominus = \frac{c_{eq}(H_3O^+) \cdot c_{eq}(A^-)}{c_{eq}(HA)}$$

若 HA-NaA 混合液中，HA 和 NaA 的初始浓度分别为 $c(HA)$ 和 $c(NaA)$，忽略水的自递平衡，则 HA 和 NaA 的平衡浓度为

$$c_{eq}(HA) = c(HA) - c(H_3O^+) \approx c(HA)$$
$$c_{eq}(A^-) = c(NaA) + c(H_3O^+) \approx c(NaA)$$

代入酸常数表达式中得

$$K_a^\ominus = \frac{c_{eq}(H_3O^+) \cdot c(NaA)}{c(HA)}$$

$$c_{eq}(H_3O^+)=K_a^{\ominus}\frac{c(HA)}{c(NaA)}$$

上式两边同时取负对数，得缓冲溶液 pH 的近似计算公式：

$$pH=pK_a^{\ominus}+\lg\frac{c(\text{共轭碱})}{c(\text{弱酸})} \tag{3-13}$$

由式(3-13)可知，缓冲溶液的 pH 由 $pK_a^{\ominus}$ 和 $\frac{c(\text{共轭碱})}{c(\text{弱酸})}$ (称为缓冲比)两项决定，当 $pK_a^{\ominus}$ 一定时，缓冲溶液的 pH 随缓冲比的改变而改变，缓冲比为 1 时，缓冲溶液的 $pH=pK_a^{\ominus}$。当加水稀释时，缓冲比不变，由式(3-13)计算的 pH 也不变。

3.4　难溶电解质的沉淀溶解平衡

强电解质中，有一类溶解度较小，但它们在水中溶解的部分却是全部电离的，这类电解质称为难溶强电解质。在难溶强电解质的饱和溶液中，存在着固态电解质(通常称沉淀)和其进入溶液的离子之间的平衡。平衡建立于固-液两相之间，所以这是多相系统中的离子平衡，即**多相平衡**。

3.4.1　溶度积

将难溶强电解质 $BaSO_4$ 溶于水中(图 3-1)。由于 $BaSO_4$ 的溶解度较小，它在水中少量溶解后，溶解部分将全部解离成 Ba^{2+} 和 SO_4^{2-}，这一过程称为溶解过程；与此同时，溶液中的 Ba^{2+} 和 SO_4^{2-} 在运动中碰到固体表面，又有可能重新结合成固态 $BaSO_4$，这一过程为沉淀过程。在一定温度下，上述两个过程的速率相等时，系统达到动态平衡状态：

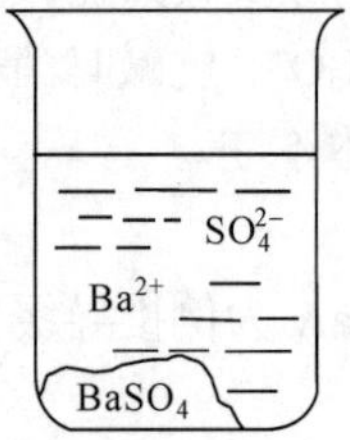

图 3-1　沉淀溶解平衡

$$BaSO_4(s)\underset{\text{沉淀}}{\overset{\text{溶解}}{\rightleftharpoons}}Ba^{2+}(aq)+SO_4^{2-}(aq)$$

这就是发生于固、液之间的**沉淀溶解平衡**，其平衡常数表达式为

$$K_{sp}^{\ominus}(BaSO_4)=c_{eq}(Ba^{2+})\cdot c_{eq}(SO_4^{2-})$$

式中，$K_{sp}^{\ominus}$ 称为**溶度积常数**，简称**溶度积**，它反映了难溶电解质的溶解能力。

对于任意难溶电解质的沉淀溶解平衡，可用通式表示为

$$A_mB_n(s)\rightleftharpoons mA^{n+}(aq)+nB^{m-}(aq)$$

其平衡常数表达式为

$$K_{sp}^{\ominus}=[c_{eq}(A^{n+})]^m[c_{eq}(B^{m-})]^n \tag{3-14}$$

必须指出，即使难溶电解质不是 100%电离，它的饱和溶液中离子浓度幂的乘积也是常数，仍可以用 $K_{sp}^{\ominus}$ 表示。它和溶解度(用 s 表示)都可用来表示一定温度下物质的溶解能力，如果溶解度的单位用 $mol\cdot L^{-1}$ 表示，那么对于难溶强电解质，两者之间可以进行相互换算。

例 3-11　25℃时氯化银的溶解度为 $1.91\times10^{-3}g\cdot L^{-1}$。求该温度下氯化银的溶度积。

解　按题意，25℃时 AgCl 饱和溶液的浓度是

$$c_{eq}(AgCl) = \frac{1.91\times10^{-3}\,g\cdot L^{-1}}{143.4\,g\cdot mol^{-1}} = 1.33\times10^{-5}\,mol\cdot L^{-1}$$

AgCl 的沉淀溶解平衡式：

$$AgCl(s) \rightleftharpoons Ag^{+}(aq) + Cl^{-}(aq)$$

$$c_{eq}(Ag^{+}) = c_{eq}(Cl^{-}) = 1.33\times10^{-5}\ mol\cdot L^{-1}$$

则氯化银的溶度积为

$$K_{sp}^{\ominus}(AgCl) = [c_{eq}(Ag^{+})][c_{eq}(Cl^{-})] = (1.33\times10^{-5})^{2} = 1.77\times10^{-10}$$

对于同类型的难溶电解质，可以用溶度积来比较其溶解度的大小。例如，$K_{sp}^{\ominus}(AgCl) = 1.77\times10^{-10}$，$K_{sp}^{\ominus}(AgBr) = 5.35\times10^{-13}$，$K_{sp}^{\ominus}(AgCl) > K_{sp}^{\ominus}(AgBr)$，因而可知 AgBr 的溶解度比 AgCl 的溶解度小。

例 3-12　25℃时，Ag_2CrO_4 的 $K_{sp}^{\ominus}=1.12\times10^{-12}$。求 Ag_2CrO_4 在水中的溶解度($mol\cdot L^{-1}$)。

解　设 Ag_2CrO_4 的溶解度为 $s\ mol\cdot L^{-1}$。根据 Ag_2CrO_4 沉淀溶解平衡：

$$Ag_2CrO_4(s) \rightleftharpoons 2Ag^{+}(aq) + CrO_4^{2-}(aq)$$

$$K_{sp}^{\ominus}(Ag_2CrO_4) = [c_{eq}(Ag^{+})]^{2}c_{eq}(CrO_4^{2-})$$

此时溶液中，$c_{eq}(Ag^{+}) = 2s\ mol\cdot L^{-1}$, $c_{eq}(CrO_4^{2-}) = s\ mol\cdot L^{-1}$。因此

$$K_{sp}^{\ominus}(Ag_2CrO_4) = (2s)^{2}\cdot s = 4s^{3} = 1.12\times10^{-12}$$

$$s = 6.54\times10^{-5}\ mol\cdot L^{-1}$$

比较例 3-11 和例 3-12 可以看出，$K_{sp}^{\ominus}(Ag_2CrO_4)$ 小于 $K_{sp}^{\ominus}(AgCl)$，然而 Ag_2CrO_4 的溶解度却比 AgCl 大。因此，对于不同结构类型的电解质，不能直接用溶度积来比较其溶解度的大小，只能通过计算进行比较。

3.4.2　溶度积规则

在一定温度下，对于任意的难溶电解质溶液：

$$A_mB_n(s) \rightleftharpoons mA^{n+}(aq) + nB^{m-}(aq)$$

其反应商表达式为

$$Q = [c(A^{n+})]^{m}[c(B^{m-})]^{n}$$

反应商与溶度积的表达式相同，但二者含义不同。$K_{sp}^{\ominus}$ 表示难溶电解质饱和溶液中有关离子浓度幂的乘积，它在一定温度下为一常数；Q 则表示任意情况下有关离子浓度幂的乘积，其数值不一定是常数。根据式(3-5)，有

$$\Delta_r G_m = -RT\ln K_{sp}^{\ominus} + RT\ln Q = RT\ln\frac{Q}{K_{sp}^{\ominus}}$$

在任何给定的溶液中，Q 和 $K_{sp}^{\ominus}$ 之间可能有三种情况：

(1) $Q = K_{sp}^{\ominus}$，系统为饱和溶液，此状态下沉淀析出与溶解达到平衡。

(2) $Q < K_{sp}^{\ominus}$，系统为未饱和溶液，无沉淀析出。若系统中有沉淀存在，沉淀将溶解，直

至溶液饱和。

(3) $Q > K_{sp}^{\ominus}$，系统为过饱和溶液，有沉淀析出，直至溶液成为饱和溶液。

上述三条统称为**溶度积规则**，可以据此判断沉淀的生成或溶解，也可以依据这一规则，采取控制离子浓度的办法，实现沉淀的生成或溶解。

例 3-13　将 $BaCl_2$ 溶液和 Na_2SO_4 溶液混合，混合后 $BaCl_2$ 的浓度为 $2.5\times10^{-3}mol\cdot L^{-1}$，$Na_2SO_4$ 的浓度为 $3.0\times10^{-2}\ mol\cdot L^{-1}$，则能否析出 $BaSO_4$ 沉淀?

解

$$BaSO_4(s) \rightleftharpoons Ba^{2+}(aq) + SO_4^{2-}(aq)$$

查表得

$$K_{sp}^{\ominus}(BaSO_4) = 1.08\times10^{-10}$$

两种溶液混合后：

$$Q = c(Ba^{2+})\cdot c(SO_4^{2-}) = 2.5\times10^{-3}\times3.0\times10^{-2} = 7.5\times10^{-5}$$

由于 $Q > K_{sp}^{\ominus}$，所以混合后能析出 $BaSO_4$ 沉淀。

3.4.3　同离子效应与盐效应

如果在难溶电解质的饱和溶液中加入含有相同离子的强电解质，则难溶电解质的多相平衡将向生成沉淀的方向移动。例如，在 $BaSO_4$ 饱和溶液中，加入 Na_2SO_4，由于二者都有 SO_4^{2-}，依据化学平衡移动原理，$BaSO_4$ 的多相离子平衡将向左移动：

$$BaSO_4(s) \rightleftharpoons Ba^{2+}(aq) + SO_4^{2-}(aq)$$

$$\longleftarrow$$

$$Na_2SO_4 \longrightarrow 2Na^+(aq) + SO_4^{2-}(aq)$$

结果降低了 $BaSO_4$ 的溶解度。

这种在难溶电解质饱和溶液中加入具有相同离子的强电解质，从而使难溶电解质溶解度降低的现象也称为**同离子效应**。

例 3-14　试求室温下 AgCl 在 $0.010mol\cdot L^{-1}$ NaCl 溶液中的溶解度。已知 $K_{sp}^{\ominus}(AgCl) = 1.77\times10^{-10}$。

解　设 AgCl 的溶解度为 $s\ mol\cdot L^{-1}$，可建立如下关系：

$$AgCl(s) \rightleftharpoons Ag^+ + Cl^-$$

平衡浓度/$(mol\cdot L^{-1})$　　s　　$s+0.01$

$$K_{sp}^{\ominus}(AgCl) = s(s+0.01) = 1.77\times10^{-10}$$

由于 s 很小，所以 $s+0.01\approx0.01$，解得

$$s = 1.77\times10^{-8}mol\cdot L^{-1}$$

比较 AgCl 在纯水中的溶解度$(1.33\times10^{-5}mol\cdot L^{-1})$，AgCl 的溶解度降到 $1.77\times10^{-8}mol\cdot L^{-1}$，二者之比约为 750∶1。

同离子效应对难溶电解质的溶解度影响比较明显。为了某离子沉淀完全，往往要加过量的沉淀剂，但沉淀剂并不是加得越多越好，因为同离子效应同时必伴随盐效应。

如果在弱电解质溶液中，加入不含有相同离子的强电解质，如在 AgI 溶液中加入 NaCl，由于离子间相互牵制作用增大，弱电解质的质子转移平衡将向右移动，使难溶电解质的溶解度增大，此现象称为盐效应。

同离子效应的同时必然有盐效应，当加入少量强电解质时，同离子效应对弱电解质解离

度的影响要比盐效应大得多，所以常忽略盐效应，只考虑同离子效应。但如果沉淀剂量过大时，盐效应将会占主导作用，见表 3-1。

表 3-1　同离子效应和盐效应对难溶物溶解度的影响

$c(Na_2SO_4)/(mol \cdot L^{-1})$		0.00	0.0010	0.010	0.020	0.040	0.10	0.20
$s(PbSO_4)/(mmol \cdot L^{-1})$	计算值	0.16	0.025	0.0025	0.0013	0.00063	0.00025	0.00013
	实验值	0.15	0.024	0.016	0.014	0.013	0.016	0.023

3.4.4　分步沉淀

在实际工作中，有时溶液中同时含有几种离子，当加入某种沉淀剂时，都能与该沉淀剂发生沉淀反应，先后产生几种不同的沉淀，这种先后沉淀的现象称为**分步沉淀**。根据溶度积规则，可以设法控制沉淀剂的量，使其中某些离子的浓度因生成沉淀而降得很低，同时使其他离子不产生沉淀，从而实现离子的分离。

例 3-15　在含有浓度均为 $0.010mol \cdot L^{-1}$ 的 Cl^- 和 I^- 混合溶液中，不断地逐滴加入 $AgNO_3$ 溶液。AgCl 和 AgI 谁先沉淀？当 AgCl 开始沉淀时，溶液中 I^- 是否沉淀完全(物质在溶液中的浓度小于 $1.0\times10^{-5}mol \cdot L^{-1}$ 即认为沉淀完全)？已知 $K_{sp}^{\ominus}(AgI)=8.52\times10^{-17}$，$K_{sp}^{\ominus}(AgCl)=1.77\times10^{-10}$。

解　混合溶液中，AgI 和 AgCl 沉淀时，各需 Ag^+ 的浓度：

沉淀 AgI：
$$c(Ag^+)=\frac{K_{sp}^{\ominus}(AgI)}{c(I^-)}=\frac{8.52\times10^{-17}}{0.010}=8.52\times10^{-15}(mol \cdot L^{-1})$$

沉淀 AgCl：
$$c(Ag^+)=\frac{K_{sp}^{\ominus}(AgCl)}{c(Cl^-)}=\frac{1.77\times10^{-10}}{0.010}=1.77\times10^{-8}(mol \cdot L^{-1})$$

沉淀 I^- 所需的 $c(Ag^+)$ 比沉淀 Cl^- 所需的 $c(Ag^+)$ 少得多，所以首先析出 AgI 沉淀。

当 AgCl 开始沉淀时，$c(Ag^+)$ 增大到 $1.77\times10^{-8}mol \cdot L^{-1}$。此时

$$AgI(s) \rightleftharpoons Ag^+(aq) + I^-(aq)$$

$$K_{sp}^{\ominus}(AgI)=c(Ag^+)\ c(I^-)=8.52\times10^{-17}$$

$$c(I^-)=8.52\times10^{-17}/1.77\times10^{-8}=4.81\times10^{-9}(mol \cdot L^{-1})<1.0\times10^{-5}(mol \cdot L^{-1})$$

所以，此时 AgI 已沉淀完全。

利用分步沉淀的原理，可以使多种离子分离开来。分步沉淀的次序与 $K_{sp}^{\ominus}$ 的大小及沉淀的构型有关，沉淀构型相同且被沉淀离子浓度相同时，$K_{sp}^{\ominus}$ 小者先沉淀，$K_{sp}^{\ominus}$ 大者后沉淀，而且两种沉淀的溶度积相差越大，分离得越彻底；沉淀构型不同时，要通过计算确定。

例 3-16　向浓度为 $0.025mol \cdot L^{-1}$ 的 Pb^{2+} 和 Mn^{2+} 混合溶液中通入 H_2S 至饱和以分离 Pb^{2+} 和 Mn^{2+}，应控制 pH 在什么范围？

解　H_2S 的 $K_{a1}^{\ominus}=1.07\times10^{-7}$，$K_{a2}^{\ominus}=1.26\times10^{-13}$，$K_{sp}^{\ominus}(PbS)=8.0\times10^{-28}$，$K_{sp}^{\ominus}(MnS)=2.5\times10^{-13}$，$Pb^{2+}$ 和 Mn^{2+} 的浓度相同，生成沉淀的类型相同，故 $K_{sp}^{\ominus}$ 小的 PbS 先沉淀。当 Pb^{2+} 沉淀完全时，溶液中的 S^{2-} 浓度为

$$c(S^{2-})=\frac{K_{sp}^{\ominus}}{c(Pb^{2+})}=\frac{8.0\times10^{-28}}{1.0\times10^{-5}}=8.0\times10^{-23}(mol \cdot L^{-1})$$

H_2S 的解离方程及平衡常数表达式为

$$H_2S \rightleftharpoons 2H^+ + S^{2-} \qquad K_{a1}^{\ominus}K_{a2}^{\ominus} = \frac{c(H^+)^2\, c(S^{2-})}{c(H_2S)}$$

所以 Pb^{2+}沉淀完全时溶液中的 H^+浓度为

$$c(H^+) = \sqrt{\frac{K_{a1}^{\ominus}K_{a2}^{\ominus} \cdot c(H_2S)}{c(S^{2-})}} = \sqrt{\frac{1.07\times10^{-7}\times1.26\times10^{-13}\times0.10}{8.0\times10^{-23}}} = 4.10(\text{mol}\cdot\text{L}^{-1})$$

$$\text{pH} = -0.61$$

Mn^{2+}开始沉淀时，溶液中的 S^{2-}浓度为

$$c(S^{2-}) = \frac{K_{sp}^{\ominus}}{c(Mn^{2+})} = \frac{2.5\times10^{-13}}{0.025} = 1.0\times10^{-11}\ (\text{mol}\cdot\text{L}^{-1})$$

此时溶液中的 H^+浓度为

$$c(H^+) = \sqrt{\frac{1.07\times10^{-7}\times1.26\times10^{-13}\times0.10}{1.0\times10^{-11}}} = 1.16\times10^{-5}\ (\text{mol}\cdot\text{L}^{-1})$$

$$\text{pH} = 4.94$$

即将溶液的 pH 控制在−0.61～4.94 可使 Pb^{2+}和 Mn^{2+}分离。

例 3-17　0.10mol · L^{-1} Ni^{2+}的硫酸溶液中含有杂质 Fe^{3+}，求用氢氧化物沉淀法除去杂质 Fe^{3+}的 pH 范围。已知 $K_{sp}^{\ominus}[Ni(OH)_2] = 5.48\times10^{-16}$，$K_{sp}^{\ominus}[Fe(OH)_3] = 2.79\times10^{-39}$。

解

$$M(OH)_n(s) \rightleftharpoons M^{n+} + n\,OH^-$$

$$K_{sp}^{\ominus}[M(OH)_n] = c(M^{n+}) \cdot [c(OH^-)]^n$$

当 Fe^{3+}以 $Fe(OH)_3$ 形式刚沉淀完全时，$c(Fe^{3+}) = 1.0\times10^{-5}\text{mol}\cdot\text{L}^{-1}$，则

$$c(Fe^{3+}) \cdot [c(OH^-)]^3 = 2.79\times10^{-39}$$

$$c(OH^-) = 6.53\times10^{-12}\text{mol}\cdot\text{L}^{-1}$$

$$\text{pH} = 2.81$$

刚开始产生 $Ni(OH)_2$ 沉淀时，$c(Ni^{2+}) = 0.10\text{mol}\cdot\text{L}^{-1}$，则

$$c(Ni^{2+}) \cdot [c(OH^-)]^2 = 5.48\times10^{-16}$$

$$c(OH^-) = 7.40\times10^{-8}\text{mol}\cdot\text{L}^{-1}$$

$$\text{pH} = 7.13$$

所以除去杂质 Fe^{3+}的 pH 范围为 2.81～7.13。

用分步沉淀的方法分离溶液中的离子，其实际情况尤其是具体操作是很复杂的。同时，Fe^{3+}沉淀完全的 pH 及 Ni^{2+} 开始沉淀时的 pH 也会与理论计算有些出入。这种计算的结果只是一个比较有价值的参考数据。

3.4.5　沉淀的溶解与转化

1. *沉淀的溶解*

实践中也常在难溶电解质中加入某种物质，这种物质能与难溶电解质的组分离子反应，生成弱电解质、配离子或生成溶解度更小的物质，从而破坏了原来的沉淀溶解平衡，使 $Q < K_{sp}^{\ominus}$，促使难溶电解质溶解。

(1) 生成弱电解质。难溶的氢氧化物、碳酸盐及部分硫化物可以溶于酸中，这是由于反应过程中生成了弱电解质。以碳酸钙溶于稀盐酸为例：

$$CaCO_3(s) \rightleftharpoons Ca^{3+} + CO_3^{2-}$$
$$+$$
$$2HCl \longrightarrow 2Cl^- + 2H^+$$
$$\Updownarrow$$
$$H_3CO_3 \rightleftharpoons H_3O + CO_3(g)$$

结果，平衡向右移动，$c(Ca^{2+})\cdot c(CO_3^{2-}) < K_{sp}^{\ominus}(CaCO_3)$,所以碳酸钙逐渐溶解。

(2) 生成配离子。例如：

$$AgCl(s) \rightleftharpoons Ag^+(aq) + Cl^-(aq)$$
$$+$$
$$2NH_3(aq)$$
$$\Updownarrow$$
$$[Ag(NH_3)_2]^+(aq)$$

这种由于配位平衡的建立而导致沉淀溶解的作用称为**溶解效应**。

(3) 发生氧化还原反应。硫化物的 $K_{sp}^{\ominus}$ 相差很大，当溶度积不太小时，可加非氧化性酸使其溶解，但溶度积太小时，加非氧化性酸便不能使其溶解。此时，可采取加入氧化剂的方法，使硫化物与之发生氧化还原反应从而达到溶解的目的。例如：

MnS：$K_{sp}^{\ominus} = 2.50\times10^{-13}$，溶于乙酸

ZnS：$K_{sp}^{\ominus} = 1.60\times10^{-24}$，溶于 $0.3mol\cdot L^{-1}$ 盐酸

PbS：$K_{sp}^{\ominus} = 8.00\times10^{-28}$，溶于很浓的盐酸

CuS：$K_{sp}^{\ominus} = 6.30\times10^{-36}$，不溶于盐酸，但溶于硝酸

$$3CuS(s) + 8HNO_3(aq) \longrightarrow 3Cu(NO_3)_2(aq) + 3S(s) + 2NO(g) + 4H_2O(l)$$

2. 沉淀的转化

在含有某种沉淀的溶液中，加入适当的沉淀剂，使之与其中某一离子结合为更难溶的另一种沉淀，称为沉淀的转化。沉淀转化反应进行的程度，可以用反应的标准平衡常数 $K^{\ominus}$ 来衡量。沉淀转化反应的标准平衡常数越大，沉淀转化反应就越容易进行。若沉淀转化反应的标准平衡常数太小，沉淀转化反应将非常困难，甚至是不可能的。

例 3-18　锅炉的锅垢其主要成分为 $CaSO_4$，它既难溶于水，也不溶于酸。工业上去除这种锅垢的方法是先用 Na_2CO_3 溶液与锅垢作用，使 $CaSO_4$ 转化为 $CaCO_3$，再用稀盐酸将后者溶解。试分析 $CaSO_4$ 转化为 $CaCO_3$ 能够实现的原因。已知：

$$CaSO_4 \rightleftharpoons Ca^{2+} + SO_4^{2-} \qquad K_1^{\ominus} = 4.93\times10^{-5} \qquad (1)$$

$$CaCO_3 \rightleftharpoons Ca^{2+} + CO_3^{2-} \qquad K_2^{\ominus} = 2.80\times10^{-9} \qquad (2)$$

解　反应(1)–反应(2)，得

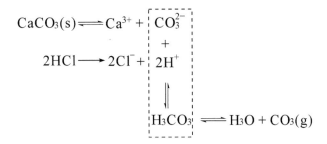

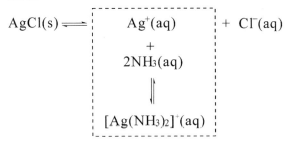

$$CaSO_4 + CO_3^{2-} \rightleftharpoons CaCO_3 + SO_4^{2-}$$

根据多重平衡规则，该反应的标准平衡常数为

$$K^{\ominus} = K_1^{\ominus} / K_2^{\ominus} = 4.93\times10^{-5} / 2.80\times10^{-9} = 1.76\times10^{4}$$

$K^{\ominus}$ 值很大，说明这种转化是容易实现的。

3.5　配 位 平 衡

配位化合物简称配合物，是组成复杂、应用广泛的一类化合物。大约 75%的无机化合物属于配位化合物。配位化合物不仅在生物体中有着重要作用，在分析化学、药物分析、水的软化、医学、染料、催化合成、电镀、金属防腐、湿法冶金等方面都有着重要作用。

3.5.1　配位平衡概述

配合物在水溶液中，其内界与外界间的解离与强电解质相同。例如：

$$[Cu(NH_3)_4]SO_4 \rightleftharpoons [Cu(NH_3)_4]^{2+} + SO_4^{2-}$$

解离出来的配离子$[Cu(NH_3)_4]^{2+}$在水溶液中有一小部分会再解离为它的组成离子或分子，如

$$[Cu(NH_3)_4]^{2+} \rightleftharpoons Cu^{2+} + 4NH_3$$

存在着解离平衡，即配位平衡。配离子的解离度很小。例如，在$[Cu(NH_3)_4]^{2+}$溶液中加入少量 NaOH 后不会析出 $Cu(OH)_2$ 沉淀。这是由于 $c(Cu^{2+})$很小，$c(Cu^{2+})$与 $c(OH^-)$之积小于 $K_{sp}^{\ominus}[Cu(OH)_2]=2.2\times10^{-20}$，说明配离子具有相当的稳定性。但是若加入少量 Na_2S 于溶液中，则会有黑色 CuS 沉淀析出，这说明溶液中有少量的 Cu^{2+}。因为 $K_{sp}^{\ominus}(CuS)=6.3\times10^{-36}$，CuS 的溶度积很小，很小的 $c(Cu^{2+})$就可以生成沉淀。这表明上述解离是事实，只是配离子的解离度很小。

3.5.2　配合物的稳定常数

配离子生成反应的平衡常数用 $K_{稳}^{\ominus}$ 表示，称为**稳定常数**①。例如：

$$Cu^{2+} + 4NH_3 \rightleftharpoons [Cu(NH_3)_4]^{2+}$$

其平衡常数

$$K_{稳}^{\ominus}([Cu(NH_3)_4]^{2+}) = \frac{c_{eq}([Cu(NH_3)_4]^{2+})/c^{\ominus}}{[c_{eq}(NH_3)/c^{\ominus}]^4[c_{eq}(Cu^{2+})/c^{\ominus}]}$$

配离子的稳定常数 $K_{稳}^{\ominus}$ 可以用来表征配离子的稳定性。$K_{稳}^{\ominus}$ 值越大，配离子越稳定，这种配离子在水溶液中越难解离。相同类型的配合物，可以通过比较稳定常数来确定配合物的相对稳定性，不同类型的配合物，不能简单通过稳定常数来比较稳定性。配离子的稳定性是人们应用配合物时首先要考虑的因素，因此配离子的稳定常数是一个重要的参数。

配离子的生成和解离与多元弱酸(碱)的生成和解离类似，也是分步进行的。例如，在

① 若将反应式改写成配离子的解离反应，则平衡常数用 $K_{不稳}^{\ominus}$ 表示，显然 $K_{稳}^{\ominus}=1/K_{不稳}^{\ominus}$。

$[Cu(NH_3)_4]^{2+}$的溶液中也存在$[Cu(NH_3)]^{2+}$、$[Cu(NH_3)_2]^{2+}$、$[Cu(NH_3)_3]^{2+}$等配离子，但当配位剂过量较多时，可以认为溶液中的配离子以最高配位数的配离子$[Cu(NH_3)_4]^{2+}$为主，而将其他低配位数的配离子忽略不计。本书附录 7 给出了一些常见配离子的稳定常数。

3.5.3　配位平衡的简单计算

配位平衡和一般的化学平衡一样，利用其稳定常数可以进行有关的计算。

例 3-19　将 0.20mol · L^{-1}的 $AgNO_3$溶液与 0.60mol · L^{-1}的 KCN 溶液等体积混合后，计算平衡时溶液中 Ag^+浓度。已知 $K^{\ominus}_{稳}([Ag(CN)_2]^-)=1.30\times10^{21}$。

解　混合后初始浓度为 $c(Ag^+)$=0.10mol · L^{-1}，$c(CN^-)$=0.30mol · L^{-1}，设配位平衡反应达平衡时，$c(Ag^+)$为 x mol · L^{-1}，则

$$Ag^+ + 2CN^- \rightleftharpoons [Ag(CN)_2]^-$$

平衡浓度/(mol · L^{-1})　　x　　0.30−0.20+2x　　0.10−x

因为 x 很小，所以 0.30−0.20+2x ≈ 0.10，0.10−x ≈ 0.10，则

$$K^{\ominus}_{稳}([Ag(CN)_2]^-)=\frac{c_{eq}([Ag(CN)_2]^-)}{c_{eq}(Ag^+)[c_{eq}(CN^-)]^2}=\frac{0.10}{x(0.10)^2}=1.30\times10^{21}$$

$$c(Ag^+)=x=7.69\times10^{-21}\text{mol}\cdot\text{L}^{-1}$$

例 3-20　欲使 0.10mmol 的 AgCl 完全溶解，生成$[Ag(NH_3)_2]^+$，最少需要 1.0mL 多大浓度的氨水？已知 $K^{\ominus}_{稳}([Ag(NH_3)_2]^+)=1.12\times10^7$，$K^{\ominus}_{sp}(AgCl)=1.77\times10^{-10}$。

解　假设 0.10mmol 的 AgCl 被 1.0mL 的氨水恰好完全溶解。设氨水的平衡浓度为 x mol · L^{-1}，则

$$AgCl + 2NH_3 \rightleftharpoons [Ag(NH_3)_2]^+ + Cl^-$$

平衡浓度/(mol · L^{-1})　　x　　0.10　　0.10

$$K^{\ominus}=\frac{0.10\times0.10}{x^2}=K^{\ominus}_{稳}\left([Ag(NH_3)_2]^+\right)\cdot K^{\ominus}_{sp}(AgCl)=1.12\times10^7\times1.77\times10^{-10}=1.98\times10^{-3}$$

$$x=2.25\text{mol}\cdot\text{L}^{-1}$$

另外生成 0.10mmol $[Ag(NH_3)_2]^+$需要消耗氨水 0.10×2mmol，即 0.10×2mol · L^{-1}。

需要消耗氨水的浓度为

$$2.25+0.10\times2=2.45(\text{mol}\cdot\text{L}^{-1})$$

3.5.4　配位平衡的移动

配位平衡也是一种动态平衡。当平衡的条件(改变系统酸度或加入沉淀剂、氧化剂、还原剂等)发生变化时，平衡也将被破坏而移动。

配合物中很多配体是碱，可以接受质子，因此增大溶液的酸度，可使配位平衡向着解离的方向移动。这种由于酸的加入而导致配离子稳定性降低的作用称为**酸效应**。酸度越大，酸效应越强烈。例如，在$[Cu(NH_3)_4]^{2+}$的解离平衡系统中加入酸，由于 H^+与 NH_3 结合生成更稳定的 NH_4^+，溶液中 $c(NH_3)$减小，平衡也将向配离子解离的方向移动：

$$[Cu(NH_3)_4]^{2+} \rightleftharpoons Cu^{2+} + 4NH_3$$

$$4NH_3 + 4H^+ \rightleftharpoons 4NH_4^+$$

结果，深蓝色的$[Cu(NH_3)_4]^{2+}$溶液变成浅蓝色的水合 Cu^{2+}。

配位平衡还可因氧化还原反应而发生移动。例如，在$[FeCl_4]^-$平衡系统中加入 KI，可使$[FeCl_4]^-$平衡发生移动：

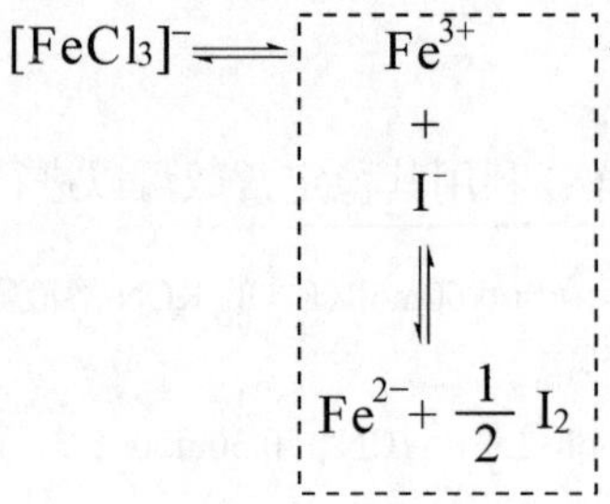

本 章 小 结

化学平衡是化学中的一个非常重要的概念，化学平衡是指在宏观条件一定的可逆反应中，化学反应正、逆反应速率相等，反应物和生成物各组分浓度不再随时间改变的状态。根据勒夏特列原理，如一个已达平衡的系统被改变，系统有可能随之改变来抗衡该改变。简单来说，要研究和利用一个化学反应，不仅要知道它进行的方向，还应该知道反应达到平衡时产物有多少，这就需要研究化学反应的限度，这个限度的存在就是化学平衡的意义。

【主要概念】

化学平衡，可逆反应，不可逆反应，标准平衡常数，反应商，多重平衡规则，转化率，酸，碱，两性物质，共轭酸碱对，缓冲溶液，酸常数，碱常数，同离子效应，盐效应，溶度积，溶度积规则，分步沉淀，稳定常数。

【主要内容】

1. 标准平衡常数

标准平衡常数数学表达式(可逆反应)：

$$aA + bB \rightleftharpoons gG + hH$$

$$K^\ominus = \frac{[c_{eq}(G)/c^\ominus]^g[c_{eq}(H)/c^\ominus]^h}{[c_{eq}(A)/c^\ominus]^a[c_{eq}(B)/c^\ominus]^b}$$

$$K^\ominus = \frac{[p_{eq}(G)/p^\ominus]^g[p_{eq}(H)/p^\ominus]^h}{[p_{eq}(A)/p^\ominus]^a[p_{eq}(B)/p^\ominus]^b}$$

标准平衡常数与标准态下吉布斯自由能变的关系：

$$\Delta_r G_m^\ominus = -RT\ln K^\ominus$$

2. 多重平衡规则

在一个多重平衡系统中，如果一个可逆反应是由另外几个可逆反应相加或相减所得，则该可逆反应的标准平衡常数等于另外几个反应标准平衡常数的乘积或商。这个规则称为**多重**

平衡规则。

转化率：

$$\text{某反应物的转化率} = \frac{\text{某反应物已转化的物质的量}}{\text{某反应物起始时的物质的量}} \times 100\%$$

3. 化学平衡的移动

(1) 浓度对化学平衡的影响。

在平衡系统中，在其他条件不变的情况下，增大(或减小)某物质的浓度，平衡就向着减小(或增加)该物质的方向移动。

(2) 压力对化学平衡的影响。

对于反应前后气体物质化学计量系数无变化的化学反应，在其他条件不变的情况下，改变反应系统的总压，化学平衡不受影响；对于反应前后气体物质化学计量系数有变化的化学反应，在其他条件不变的情况下，增大系统总压，化学平衡将向气体分子数目减少的方向移动，减小系统总压，化学平衡将向气体分子数目增大的方向移动。

(3) 温度对化学平衡的影响。

$$\ln\frac{K_2^\ominus}{K_1^\ominus} = \frac{\Delta_r H_m^\ominus}{R}\left(\frac{1}{T_1} - \frac{1}{T_2}\right) = \frac{\Delta_r H_m^\ominus}{R}\left(\frac{T_2 - T_1}{T_1 T_2}\right)$$

在其他条件一定时，升高温度，化学平衡向吸热反应方向移动；降低温度，化学平衡向放热方向移动。

4. 酸碱平衡的简单计算

(1) 一元弱酸 H_3O^+浓度计算的最简公式：

$$c_{eq}(H_3O^+)=\sqrt{K_a^\ominus c_a} \qquad (\text{条件：} c_a/K_a^\ominus \geqslant 400)$$

(2) 一元弱碱 OH^-浓度计算的最简公式：

$$c_{eq}(OH^-)=\sqrt{K_b^\ominus c_b} \qquad (\text{条件：} c_b/K_b^\ominus \geqslant 400)$$

(3) 多元弱酸 H_3O^+浓度计算的最简公式。

当 $K_{a1}^\ominus / K_{a2}^\ominus > 100$ 时，H_3O^+浓度的计算可按一元弱酸处理：

$$c_{eq}(H_3O^+)=\sqrt{K_{a1}^\ominus c_a} \qquad (\text{条件：} c_a/K_{a1}^\ominus \geqslant 400)$$

(4) 两性物质 H_3O^+浓度计算的最简公式：

$$c_{eq}(H_3O^+)=\sqrt{K_{a1}^\ominus \cdot K_{a2}^\ominus}$$

$$[\text{条件：} K_{a2}^\ominus c(HA^-) > 20 K_w^\ominus,\ c(HA^-) > 20 K_{a1}^\ominus]$$

式中，$K_{a1}^\ominus$ 为两性物质作为碱时其共轭酸的酸常数；$K_{a2}^\ominus$ 为两性物质作为酸时的酸常数。

(5) 共轭酸碱对中 $K_a^\ominus(HA)$与 $K_b^\ominus(A^-)$的关系：

$$K_a^\ominus(HA) \cdot K_b^\ominus(A^-) = K_w^\ominus$$

(6) 缓冲溶液 pH 近似计算公式：

$$\mathrm{pH} = \mathrm{p}K_{\mathrm{a}}^{\ominus} + \lg\frac{c(\text{共轭碱})}{c(\text{弱酸})}$$

5. 难溶电解质沉淀溶解平衡

溶度积数学表达式：

$$\mathrm{A}_m\mathrm{B}_n(\mathrm{s}) \rightleftharpoons m\mathrm{A}^{n+}(\mathrm{aq}) + n\mathrm{B}^{m-}(\mathrm{aq})$$

$$K_{\mathrm{sp}}^{\ominus} = [c_{\mathrm{eq}}(\mathrm{A}^{n+})]^m[c_{\mathrm{eq}}(\mathrm{B}^{m-})]^n$$

溶度积规则：

(1) $Q = K_{\mathrm{sp}}^{\ominus}$，系统为饱和溶液，此状态下沉淀析出与溶解达到平衡。

(2) $Q < K_{\mathrm{sp}}^{\ominus}$，系统为未饱和溶液，不会有沉淀析出。若系统中有沉淀存在，沉淀将溶解，直至溶液饱和。

(3) $Q > K_{\mathrm{sp}}^{\ominus}$，系统为过饱和溶液，有沉淀析出，直至溶液成为饱和溶液。

同离子效应：如果在弱电解质溶液或难溶电解质的饱和溶液中加入含有相同离子的强电解质，则弱电解质的解离度或难溶电解质溶解度将会显著降低。

盐效应：在弱电解质溶液或难溶电解质的饱和溶液中，加入的是不含有相同离子的强电解质，则会导致弱电解质的解离度和难溶电解质的溶解度略微增大。

分步沉淀：当加入某种沉淀剂时，都能与该沉淀剂发生沉淀反应，沉淀是按照一定的先后顺序进行的现象。

6. 配位平衡

$$\mathrm{Cu^{2+}} + 4\mathrm{NH_3} \rightleftharpoons [\mathrm{Cu(NH_3)_4}]^{2+}$$

其平衡常数

$$K_{\text{稳}}^{\ominus}([\mathrm{Cu(NH_3)_4}]^{2+}) = \frac{c_{\mathrm{eq}}([\mathrm{Cu(NH_3)_4}]^{2+})/c^{\ominus}}{[c_{\mathrm{eq}}(\mathrm{NH_3})/c^{\ominus}]^4[c_{\mathrm{eq}}(\mathrm{Cu^{2+}})/c^{\ominus}]}$$

$K_{\text{稳}}^{\ominus}$可以表征配离子的稳定性，$K_{\text{稳}}^{\ominus}$值越大，配离子越稳定。相同类型的配合物，可以通过比较稳定常数来确定配合物的相对稳定性。

阅读材料

前景诱人的超导材料

罗马城不是一日建成的，科学宫殿的建立也同样离不开一代代科学家的不懈努力。人类发现超导现象已有 100 多年，然而关于超导材料的研究与应用却从未停止。

1908 年荷兰科学家卡末林 · 昂尼斯首次成功地实现了氦气液化，并通过降低液氦蒸气压的方法，获得了 1.15～4.25K 的低温。掌握极端低温实验条件的昂尼斯马上开始了低温下不同金属电阻的变化规律研究。1911 年 4 月昂尼斯在液氦温度下测定汞的电阻时发现电阻突然降到了零(图 3-2)，经反复实验确认汞的电阻在 4.2K 以下降到了 $10^{-5}\Omega$ 以下。发生超导现象时对应的温度又称为超导临界温度 T_c。

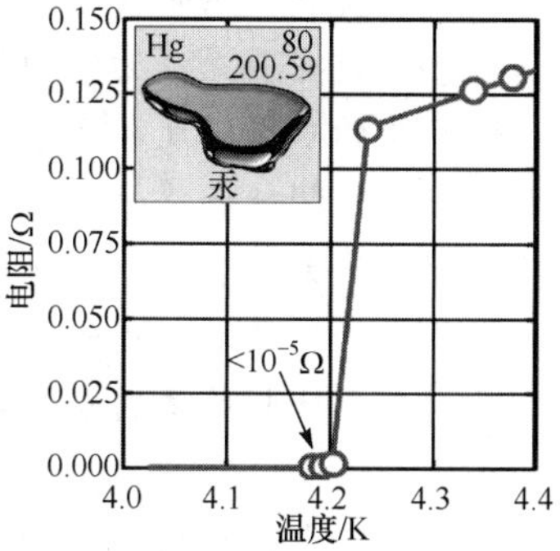

图 3-2 汞电阻在 4.2K 突降为零

关于超导时电阻是否真的为零，起初是有争议的。为了证明这个“超导电阻”到底有多小，昂尼斯团队又设计了一个闭合的超导环流线圈。他们根据电磁感应原理，通过外磁场变化，在超导线圈里感应出一个电流，随后撤掉外磁场并测量线圈内感应电流磁场的大小随时间的衰减，对应电流大小的衰减，就可以推算出超导线圈里的电阻。实验结果显示超导线圈内感应出 0.6A 的电流，一个小时后没有观察到任何衰减。此后经过科学家多年的实验论证，人们最终确认超导体的电阻率要小于 $10^{-18}\Omega \cdot m$。

尽管超导体电阻为零，但并非通过的电流可以无限大，而是存在一个电流密度的上限，称之为临界电流密度。超导材料内电流密度一旦超过临界电流密度，那么超导态将被破坏，恢复到有电阻的常规导体态，同时伴随焦耳热的产生。因此，寻找具有更高临界电流密度的超导材料，是超导应用研究的重要课题之一。

超导的零电阻性质具有巨大的应用潜力。超导电缆可提高电力传输容量并大大降低传输损耗，阻燃的超导变压器能够确保电能输送的安全，超导发电机能提供高效的电力供应等。

电和磁密不可分，1933 年德国物理学家迈斯纳在对金属球体做磁场分布测量时发现，在磁场中把金属球冷却进入超导态时，磁力线似乎瞬间从球内部被清除出去(图 3-3)，超导体内部的磁感应强度为零。于是和零电阻效应相媲美，超导材料的电磁效应又多了一个零——具有完全抗磁性，又被命名为“迈斯纳效应”。

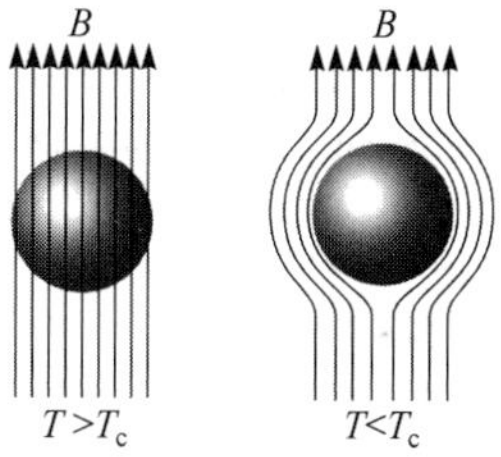

图 3-3 迈斯纳效应

超导体对磁场并非百分百“免疫”，即使在迈斯纳态，磁场也可以进入超导体表面和边缘。随着外磁场强度的增加，磁场穿透的深度也会越来越大，最终占据整个超导体。这一现象于 1935 年由伦敦兄弟(Fritz London 和 Heinz London)提出，磁感应强度在进入超导体之后指数衰减，其穿透深度又称为“伦敦穿透深度”。完全破坏超导体只需要足够强的磁场，就能让其抵达临界态，最终完全崩溃成有电阻的正常态。

如今磁悬浮列车技术正在不断蓬勃发展，然而现有的大多数磁悬浮列车速度还不算快，最多和高铁(300km/h)技术差不多。这主要是因为常规导体做成的电磁铁有电阻，耗电量大且存在严重的发热效应，能产生的磁场强度也十分有限，这都极大地限制了其应用。超导体电阻为零，根本不存在任何电损耗和热效应，一旦在超导线圈通电并闭合，电流将持续稳定地存在于线圈内，节约了大量能源。超导体具有完全抗磁性，一旦进入超导态，外磁场的磁通线将统统排出体外，从而对外磁场存在最强大的斥力。如果外磁场因超导抗磁性对其产生的作用力足以平衡超导体的自身重力，那么就可以实现超导磁悬浮。

以超导线圈为基础的超导磁体是超导电磁应用的另一个重要方面。如前所述，超导体电阻为零，回路中通入电流后没有电能损耗，承载的电流密度比常规导体大得多。因此，超导线圈具有体积小、能耗低、磁场稳定度和均匀度高等优点，已经在医疗卫生、科学研究、工业生产等多方面有重要应用。例如，高分辨核磁共振成像仪的关键在于磁场的强度和均匀度，如今各大医院核磁共振仪很多都采用超导磁体，成像清晰度和辨识度获得了极大提高。

超导电力、超导磁悬浮、超导磁体等都是在承载大电流时的超导应用，又统称为超导强电应用。对应地，还有超导的弱电应用，主要利用了超导材料内部电子的量子特性。

1962 年，剑桥大学 22 岁的研究生约瑟夫森提出两个中间隔着薄薄一层绝缘体的超导体，在不加外界电压情况下，就会因为相位差异而形成“超导隧道电流”，超导电子可以量子隧穿到另一个超导体中；再加上外界电压之后，则会形成高频交流电流，其频率是量子化的。这种奇异的量子效应称为“超导隧道效应”，又称“约瑟夫森效应”。约瑟夫森效应的发现，开启了超导应用的新天地——超导电子学。

超导隧道电流对外磁场极其敏感，即使发生微小的磁通量变化，也会引起超导体相位差的变化，从而形成对超导隧道电流的调制。正是由于超导材料的神奇量子特性，利用约瑟夫森效应，可以做成极其精密的超导量子干涉仪(SQUID)。具有并联双约瑟夫森结的直流超导量子干涉仪，可以探测 10^{-13}T 的微弱磁场，相当于地磁场(5×10^{-5}T)的几亿分之一。

超导电子学另一个极其重要的应用就是基于超导约瑟夫森结的超导量子比特，根据其利用超导电子的不同性质(自旋、电荷、位相)，又分为超导磁通比特、电荷比特和位相比特三类。由于量子叠加效应，仅需要 32 个量子比特就能存储 4GB 的信息量！现如今用大型服务器制作高清动画可能需要数年时间，但换到量子计算机上也许就分分钟搞定。

除了利用超导材料中的奇异量子效应，单纯利用超导的零电阻优势制作微波器件也是超导弱电应用的重要领域。超导滤波器具有极小的插入损耗、极高的带边陡度和极深的带外抑制等多重优势，在移动通信、国防军事、航空航天等多个方面已有重要应用。

无论是简单利用超导材料的零电阻和抗磁性优势，还是较为复杂地利用其宏观量子特性，超导材料的弱电应用都已经悄然改变了人们的生活。在值得期待的未来，超导的各种应用将会带来更多的惊喜！

超导材料具有如此瞩目的应用前景，吸引着众多的科学家参与其研究之中。从最早发现超导现象的金属汞，到其他单质金属、合金及金属氧化物、硫化物、硒化物甚至有机化合物，越来越多的材料被发现具有超导特性，进而推动了理论物理的进步，然而这些材料的超导温度都低于40K(麦克米兰温度极限)。直到1986年，两位来自瑞士的工程师柏诺兹和缪勒在$Ba_xLa_{5-x}Cu_5O_{5(3-y)}$ (x=0.75) 确定找到了零电阻效应。通过对大量实验数据的总结，科学家发现化学掺杂、载流子注入、外部高压是诱导超导的有效武器。在铜氧化物高温超导体中，氧含量对超导体的掺杂浓度有着至关重要的作用。1993年，Schilling等发现的$HgBa_2Ca_2Cu_3O_{8+\delta}$体系是目前块体材料超导转变温度最高的达到134K。2008年2月23日，日本科学家西野秀雄正式报道了一类新型超导材料LaOFeAs体系，经过F替代O掺杂引入电子后，该材料超导临界温度达到了26K。铁基超导材料的发现，开启了超导研究历史的一个崭新的时代，而中国科学家在该领域的研究一直处于前列。

在超导材料研究中，高压是非常重要的方法。在高压下，原材料之间互相接触紧密，化学反应速率要远大于常压情况，极大地提高了材料制备的效率。和高温高压合成的“先天性”高压相比，“后天性”的高压也可以调控超导材料的特征，尤其是临界温度。

2015年8月17日*Nature*发表了德国马克斯普朗克化学研究所的科学家Drozdov和Eremets的研究成果，宣布在220万个大气压下，硫化氢的T_c可达203K，创下了超导历史新纪录。最近几年多个研究小组报道，在高压甚至高压加红外光诱导条件下进一步提高了超导转变温度，但这些新的结果尚待更多的实验证实，无论怎样，距离300K的室温超导，似乎已伸手可及。

寻找室温超导材料的梦想激励着一代代科学家不断努力，在追寻的过程中，人类也一并更加理解了这个缤纷的世界。

习　题

1. 下列说法是否正确？如不正确，请说明原因。

(1) 在0.10mol · L^{-1} $NH_3 \cdot H_2O$溶液中加入NH_4Cl固体后，$NH_3 \cdot H_2O$的解离度增大，溶液的pH增大，解离常数不变。

(2) 在含有固体AgCl的饱和溶液中加入盐酸，则AgCl的溶解度减小。如果加入氨水，则其溶解度不变。若加入KNO_3，则其溶解度增大。

(3) 已知Ag_2CrO_4的$K_{sp}^{\ominus}=1.12\times10^{-12}$，AgCl的$K_{sp}^{\ominus}=1.77\times10^{-10}$，则$Ag_2CrO_4$的溶解度(mol · L^{-1})比AgCl的溶解度(mol · L^{-1})小。

(4) 催化剂能改变反应速率，所以必然会使化学平衡移动。

(5) 向0.1mol · L^{-1} HCl溶液中通入H_2S气体，溶液中的S^{2-}浓度可近似按$c(S^{2-})\approx K_{a2}^{\ominus}(H_2S)$计算。

(6) 在25℃时，0.10mol · L^{-1} HAc溶液中HAc的解离常数为1.75×10^{-5}，在25℃时，0.05mol · L^{-1} HAc溶液中HAc的解离常数为$\frac{1}{2}\times1.75\times10^{-5}$。

(7) 酸碱两性物质溶液的pH均为7。

(8) 因为$\Delta_r G_m^{\ominus}(T)=-RT\ln K^{\ominus}$，所以温度升高，标准平衡常数变小。

(9) 20mL 1.0mol · L^{-1}的HCl溶液与20mL 2.0mol · L^{-1}的$NH_3 \cdot H_2O$溶液混合即可作为缓冲溶液。

2. 写出下列反应的标准平衡常数 $K^\ominus$的表达式。

$$3Fe(s) + 4H_2O(g) \rightleftharpoons Fe_3O_4(s) + 4H_2(g)$$

$$2CH_3OH(g) + O_2(g) \rightleftharpoons 2HCHO(g) + 2H_2O(g)$$

$$NH_4Cl(s) \rightleftharpoons NH_3(g) + HCl(g)$$

$$CO(g) + H_2O(g) \rightleftharpoons CO_2(g) + H_2(g)$$

3. 在 298K 标准状态下进行如下反应：

$$2SO_2(g) + O_2(g) \rightleftharpoons 2SO_3(g)$$

已知有关热力学数据：

物质	$SO_2(g)$	$O_2(g)$	$SO_3(g)$
$\Delta_f H_m^\ominus$ / (kJ · mol^{-1})	−296.8	0	−395.7
$S_m^\ominus$ / (J · K^{-1} · mol^{-1})	248.2	205.2	256.8

(1) 计算 298K 和 600K 时反应的标准平衡常数 $K^\ominus$值。

(2) 升高温度，上述平衡向哪个方向移动？为什么？

(7.12×10^{24}；2.51×10^{7})

4. 已知 298K 时反应：

$$NH_4HCO_3(s) \rightleftharpoons NH_3(g) + CO_2(g) + H_2O(g)$$

有关热力学数据如下：

物质	$NH_4HCO_3(s)$	$NH_3(g)$	$CO_2(g)$	$H_2O(g)$
$\Delta_f H_m^\ominus$ /(kJ · mol^{-1})	−850	−45.9	−393.5	−241.8
$S_m^\ominus$ / (J · K^{-1} · mol^{-1})	130	192.8	213.8	188.8

(1) 计算该反应 298K 时的标准平衡常数。

(2) 计算标准状态下能自发进行的温度范围。

(5.27×10^{-6}；T>362.7K)

5. 某反应在 400K 时的标准平衡常数为 14，求此反应的标准吉布斯自由能变 $\Delta_r G_m^\ominus$。

(−8.78kJ · mol^{-1})

6. 汽车发动机内工作温度可达 1573K，试根据热力学原理估算该温度时反应 $1/2N_2(g)+1/2O_2(g) \rightleftharpoons NO(g)$的 $\Delta_r G_m^\ominus$ 和 $K^\ominus$，并联系反应速率简要说明其在大气污染中的影响。

(−240.29kJ · mol^{-1}，9.544×10^{7})

7. 应用动力学原理解释，温度由 T_1 升高到 T_2，化学平衡向吸热反应方向移动。

8. 试用学过的理论说明：为什么升高温度会使化学平衡向吸热反应方向移动。

9. 请回答压力和温度对化学平衡的影响有何不同。

10. 分别写出 H_2O、$H_2PO_4^-$、HPO_4^{2-}、HCO_3^-、HS^-、$[Al(H_2O)OH]^{2+}$的共轭酸和共轭碱。

11. 根据酸碱质子理论，确定以水为溶剂时，下列物质哪些是酸，哪些是碱，哪些是两性物质？

H_3AsO_3，$Cr_2O_7^{2-}$，$HC_2O_4^-$，HCO_3^-，$NH_2—NH_2$，BrO^-，$H_2PO_4^-$，HS^-，H_3PO_3

12. 根据酸碱质子理论，写出下列各酸的共轭碱的化学式:

HAc，HCO_3^-，$[Al(H_2O)_6]^{3+}$，$H_2[PtCl_6]$，HSO_4^-，HPO_4^{2-}，NH_4^+

13. 已知 H_3PO_4 的 $K_{a1}^{\ominus}=7.11\times10^{-3}$，$K_{a2}^{\ominus}=6.34\times10^{-8}$，$K_{a3}^{\ominus}=4.79\times10^{-13}$，求 HPO_4^{2-} 的 $K_b^{\ominus}$ 值。

(1.58×10^{-7})

14. 计算 20℃时，在 0.10mol · L^{-1} H_2S 饱和溶液中：

(1) $c(H^+)$、$c(S^{2-})$和 pH。

(2) 用 HCl 调节溶液的酸度为 pH=2.00 时，溶液中的 S^{2-}浓度是多少？计算结果说明什么问题？已知 $K_{a1}^{\ominus}(H_2S)=1.07\times10^{-7}$，$K_{a2}^{\ominus}(H_2S)=1.26\times10^{-13}$。

(1.03×10^{-4}mol · L^{-1}，约为 1.26×10^{-13}mol · L^{-1}，3.98；1.35×10^{-17}mol · L^{-1})

15. 分别计算 0.010mol · L^{-1} NH_3 溶液的 pH 和 0.10mol · L^{-1} NH_4Cl 溶液的 pH。已知 25℃时 $K_b^{\ominus}(NH_3)=1.76\times10^{-5}$。

(10.62，5.12)

16. 在 0.10mol · L^{-1} HAc 溶液中，加入 NaAc 晶体，使 NaAc 的浓度为 0.10mol · L^{-1}。计算溶液中的 H_3O^+浓度和 HAc 的解离度。并与 0.10mol · L^{-1} HAc 溶液的 H_3O^+浓度和 HAc 的解离度进行比较。已知 25℃时 $K_a^{\ominus}(HAc)=1.75\times10^{-5}$。

(1.75×10^{-5}，0.0175%)

17. 在 100.0mL 0.01mol · L^{-1}氨水中溶入 1.07g NH_4Cl，溶液的 pH 为多少？在此溶液中加入 100.0mL 水，pH 如何变化？

(8.95，基本不变)

18. 已知 H_2CO_3 的 $K_{a1}^{\ominus}=4.45\times10^{-7}$，$K_{a2}^{\ominus}=4.69\times10^{-11}$，计算 0.1mol · L^{-1} $NaHCO_3$ 溶液的 pH。

(8.34)

19. 已知乳酸 HLAc 的 $pK_a^{\ominus}=3.86$，计算含 0.10mol · L^{-1} HLAc 的酸奶样品的 pH。

(2.43)

20. 试计算 0.10mol · L^{-1}氨水溶液的 pH。若在溶液中加入 NH_4Cl 晶体，使 NH_4Cl 的浓度为 0.10mol · L^{-1}，则加入 NH_4Cl 后，溶液的 OH^-浓度比原来减少多少倍？已知 $K_b^{\ominus}(NH_3)=1.78\times10^{-5}$。

(11.12；74.7 倍)

21. 在临床上用于治疗酸中毒、高血钾等症常用 0.60mol · L^{-1} $NaHCO_3$ 注射液。这种溶液的 pH 是多少？已知 H_2CO_3 的 $pK_{a1}^{\ominus}=6.35$，$pK_{a2}^{\ominus}=10.33$。

(8.34)

22. 什么是缓冲溶液？下列哪组物质能配成缓冲溶液？

(1) NaAc-NaOH (2) HCl 与过量 $NH_3 \cdot H_2O$

(3) HAc-NaAc (4) $NaHCO_3$-Na_2CO_3 (5) HAc-NaOH

23. 欲配制 450mL pH=4.70 的缓冲溶液，需 0.10mol · L^{-1} HAc 和 0.10mol · L^{-1} NaOH 溶液各多少毫升？

(HAc 305mL，NaOH 145mL)

24. ATP 的水解反应为

$$ATP(aq) + H_2O \rightleftharpoons ADP(aq) + HPO_4^{2-}$$

37℃时，某种细胞内 ATP、ADP 和 HPO_4^{2-} 的平衡浓度分别为 $2.2\times10^{-10}mol\cdot L^{-1}$、$3.5\times10^{-3}mol\cdot L^{-1}$、$0.5\times10^{-3}mol\cdot L^{-1}$，试计算 37℃时 ATP 的水解反应的标准平衡常数。

(7.95×10^3)

25. $0.01mol\cdot L^{-1}$ $Pb(NO_3)_2$ 与 $0.01mol\cdot L^{-1}$ Na_2SO_4 溶液等体积混合，有无 $PbSO_4$ 沉淀生成？已知 $K_{sp}^{\ominus}(PbSO_4)=2.53\times10^{-8}$。

$(Q=2.5\times10^{-5})$

26. 已知 $BaSO_4$、$Mg(OH)_2$、AgBr 在 25℃时的溶度积分别为 1.08×10^{-10}、5.61×10^{-12}、5.35×10^{-13}，则它们在 25℃水中溶解度($mol\cdot L^{-1}$)的大小顺序是怎样的？

$\{s[Mg(OH)_2] > s(BaSO_4) > s(AgBr)\}$

27. $Mg(OH)_2$ 溶解度为 $1.3\times10^{-4}mol\cdot L^{-1}$，今在 0.10L $0.10mol\cdot L^{-1}$ $MgCl_2$ 溶液中加入 0.10L $0.10mol\cdot L^{-1}$ $NH_3\cdot H_2O$。如果不希望生成沉淀，则需加入$(NH_4)_2SO_4$ 固体的量不应该少于多少克？已知 $M[(NH_4)_2SO_4]=132g\cdot mol^{-1}$，$K_b^{\ominus}(NH_3)=1.76\times10^{-5}$。

(0.88g)

28. 在 $0.30mol\cdot L^{-1}$ 的 HCl 溶液中含有 $0.010mol\cdot L^{-1}$ 的 $CdSO_4$，当室温下通入 H_2S 至饱和时，Cd^{2+}是否能沉淀完全？

$[c(Cd^{2+})=5.34\times10^{-7}mol\cdot L^{-1}$，已沉淀完全]

29. 混合溶液中 Ba^{2+} 和 Ca^{2+} 浓度均为 $0.10mol\cdot L^{-1}$，通过计算说明能否用 Na_2SO_4 分离 Ba^{2+} 和 Ca^{2+}，如何控制沉淀剂的浓度？已知 $K_{sp}^{\ominus}(BaSO_4)=1.08\times10^{-10}$，$K_{sp}^{\ominus}(CaSO_4)=4.93\times10^{-5}$。

(可以，1.08×10^{-5}～4.93×10^{-4} $mol\cdot L^{-1}$)

30. 某溶液中含有浓度均为 $0.10mol\cdot L^{-1}$ 的 Ni^{2+}和 Mn^{2+}，现向溶液中通入 H_2S 至饱和以分离 Ni^{2+}和 Mn^{2+}，应控制溶液的 pH 在什么范围？已知 $K_{sp}^{\ominus}(NiS)=1.00\times10^{-24}$，$K_{sp}^{\ominus}(MnS)=2.50\times10^{-13}$。

(0.94～4.63)

31. 试用平衡移动的观点说明下列事实将产生什么现象。

(1) 向含有 Ag_2CrO_4 沉淀的溶液中加入 Na_2CrO_4。

(2) 向含有 Ag_2CrO_4 沉淀的溶液中加入氨水。

(3) 向含有 Ag_2CrO_4 沉淀的溶液中加入 HNO_3。

32. 将 $0.10mol\cdot L^{-1}$ $MnSO_4$ 溶液和 $0.10mol\cdot L^{-1}$ $NH_3\cdot H_2O$ 溶液等体积混合成 10mL 溶液，问：

(1) 有无 $Mn(OH)_2$ 沉淀生成?

(2) 若向混合液中加入固体 NH_4Cl(忽略体积的变化)，至少要加入多少克 NH_4Cl 方不至于生成 $Mn(OH)_2$ 沉淀？已知 $K_b^{\ominus}(NH_3)=1.76\times10^{-5}$，$K_{sp}^{\ominus}[Mn(OH)_2]=1.90\times10^{-13}$，$NH_4Cl$ 摩尔质量为 $53.5g\cdot mol^{-1}$。

$(Q=4.45\times10^{-8}$；0.244g)

33. 今有两种配合物，它们的化学式均为 $CoBrSO_4(NH_3)_5$，但颜色不同。在第一种配合物溶液中加入足量的 $BaCl_2$ 和 $AgNO_3$，能得到钡盐沉淀，却得不到银盐沉淀；在第二种配合物的溶液中加入上述两种物质能得到银盐沉淀，而得不到钡盐沉淀。根据上述现象写出这两种配合物的结构式和名称。

34. 有两种钴(Ⅲ)配合物组成均为 $Co(NH_3)_5Cl(SO_4)$，但分别只与 $AgNO_3$ 和 $BaCl_2$ 发生沉淀反应，写出两种配合物的化学结构式和名称。

35. 通过计算说明实验现象：取 200mL 水，加 0.01mol $AgNO_3$ 和 0.06mol $NH_3\cdot H_2O$，分成两份。一份中加入 $1.0\times10^{-4}mol$ NaCl，无 AgCl 沉淀，另一份中加入 $1.0\times10^{-4}mol$ KI 有 AgI 沉淀生成。已知 $K_{sp}^{\ominus}(AgCl)=$

1.77×10^{-10}，$K_{sp}^{\ominus}(AgI)=8.52\times10^{-17}$，$K_{稳}^{\ominus}[Ag(NH_3)_2]^+=1.12\times10^{7}$。

$[c(Ag^+)=1.12\times10^{-7}mol\cdot L^{-1}]$

36. 试计算 1.5L 1.0mol · L^{-1} 的 $Na_2S_2O_3$ 溶液最多能溶解多少克 AgBr？已知 $K_{稳}^{\ominus}([Ag(S_2O_3)_2]^{3-})=2.88\times10^{13}$，$K_{sp}^{\ominus}(AgBr)=5.35\times10^{-13}$。

(124g)

第 4 章 氧化还原反应

所有的化学反应都可划分为两类:一类是反应中没有电子得失的变化,称为非氧化还原反应,如酸碱反应、沉淀反应等;另一类是反应中有电子得失的变化,称为氧化还原反应,反应中电子从一种物质转移到另一种物质。后者是一类非常重要的反应,是热能和电能的来源之一。

本章将以原电池作为讨论氧化还原反应的物理模型,重点讨论标准电极电势的概念及影响电极电势的因素,同时将氧化还原反应与电动势联系起来,判断反应进行的方向和限度。

4.1 氧化还原反应概述

4.1.1 氧化与还原

把锌片放入硫酸铜溶液中,锌溶解而铜析出,这个反应的离子方程式为

$$Zn + Cu^{2+} \longrightarrow Zn^{2+} + Cu$$

失去电子的物质(Zn)称为还原剂,得到电子的物质(Cu^{2+})称为氧化剂。氧化剂从还原剂获得电子,使自身的化合价降低,这个过程称为还原;相应地,还原剂则由于给出电子而使自身的化合价升高,这个过程称为氧化。所以,上述反应是由两个“半反应”构成的,即

氧化半反应: $Zn - 2e^- \rightleftharpoons Zn^{2+}$

还原半反应: $Cu^{2+} + 2e^- \rightleftharpoons Cu$

半反应中的高价态物质称为**氧化态**,因为它可以作为氧化剂而获得电子;半反应中的低价态物质称为**还原态**,因为它可以作为还原剂而给出电子。同一半反应中的氧化态物质和还原态物质构成了**氧化还原电对**,记作:

氧化态/还原态

如 Zn^{2+}/Zn,Cu^{2+}/Cu。氧化还原电对表示了氧化态和还原态之间的相互转化、相互依存关系。

由此可见,氧化半反应是物质由还原态变为氧化态的过程,而还原半反应则是物质由氧化态变为还原态的过程。这样,一个氧化还原反应一般可表示为

$$\text{氧化态 I} + \text{还原态 II} \rightleftharpoons \text{还原态 I} + \text{氧化态 II}$$

可以看到,在氧化还原反应中,氧化与还原是共存共依的,在一定条件下又可以相互转化。

4.1.2 氧化数

在氧化还原反应中,同一元素的氧化态与还原态之间的转化,必然与原子的电子层结构变化相关。为了描述原子的带电状态,即描述原子得到或失去电子的程度(或电子偏移的程度),表明元素被氧化的程度,提出了氧化数的概念。

任何化学物质中某元素的氧化数，是指如果该元素原子每个键中的电子被分配给电负性[①]更大的原子，则该元素的一个原子上将存在的电荷。

根据氧化数的定义，可以得出以下推论：

(1) 同种元素原子之间成键对氧化数没有贡献。

(2) 在单质中，元素的氧化数为零。

(3) 在中性分子中，各元素氧化数的代数和等于零。

(4) 在单原子离子中，元素的氧化数等于离子所带的电荷数；在多原子离子中，各元素氧化数的代数和等于该离子所带电荷数。

这里介绍两种确定氧化数的具体方法：氧化数规则法和价层电子数法。

1. 氧化数规则法

这种方法是通过指定化合物中某些元素(通常是氢、氧、氟及其他卤素)的氧化数，进而求得其他元素的氧化数。

(1) 在化合物中，氢的氧化数一般为+1，但在金属氢化物如 NaH、CaH_2 中氢的氧化数为−1。

(2) 氧的氧化数一般为−2，但在过氧化物如 H_2O_2、Na_2O_2 中氧的氧化数为−1；在氧的氟化物如 OF_2 和 O_2F_2 中氧的氧化数分别为+2 和+1。

(3) 在所有的氟化物中，氟的氧化数为−1；其他卤素，当与电负性小的元素化合时，氧化数也都为−1。

通常按照上述规则可以容易地计算各种元素的氧化数，但是对于结构不易确定的离子或分子，需要补充一条规则：元素的正氧化数应小于或等于其价层电子的总数。

例如，对于 Fe_3O_4，氧的氧化数为−2，铁的氧化数为 $+\frac{8}{3}$。但对于 CrO_5，由于 Cr 原子的外围电子总共有 6 个，满足不了 5 个 O 原子都达成 8 电子稳定结构，因此 Cr 原子只能将它的 6 个外围电子全部拿出来成键，故 Cr 的氧化数是+6，而 O 的平均氧化数是 $-\frac{6}{5}$。

2. 价层电子数法

由氧化数定义可以看出，氧化数完全取决于成键两原子之间的电子供需关系。只有价电子才能参与化学键的形成，同时稀有气体具有稳定的电子结构，这种稳定结构又总是尽可能地体现在分子或离子中。因此，元素的最高正氧化数受到其原子价层电子数的限制，而元素的最低负氧化数受到同周期稀有气体元素外层电子数与其价层电子数差值的限制，据此，权新军等提出用如下方法确定元素氧化数。

对于二元化合物(分子或离子) $A_xB_y^{n\pm}$ ($n\pm$ 即 $n+$ 与 $n-$，分别表示正、负离子的电荷)，假设电负性 A<B，若以 a 表示 A 的价层电子数，b 表示 B 达到稀有气体结构所需的电子数，则有

当 $xa \pm n = yb$ 时，A 的氧化数等于 $+a$，B 的氧化数等于 $-b$；

当 $xa \pm n > yb$ 时，B 的氧化数等于 $-b$，据此可求 A 的氧化数；

当 $xa \pm n < yb$ 时，A 的氧化数等于 $+a$，据此可求 B 的氧化数。

例如：

① 电负性指元素原子在分子中吸引电子的能力，见本书 5.5.2 小节。

化合物	a	b	$\pm n$	A 氧化数	B 氧化数	氧化数确定次序
VO_2^+	5	2	–1	+5	–2	A、B 同时确定
Fe_2S_3	8	2	0	+3	–2	先确定 B，后确定 A
$S_2O_8^{2-}$	6	2	+2	+6	–7/4	先确定 A，后确定 B

对于三元和四元无机化合物及小分子有机化合物，也可以依据本方法确定元素氧化数。具体步骤是：对于能先拆分的化合物，先拆分，再进行判断。例如，$(NH_4)_2SO_4$ 拆分成 NH_4^+ 和 SO_4^{2-}，然后分别按照二元化合物来判断。对于不能拆分的三元化合物 $A_xB_yC_z^{n\pm}$(假设电负性 A<B<C)，可先将 $xa\mp n$ 与 zc(c 表示 C 达成稀有气体结构所需电子数)比较，确定 A 或(和)C 的氧化数，然后再确定其余元素氧化数。例如，$SOCl_2$，电负性 S < Cl < O，其中 S 的价层电子数是 6，O 达到稀有气体结构所需的电子数是 2，$a > c$，可以先确定出 O 的氧化数为–2，然后假设 $SOCl_2$ 由 O^{2-} 和 SCl_2^{2+} 组合而成，对 SCl_2^{2+} 按照二元化合物进行判断，最终得出 S 的氧化数为+4，Cl 的氧化数为–1。

将氧化数规则法与价层电子数法比较可以发现，后者具有完全不需要考虑分子结构的优点，不管化合物的结构简单还是复杂，都能对氧化数做出快速、准确的判断。

根据氧化数的概念，氧化还原反应是元素的氧化数发生变化的反应。在反应中，当元素的氧化数升高时，表明有电子给出或远离，此即氧化过程；在反应中，当元素的氧化数降低时，表明有电子被结合或靠近，此即还原过程。因此，即使没有发生电子的完全转移，如

$$H_2 + Cl_2 \longrightarrow 2HCl$$

也是一个氧化还原反应。在这个反应中，氢的氧化数由 0 升高到+1，这个过程是氧化；氯的氧化数由 0 降低到–1，这个过程是还原。所以，H_2 是还原剂，Cl_2 是氧化剂。

4.1.3 氧化还原反应方程式的配平

配平氧化还原反应方程式的方法有**氧化数法**和**离子-电子半反应法**(简称离子-电子法)。前一种方法实质是化合价升降法，中学已经学过，这里只介绍后一种方法。配平时首先要知道反应物和生成物，并必须遵循下列**配平原则**：

(1) 反应中氧化剂所得到的电子数必须等于还原剂所失去的电子数(电荷守恒)。

(2) 方程式两边各种元素的原子总数必须各自相等(质量守恒)。

配平的步骤主要是：

(1) 以离子式写出主要的反应物及其氧化还原产物。

(2) 分别写出氧化剂被还原和还原剂被氧化的半反应。

(3) 分别配平两个半反应方程式。

如果反应物和生成物内所含的氧原子的数目不同，可根据介质的酸碱性，分别在半反应方程式中加 H^+、OH^- 或 H_2O，使反应式两边的氧原子数目相当。不同介质条件下配平氧原子的经验规律见表 4-1。

表 4-1 不同介质条件下配平氧原子的经验规则

介质条件	反应方程式		
	左边		右边
	O 原子数	配平时应加入物质	生成物
酸性	多	H^+	H_2O
	少	H_2O	H^+

续表

介质条件	反应方程式		
	左边		右边
	O 原子数	配平时应加入物质	生成物
碱性	多	H_2O	OH^-
	少	OH^-	H_2O
中性	多	H_2O	OH^-
	少	H_2O	H^+

(4) 反应方程式得、失电子数目和最小公倍数。将两个半反应方程式中各项分别乘以相应的系数，使其得、失电子数目相同，然后将二者合并，就得到配平的离子方程式。有时根据需要，可将其再改写为分子方程式。

例 4-1　配平反应方程式：

$$KMnO_4 + K_2SO_3 \xrightarrow{\text{在酸性溶液}} MnSO_4 + K_2SO_4$$

解　第一步，写出主要的反应物和产物的离子式：

$$MnO_4^- + SO_3^{2-} \longrightarrow Mn^{2+} + SO_4^{2-} \tag{1}$$

第二步，写出两个半反应中的电对：

$$MnO_4^- \longrightarrow Mn^{2+} \tag{2}$$

$$SO_3^{2-} \longrightarrow SO_4^{2-} \tag{3}$$

第三步，配平两个半反应式：

$$MnO_4^- + 8H^+ + 5e^- = Mn^{2+} + 4H_2O \tag{4}$$

$$SO_3^{2-} + H_2O = SO_4^{2-} + 2H^+ + 2e^- \tag{5}$$

在酸性溶液中进行的反应，电对的氧化态转化为还原态，氧原子数目减少时，应有足够的氢离子(氧原子减少数目的两倍)参与反应，并生成相应数目的 H_2O 分子。在本反应中，MnO_4^-被还原变为 Mn^{2+}，MnO_4^-减少了 4 个 O，应在反应式左边加 8 个 H^+，同时在右边加 4 个 H_2O；Mn 的氧化数由+7 下降到+2，因此在反应式的左边需要加 5 个电子，从而使反应式两边氧原子数和电荷数相等。

在酸性溶液中进行的反应，电对的还原态转化为氧化态，氧原子数目增加时，应有足够的 H_2O 分子(与氧原子增加的数目相同)参加反应，以提供所需增加的原子，同时生成相应数目的氢离子。在本反应中，SO_3^{2-}被氧化变为 SO_4^{2-}，增加了一个 O，所以应在反应式的左边加 1 个 H_2O，其右边加上 2 个 H^+；S 的氧化数由+4 上升到+6，因此在反应式的右边需要加 2 个电子，以保持电荷平衡。

第四步，将两个半反应方程式合并，写出配平的离子方程式。

半反应(4)和(5)中，得、失电子数的最小公倍数是 10，将式(4)乘 2，式(5)乘 5，再将二者相加消去电子和相同的离子。

$$\begin{array}{rl} & 2MnO_4^- + 16H^+ + 10e^- = 2Mn^{2+} + 8H_2O \\ +) & 5SO_3^{2-} + 5H_2O = 5SO_4^{2-} + 10H^+ + 10e^- \\ \hline & 2MnO_4^- + 5SO_3^{2-} + 6H^+ = 2Mn^{2+} + 5SO_4^{2-} + 3H_2O \end{array}$$

核对方程式两边的电荷数以及各种元素的原子个数是否各自分别相等。

最后，在配平了的离子反应式中添上不参与反应的反应物和生成物的阳离子或阴离子，并写出相应的分子式，就可得到配平的分子方程式。

该反应是在酸性溶液中进行的，应加入何种酸为好？一般以不引入其他杂质和所引进的离子不参与反应为原则。上述反应的产物中有 SO_4^{2-}，所以应加入稀 H_2SO_4 为宜。这样，该反应的分子方程式为

$$2KMnO_4 + 5K_2SO_3 + 3H_2SO_4 = 2MnSO_4 + 6K_2SO_4 + 3H_2O$$

最后，再核对一下各元素的原子个数是否各自相等。

4.2　原电池和电极电势

在化学反应中，化学能通常转化为热能，即使是氧化还原反应，如无特殊装置，化学能也转化为热能。例如，将锌投入硫酸铜溶液中发生的反应，其离子式可写成：

$$Zn + Cu^{2+} \longrightarrow Zn^{2+} + Cu \qquad \Delta_r H_m^{\ominus} = -218.66 kJ \cdot mol^{-1}$$

由于 Cu^{2+} 直接与金属锌接触，因此电子便由金属锌直接传递给 Cu^{2+}，并没有电子的流动。在这个氧化还原反应中释放出的能量(化学能)都转化成了热能。

如果利用特定装置，让电子的传递通过导体进行，便可产生电流，使化学能转换成电能。这种利用氧化还原反应产生电流的装置，即使化学能转变为电能的装置称为**原电池**。

4.2.1　原电池

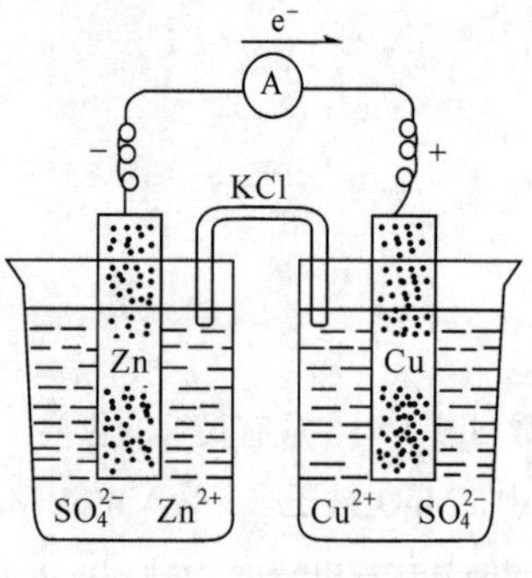

图 4-1　铜锌原电池

图 4-1 是一种简单的原电池，称铜锌原电池或丹尼尔(Daniel，英)电池。这种电池用金属锌和金属铜作电极导体。锌电极放入 $ZnSO_4$ 溶液中，铜电极放入 $CuSO_4$ 溶液中。两个电极导体用导线连接，并串联一个检流计以便观察电流的产生和电流的方向。在两个电解质溶液之间用盐桥联系起来，会看到电路中检流计的指针发生了偏转，并且由此可以确定电流的方向是由铜电极流向锌电极(电子由锌电极流向铜电极)。

在原电池中，电子流出的电极称为负极，电子流入的电极称为正极。在铜锌原电池中，电子从锌电极经由导线流向铜电极，因此可知两个电极上发生的反应是

锌电极(负极)：　$Zn - 2e^- \rightleftharpoons Zn^{2+}$　(氧化半反应)

铜电极(正极)：　$Cu^{2+} + 2e^- \rightleftharpoons Cu$　(还原半反应)

合并两个半反应，即可得到电池反应：

$$Zn + Cu^{2+} \rightleftharpoons Zn^{2+} + Cu$$

可见，原电池可以使氧化还原反应产生电流，是因为它使氧化和还原两个半反应分别在不同的区域同时进行。这不同的区域就是半电池。

以铜锌原电池为例，它是由三个部分组成的：两个半电池——锌片和锌盐溶液、铜片和铜盐溶液；金属导线；盐桥。

半电池是原电池的主体，每一个半电池都是由同一种元素不同氧化数的两种物质组成的，

即电极导体(如 Zn)和电解质溶液(如 $ZnSO_4$ 溶液)。电极导体和电解质溶液组成了电极(半电池)。在半电池中进行着氧化态和还原态相互转化的反应，即电极反应。

$$\text{氧化态} + ze^- \rightleftharpoons \text{还原态}$$

连接两个半电池电解质溶液的倒置 U 形管称为盐桥，管内充满了含电解质溶液(一般为饱和 KCl 溶液)的琼胶。其作用是连通原电池的两个半电池间的内电路，允许正、负离子扩散，使两个半电池始终保持电中性，这样电池反应可以持续进行。

图 4-1 的铜锌原电池可以用下述**电池符号**予以简明的表示：

$$(-)\ Zn|Zn^{2+}(c_1)\ \|\ Cu^{2+}(c_2)|Cu\ (+)$$

式中，(−)、(+)表示原电池的负极和正极，一般书写电池符号时，把负极写在左边，正极写在右边；用“‖”表示盐桥，用“|”表示不同物相的界面；c 表示溶液的浓度，气体用分压 p 来表示。如果组成电极的物质是同一种元素不同氧化数的离子(如 Fe^{3+} / Fe^{2+})或是非金属单质及相应的离子(如 Cl_2 / Cl^-)，则需外加惰性电极。常用的惰性电极有铂、石墨等，它们不参加电极反应，仅起吸附气体和传递电子的作用。

任何一个原电池都是由两个电极构成的。构成原电池的电极有四类(表 4-2)。

表 4-2　电极类型

电极类型	电对示例	电极符号	电极反应示例
金属–金属	Zn^{2+} / Zn	Zn | Zn^{2+}	$Zn^{2+} + 2e^- \rightleftharpoons Zn$
离子电极	Cu^{2+} / Cu	Cu | Cu^{2+}	$Cu^{2+} + 2e^- \rightleftharpoons Cu$
非金属–非金属	Cl_2 / Cl^-	Cl^- | Cl_2 | Pt	$Cl_2 + 2e^- \rightleftharpoons 2Cl^-$
离子电极	O_2 / OH^-	Pt | O_2 | OH^-	$O_2 + 2H_2O + 4e^- \rightleftharpoons 4OH^-$
氧化还原	Fe^{3+} / Fe^{2+}	Fe^{3+}, Fe^{2+} | Pt	$Fe^{3+} + e^- \rightleftharpoons Fe^{2+}$
电极	Sn^{4+} / Sn^{2+}	Pt | Sn^{2+}, Sn^{4+}	$Sn^{4+} + 2e^- \rightleftharpoons Sn^{2+}$
金属–金属	AgCl / Ag	Ag | AgCl | Cl^-	$AgCl + e^- \rightleftharpoons Ag + Cl^-$
难溶盐电极	Hg_2Cl_2 / Hg	Pt | Hg | $Hg_2Cl_2(s)$ | Cl^-	$Hg_2Cl_2(s) + 2e^- \rightleftharpoons 2Hg + 2Cl^-$

需要注意的是，同一氧化还原电对分别作为正极或负极时，其电极符号的书写是不同的。以电对 Cu^{2+} / Cu 为例，作负极时电极符号为(−)Cu | Cu^{2+}，而作正极时则为 Cu^{2+}|Cu(+)，即保证电对的还原态在电池符号中总是处于外侧。

4.2.2　电极电势

1. 电极电势的产生

原电池装置的外电路中有电流通过，说明两个电极的电势是不相等的，即正、负极之间有电势差存在，这个电势差就是原电池的电动势。

在铜锌原电池中，产生的电流由 Cu 极向 Zn 极流动，说明 Cu 极的电势比 Zn 极的电势高，即 Cu^{2+}得电子的能力比 Zn^{2+}得电子的能力强。

不同种类电极其电极电势产生的原因不同。下面以金属-金属离子电极为例来说明电极电势的产生。

当把金属放在它的盐溶液中时，在金属与其盐溶液的接触界面上会发生两个不同的过程：一方面金属表面层的正离子受水分子极性的作用，有进入溶液的倾向。金属越活泼，溶液中金属离子的浓度越小，这种倾向就越大；另一方面溶液中的金属正离子也有与金属表面上的自由电子结合成中性原子而沉积于金属表面的倾向。金属越不活泼，溶液中金属离子的浓度越大，这种倾向就越大。当金属的溶解和金属离子的沉积这两种相反的过程速率相等时，在金属表面与附近溶液间将会建立起如下的平衡：

$$\underset{\text{金属}}{\mathrm{M}} \underset{\text{沉积}}{\overset{\text{溶解}}{\rightleftharpoons}} \underset{\text{在溶液中}}{\mathrm{M}^{z+}} + \underset{\text{在金属上}}{z\mathrm{e}^-}$$

此时，如果金属溶解的趋势大于金属离子沉积的趋势，则金属表面带负电荷，而金属表面附近的溶液带正电荷[图 4-2(a)]；反之，如果金属离子沉积的趋势大于金属溶解的趋势，则金属表面带正电荷，而金属表面附近的溶液带负电荷[图 4-2(b)]。于是在金属表面与靠近的薄层溶液之间便形成了类似于电容器一样的双电层。

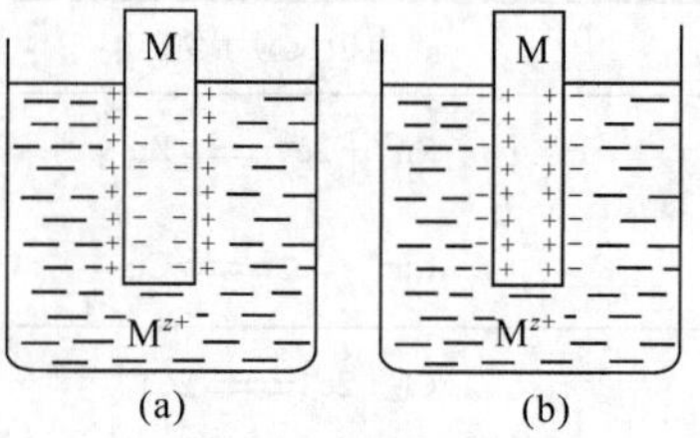

图 4-2　双电层示意图

由于双电层的形成，在金属和溶液之间便存在一个电势差。这一电势差就是该金属电极的平衡电势或称为**电极电势**，以符号 E（氧化态/还原态)来表示，如 $E\ (Zn^{2+}/Zn)$、$E\ (Cu^{2+}/Cu)$等，单位是伏特，符号为 V。不同的电极，溶解和沉积的平衡状态是不同的，因此不同的电极有不同的电极电势。由不同的电极组成的原电池的电动势就是两个电极的电极电势之差。

$$E = E_+(\text{氧化态/还原态}) - E_-(\text{氧化态/还原态}) \tag{4-1}$$

由于两个电极之间存在电势差，因而产生了电流。

2. 标准电极电势

至今尚无法测得双电层电势差的绝对值。目前采用的办法是选定某个电极用作衡量其他电极的电极电势的标准。这个相对的标准，通常用的是**标准氢电极**，如图 4-3 右侧电极所示。标准氢电极是将镀有蓬松铂黑的铂片浸入 H^+浓度为 $1\text{mol}\cdot\text{L}^{-1}$ 的酸溶液中，在 298.15K 时不断通入压力为 100kPa 的氢气，使铂黑吸附氢气至饱和，此时溶液中的 H^+与 H_2之间建立了如下的平衡：

$$2H^+ + 2e^- \rightleftharpoons H_2$$

标准氢电极的电极电势规定为零，记为

$$E^{\ominus}(H^+/H_2) = 0V$$

式中，上标“⊖”表示标准态，即指离子的浓度为 $1\text{mol}\cdot\text{L}^{-1}$，气体分压为 100kPa 的状态。

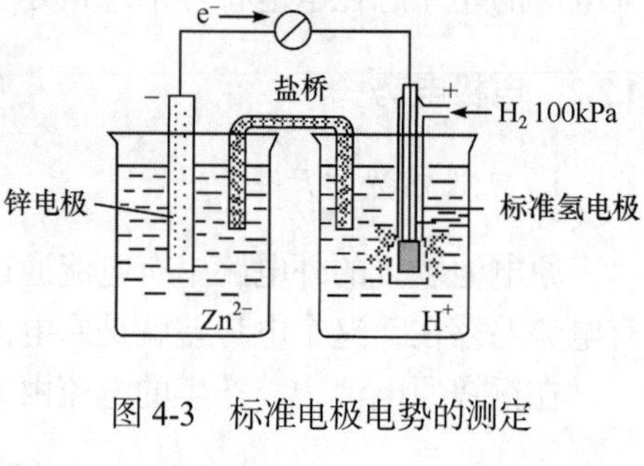

图 4-3　标准电极电势的测定

测定其他电极的标准电极电势时，可将标准态

的待测电极与标准氢电极组成原电池，测定此原电池的电动势。例如，待测电极是标准态的锌电极 $Zn\,|\,Zn^{2+}(1mol\cdot L^{-1})$，原电池装置如图 4-3 所示。实验确定，在此原电池中标准氢电极是正极，锌电极是负极，原电池的符号可表示为

$$(-)\ Zn\,|\,Zn^{2+}(1mol\cdot L^{-1})\parallel H^{+}(1mol\cdot L^{-1})\,|\,H_2(100kPa)\,|\,Pt(+)$$

在 298.15K，由电位计测得此原电池的电动势为 0.7618V，即

$$E^{\ominus}=E^{\ominus}(H^+/H_2)-E^{\ominus}(Zn^{2+}/Zn)=0.7618V$$

所以 $$E^{\ominus}(Zn^{2+}/Zn)=-0.7618V$$

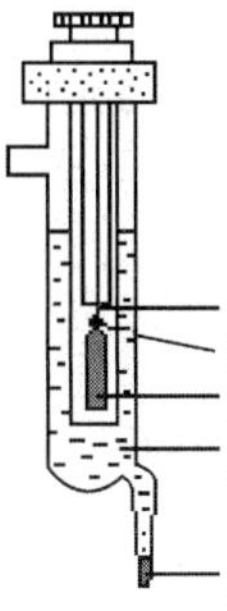

图 4-4 甘汞电极

由于标准氢电极使用起来很不方便，常用甘汞电极(图 4-4)代替标准氢电极。饱和甘汞电极由 Hg、糊状 Hg_2Cl_2 和饱和 KCl 溶液构成，其中导体为铂丝。这种饱和甘汞电极在 298.15K 时的电极电势为 0.2412V。由于甘汞电极的电势稳定，利于保管，使用方便，因而成为最常用的参比电极之一。

以标准氢电极或甘汞电极为参比可测得各种电极的标准电极电势。本书附录 6 中列出了一些常见电对的标准电极电势(其中某些数值是根据热力学数据计算得到的)。

为了正确使用标准电极电势表，对其进一步说明如下：

(1) 电极反应中各物质均为标准态，温度一般为 298.15K。

(2) 表中电极反应是按还原反应书写的：

$$\text{氧化态}+ze^- \rightleftharpoons \text{还原态}$$

可以统一用于比较电对获得电子的能力，因此又称为还原电势。附录 6 中电极电势代数值自上而下增大，表明各电对的氧化态物质得电子能力依次增强。相对应的，还原态物质失电子能力依次减弱。换言之，电对在表中的位置越高，$E^{\ominus}$ 代数值越小，其还原态越易失电子，还原性越强；电对在表中的位置越低，$E^{\ominus}$ 代数值越大，其氧化态越易得电子，氧化性越强。因此，可以根据 $E^{\ominus}$ 值的大小来判断氧化态物质氧化能力和还原态物质还原能力的相对强弱。

(3) 由于电极电势是指金属与它的盐溶液双电层间的电势差，所以下述两式的标准电极电势值是一样的，即

$$Zn-2e^- \rightleftharpoons Zn^{2+} \qquad E^{\ominus}(Zn^{2+}/Zn)=-0.7618V$$

$$Zn^{2+}+2e^- \rightleftharpoons Zn \qquad E^{\ominus}(Zn^{2+}/Zn)=-0.7618V$$

(4) 电极反应式中计量数的变化不影响电极电势的数值和符号，如

$$\frac{1}{2}O_2+H_2O+2e^- \rightleftharpoons 2OH^- \qquad E^{\ominus}(O_2/OH^-)=+0.401V$$

$$O_2+2H_2O+4e^- \rightleftharpoons 4OH^- \qquad E^{\ominus}(O_2/OH^-)=+0.401V$$

这是因为 $E^{\ominus}$ 值反映了物质得失电子的能力，是由物质本性决定的，与物质的量无关。

例 4-2 试根据标准电极电势，判断下列四种物质：Ag^+、Zn^{2+}、Ag、Zn 中哪种物质氧化性较强，哪种还原性较强。

解 查表得

$$E^{\ominus}(Zn^{2+}/Zn)=-0.7618V$$

$$E^{\ominus}(Ag^+/Ag)=+0.7996V$$

因为 $E^{\ominus}(Ag^+/Ag) > E^{\ominus}(Zn^{2+}/Zn)$

所以 Ag^+氧化性较强，Zn 还原性较强。

4.3 电池反应的热力学

4.3.1 原电池电动势与吉布斯自由能变的关系

原电池可以产生电能，电能可以做电功。在恒温恒压下，系统所做最大有用功等于电池反应吉布斯自由能变。而电功等于电量 Q 与电动势 E 的乘积。由于此时 $W' < 0$，所以有

$$\Delta_r G_m = W'_{max} = -QE$$

对于可逆电池：

$$W'_{max} = -zFE \tag{4-2}$$

式中，法拉第常量 $F = 96485C \cdot mol^{-1}$，是 1mol 电子所带电量；$z$ 为电池反应转移的电子数。

将上两式合并，则

$$\Delta_r G_m = -zFE \tag{4-3}$$

当原电池处于标准态时，原电池的电动势为 $E^{\ominus}$，而此时电池反应的$\Delta_r G_m$ 应为$\Delta_r G_m^{\ominus}$，于是式(4-3)可写成：

$$\Delta_r G_m^{\ominus} = -zFE^{\ominus} \tag{4-4}$$

式(4-3)和式(4-4)把热力学和电化学联系起来。因此，由原电池的标准电动势 $E^{\ominus}$可以求出电池反应的标准摩尔吉布斯自由能变 $\Delta_r G_m^{\ominus}$。反之，已知某氧化还原反应的标准摩尔吉布斯自由能变的数据，就可以求得由该反应所组成的原电池的标准电动势 $E^{\ominus}$。注意，上述两公式同样适用于电极反应。

根据式(4-3)，可将吉布斯自由能对反应自发性的判据转化为如下形式：

$\Delta_r G_m < 0$ 时，$E > 0$，反应可自发进行；

$\Delta_r G_m = 0$ 时，$E = 0$，系统处于平衡状态；

$\Delta_r G_m > 0$ 时，$E < 0$，反应非自发或反应可逆向自发。

例 4-3 已知

$$H_3AsO_4 + 2H^+ + 2e^- \rightleftharpoons H_3AsO_3 + H_2O \qquad E^{\ominus}=0.5748V$$

$$I_3^- + 2e^- \rightleftharpoons 3I^- \qquad E^{\ominus} = 0.5345V$$

判断反应 $H_3AsO_3 + I_3^- + H_2O \Longrightarrow H_3AsO_4 + 2H^+ + 3I^-$ 在 298.15K、标准状态下的反应方向。

解 将 $H_3AsO_3 + I_3^- + H_2O \Longrightarrow H_3AsO_4 + 2H^+ + 3I^-$ 组装成原电池，电对 H_3AsO_4 / H_3AsO_3 进行氧化反应，是电池的负极；电对 I_3^-/I^-进行还原反应，是电池的正极。电池的电动势为

$$E = E_+^{\ominus} - E_-^{\ominus} = 0.5345V - 0.5748V = -0.0403V$$

因为 $E < 0$，反应向左进行。

4.3.2 原电池电动势与电池反应标准平衡常数的关系

根据标准摩尔吉布斯自由能变与标准平衡常数之间的关系式：

$$\lg K^{\ominus} = -\frac{\Delta_r G_m^{\ominus}}{2.303RT}$$

对于氧化还原反应，由式(4-4)可得

$$\lg K^{\ominus} = \frac{zFE^{\ominus}}{2.303RT} \tag{4-5}$$

当温度为 298.15K 时，式(4-5)可简化为

$$\lg K^{\ominus} = \frac{zE^{\ominus}}{0.0592\text{V}} \tag{4-6}$$

根据式(4-6)，若已知氧化还原反应所组成的原电池的标准电动势 $E^{\ominus}$，就可计算此反应的平衡常数 $K^{\ominus}$，从而了解反应进行的程度。

例 4-4　计算下述反应在 298.15K 时的平衡常数：

$$Cu + 2Ag^+ \rightleftharpoons Cu^{2+} + 2Ag$$

解　根据此反应组成的原电池，其两极反应分别是

正极：　$2Ag^+ + 2e^- \rightleftharpoons 2Ag$　　$E^{\ominus}(Ag^+/Ag) = 0.7996\text{V}$

负极：　$Cu - 2e^- \rightleftharpoons Cu^{2+}$　　$E^{\ominus}(Cu^{2+}/Cu) = 0.3419\text{V}$

所以　$E^{\ominus} = (0.7996 - 0.3419)\text{V} = 0.4577\text{V}$

将此值代入式(4-6)中：

$$\lg K^{\ominus} = \frac{2\times 0.4577\text{V}}{0.0592\text{V}} = 15.46$$

$$K^{\ominus} = 10^{15.46} = 2.88\times 10^{15}$$

4.3.3　原电池电动势与标准电动势的关系

对于电池反应：

$$aA + bB = gG + hH$$

有化学反应等温式：

$$\Delta_r G_m = \Delta_r G_m^{\ominus} + RT\ln Q$$

将 $\Delta_r G_m = -zFE$ 和 $\Delta_r G_m^{\ominus} = -zFE^{\ominus}$ 代入上式，得

$$-zFE = -zFE^{\ominus} + RT\ln Q \tag{4-7}$$

故有

$$E = E^{\ominus} - \frac{RT}{zF}\ln Q$$

换底，得

$$E = E^{\ominus} - \frac{2.303RT}{zF}\lg Q$$

298.15K 时，将 R、F 数值代入整理，有

$$E = E^{\ominus} - \frac{0.0592\text{V}}{z}\lg Q \tag{4-8}$$

式(4-8)称为**电动势的能斯特(Nernst)方程**。它反映了 298.15K 时非标准电动势和标准电动势的关系。

4.4 影响电极电势的因素

4.4.1 浓度对电极电势的影响——能斯特方程

标准电极电势是在标准状态下测定的，通常参考温度为 298.15K。如果条件改变(如温度、浓度和压力)，则电对的电极电势也将随之发生改变。298.15K 时电极电势与浓度的关系可由电池电动势的能斯特方程导出。

将电池反应：

$$aA + bB = gG + hH$$

分成两个半反应：

正极 $aA \longrightarrow gG$ (A 为氧化态，G 为还原态)

负极 $bB \longrightarrow hH$ (B 为还原态，H 为氧化态)

其电子转移数为 z，则电池反应电动势的能斯特方程为

$$E = E^{\ominus} - \frac{0.0592\text{V}}{z}\lg Q$$

也就是

$$E(\text{A/G}) - E(\text{H/B}) = E^{\ominus}(\text{A/G}) - E^{\ominus}(\text{H/B}) - \frac{0.0592\text{V}}{z}\lg\frac{[\text{G}]^g[\text{H}]^h}{[\text{A}]^a[\text{B}]^b}$$

将正极和负极的数据分别归在一起，得

$$E(\text{A/G}) - E(\text{H/B}) = \left\{E^{\ominus}(\text{A/G}) + \frac{0.0592\text{V}}{z}\lg\frac{[\text{A}]^a}{[\text{G}]^g}\right\} - \left\{E^{\ominus}(\text{H/B}) + \frac{0.0592\text{V}}{z}\lg\frac{[\text{H}]^h}{[\text{B}]^b}\right\}$$

对应有

$$E(\text{A/G}) = E^{\ominus}(\text{A/G}) + \frac{0.0592\text{V}}{z}\lg\frac{[\text{A}]^a}{[\text{G}]^g}$$

$$E(\text{H/B}) = E^{\ominus}(\text{H/B}) + \frac{0.0592\text{V}}{z}\lg\frac{[\text{H}]^h}{[\text{B}]^b}$$

一般关系式为

$$E(\text{氧化态 / 还原态}) = E^{\ominus}(\text{氧化态/还原态}) + \frac{0.0592\text{V}}{z}\lg\frac{[\text{氧化态}]}{[\text{还原态}]} \tag{4-9}$$

式(4-9)称为电极电势的能斯特方程。式中，[氧化态]、[还原态]分别表示在电极反应中氧化态、还原态一侧各物种相对浓度($c_B/c^{\ominus}$)幂的乘积，而不仅仅是氧化态、还原态的浓度。同时需要注意，气体组分需要用相对压力($p_B/p^{\ominus}$)代入计算，固体、纯液体则不代入计算。

例 4-5 计算当 $c(Zn^{2+}) = 1.00\times10^{-3}\text{mol}\cdot\text{L}^{-1}$ 时，电对 Zn^{2+}/Zn 在 298.15K 时的电极电势。

解 此电对的电极反应是

$$Zn^{2+} + 2e^- \rightleftharpoons Zn$$

按式(4-10)，写出其能斯特方程：

$$E(\mathrm{Zn^{2+}/Zn}) = E^{\ominus}(\mathrm{Zn^{2+}/Zn}) + \frac{0.0592\mathrm{V}}{2}\lg\left[c(\mathrm{Zn^{2+}})/c^{\ominus}\right]$$

代入有关数据，得

$$E(\mathrm{Zn^{2+}/Zn}) = -0.7618\mathrm{V} + \frac{0.0592\mathrm{V}}{2}\lg(1.00\times10^{-3}) = -0.851\mathrm{V}$$

例 4-6　求 298.15K，当 $c(\mathrm{Cl^-}) = 0.100\ \mathrm{mol\cdot L^{-1}}$，$p(\mathrm{Cl_2}) = 300\mathrm{kPa}$ 时，组成氧化还原电对的电极电势。

解　电极反应为

$$\mathrm{Cl_2(g) + 2e^- \rightleftharpoons 2Cl^-}$$

$$\begin{aligned}E(\mathrm{Cl_2/Cl^-}) &= E^{\ominus}(\mathrm{Cl_2/Cl^-}) + \frac{0.0592\mathrm{V}}{2}\lg\frac{p(\mathrm{Cl_2})/p^{\ominus}}{[c(\mathrm{Cl^-})/c^{\ominus}]^2}\\ &= 1.358\mathrm{V} + \frac{0.0592\mathrm{V}}{2}\lg\frac{3.00}{0.100^2}\\ &= 1.43\mathrm{V}\end{aligned}$$

通过上述两个例题可以看出：电极反应中氧化态浓度增大，或者还原态浓度减小，都将使电极电势增大；反之，电极电势将减小。不过这种影响一般不太大。

4.4.2　酸度对电极电势的影响

如果 H^+、OH^- 也参加电极反应，那么溶液酸度的变化往往会对电极电势产生显著的影响。例如，$Cr_2O_7^{2-}$ 是酸性介质中常用的氧化剂，电极反应为

$$\mathrm{Cr_2O_7^{2-} + 14H^+ + 6e^- = 2Cr^{3+} + 7H_2O} \qquad E^{\ominus} = 1.232\mathrm{V}$$

如果 $c(\mathrm{Cr_2O_7^{2-}}) = c(\mathrm{Cr^{3+}}) = 1.00\mathrm{mol\cdot L^{-1}}$，$\mathrm{pH} = 3.00$，则电对 $Cr_2O_7^{2-}/Cr^{3+}$ 的电极电势为

$$\begin{aligned}E(\mathrm{Cr_2O_7^{2-}/Cr^{3+}}) &= E^{\ominus}(\mathrm{Cr_2O_7^{2-}/Cr^{3+}}) + \frac{0.0592\mathrm{V}}{6}\lg\frac{c(\mathrm{Cr_2O_7^{2-}})\cdot[c(\mathrm{H^+})]^{14}}{[c(\mathrm{Cr^{3+}})]^2}\\ &= \left[1.232 + \frac{0.0592}{6}\lg\frac{1.00\times(1.00\times10^{-3})^{14}}{1.00^2}\right]\mathrm{V}\\ &= 0.818\mathrm{V}\end{aligned}$$

即当 $c(\mathrm{H^+}) = 1.00\times10^{-3}\mathrm{mol\cdot L^{-1}}$ 时，$E(\mathrm{Cr_2O_7^{2-}/Cr^{3+}})$ 值比标准态时的 $E^{\ominus}(\mathrm{Cr_2O_7^{2-}/Cr^{3+}})$ 减小了 0.414V。这是由于当含氧酸盐作氧化剂时，$c(\mathrm{H^+})$ 在能斯特方程中一般都是高次幂的，所以其影响比其他离子浓度的影响更显著。由此可见，含氧酸盐在酸性介质中通常会显示出较强的氧化性，故在生产和科研中，$K_2Cr_2O_7$ 作为氧化剂使用时总是选择强酸介质。

4.4.3　沉淀的生成对电极电势的影响

电对的氧化态或还原态物质生成沉淀时，会使氧化态或还原态物质浓度减小，从而也会使电极电势发生变化。

例如，在含有 Ag^+/Ag 电对的系统中，电极反应为

$$\mathrm{Ag^+ + e^- \rightleftharpoons Ag} \qquad E^{\ominus}(\mathrm{Ag^+/Ag}) = +0.7996\mathrm{V}$$

若向其中加入 NaCl 溶液，会产生 AgCl 沉淀：

$$\mathrm{Ag^+ + Cl^- \longrightarrow AgCl\downarrow}$$

当 $c(Cl^-) = 1.00mol \cdot L^{-1}$时，有

$$c(Ag^+) = \frac{1.77\times10^{-10}}{1.00} mol \cdot L^{-1} = 1.77\times10^{-10} mol \cdot L^{-1}$$

$$E(Ag^+ / Ag) = E^{\ominus}(Ag^+ / Ag) + \frac{0.0592V}{1} lg[c(Ag^+)]$$
$$= [0.7996 + 0.0592\ lg(1.77\times10^{-10})]V$$
$$= (0.7996 - 0.577)V \approx 0.223V$$

与 $E^{\ominus}(Ag^+/Ag)$值比较，由于 AgCl 沉淀的生成，电极电势下降了 0.577V，计算所得的 Ag^+/Ag 电对的电极电势，实际上就是当 $c(Cl^-) = 1.00mol \cdot L^{-1}$时下列电对的标准电极电势。

$$AgCl(s) + e^- \rightleftharpoons Ag + Cl^- \qquad E^{\ominus}(AgCl/Ag) = +0.223V$$

因为这里溶液中的 Ag^+浓度极低，系统中实际上是 AgCl 与 Ag 达到平衡并构成电对。

用同样的方法可以计算出 $E^{\ominus}(AgBr/Ag)$和 $E^{\ominus}(AgI/Ag)$的数值，现将这些电对的 $E^{\ominus}$值比较如下：

电极反应式	$K_{sp}^{\ominus}$	$c(Ag^+)$	$E^{\ominus}$ /V
$Ag^+ + e^- \rightleftharpoons Ag$			+0.7996
$AgCl(s) + e^- \rightleftharpoons Ag + Cl^-$	1.77×10^{-10}	1.77×10^{-10}	+0.223
$AgBr(s) + e^- \rightleftharpoons Ag + Br^-$	5.35×10^{-13}	5.35×10^{-13}	+0.071
$AgI(s) + e^- \rightleftharpoons Ag + I^-$	8.52×10^{-17}	8.52×10^{-17}	−0.152

从上面对比中可看出：随着卤化银溶度积的减小，Ag^+平衡浓度减小，$E^{\ominus}(AgX/Ag)$值逐渐降低，电对所对应的氧化态物质的氧化能力越来越弱。

4.4.4　配合物的形成对电极电势的影响

配合物的形成会引起电极反应中离子浓度的改变，从而使电极电势发生变化。根据能斯特方程可以计算出相关的电极电势。

例 4-7　在含有 $1.0mol \cdot L^{-1}$ Fe^{3+}和 $1.0mol \cdot L^{-1}$ Fe^{2+}溶液中加入 KCN(s)，有$[Fe(CN)_6]^{3-}$和$[Fe(CN)_6]^{4-}$生成。当系统中 $c(CN^-) = 1.0mol \cdot L^{-1}$，$c[Fe(CN)_6^{3-}] = c[Fe(CN)_6^{4-}] = 1.0mol \cdot L^{-1}$时，计算 $E(Fe^{3+}/Fe^{2+})$。

解　加 KCN 后，发生下列配位反应：

$$Fe^{3+} + 6CN^- \rightleftharpoons [Fe(CN)_6]^{3-}$$

$$K_{稳}^{\ominus}\left[Fe(CN)_6^{3-}\right] = \frac{c[Fe(CN)_6^{3-}]}{c(Fe^{3+}) \cdot [c(CN^-)]^6}$$

$$Fe^{2+} + 6CN^- \rightleftharpoons [Fe(CN)_6]^{4-}$$

$$K_{稳}^{\ominus}\left[Fe(CN)_6^{4-}\right] = \frac{c[Fe(CN)_6^{4-}]}{c(Fe^{2+}) \cdot [c(CN^-)]^6}$$

$$E(Fe^{3+}/Fe^{2+}) = E^{\ominus}(Fe^{3+}/Fe^{2+}) + 0.0592V\,lg\frac{c(Fe^{3+})}{c(Fe^{2+})}$$

当 $c(CN^-) = c[Fe(CN)_6^{3-}] = c[Fe(CN)_6^{4-}] = 1.0mol \cdot L^{-1}$ 时，有

$$c(Fe^{3+}) = \frac{1}{K_{稳}^{\ominus}[Fe(CN)_6^{3-}]} \qquad c(Fe^{2+}) = \frac{1}{K_{稳}^{\ominus}[Fe(CN)_6^{4-}]}$$

$$\begin{aligned} E(Fe^{3+}/Fe^{2+}) &= E^{\ominus}(Fe^{3+}/Fe^{2+}) + 0.0592V \lg \frac{K_{稳}^{\ominus}[Fe(CN)_6^{4-}]}{K_{稳}^{\ominus}[Fe(CN)_6^{3-}]} \\ &= 0.771V + 0.0592V \lg \frac{1.00\times10^{35}}{1.00\times10^{42}} \\ &= 0.35V \end{aligned}$$

在这种条件下，$E(Fe^{3+}/Fe^{2+})=E^{\ominus}([Fe(CN)_6]^{3-}/[Fe(CN)_6]^{4-})=0.35V$。这是因为电极反应 $[Fe(CN)_6]^{3-} + e^- \rightleftharpoons [Fe(CN)_6]^{4-}$ 处于标准状态。所以得出

$$E^{\ominus}([Fe(CN)_6]^{3-}/[Fe(CN)_6]^{4-}) = E^{\ominus}(Fe^{3+}/Fe^{2+}) + 0.0592V \lg \frac{K_{稳}^{\ominus}[Fe(CN)_6^{4-}]}{K_{稳}^{\ominus}[Fe(CN)_6^{3-}]}$$

由此可以得出结论：如果电对的氧化态生成配合物，使 c(氧化态)变小，则电极电势变小。如果还原态生成配合物，使 c(还原态)变小，则电极电势变大。当氧化态和还原态同时生成配合物时，若 $K_{稳}^{\ominus}$(氧化态配合物)> $K_{稳}^{\ominus}$(还原态配合物)，则电极电势变小；反之，则电极电势变大。

4.5　元素电势图

许多元素具有多种氧化数，不同氧化数的同一元素的氧化能力或还原能力是不同的。为了表示同一元素各个不同氧化数物种的氧化能力，以及它们相互之间的关系，可以按元素的氧化数由高到低的顺序，把各物种的化学式从左到右写出来，各不同氧化数物种之间用直线连接起来，在直线上标明两种不同氧化数物种所组成的电对的标准电极电势，这种图称为**元素电势图**。例如，氧元素在酸性溶液中的电势图如下：

$$E_a^{\ominus}/V \qquad O_2 \xrightarrow{\ 0.695\ } H_2O_2 \xrightarrow{\ 1.776\ } H_2O$$

$$O_2 \xrightarrow{\quad\quad 1.229 \quad\quad} H_2O$$

图中所对应的电极反应都是在酸性溶液中发生的，它们是

$$O_2(g) + 2H^+(aq) + 2e^- \rightleftharpoons H_2O_2(aq) \qquad E^{\ominus}(O_2/H_2O_2) = 0.695V$$

$$H_2O_2(aq) + 2H^+(aq) + 2e^- \rightleftharpoons 2H_2O(aq) \qquad E^{\ominus}(H_2O_2/H_2O) = 1.776V$$

$$O_2(g) + 4H^+(aq) + 4e^- \rightleftharpoons 2H_2O(aq) \qquad E^{\ominus}(O_2/H_2O) = 1.229V$$

元素电势图可以清楚地表明同种元素不同氧化数物种氧化、还原能力的相对大小，对于了解元素的单质及化合物的性质是很有用的。

4.5.1　判断歧化反应能否发生

例 4-8　根据铜元素在酸性溶液中有关电对的标准电极电势画出电势图，并推测在酸性溶液中 Cu^+ 能否发生歧化反应。

解　在酸性溶液中，铜元素的电势图为

$$Cu^{2+} \xrightarrow{0.153V} Cu^{+} \xrightarrow{0.521V} Cu$$

所对应的电极反应为

$$Cu^{2+}(aq) + e^{-} \rightleftharpoons Cu^{+}(aq) \qquad E^{\ominus}(Cu^{2+}/Cu^{+}) = 0.153V \tag{1}$$

$$Cu^{+}(aq) + e^{-} \rightleftharpoons Cu(s) \qquad E^{\ominus}(Cu^{+}/Cu) = 0.521V \tag{2}$$

反应(2)－反应(1)，得

$$2Cu^{+}(aq) \rightleftharpoons Cu^{2+}(aq) + Cu(s) \tag{3}$$

$$E^{\ominus} = E^{\ominus}(Cu^{+}/Cu) - E^{\ominus}(Cu^{2+}/Cu^{+}) = 0.521V - 0.153V = 0.368V$$

$E^{\ominus}>0$，反应(3)能从左向右进行，说明 Cu^{+}在酸性溶液中不稳定，能够发生歧化。

由例 4-8 可以得出判断歧化反应能否发生的一般规则。对于

$$A \xrightarrow{E^{\ominus}_{左}} B \xrightarrow{E^{\ominus}_{右}} C$$

若 $E^{\ominus}_{左} < E^{\ominus}_{右}$，B 既是电极电势大的电对的氧化型，可作氧化剂，又是电极电势小的电对的还原型，也可作还原剂，B 的歧化反应能够发生；若 $E^{\ominus}_{左} > E^{\ominus}_{右}$，B 的歧化反应不能发生。

4.5.2　计算标准电极电势

根据元素电势图，可以从已知某些电对的标准电极电势很简便地计算一电对的未知标准电极电势。假设有一元素电势图：

$$A \xrightarrow[z_1]{E^{\ominus}_1} B \xrightarrow[z_2]{E^{\ominus}_2} C \xrightarrow[z_3]{E^{\ominus}_3} D$$

$$A \xrightarrow[z_x]{E^{\ominus}_x} D$$

相应的电极反应可表示为

$$A + z_1e^{-} \rightleftharpoons B \qquad E^{\ominus}_1,\ \Delta_r G^{\ominus}_m(1) = -z_1FE^{\ominus}_1$$

$$B + z_2e^{-} \rightleftharpoons C \qquad E^{\ominus}_2,\ \Delta_r G^{\ominus}_m(2) = -z_2FE^{\ominus}_2$$

$$+)\quad C + z_3e^{-} \rightleftharpoons D \qquad E^{\ominus}_3,\ \Delta_r G^{\ominus}_m(3) = -z_3FE^{\ominus}_3$$

$$A + z_xe^{-} \rightleftharpoons D \qquad E^{\ominus}_x,\ \Delta_r G_m(x) = -z_xFE^{\ominus}_x$$

$$\Delta_r G^{\ominus}_m(x) = \Delta_r G^{\ominus}_m(1) + \Delta_r G^{\ominus}_m(2) + \Delta_r G^{\ominus}_m(3)$$

$$-z_xFE^{\ominus}_x = -z_1FE^{\ominus}_1 - z_2FE^{\ominus}_2 - z_3FE^{\ominus}_3$$

即

$$z_x E^{\ominus}_x = z_1 E^{\ominus}_1 + z_2 E^{\ominus}_2 + z_3 E^{\ominus}_3 \tag{4-10}$$

根据式(4-10)，可以在元素电势图上很简便地计算出欲求电对的 E 值。

例 4-9　已知 25℃时氯元素在碱性溶液中的电势图，试计算出 $E_1^\ominus(ClO_3^-/ClO^-)$、$E_2^\ominus(ClO_4^-/Cl^-)$ 和 $E_3^\ominus(ClO^-/Cl_2)$ 的值。

解　25℃下，氯元素在碱性溶液中的电势图 $E_b^\ominus/V$：

$$
\text{ClO}_4^- \xrightarrow[\text{(z=2)}]{0.3979} \text{ClO}_3^- \xrightarrow[\text{(z=2)}]{0.2706} \text{ClO}_2^- \xrightarrow[\text{(z=2)}]{0.6807} \text{ClO}^- \xrightarrow[\text{(z=1)}]{E_3^\ominus} \text{Cl}_2 \xrightarrow[\text{(z=1)}]{1.360} \text{Cl}^-
$$

$$
E_1^\ominus \quad (z=4) \qquad\qquad 0.8902 \quad (z=2)
$$

$$
E_2^\ominus \quad (z=8)
$$

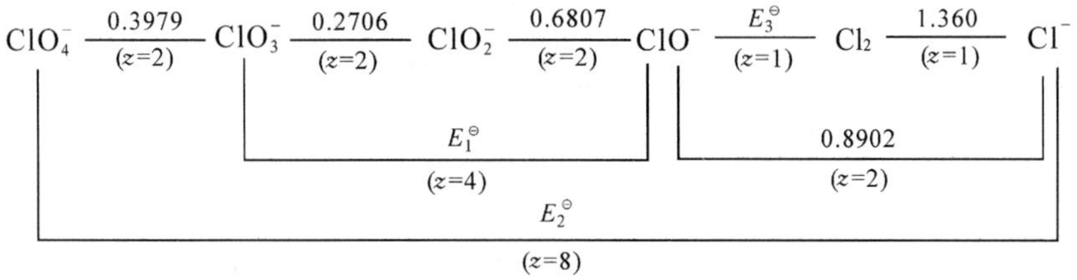

$$
E_1^\ominus(ClO_3^-/ClO^-) = \frac{2E^\ominus(ClO_3^-/ClO_2^-) + 2E^\ominus(ClO_2^-/ClO^-)}{z}
$$

$$
= \frac{(2\times0.2706 + 0.6807\times2)V}{4} = 0.4757V
$$

$$
E_2^\ominus(ClO_4^-/Cl^-) = \frac{2E^\ominus(ClO_4^-/ClO_3^-) + 4E^\ominus(ClO_3^-/ClO^-) + 2E^\ominus(ClO^-/Cl^-)}{8}
$$

$$
= \frac{(2\times0.3979 + 4\times0.4757 + 2\times0.8902)V}{8} = 0.5600V
$$

$$
E_3^\ominus(ClO^-/Cl_2) = \frac{2E^\ominus(ClO^-/Cl^-) - E^\ominus(Cl_2/Cl^-)}{1}
$$

$$
= \frac{(2\times0.8902 - 1.360)V}{1} = 0.420V
$$

利用元素电势图能很简便地计算出电对的 $E^\ominus$ 值，所以在元素电势图上没有必要把所有电对的 $E^\ominus$ 值都表示出来，把最基本的最常用的 $E^\ominus$ 值表示出来即可。

本 章 小 结

【主要概念】
氧化与还原，氧化还原电对，氧化数，电极电势。

【主要内容】
(1) 应用离子–电子半反应法将氧化还原反应方程式配平，配平原则：①反应中氧化剂所得到的电子数必须等于还原剂所失去的电子数(电荷守恒)；②方程式两边各种元素的原子总数必须各自相等(质量守恒)。

(2) 原电池的组成：两个半电池、金属导线和盐桥。原电池的电池符号书写规则：负在左，正在右；离子在中间，导体在外侧；液–液有盐桥"∥"，固–液有界面"|"。

(3) 原电池电动势与标准电动势的关系——电动势的能斯特方程：

$$
E = E^\ominus - \frac{0.0592V}{z}\lg Q
$$

(4) 电极电势与浓度的关系——电极电势的能斯特方程：

$$
E(\text{氧化态/还原态}) = E^\ominus(\text{氧化态/还原态}) + \frac{0.0592V}{z}\lg\frac{[\text{氧化态}]}{[\text{还原态}]}
$$

有 H^+ 或 OH^- 参加电极反应，溶液酸度变化会对电极电势产生影响。由于沉淀或配合物的形成会影响相关物质的浓度，因此也会对电极电势产生影响。

(5) 原电池电动势与吉布斯自由能变的关系：

任意状态下 $\Delta_r G_m = -zFE$

标准状态下 $\Delta_r G_m^\ominus = -zFE^\ominus$

(6) 原电池电动势与电池反应标准平衡常数的关系：

$$\lg K^\ominus = \frac{zE^\ominus}{0.0592\text{V}}$$

(7) 元素电势图可以清楚地表明同种元素不同氧化数物种氧化、还原能力的相对大小。利用元素电势图可以判断歧化反应的发生，也可以计算电对的未知标准电极电势。

阅读材料

3D 打印让钛合金“如虎添翼”

钛是 20 世纪 50 年代发展起来的一种重要的结构金属。金属钛为银白色，化学性质比较活泼，具有许多优良性能，如质轻、强度高、耐蚀性好、耐热性高、无磁性等。钛合金是以钛为基础加入其他元素构成的合金，它具有密度不大，强度很高，抗蚀性好，耐高、低温(200～500℃)，无磁性，有记忆性等特点，在航空航天、化工、医疗等领域应用广泛。但由于钛合金热导率很低，在切削加工过程中产生的热量会集聚在切削区域产生 1000℃以上的高温，使刀具刃口迅速磨损，使用寿命大大缩短，而将 3D 打印技术引入钛合金加工则圆满地解决了这个难题。

1. 在生物医药的应用

钛及其合金由于优良的力学强度、可塑性和生物相容性被认为是最理想的体内植入金属，已被广泛应用于医学领域中，成为人工关节、骨创伤、脊柱矫形内固定系统、手术器械等医用产品的首选材料。传统的钛及其合金由于生产工艺和条件限制，很难在不同患者体内实现特异性植入，因此容易造成术后积液，从而引发炎症和感染。3D 打印的植入钛合金材料能够根据个人不同的要求进行个性化设计，如使用 3D 打印技术制作的下颌骨可以完全贴合患者的患处曲线。2011 年，比利时哈瑟尔特大学生物医学研究院研究人员研制了金属下颌骨，使用 Layer Wise 公司制造的 3D 打印机，为一名 83 岁的老妪安装了一块定制的钛合金下颌骨。这是全球首例此类型的手术，标志着 3D 打印移植物开始进入临床应用。

2018 年吉林大学黄卫民科研团队首创个性化 3D 打印电化学修饰钛合金复合材料植入体。黄卫民团队针对传统钛合金的缺陷，通过电化学表面修饰技术 3D 打印钛合金，在材料表面覆盖上一层载药微球和细胞活性物，使其具备很好的生物相容性，降低生物体免疫排斥的风险，达到国际领先水平。展望未来，钛合金 3D 打印的医用领域市场需求将不断扩大，应用前景广阔。

2. 在航空航天的应用

从 20 世纪 50 年代开始，钛合金在航空航天、武器装备领域中得到了迅速发展。钛合金是当代飞机和发动机的主要结构材料之一，在传统的战斗机制造流程当中，飞机的 3D 模型设计好后，需要进行长期的投入来制造水压成型设备，造价高，用时长。3D 打印技术无需机械加工或任何模具，就能直接从计算机图形数据中生成任何形状的零件。如果借助 3D 打印技术及其他信息技术，最少只需 3 年时间就能研制出一款新战斗机。另一方面，传统的武器装备生产工艺主要是将原材料通过切割、磨削、腐蚀、熔融等工序，除去多余部分形成零部件，然后被拼装、焊接成产品。这一过程中，将有 90%的原材料被浪费掉。3D 打印技术在零浪费、高效生产研发方面大显身手，无需机械加工或任何模具，就能直接从计算机图形数据中生成任何形状的零件，在多品种、批量特殊、结构复杂、高价值原材料的加工制造中拥有技术优势，从而大幅降低武器装备的造价成本。

作为全世界最贵最精密的战机，美国 F-35 联合攻击战机每架售价至少 1.5 亿美元。相较于传统制造方式，3D 新技术制造的产品成本更低、寿命也更长。如果 3000 多架战机都使用这种技术制造部件，将可以节省数十亿美元的成本。

美国是最早开发钛合金 3D 打印技术的国家。我国航天级耐高温 3D 打印钛合金粉也已问世。我国民用飞机 C919、舰载战斗机歼−15、多用途战斗轰炸机歼−16、隐形战斗机歼−20 及第五代战斗机歼−31 的研发均使用了 3D 打印技术。

3. 在汽车制造中的应用

新一代汽车设计更重视车身的轻量化、燃料的低消耗、发动机的低噪声及轻振动，以满足环境日益苛刻的要求。在这种背景下，钛合金将成为未来汽车零部件生产的一种主要应用选择材料。采用 3D 打印技术可以圆满地解决各种复杂零部件的加工问题，大幅降低研发成本并缩短产品上市时间。英国的一家公司利用钛金属粉末成功打印了叶轮和涡轮增压器等汽车零件。

4. 在其他领域的应用

钛合金凭借其优异的性能，在自行车、网球拍和高尔夫球杆上都获得了广泛应用。3D 打印的钛合金物件密度小、强度高、质量更轻，在运动器械上有着独特优势。例如，利用钛合金制成的高尔夫球头，比普通不锈钢材料制成的高尔夫球头打得准、打得远。利用钛金属 3D 打印自行车变速器滑轮、自行车车架等。rvnDSGN 团队利用 3D 打印技术制成的手表，手表的主壳体、边框和表带配件的制作都由 3D 打印选择性激光烧结(SLS)来完成，烧结过程中形成了精细的纹理，呈现出由中灰色到深灰色的差异。

激光选区熔融是金属 3D 打印方法的一种，它以激光为热源，依照零件离散后的形状数据对铺好的金属粉末进行扫描，使金属粉末逐点熔化堆积，实现金属零件的直接制造。通过这种方法制造出的金属零件力学性能优良、表面质量和尺寸精度高，是金属 3D 打印领域的研究热点。美国是最早发展钛合金 3D 打印技术的国家，虽然中国钛合金激光成形技术起步晚，但现在却具备了使用激光成形超过 $12m^2$ 的复杂钛合金构件的技术和能力，成为继美国之后世界上第二个掌握该技术的国家。2018 年 9 月 7 日，一个接近设备成形空间极限的超大尺寸钛合金复杂零件在昆明理工大学增材制造中心试制成形。这也是迄今为止使用激光选区熔融方法成形的最大单体钛合金复杂零件。由黎振华教授研究组制作的这个钛合金复杂零件，尺寸达到 250mm×250mm×257mm，零件及支撑总量超过 21kg。

3D 打印让钛合金如虎添翼，中国 3D 打印钛合金技术已走在世界前列。

习　题

1. 判断下列反应中哪些是氧化还原反应，指出氧化还原反应中的氧化剂和还原剂。

(1) $2H_2O_2(aq) \rightleftharpoons O_2(g) + 2H_2O(l)$

(2) $2Cu^{2+}(aq) + 4I^-(aq) \rightleftharpoons 2CuI(s) + I_2(aq)$

(3) $2CrO_4^{2-}(aq) + 2H^+(aq) \rightleftharpoons Cr_2O_7^{2-}(aq) + H_2O(l)$

(4) $SO_2(g) + I_2(aq) + 2H_2O(l) \rightleftharpoons H_2SO_4(aq) + 2HI(aq)$

(5) $3I_2(aq) + 6NaOH(aq) \rightleftharpoons 5NaI(aq) + NaIO_3(aq) + 3H_2O(l)$

2. 指出下列各化学式中画线元素的氧化数。

$\underline{O}_3$　$H_2\underline{O}_2$　$Ba\underline{O}_2$　$K\underline{O}_2$　$\underline{O}F_2$　$H\underline{C}HO$　$\underline{C}_2H_5OH$　$K_2\underline{Pt}Cl_6$　$K_2\underline{Xe}F_6$　$K\underline{H}$　$\underline{Mn}_2O_7$　$K\underline{Br}O_4$　$Na\underline{N}H_2$　$Na\underline{Bi}O_3$　$Na_2\underline{S}_2O_3$　$Na_2\underline{S}_4O_6$

3. 完成并配平下列在酸性溶液中所发生反应的方程式。

(1) $KMnO_4(aq) + H_2O_2(aq) + H_2SO_4(aq) \longrightarrow MnSO_4(aq) + K_2SO_4(aq) + O_2(g)$

(2) $Na_2S_2O_3(aq) + I_2(aq) \longrightarrow Na_2S_4O_6(aq) + NaI(aq)$

(3) $PbO_2(s) + Mn^{2+}(aq) + H_2SO_4(aq) \longrightarrow PbSO_4(s) + MnO_4^-(aq)$

(4) $C_3H_8O(l) + MnO_4^-(aq) \longrightarrow C_3H_6O_2(l) + Mn^{2+}(aq)$

(5) $K_2Cr_2O_7(aq) + H_2S(g) + HCl(aq) \longrightarrow CrCl_3(aq) + S(s) + KCl(aq) + H_2O$

4. 完成并配平下列在碱性溶液中所发生反应的方程式。

(1) $N_2H_4(aq) + Cu(OH)_2(s) \longrightarrow N_2(g) + Cu(s)$

(2) $ClO^-(aq) + Fe(OH)_2(s) \longrightarrow Cl^-(aq) + FeO_4^{2-}(aq)$

(3) $CrO_4^{2-}(aq) + CN^-(aq) \longrightarrow CNO^-(aq) + Cr(OH)_3(s)$

(4) $CN^-(aq) + O_2(g) \longrightarrow NH_3(aq) + CO_3^{2-}(aq)$

(5) $Ag_2S(s) + Cr(OH)_3(s) \longrightarrow Ag(s) + HS^-(aq) + CrO_4^{2-}(aq)$

5. 计算下列原电池的电动势，写出相应的电池反应。

(1) $Zn \mid Zn^{2+}(0.010mol \cdot L^{-1}) \parallel Fe^{2+}(0.0010mol \cdot L^{-1}) \mid Fe$

(2) $Pt \mid Fe^{2+}(0.0010mol \cdot L^{-1})$，$Fe^{3+}(0.10mol \cdot L^{-1}) \parallel Cl^-(2.0mol \cdot L^{-1}) \mid Cl_2(p^\ominus) \mid Pt$

(3) $Pt \mid Fe^{2+}(c^\ominus)$，$Fe^{3+}(0.10mol \cdot L^{-1}) \parallel Co^{3+}(c^\ominus)$，$Co^{2+}(0.10mol \cdot L^{-1}) \mid Pt$

(4) $Ag \mid Ag^+(0.010mol \cdot L^{-1}) \parallel Ag^+(0.10mol \cdot L^{-1}) \mid Ag$

(5) $Pt \mid Fe^{2+}(0.10mol \cdot L^{-1})$，$Fe^{3+}(0.10mol \cdot L^{-1}) \parallel Mn^{2+}(0.010mol \cdot L^{-1})$，$MnO_4^-(0.05mol \cdot L^{-1}) \mid Pt$

6. 某原电池中的一个半电池是由金属钴浸在 $1.0mol \cdot L^{-1}$ Co^{2+}溶液中组成的；另一半电池则由铂片浸在 $1.0mol \cdot L^{-1}$ Cl^-的溶液中，并不断通入 $Cl_2[p(Cl_2)=100kPa]$组成。测得其电动势为 1.642V，钴电极为负极。回答下列问题：

(1) 写出电池反应方程式。

(2) 由附录 6 查得 $E^{\ominus}(Cl_2/Cl^-)$，计算 $E^{\ominus}(Co^{2+}/Co)$。

(3) $p(Cl_2)$增大时，电池的电动势将如何变化?

(4) 当 Co^{2+}浓度为 0.010mol · L^{-1}，其他条件不变时，电池的电动势是多少?

(−0.284V；变大；1.70V)

7. 由附录 6 查出酸性溶液中 $E^{\ominus}(MnO_4^-/MnO_4^{2-})$、$E^{\ominus}(MnO_4^-/MnO_2)$、$E^{\ominus}(MnO_2/Mn^{2+})$、$E^{\ominus}(Mn^{3+}/Mn^{2+})$。

(1) 画出锰元素在酸性溶液中的元素电势图。

(2) 计算 $E^{\ominus}(MnO_4^{2-}/MnO_2)$和 $E^{\ominus}(MnO_2/Mn^{3+})$。

(3) MnO_4^{2-}能否歧化? 写出相应的反应方程式，并计算该反应的 $\Delta_r G_m^{\ominus}$ 与 $K^{\ominus}$；还有哪些物种能歧化?

8. 已知 $E^{\ominus}(H_3AsO_4/H_3AsO_3) = 0.5748V$，$E^{\ominus}(I_2/I^-) = 0.5345V$。

(1) 求反应 $H_3AsO_4 + 2I^- + 2H^+ \longrightarrow H_3AsO_3 + I_2 + H_2O$　在 25℃的标准平衡常数。

(2) 如果溶液的 pH = 7.0，反应向哪个方向进行(其他物种浓度为标准态)?

(3) 如果溶液的 $c(H^+) = 6.0mol \cdot L^{-1}$，反应向哪个方向进行(其他物种浓度为标准态)?

(23.2；逆；正)

9. 半电池 A 是由镍片浸在 1.0mol · L^{-1}的 Ni^{2+}溶液中组成；半电池 B 是由锌片浸在 1.0mol · L^{-1}的 Zn^{2+}溶液中组成。当将两个半电池分别与标准氢电极连接组成原电池，测得各电极的电极电势的绝对值为

A　$Ni^{2+}(aq) + 2e^- \longrightarrow Ni(s)$　$|E_A| = 0.257V$

B　$Zn^{2+}(aq) + 2e^- \longrightarrow Zn(s)$　$|E_B| = 0.762V$

请回答下列问题：

(1) 当半电池 A、B 分别与标准氢电极连接组成原电池时，发现金属电极溶解。试确定各半电池在各自原电池中是正极还是负极。

(2) Ni^{2+}、Ni、Zn^{2+}、Zn 中，哪一个是最强的氧化剂?

(3) 当金属 Ni 放入 1.0mol · L^{-1}的 Zn^{2+}溶液中，能否有反应发生? 将金属 Zn 放入 1.0mol · L^{-1} 的 Ni^{2+}溶液中会发生什么反应? 写出反应方程式。

(4) Zn^{2+}与 OH^-能反应生成$[Zn(OH)_4]^{2-}$。如果在半电池中加入 NaOH，其电极电势将如何变化?

(5) 将半电池 A、B 组成原电池，何者为正极? 电动势是多少?

[(5)A 为正极，电动势 0.505V]

10. 已知 $Cu^{2+} + 2e^- \longrightarrow Cu$ 的标准电极电势 $E^{\ominus} = 0.3419V$，求氧化还原电对$[Cu(NH_3)_4]^{2+}$的 $E^{\ominus}$值。已知 $K_稳^{\ominus}([Cu(NH_3)_4]^{2+}) = 2.1 \times 10^{13}$。

(−0.0524V)

11. 已知半电池反应：

$$Ag^+ + e^- \longrightarrow Ag \qquad E^{\ominus}(Ag^+/Ag) = 0.7996V$$

$$AgBr + e^- \longrightarrow Ag + Br^- \qquad E^{\ominus}(AgBr/Ag) = 0.07133V$$

试计算 $K_{sp}^{\ominus}(AgBr)$。

(4.99×10^{-13})

12. 已知反应：

$$2Ag^+ + Zn \longrightarrow 2Ag + Zn^{2+}$$

$$E^{\ominus}(Ag^+/Ag) = 0.7996V,\quad E^{\ominus}(Zn^{2+}/Zn) = -0.7618V$$

(1) 开始时 Ag^+和 Zn^{2+}的浓度分别是 $0.10mol \cdot L^{-1}$ 和 $0.30mol \cdot L^{-1}$，求 $E(Ag^+/Ag)$、$E(Zn^{2+}/Zn)$及反应电动势 E。

(2) 计算反应的 $K^{\ominus}$、$E^{\ominus}$及 $\Delta_r G_m^{\ominus}$ 。

(3) 求达到平衡时溶液中剩余的 Ag^+浓度。

(0.7404V，−0.7773V，1.5177V；5.62×10^{52}，1.5614V，$-301.27kJ \cdot mol^{-1}$；$2.5\times10^{-27}mol \cdot L^{-1}$)

13. 试写出电对 Co^{3+}/Co^{2+}和电对 $Co(OH)_3/Co(OH)_2$ 的电极反应式；若用 $E^{\ominus}_{池}$ 表示由上述两个电对组成的原电池的标准电动势，用 $K_1^{\ominus}$和 $K_2^{\ominus}$分别表示 $Co(OH)_3$ 和 $Co(OH)_2$ 的溶度积常数，试证明：

$$E^{\ominus}_{池}=0.0592V\lg\frac{K_1^{\ominus}}{K_2^{\ominus}}$$

14. 已知原电池正极为铜片，电解液为 $0.10mol \cdot L^{-1}$ 的 Cu^{2+}溶液，再通入 H_2S 气体使之达到饱和；负极为标准锌电极。测得该原电池电动势为 0.670V。试求 CuS 的溶度积常数。已知 $E^{\ominus}(Cu^{2+}/Cu) = 0.3419V$，$E^{\ominus}(Zn^{2+}/Zn) = -0.7618V$，$H_2S$ 的 $K_{a1} = 1.07\times10^{-7}$，$K_{a2} = 1.26\times10^{-13}$。

(6.70×10^{-35})

15. 根据 Cr 在酸性介质中的电势图：

$$Cr_2O_7^{2-}\xrightarrow{\quad 1.36V \quad}Cr^{3+}\xrightarrow{\quad -0.424V \quad}Cr^{2+}\xrightarrow{\quad -0.909V \quad}Cr$$

(1) 计算 $E^{\ominus}(Cr_2O_7^{2-}/Cr^{2+})$和 $E^{\ominus}(Cr^{3+}/Cr)$。

(2) 判断 Cr^{3+}、Cr^{2+}在酸性介质中是否稳定。

(0.914V，−0.741V；稳定)

16. 对于原电池：

$$(-)Pt\mid Fe^{2+}(1.0mol \cdot L^{-1}),\ Fe^{3+}(1.0\times10^{-4}mol \cdot L^{-1})\parallel I^-(1.0\times10^{-4}mol \cdot L^{-1})\mid I_2\mid Pt(+)$$

已知 $E^{\ominus}(Fe^{3+}/Fe^{2+}) = 0.771V$，$E^{\ominus}(I_2/I^-) = 0.5355V$。

(1) 写出电极反应和电池反应。

(2) 求 $E(Fe^{3+}/Fe^{2+})$、$E(I_2/I^-)$和电动势 E。

(3) 计算 $\Delta_r G_m$。

(0.534V，0.772V，　0.238V；$-45.9kJ \cdot mol^{-1}$)

第 5 章　物质结构基础

世界是由物质构成的，各种物质都在不停地运动着。正是由于物质的种类极其繁多、性质各异和永无休止的运动，才使得世界如此绚丽多彩。

不同物质在性质上的差异归根结底是物质的内部结构差异所引起的。要想深入了解物质变化的根本原因，就必须研究物质的微观结构。

分子是保持物质化学性质的最小单元，而原子是构成分子的基本单元。本章将讨论原子结构、分子结构及晶体结构方面的基本理论和基础知识，这对于掌握物质的性质及其变化规律具有十分重要的意义。

5.1　近代原子结构理论的确立

5.1.1　氢原子光谱

氢原子是最简单的原子，人们对原子结构的研究，首先是从研究氢原子结构开始的。

将白光通过三棱镜后，产生红、橙、黄、绿、青、蓝、紫七种颜色的连续谱带，其波长是连续的，称为连续光谱。一般白炽的固体、液体、高压下的气体都能给出连续光谱。

若将化学元素置于高温环境(火焰或电弧)中，所发射出的光谱通过三棱镜后，则会得到一系列不连续的线状光谱，称为原子光谱。

1913 年，里德伯(Rydberg，瑞典)在巴尔麦(Balmer，瑞士)等人工作的基础上，找出了能概括氢原子光谱各线系频率的经验公式：

$$\nu = R\left(\frac{1}{n_1^2} - \frac{1}{n_2^2}\right)\text{s}^{-1} \tag{5-1}$$

式(5-1)即著名的**里德伯方程**。式中，$R=3.29\times10^{15}\text{s}^{-1}$，称为里德伯常量；$n_1$ 和 n_2 为正整数，且 $n_2>n_1$。

里德伯方程是一个从氢原子光谱实验中归纳总结出来的经验公式。氢原子光谱为什么是线状光谱？其频率为什么有这样明显的规律？式(5-1)中的 n_1、n_2 和有关数值各代表什么意义，需要从理论上加以解释。

5.1.2　玻尔理论

1900 年，普朗克(Planck，德)为了解释黑体辐射的实验事实，提出了著名的量子论。他认为，在微观领域里能量是不连续的，物质吸收或辐射的能量总是一个最小的能量单位的整数倍。能量的这种不连续性，称为(能量)量子化，E 称为能量子。能量子的大小与辐射的频率 ν 成正比，即

$$E = h\nu \tag{5-2}$$

式中，h 为普朗克常量，其值为 $6.626\times10^{-34}\text{J}\cdot\text{s}$。

1913 年，玻尔(Bohr，丹麦)在卢瑟福原子模型的基础上，根据原子光谱为线状光谱的事

实，吸收了普朗克的量子论和爱因斯坦的光子学说，提出了三点假设：

(1) 在原子中，电子只能在某些符合一定条件的圆形轨道上运动，这些轨道是量子化的。对于氢原子来说，原子轨道的能量为

$$E=-\frac{2.18\times10^{-18}}{n^2}\text{J} \tag{5-3}$$

式中，n 为主量子数，其取值为 1，2，3，…，正整数。负号表示电子被原子核吸引。

离核近(n 值小)的轨道能量低，离核远(n 值大)的轨道能量高。符合量子化条件的轨道称为**能级**。电子在稳定轨道上运动时既不吸收能量，也不辐射能量。

(2) 正常情况下，原子中的电子总是尽可能处在能量最低的轨道上，也称电子处于**基态**。当原子从外界吸收能量时，电子从基态跃迁到能量较高的轨道上，这时电子处于**激发态**。

(3) 处于激发态的电子不稳定，很快跳回较低能级，同时以光的形式辐射能量，光的频率取决于轨道的能量之差：

$$\nu=\frac{E_2-E_1}{h} \tag{5-4}$$

玻尔根据上述基本假设，将氢原子的 E_1 和 E_2 代入式(5-4)，得到

$$\nu=3.29\times10^{15}\left(\frac{1}{n_1^2}-\frac{1}{n_2^2}\right)\text{s}^{-1} \tag{5-5}$$

式(5-5)与里德伯方程完全吻合。

玻尔理论成功地解决了下面几个问题：①说明了激发态原子为什么会发射出光谱线；②说明了原子光谱的不连续性；③圆满地解释了氢原子光谱的频率；④提出了主量子数和能级的概念。玻尔理论是原子结构理论发展过程中的一个重大进展。

玻尔理论虽然在解释氢原子光谱及类氢离子(如 He^+、Li^{2+}等)光谱时取得了成功，但在解释多电子原子光谱及氢原子光谱的精细结构时却失败了。其原因在于微观粒子的运动有着与宏观物体所不同的规律，玻尔理论虽然在经典物理学的基础上加入了一些量子化条件，但并没有摆脱经典物理学的束缚，仍然将微观粒子与宏观物体的运动同样看待，因此有很大的局限性。

5.2 微观粒子运动的特殊性

5.2.1 微观粒子的波粒二象性

17～18 世纪，关于光的本质问题存在两种学说：微粒说和波动说。这两种学说一直争论不休。直到 20 世纪初人们才逐渐认识到光既有波的性质又有粒子的性质，即光具有波粒二象性。1905 年，爱因斯坦在他的光子学说中提出了联系二象性的关系式：

$$p=\frac{h}{\lambda} \tag{5-6}$$

式(5-6)左边动量 p 是表征粒子性的物理量，右边则出现表征波动性的物理量波长 λ，所以式(5-6)很好地揭示了光的波粒二象性本质。

1924 年，德布罗意(de Bröglie，法)受到光的二象性启发，大胆提出电子、原子等实物粒子也具有波粒二象性的假设。这种微粒的波称为**物质波**，也称德布罗意波，并提出了表征粒子性的质量和表征波动性的波长之间存在如下关系：

$$\lambda = \frac{h}{p} = \frac{h}{mv} \tag{5-7}$$

式(5-7)即著名的**德布罗意关系式**，它虽然形式上与爱因斯坦关系式相同，但却完全是一个新的假定，因为它不仅适用于光，而且适用于电子等实物粒子。

德布罗意的预言，在 1927 年由戴维孙(Davisson，美)和革末(Germer，美)的电子衍射实验(图 5-1)所证实。戴维孙和革末发现，当电子束穿过一薄晶片时，也能像单色光通过小圆孔那样，发生衍射现象。这说明电子运动不仅具有微粒性，而且具有波动性。后来用中子、原子、分子等粒子代替电子，也同样观察到衍射现象，完全证实了实物粒子具有波动性的结论。

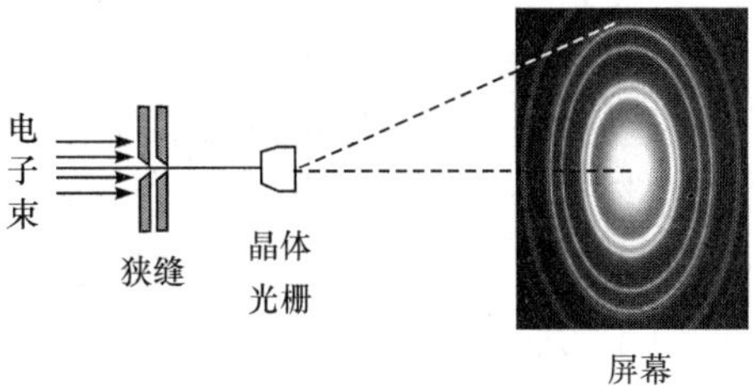

图 5-1　电子衍射实验示意图

波粒二象性是微观粒子运动的基本属性。

5.2.2　不确定性原理

在经典力学中，人们能同时准确地确定一个宏观物体的位置和动量。例如，已知炮弹的初位置、初速度及其运动规律，就能同时准确地知道某一时刻炮弹的位置、运动速度及具有的动量。但是，对于具有波动性的微观粒子来说，还能否用经典力学方法同时准确地确定其位置和动量呢？

1927 年，德国物理学家海森伯(Heisenberg)指出：人们不可能同时准确地确定微观粒子的空间位置和动量。这一观点称为**不确定性原理**①，它的数学表达式为

$$\Delta x \Delta p \geqslant \frac{h}{2\pi} \tag{5-8}$$

或

$$\Delta x \geqslant \frac{h}{2\pi m \Delta v} \tag{5-9}$$

式中，Δx 为粒子位置的不确定程度；Δp 为粒子动量的不确定程度；Δv 为粒子运动速度的不确定程度。式(5-9)说明，微观粒子位置的不确定程度Δx 越小，则相应的动量的不确定程度Δp 和速度的不确定程度Δv 就越大；反之亦然。

例如，电子质量为 9.11×10^{-31}kg，原子半径的数量级为 10^{-10}m，位置误差Δx 不大于 10^{-11}m 才近于合理，根据不确定性原理得到电子运动速度的$\Delta v \geqslant 1.16\times10^{7}\text{m}\cdot\text{s}^{-1}$，而实际上电子运动速度为 $10^{6}\text{m}\cdot\text{s}^{-1}$ 数量级。反之，若电子运动的Δv 不大于 $10^{5}\text{m}\cdot\text{s}^{-1}$，则得到$\Delta x \geqslant 1.16\times10^{-9}$m，

① 不确定性原理是英语“uncertainty principle”的中文译名，过去很长一段时间称为“测不准原理”。实际上，不确定性原理恰恰反映了微观粒子运动的基本规律，与测量准确不准确并没有直接关系，因此，将其译为“测不准原理”并未正确表达出该原理的内涵。现今，我国教科书中该原理的正式译名已改为“不确定性原理”。

这比原子半径还要大一个数量级。可见电子的位置和速度(或动量)不能同时准确地确定。

综上所述，对于具有一定运动速度的电子来说，其位置是不确定的，不可能沿着固定的轨道运动。因此玻尔理论中核外电子运动具有固定轨道的观点是不符合电子运动客观规律的。

5.2.3　微观粒子运动的统计规律

前已述及，微观粒子具有波粒二象性，不存在像宏观物体那样的运动轨道，因此在某一时刻，不能确定它的确切位置，那么微观粒子的运动到底遵循什么规律呢？1926 年，玻恩(Born，德)对此给出了“统计解释”。

为了说明问题，需要进一步考察电子衍射实验。人们发现用强度较大的电子束可以在较短时间内得到电子衍射图，而用强度较小的电子束则需要较长的时间才能得到同样的电子衍射图。当电子束强度很弱，电子近乎一个一个地穿过薄晶片发生衍射时，会在底片上出现一个一个的亮点，忽上忽下，忽左忽右，开始阶段亮点的数目较少，其分布也似乎毫无规律，这正是电子的粒子性的表现。随着时间的推移，亮点的数目逐渐增多，其分布规律便逐渐显现出来，最终得到明暗相间的电子衍射图，显示了电子的波动性。由此可见，电子的波动性是电子行为的统计结果。就大量电子的行为而言，衍射强度(波的强度)大的地方，电子出现的数目就多，衍射强度小的地方，电子出现的数目就少。就一个电子的行为而言，通过薄晶片后电子所到达的地方是不能预测的，但衍射强度大的地方，电子出现的机会一定会大，而衍射强度小的地方，电子出现的机会也一定会小。这种机会的大小，在数学上称为概率。所以，电子运动虽然没有确定的轨道，但电子的运动还是有规律的，即存在着确定的概率分布，电子出现的概率可以由波的强度表现出来，由此可见，电子的波动性的确是和电子行为的统计性联系在一起的。

波粒二象性、不确定性原理和统计规律反映了微观粒子的运动特征，说明玻尔理论中核外电子的运动具有固定轨道的观点是错误的。因此，描述电子等微粒的运动规律不能沿用经典的牛顿力学，而必须从微观粒子的运动特征入手，用统计的方法对微粒的运动做出概率的判断，从而推算电子在核外空间的运动规律，这就需要建立新的理论系统。就这样，一门研究微观粒子运动规律的新学科——量子力学应运而生了。

5.3　核外电子运动状态的描述

5.3.1　薛定谔方程

1. *薛定谔方程概述*

前面讲过，电子具有波粒二象性，电子运动没有确定的轨道，但存在着确定的概率分布。那么电子的这种运动状态该如何来描述呢？

1926 年，薛定谔(Schrödinger，奥地利)根据德布罗意物质波的观点，首先提出核外电子的运动状态可以用波函数来描述，并将光的波动方程加以引申建立了著名的**薛定谔方程**①：

① 薛定谔方程是量子力学最基本的方程之一，它的发表在学术界迅速引起震动。普朗克表示“他阅读完整篇论文，就像被一个谜语困惑多时，渴望知道答案的孩童，现在终于听到了解答”。爱因斯坦称赞“薛定谔已做出决定性贡献，这篇论文的灵感如同泉水般源自一位真正的天才”。

$$\frac{\partial^2\psi}{\partial x^2}+\frac{\partial^2\psi}{\partial y^2}+\frac{\partial^2\psi}{\partial z^2}+\frac{8\pi^2 m}{h^2}(E-V)\,\psi=0 \tag{5-10}$$

式中，ψ 为方程的解，即**波函数**，它是描述原子核外电子运动状态的数学函数式；E 为电子的总能量；V 为势能；m 为电子的质量；x、y、z 为空间坐标。解薛定谔方程需要较好的数学基础，在此只定性地讨论这个方程的解。

式(5-10)是一个二阶偏微分方程，它的解有很多，从物理意义上分析，其中一些是不合理的。为了使得到的解能与电子运动状态相对应，求解时引进了三个符合量子化条件的参数 n、l、m，量子力学中把这类参数称为**量子数**，其中

n：主量子数，取 1，2，3，…，正整数；

l：角量子数，取 0，1，2，…，$(n-1)$；

m：磁量子数，取 0，±1，±2，…，$\pm l$。

这样，薛定谔方程的解 ψ 就是一系列波函数的数学表达式 $\psi_{n,\,l,\,m}(x,\ y,\ z)$。每一组特定的 n、l、m 都有一个具体的波函数 $\psi_{n,\,l,\,m}(x,\ y,\ z)$和一定的能量 E 相对应，从而代表着原子核外电子的一种运动状态。例如，在球坐标中基态氢原子的波函数为

$$\psi_{1,0,0}=\sqrt{\frac{1}{\pi a_0^3}}\cdot e^{\frac{-r}{a_0}} \tag{5-11}$$

式中，r 为电子离核的距离。与波函数 $\psi_{1,0,0}$ 相对应的能量为-2.18×10^{-18}J。

2. 波函数和原子轨道

上面说过，波函数是量子力学中描述核外电子运动状态的数学函数式，即每一个具体的波函数 $\psi_{n,\,l,\,m}(x,\ y,\ z)$都表示电子的一种运动状态。量子力学中常借用经典力学中描述物体运动的“轨道”概念，把波函数 ψ 称为**原子轨道**。必须注意，这里原子轨道的含义既不同于宏观物体的运动轨道，也不同于玻尔理论中的固定轨道，它所指的是电子的一种空间运动状态。

原子轨道的名称由三个量子数 n、l、m 组成，其中 n 以数字表示，l 按照光谱学上的规定用符号表示：

l	0	1	2	3
符号	s	p	d	f

m 则根据原子轨道在空间的伸展方向用适当的坐标符号(或符号组合)表示。通常把 n 值写在 l 值对应的轨道符号前，m 值写在 l 值对应的轨道符号的右下角。例如，n=1、l=0 对应 1s 轨道，n=2、l=1、m=0 对应 $2p_z$ 轨道。

5.3.2　概率密度和电子云

根据不确定性原理，不可能同时准确地确定一个核外电子在某一瞬间所处的位置和运动速度。但是能用统计的方法来判断电子在核外空间某一区域内出现概率的大小。例如，在电子衍射实验中，无法预测每一个电子从阴极灯丝飞出会落在底片的什么位置，但根据衍射环纹可以判断电子落在衍射环纹的亮环处的概率大，而落在暗环处的概率小。因此，量子力学认为，原子核外电子的运动虽然行踪不定，但却按一定的概率在原子核附近空间各处出现。

就波函数 ψ 来说，它本身没有明确直观的物理意义，但$|\psi|^2$ 却有明确的物理意义，它表示核外空间某处单位体积中电子出现的概率，即电子出现的**概率密度**。而电子在核外空间某

区域内出现的概率等于概率密度与该区域体积的乘积。

为了形象化地表示电子出现的概率密度，可用小黑点的疏密来表示概率密度的大小。黑点较密的地方，概率密度较大，电子在这些区域出现的概率也较大；反之，黑点较疏的地方，概率密度较小，电子在这些区域出现的概率也较小。这种小黑点图好像一团带负电的云笼罩在原子核周围，所以人们称它为**电子云**。但电子云并非众多电子弥散在核外空间，而是电子行为具有统计性的一种形象说法。

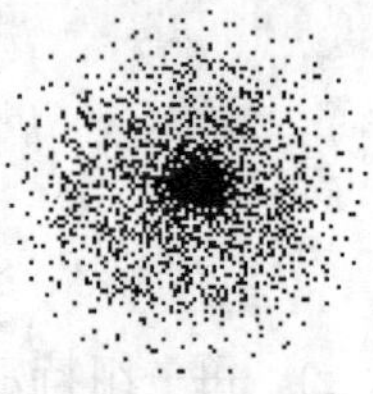

图 5-2　氢原子 1s 电子云

图 5-2 为基态氢原子的电子云图。从图中可以看出，在氢原子核附近电子出现的概率密度较大，而离原子核越远的地方，概率密度越小。

除了黑点图以外，概率密度分布还可以用等概率密度面、界面图及径向概率密度图来表示。

等概率密度面　将电子在核外空间出现概率密度相等的地方连接起来所得到的曲面，称为等概率密度面。如图 5-3 所示，1s 电子的等概率密度面是一系列同心球面，球面上标的数字是概率密度的相对大小。

界面图　界面图是一个等概率密度面，电子在界面内出现的概率很大(如占 95%)，1s 电子的界面图是一球面，如图 5-4 所示。

径向概率密度图　以概率密度$|\psi|^2$为纵坐标，半径 r 为横坐标所作的图。图 5-5 为 1s 电子的径向概率密度图。图中曲线表明 1s 电子的概率密度随半径的增大而减小。

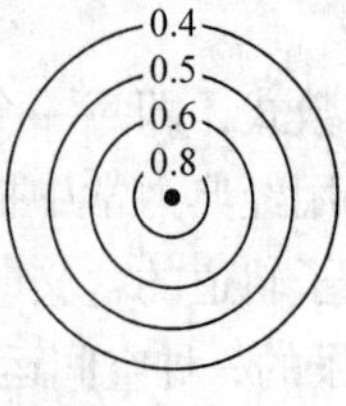

图 5-3　氢原子 1s 态等概率密度图

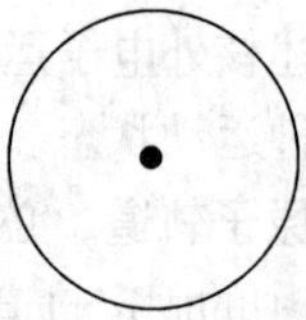

图 5-4　氢原子 1s 态界面图

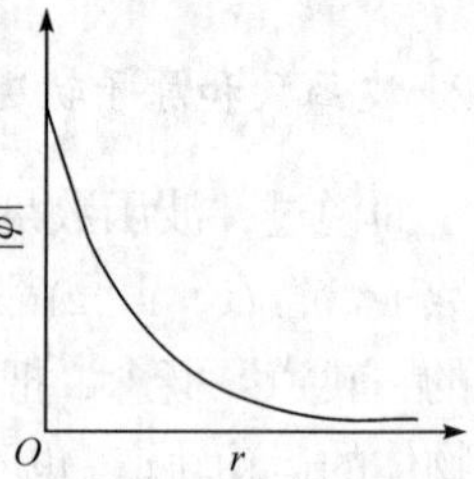

图 5-5　氢原子 1s 态径向概率密度图

5.3.3　原子轨道和电子云的图像

在解薛定谔方程时，为了方便，通常将直角坐标变换成球坐标(图 5-6)。变换后，波函数 ψ 成为 r、θ、φ 的函数。即

$$\psi(x, y, z) = \psi(r, \theta, \varphi)$$

ψ 有三个自变量，所以很难绘出其空间图像。为此，需要将其分离变量：

$$\psi(r, \theta, \varphi) = R(r) \cdot Y(\theta, \varphi) \tag{5-12}$$

式中，$R(r)$为与 r 有关的径向分布部分，称为径向波函数，它由主量子数 n 和角量子数 l 决定；$Y(\theta, \varphi)$为与 θ、φ 有关的角度分布部分，称为角度波函数，它由角量子数 l 和磁量子数 m 决定。

表 5-1 给出了氢原子的若干波函数以及对应的径向分布部分和角度分布部分。

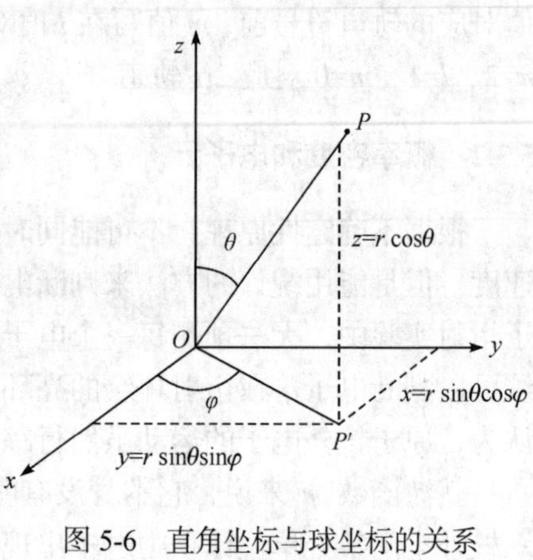

图 5-6　直角坐标与球坐标的关系

表 5-1　氢原子的波函数(a_0=玻尔半径)

波函数	轨道	$\psi(r,\theta,\varphi)$	$R(r)$	$Y(\theta,\varphi)$
$\psi_{1,0,0}$	1s	$\sqrt{\frac{1}{\pi a_0^3}}\mathrm{e}^{-r/a_0}$	$2\sqrt{\frac{1}{a_0^3}}\mathrm{e}^{-r/a_0}$	$\sqrt{\frac{1}{4\pi}}$
$\psi_{2,0,0}$	2s	$\frac{1}{4}\sqrt{\frac{1}{2\pi a_0^3}}\left(2-\frac{r}{a_0}\right)\mathrm{e}^{-r/2a_0}$	$\sqrt{\frac{1}{8a_0^3}}\left(2-\frac{r}{a_0}\right)\mathrm{e}^{-r/2a_0}$	$\sqrt{\frac{1}{4\pi}}$
$\psi_{2,1,0}$	$2p_z$	$\frac{1}{4}\sqrt{\frac{1}{2\pi a_0^3}}(\frac{r}{a_0})\mathrm{e}^{-r/2a_0}\cdot\cos\theta$	$\sqrt{\frac{1}{24a_0^3}}\left(\frac{r}{a_0}\right)\mathrm{e}^{-r/2a_0}$	$\sqrt{\frac{3}{4\pi}}\cos\theta$
$\psi_{2,1,1}$	$2p_x$	$\frac{1}{4}\sqrt{\frac{1}{2\pi a_0^3}}\left(\frac{r}{a_0}\right)\mathrm{e}^{-r/2a_0}\cdot\sin\theta\cos\varphi$		$\sqrt{\frac{3}{4\pi}}\sin\theta\cos\varphi$
$\psi_{2,1,-1}$	$2p_y$	$\frac{1}{4}\sqrt{\frac{1}{2\pi a_0^3}}\left(\frac{r}{a_0}\right)\mathrm{e}^{-r/2a_0}\cdot\sin\theta\sin\varphi$		$\sqrt{\frac{3}{4\pi}}\sin\theta\sin\varphi$

这样，就可以从角度部分和径向部分两个侧面分别来讨论原子轨道和电子云的图像，从而形象地了解 ψ 和$|\psi|^2$在核外空间分布的性质。

1. 原子轨道的角度分布图

角度波函数 $Y_{l,m}(\theta,\varphi)$随角度 θ、φ 变化的图形称为原子轨道的角度分布图。这种图形在讨论化学键形成时很有用。

原子轨道角度分布图的画法是：以原子核为原点建立坐标系，在每一个方向(θ,φ)上引出一直线，使其长度等于$|Y_{l,m}(\theta,\varphi)|$，连接这些线段的端点，便可在空间得到某些闭合的曲面，在曲面的各部分标上 Y 的正、负号，就得到原子轨道的角度分布图。

现以 $Y_{1,0}$ 为例来讨论原子轨道角度分布图的画法。该波函数的数学表达式为

$$Y_{1,0}=\sqrt{\frac{3}{4\pi}}\cos\theta \tag{5-13}$$

将不同角度 θ 时的 Y 值计算出来列出如下：

θ	0°	30°	45°	60°	90°	120°	135°	150°	180°
$Y_{1,0}$	0.489	0.423	0.346	0.244	0	−0.244	−0.346	−0.423	−0.489

从坐标原点出发，引出与 z 轴的夹角为 θ，长度为 Y 的直线，连接这些线段的端点，便得到如图 5-7(a)所示的图形。以此为母线绕 z 轴旋转一周，将得到一立体曲面，再标上“+”和“−”号，即为 $Y_{1,0}$ 的图形，如图 5-7(b)所示。因为该图形沿 z 轴方向伸展，又 l=1 时原子轨道用符号 p 表示，所以该图形称为 p_z 轨道的角度分布图。

用类似的方法可以画出 s、p、d 各种原子轨道的角度分布图，如图 5-8 所示。

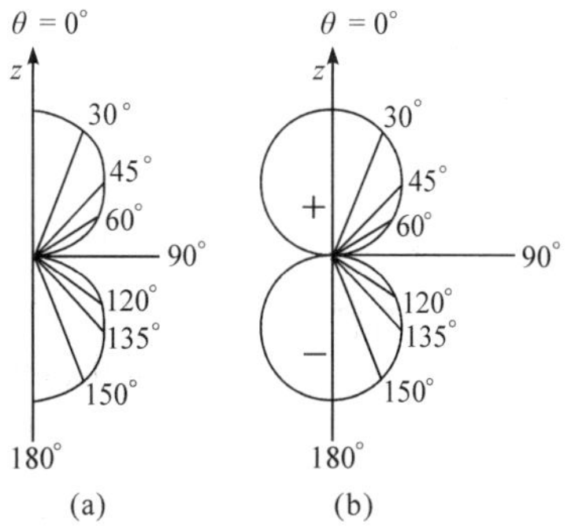

图 5-7　p_z 轨道角度分布图的画法

2. 电子云的角度分布图

将$|\psi|^2$的角度部分 $Y^2(\theta,\varphi)$随角度(θ,φ)的变化作图，所得的图形称为电子云的角度分布图，如图 5-9 所示。

电子云的角度分布与原子轨道的角度分布图形是类似的，它们的区别主要有两点：

(1) 电子云的角度分布比原子轨道的角度分布要瘦一些，这是因为 $Y^2(\theta,\varphi)$变化比 $Y(\theta,\varphi)$变化更为显著。

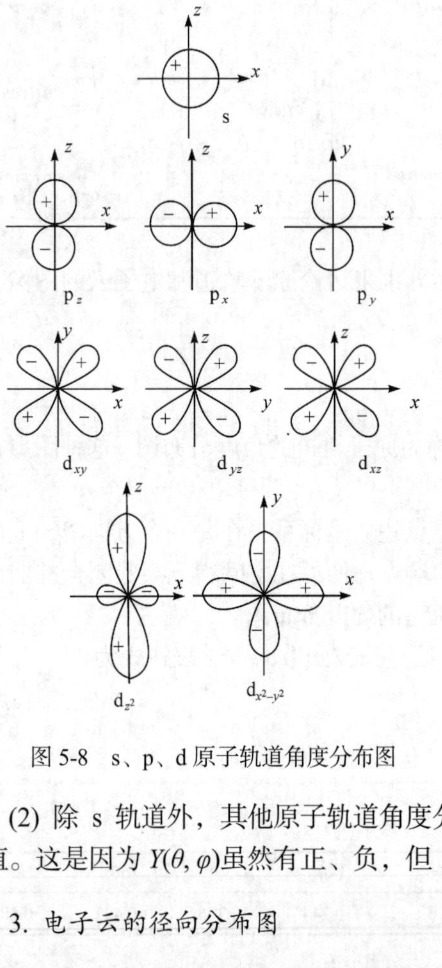

图 5-8　s、p、d 原子轨道角度分布图

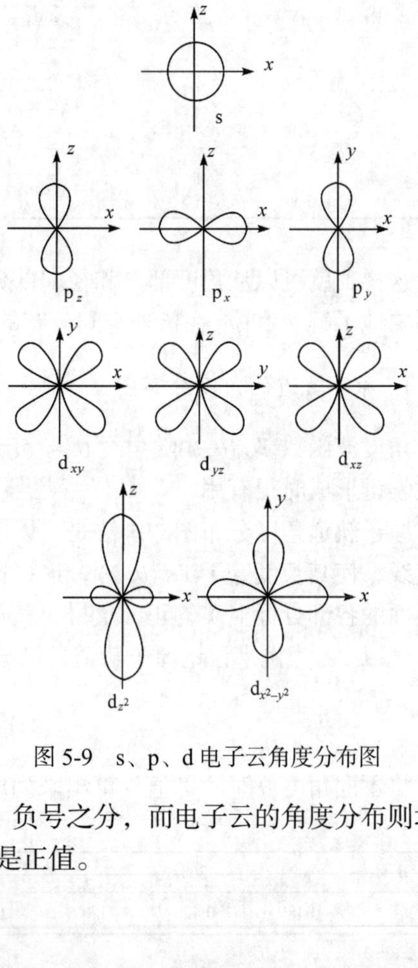

图 5-9　s、p、d 电子云角度分布图

(2) 除 s 轨道外，其他原子轨道角度分布有正、负号之分，而电子云的角度分布则均为正值。这是因为 $Y(\theta, \varphi)$虽然有正、负，但 $Y^2(\theta, \varphi)$总是正值。

3. 电子云的径向分布图

电子云的径向分布图是表示电子出现的概率和离核远近关系的图形。设想把电子云通过中心分割成具有不同半径的薄层球壳(图 5-10)，则半径为 r，厚度为 dr 的薄层球壳体积为$4\pi r^2$dr，概率密度为$|\psi|^2$，故电子在该球壳中出现的概率为 $4\pi r^2|\psi|^2$dr。将 $4\pi r^2|\psi|^2$dr 除以 dr，即得单位厚度球壳中的概率 $4\pi r^2|\psi|^2$，令$D(r)=4\pi r^2|\psi|^2$，$D(r)$是 r 的函数，称为径向分布函数。

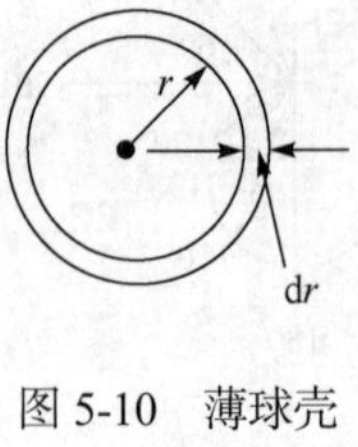

图 5-10　薄球壳示意图

若以$D(r)$为纵坐标，r 为横坐标作图，可得电子云的径向分布图。图 5-11 为氢原子电子云的径向分布图。

(1) 由氢原子的 1s 电子云径向分布图可见，极大值位于半径为 53pm 的球壳上，它表明基态氢原子的电子在半径为 53pm 的球壳上出现的概率最大。虽然电子出现的概率密度随 r 增大而减小，但球壳的体积却随 r 增大而增大，结果 $D(r)$ 在 r =53pm 处出现极大值。

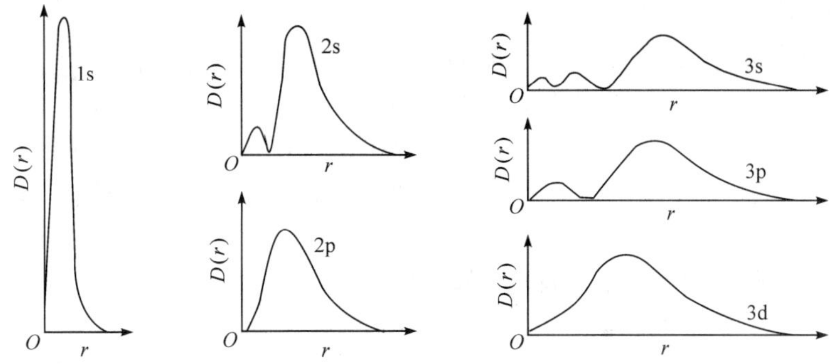

图 5-11　氢原子电子云的径向分布图

(2) 径向分布的峰数等于$(n-l)$个。表明径向分布不仅与主量子数有关，而且与角量子数有关。

(3) 电子离核的平均距离随主量子数的增大而增大，如 1s、2s、3s 离核的平均距离依次增大。而主量子数相同、角量子数不同的时候，电子离核的平均距离比较接近，如 3s、3p 和 3d。因此从径向分布的意义上，可以将核外电子看成是按层分布的。

应该指出，电子云的角度分布图和径向分布图，只是分别反映了电子云图形的两个侧面，都不能完整地表示出电子云的实际形状。图 5-12 给出了 1s、2s、3s、$2p_x$、$2p_y$、$2p_z$ 和 $3p_z$ 电子云的空间分布图，它是综合考虑径向分布和角度分布而得到的。

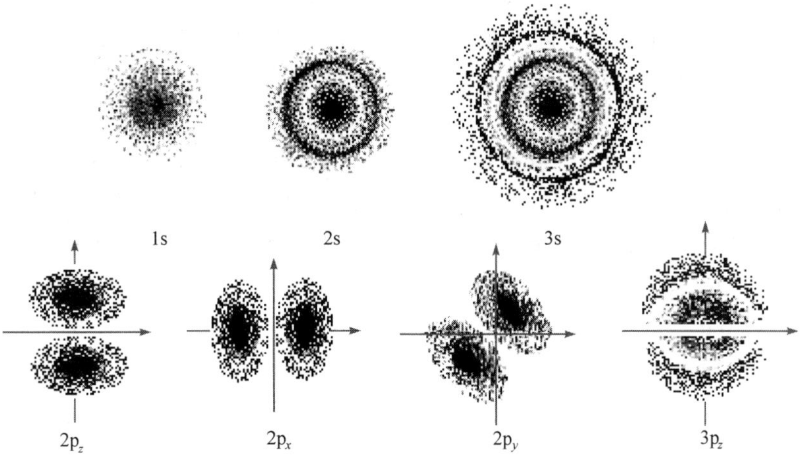

图 5-12　电子云的空间分布图

5.3.4　四个量子数

在解薛定谔方程时引进了 n、l、m 三个量子数，由这三个量子数可以确定一个波函数 $\psi_{n,l,m}$，也就是说，用 n、l、m 三个量子数可以描述一个原子轨道的性质。电子是在原子轨道中运动的，实验表明每个原子轨道不止容纳一个电子，不同电子的运动状态是不一样的，因此要描述电子的运动状态需要四个量子数。

1. 主量子数

主量子数是确定电子离核远近(平均距离或径向分布曲线的最大峰值)和能级高低的主要因素，或者说它决定电子层数。

主量子数 n 取值为 1，2，3，…，正整数。

n 值越大，表示电子离核的平均距离越远，电子层数越多。通常将 n 相同的原子轨道归并，称为处于同一电子层。例如，$n=1$ 的 1s 轨道代表电子离核最近，属于第一电子层；$n=2$ 的 2s、2p 轨道离核稍远，属于第二电子层；$n=3$ 的 3s、3p、3d 轨道离核又远一些，属于第三电子层。

在光谱学上电子层数也常用下列相应的符号表示：

主量子数 n	1	2	3	4	5	6	7
电子层符号	K	L	M	N	O	P	Q

对单电子原子或离子来说，n 值越大，电子的能量越高，即 E(K 层)<E(L 层)<E(M 层)<…对于多电子原子来说，电子的能量不仅与 n 有关，还与角量子数 l 有关。

2. 角量子数

电子绕核运动时，不仅具有一定的能量，而且具有一定的角动量。角动量是量子化的，它的大小与原子轨道或电子云的形状有密切关系。角量子数就是用来表示原子轨道或电子云形状的量子数。

角量子数 l 取值为 0，1，2，…，$(n-1)$。

具有相同角量子数的原子轨道，其形状相同或相似。通常将 l 相同的原子轨道归并，称为处于同一电子亚层(或分层)。例如，$l=1$ 的原子轨道为双球形(习惯上又称哑铃形)，这样的轨道有 3 个：p_x、p_y、p_z，属于同一亚层：p 亚层；$l=2$ 的 d 轨道形状为花瓣形，属于 d 亚层。

在单电子原子和离子中，同一电子层内各亚层的能量相等，即单电子原子能量只与 n 有关，如氢原子，$E_{3s}=E_{3p}=E_{3d}$。

在多电子原子中，同一电子层内各亚层的能量不相等，而是 l 越大，E 越高，如 $E_{3d}>E_{3p}>E_{3s}$，这种现象称为能级分裂。有时候，主量子数 n 较小的原子轨道，由于角量子数 l 较大，其能量反而大于主量子数 n 较大但角量子数 l 较小的原子轨道，如 $E_{3d}>E_{4s}$，这种现象称为能级交错。

3. 磁量子数

实验发现，激发态原子在外磁场作用下回到基态时，原来的一条谱线往往会分裂成若干条谱线，这说明在同一亚层中往往还包含着若干个空间伸展方向不同的原子轨道。磁量子数就是用来描述原子轨道或电子云在空间的伸展方向的。

磁量子数 m 取值为 0，±1，±2，…，$\pm l$。

例如，$l=1$ 时，m 可取 0，+1 和−1 三个值，表示 p 轨道有沿 x 轴、y 轴及 z 轴分布的 3 个伸展方向；同理，d 轨道有 5 个伸展方向，f 轨道则有 7 个伸展方向，即伸展方向的数目等于 m 可取的数值个数，从 $-l$ 到 $+l$，共 $(2l+1)$ 个。

4. 自旋量子数

在应用分辨率很高的光谱仪观测氢原子光谱时，发现电子由 2p 能级跃迁到 1s 能级得到的不是 1 条谱线，而是靠得很近的 2 条谱线，这一现象无法用前 3 个量子数解释。

1925 年，乌伦贝克(Uhlenbeck，荷兰)和古德斯密特(Goudsmit，荷兰)提出电子有自旋运动的假设。

电子的自旋运动有两个方向：顺时针方向和逆时针方向。为了描述核外电子的自旋状态，量子力学中引入了第四个量子数——自旋量子数 m_s，规定：

顺时针方向 $m_s=+\frac{1}{2}$，或用箭头“↑”表示；

逆时针方向 $m_s=-\frac{1}{2}$，或用箭头“↓”表示。

综上所述，在量子力学中要用四个量子数来表示原子中任何一个电子的运动状态，这四个量子数分别确定电子的能级、原子轨道的形状、轨道空间伸展方向，以及电子的自旋方向。

现将量子数与原子轨道的关系归纳在表 5-2 中。

表 5-2　量子数与原子轨道的关系

<table>
<tr><th>n</th><th>l</th><th>亚层符号</th><th>m</th><th>轨道数</th><th>m_s</th><th>电子最大容量</th></tr>
<tr><td>1</td><td>0</td><td>1s</td><td>0</td><td>1</td><td>±1/2</td><td>2</td></tr>
<tr><td rowspan="2">2</td><td>0</td><td>2s</td><td>0</td><td rowspan="2">4</td><td>±1/2</td><td rowspan="2">8</td></tr>
<tr><td>1</td><td>2p</td><td>0，±1</td><td>±1/2</td></tr>
<tr><td rowspan="3">3</td><td>0</td><td>3s</td><td>0</td><td rowspan="3">9</td><td>±1/2</td><td rowspan="3">18</td></tr>
<tr><td>1</td><td>3p</td><td>0，±1</td><td>±1/2</td></tr>
<tr><td>2</td><td>3d</td><td>0，±1，±2</td><td>±1/2</td></tr>
<tr><td rowspan="4">4</td><td>0</td><td>4s</td><td>0</td><td rowspan="4">16</td><td>±1/2</td><td rowspan="4">32</td></tr>
<tr><td>1</td><td>4p</td><td>0，±1</td><td>±1/2</td></tr>
<tr><td>2</td><td>4d</td><td>0，±1，±2</td><td>±1/2</td></tr>
<tr><td>3</td><td>4f</td><td>0，±1，±2，±3</td><td>±1/2</td></tr>
</table>

5.4　核外电子的排布

5.4.1　影响轨道能量的因素

在已发现的一百多种元素中，除氢以外的原子都是多电子原子。在多电子原子中，电子不仅受原子核的吸引，而且还存在着电子之间的相互排斥，导致能级发生变化，从而出现前面提到的能级分裂和能级交错现象。

量子力学认为，能级分裂和能级交错现象的产生与屏蔽效应和钻穿效应有关。

1. 屏蔽效应

单电子原子或离子核外只有一个电子，这个电子只存在着与原子核之间的作用力，电子

的能量只与主量子数有关，即

$$E = -\frac{2.18\times10^{-18}Z^2}{n^2}\ \text{J} \tag{5-14}$$

式中，Z 为核电荷数。

在多电子原子中，每个电子不仅受到原子核的吸引，同时还要受到其他电子的排斥。由于电子运动不存在固定的轨道，这种排斥作用复杂而多变，因此薛定谔方程很难精确求解。在量子力学中通常采用这样一种近似方法来处理：把其他电子对某个指定电子的排斥作用简单地看成是部分地抵消掉原子核对该电子的吸引，或者说是对核电荷 Z 的抵消，即

$$Z^{*}=Z-\sigma \tag{5-15}$$

式中，Z^{*}为**有效核电荷**；σ 为**屏蔽常数**，它表示由于电子间的斥力而使核电荷减少的部分。

这种在多电子原子中，因电子间相互排斥而造成的原子核对电子引力减弱的作用，称为**屏蔽效应**。这样，多电子原子中某个电子的能量便可用式(5-16)近似求出：

$$E = -\frac{2.18\times10^{-18}(Z-\sigma)^2}{n^2}\ \text{J} \tag{5-16}$$

屏蔽常数可用斯莱特(Slater，美)规则近似求算。

现将斯莱特规则简述如下：

将原子中的电子分为(1s) (2s,2p) (3s,3p) (3d) (4s,4p) (4d) (4f) (5s,5p)⋯

(1) 同组内电子之间的屏蔽。

1s 电子之间 $\sigma = 0.30$，其他 $\sigma = 0.35$。

(2) 左边各组对右边各组电子的屏蔽。

除(n−1)层各电子对 ns 或 np 电子的 $\sigma = 0.85$ 外，其他 $\sigma = 1.00$。

(3) 右边各组对左边各组电子不存在屏蔽效应，即 $\sigma = 0$。

在计算某原子中某个电子的 σ 值时，可将有关屏蔽电子对该电子的 σ 值相加而得。

例 5-1　通过计算说明钾原子中的最后一个电子，填入 4s 轨道中时能量低，还是填入 3d 轨道中时能量低。

解　最后一个电子填入 4s 轨道中时，钾原子的电子排布情况为

$$1s^22s^22p^63s^23p^64s^1$$

按斯莱特规则分组：

$$(1s)^2(2s,2p)^8(3s,3p)^8(4s,4p)^1$$

对于 4s 电子

$$\sigma = 0.85 \times 8 + 1.00 \times 10 = 16.8$$

钾原子的核电荷 Z=19，故

$$E_{4s} = -\frac{2.18\times10^{-18}(19-16.8)^2}{4^2}\ \text{J} = -6.59\times10^{-19}\text{J}$$

最后一个电子填入 3d 轨道中时，钾原子的电子排布情况为

$$1s^22s^22p^63s^23p^63d^1$$

3d 电子的 σ =1.00×18=18，故

$$E_{3d} = -\frac{2.18\times10^{-18}(19-18)^2}{3^2}\ \text{J} = -2.42\times10^{-19}\text{J}$$

计算说明钾原子中的最后一个电子，填入 4s 轨道中时能量较低。这与基态钾原子的电子结构完全吻合。

利用屏蔽效应可以区分任一多电子原子中大多数原子轨道的能量高低，但不能区分 *n*s 与 *n*p 原子轨道的能量高低，这一不足可由钻穿效应来弥补。

2. 钻穿效应

在多电子原子中，每个电子既被其他电子所屏蔽，也对其他电子起屏蔽作用。在原子核附近出现概率较大的电子，可以更多地避免其他电子的屏蔽，受到原子核的较强的吸引而更靠近原子核，同时能量也较低一些。这里借用氢原子电子云的径向分布图来解释这个问题。

从图 5-13 可以看出，4s 电子云有四个峰，主峰离核较远，但三个小峰离核较近，这说明 4s 电子除有较多机会出现在离核较远的区域外，还有机会钻到内层空间而靠近原子核，从而避免其他电子的屏蔽，使轨道能量降低。这种外层电子钻到内层空间而靠近原子核使自身能量降低的现象，称为**钻穿效应**。不同的电子，钻穿的本领不同，能量降低程度也不同。对于 n 相同，l 不同的电子，l 越小，小峰越多，钻穿得越深，其能量越低，即有

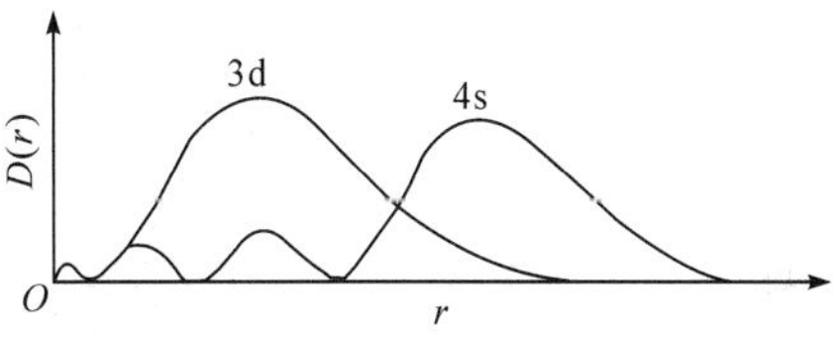

图 5-13　氢原子 4s 和 3d 电子云径向分布图

$$E_{ns}<E_{np}<E_{nd}<E_{nf}$$

从而出现能级分裂。对于 n 较大，l 较小的电子，当钻穿效应显著时，其能量有可能比 n 较小，l 较大的电子低，即可能出现能级交错现象。例如，在 15～20 号元素中就出现了 $E_{4s}<E_{3d}$ 的现象。

由此可见，屏蔽效应主要考虑某被屏蔽电子所受的屏蔽作用，而钻穿效应则主要考虑某被屏蔽电子避开其他电子对它的屏蔽影响。它们从不同角度说明了多电子原子中电子之间相互作用对轨道能量的影响。

5.4.2　多电子原子的能级

鲍林(Pauling，美)根据大量的光谱实验数据和理论计算结果，提出了多电子原子中原子轨道的**近似能级图**，如图 5-14 所示。

说明几点：

(1) 能级图中每个小圆圈代表一个原子轨道。能量相同的原子轨道称为**等价轨道**，也称简并轨道。例如，p 亚层中的三个 p 轨道为等价轨道，只是空间的伸展方向不同而已。

(2) 能级图是按原子轨道的能量高低而不是按原子轨道离核的远近顺序排列起来的。图 5-14 中，把能量相近的能级划为一组，称为能级组，目前共分七个能级组：

1s 为第一能级组；

2s，2p 为第二能级组；

3s，3p 为第三能级组；

4s，3d，4p 为第四能级组；

5s，4d，5p 为第五能级组；

6s，4f，5d，6p 为第六能级组；

7s，5f，6d，7p 为第七能级组。

能量按 1，2，3，…能级组的顺序依次增加。不同能级组之间的能量差较大，而同一能级组内各能级间的能量差较小。

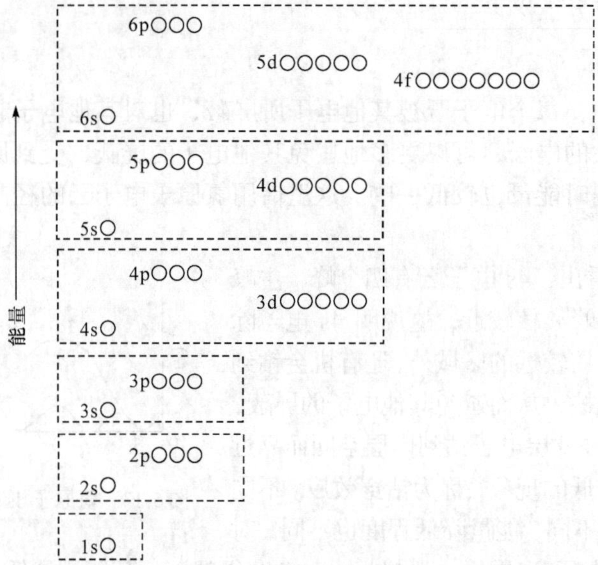

图 5-14　鲍林近似能级图

(3) 能级图的能级顺序是多电子原子中原子轨道能量的近似高低顺序，不能认为所有元素原子的能级高低都是一成不变的[①]。

对于多电子原子能级的高低顺序，我国化学家徐光宪曾提出过**(n+0.7l)规则**。(n+0.7l)值越大，能级越高，并把(n+0.7l)值中的整数部分相同的能级划为同一个能级组(表 5-3)。

表 5-3　多电子原子能级组

能级	1s	2s	2p	3s	3p	4s	3d	4p	5s	4d	5p	6s	4f	5d	6p
n+0.7l	1.0	2.0	2.7	3.0	3.7	4.0	4.4	4.7	5.0	5.4	5.7	6.0	6.1	6.4	6.7
能级组	一	二		三		四			五			六			

从表 5-3 可以看出，根据(n+0.7l)规则计算得到的能级顺序与鲍林近似能级图给出的顺序完全一致。

5.4.3　核外电子的排布

人们通过对光谱实验数据和元素周期系的分析，归纳出电子在原子核外排布的三条原则，即能量最低原理、泡利不相容原理和洪德规则。根据这三条原则，可以确定各元素基态原子

① 事实上，各原子轨道的能量随原子序数增加而降低，且能量降低的幅度不同，从而造成不同元素的原子轨道能级次序不完全一致。参见：宋天佑，程鹏，王杏乔，等. 无机化学(上册). 2 版. 北京：高等教育出版社，2009：137-138。

的电子排布情况。

电子在核外的排布情况，通常称为电子层结构，简称电子构型。化学上表示原子的电子构型通常有两种方法：一种是轨道表示式，是用一个小圆圈(或方框)代表一个原子轨道，圆圈内用箭头(↑或↓)表示电子的自旋方向，圆圈(或方框)下面标明该轨道的符号；另一种方法是电子排布式，是在原子轨道符号的右上角用数字注明所排列的电子数。前一种方法形象直观，后一种方法简单方便。

1. 核外电子排布的三条原则

1) 能量最低原理

经验说明，能量越低，系统越稳定。因此，核外电子排布将尽可能优先占据能量较低的轨道，以使系统能量处于最低。这就是**能量最低原理**。

例如，氢原子的一个电子通常处于能量最低的 1s 轨道中，其轨道表示式和电子排布式为：

H	(↑)	$1s^1$
	1s	

但不是原子中所有的电子都能进入 1s 轨道的，这里涉及每一个原子轨道最多能容纳多少个电子的问题。

2) 泡利不相容原理

1925 年，泡利(Pauli，瑞士)根据实验结果以及周期系中每一周期元素的数目，提出了一个假设：在同一个原子中不可能有四个量子数完全相同的两个电子。这一假设称为**泡利不相容原理**。

根据泡利不相容原理，每个原子轨道最多能容纳两个电子，而且这两个电子的自旋方向必须相反。

例如，氦原子的 1s 原子轨道中有两个电子，其中一个电子的量子数 n, l, m, m_s 如果是(1,0,0,+1/2)，则另一个电子的量子数必然是(1,0,0,–1/2)。

He、Li 原子中电子填充的轨道表示式及电子排布式如下：

He	(↑↓)		$1s^2$
Li	(↓↑)	(↑)	$1s^22s^1$
	1s	2s	

3) 洪德规则

碳原子核外有 6 个电子，其中 2 个排布在 1s 轨道上，2 个排布在 2s 轨道上，剩余 2 个将排布在 2p 轨道上。但 2p 亚层有三个伸展方向不同的轨道，那么，这两个电子是在同一个 p 轨道上，还是分占两个 p 轨道？如果分占两个 p 轨道，电子自旋方向是相同还是相反？

为了回答这样一类问题，物理学家洪德(Hund，德)从光谱实验中总结出一个规律，称为**洪德规则**：在等价轨道上分布的电子，总是优先占据磁量子数不同的轨道，且自旋方向相同。后来量子力学也证明，电子这样排布可使能量降低。

根据洪德规则，碳原子中电子填充的轨道表示式及电子排布式如下：

C	(↓↑)	(↓↑)	(↑)	(↑)	( )	$1s^22s^22p^2$
	1s	2s		2p		

应当指出，作为洪德规则的特例，等价轨道全充满、半充满或全空的状态是比较稳定的。

2. 电子的排布

根据电子排布三原则和近似能级图，可以写出大多数元素原子的**电子排布式**。

例如，钛原子核外有 22 个电子，其填充顺序为

$$1s^22s^22p^63s^23p^64s^23d^2$$

但在书写电子排布式时，要按电子层由小到大的顺序写，因此钛原子的电子排布式为

$$1s^22s^22p^63s^23p^63d^24s^2$$

为了避免电子排布式过长，通常可把内层已达到稀有气体的电子层结构写成“原子实”，并以稀有气体符号加方括号来表示。这样，钛原子的电子排布式又可表示为

$$[Ar]\ 3d^24s^2$$

再如，铬原子核外有 24 个电子，按照洪德规则，其电子排布式为

$$1s^22s^22p^63s^23p^63d^54s^1 \quad 或 \quad [Ar]\ 3d^54s^1$$

而不是

$$1s^22s^22p^63s^23p^63d^44s^2$$

这是因为 $3d^5$ 是半充满结构，比较稳定。

在核外电子中，能参与成键的电子称为**价电子**，而价电子所在的亚层统称为价层。由于化学反应只涉及价层电子的改变，所以一般不必写出完整的电子排布式，而只需写出价层电子排布式即可。价层电子排布式也称**价层电子构型**。例如，钛原子的价层电子构型是 $3d^24s^2$，铬原子的价层电子构型为 $3d^54s^1$。

必须指出，价层中的电子并非一定全是价电子，如 Ag 的价层电子构型为 $4d^{10}5s^1$，但它最多只有 3 个价电子。

电子排布原理是概括了大量事实后得出的一般规律，绝大多数原子的核外电子排布与这些原理给出的结果是一致的。但对于有些副族元素，特别是第五、六、七周期的某些元素，实验测定的核外电子的真实排布情况并不能用电子排布原理圆满地解释。因此，对于某一个具体元素的原子电子排布情况，要以光谱实验的结果为准。原理总是有其相对近似性的，科学研究的任务是承认矛盾，发展原理，使其更加符合实际。

5.5 元素在周期表中的位置与元素性质的周期性

早期人们对元素性质的认识是孤立的，只看到元素的个性，而对各元素间的联系及其共性缺乏系统的研究。1869 年，门捷列夫(Менделеев，俄)在元素系统化的研究中将元素按行和列以一定顺序排列起来，提出了在化学发展史上具有里程碑意义的元素周期表，从而表明了元素性质的周期性变化规律——**元素周期律**。

近代原子结构理论为元素周期律提供了理论依据。从元素周期表可以看出，随着原子序数的增加，原子核外的电子排布呈现周期性的变化，从而使元素性质也呈现周期性的变化。这正是元素周期律的实质。

5.5.1　元素在周期表中的位置

1. 元素的周期

迄今为止，周期表中共有 7 行，即有 7 个周期。第一周期有 2 种元素，称为**特短周期**；第二、三周期各有 8 个元素，称为**短周期**；第四、五周期有 18 个元素，称为**长周期**；第六、七周期有 32 个元素，称为**特长周期**。

从原子核外电子的排布规律可以看出，能级组的划分是元素划分为周期的本质原因。一个周期相应于一个能级组。每当一个新的能级组开始填充电子时，周期表中就开始了一个新的周期，而当该能级组中的各原子轨道被电子全部充满时，这个周期也就结束了。因此，每一周期所包含的元素数目恰好等于该能级组所能容纳的最多电子数，元素所在的周期数等于相应能级组的序数，也等于该元素原子的电子层数。

2. 元素的族

长式周期表从左到右共有 18 列。每一列中元素具有相似的价层电子结构和相似的化学性质，如同一个家族一样。关于族的划分，目前主要有两种方法。

第一种是国际纯粹与应用化学联合会(International Union of Pure and Applied Chemistry，IUPAC)1986 年推荐的方法，即每列为一族，共分为 18 个族，从左到右分别用阿拉伯数字 1～18 标明族数。

第二种是我国广泛采用的方法。考虑到第 8、9、10 三列元素既具有纵向相似性又具有水平相似性(指同一周期的三个元素化学性质相似)，将其合为一族。因此，周期表中的元素共划分为 16 个族，其中 7 个主族(ⅠA 至ⅦA，分别对应第 1、2、13～17 列)，7 个副族(ⅠB 至ⅦB，分别对应第 11、12、3～7 列)及第Ⅷ族(第 8、9、10 三列)和零族(第 18 列)。

族的序数与元素的价层电子结构有一定的关系。按照我国广泛采用的方法，主族元素的序数等于价层电子的总数；ⅠB、ⅡB 族的序数等于最外层电子数；ⅢB 至ⅦB 族的序数通常等于元素的价层电子的总数(镧系和锕系除外)；第Ⅷ族价层电子总数分别为 8、9、10；零族元素最外电子层处于全充满状态，电子数为 8 或 2。

3. 元素的分区

根据最后一个电子填充的轨道类型，可将周期表划分为五个区：

s 区　价层电子构型为 ns^1～ns^2，包括ⅠA、ⅡA 族。

p 区　价层电子构型为 ns^2np^1～ns^2np^6(He 除外)，包括ⅢA～ⅦA 族、零族。

d 区　价层电子构型一般为$(n-1)d^1ns^2$～$(n-1)d^9ns^{1\sim2}$，包括ⅢB～ⅦB 族、Ⅷ族。

ds 区　价层电子构型为$(n-1)d^{10}ns^1$～$(n-1)d^{10}ns^2$，包括ⅠB～ⅡB 族。通常将 ds 区元素和 d 区元素合在一起，统称过渡元素。

f 区　价层电子构型一般为$(n-2)f^{1\sim14}(n-1)d^{0\sim2}ns^2$，包括镧系元素和锕系元素。通常称 f 区元素为内过渡元素。

5.5.2　元素性质的周期性

前已叙及，随着原子序数的增加，原子核外的电子排布呈现周期性的变化。因此，与原子结构有关的元素基本性质如原子半径、电离能、电子亲和能、电负性等也必然呈现出周期性的变化。

1. 原子半径

由于核外电子具有波动性，电子云没有明显的边界，因此要严格地确定单个原子中最外层电子离开原子核的距离是不可能的。通常所说的原子半径，是以原子在不同环境中时相邻原子的核间距为基础而定义的。原子半径分为三种：共价半径、金属半径、范德华半径。

共价半径 同种元素的两个原子以共价单键结合时，其核间距的一半称为该元素的共价半径。例如，把 Cl—Cl 分子的核间距的一半(99pm)定为 Cl 原子的共价半径。

金属半径 金属晶体中两个相互接触的原子核间距的一半称为金属半径。

范德华半径 稀有气体以晶体存在时，两相邻原子核间距的一半称为范德华半径。

一般来说，同一元素的金属半径比其共价半径要大些。这是因为形成共价键时，轨道重叠的程度要大些。而范德华半径一般较大，因为在稀有气体的晶体中，原子之间是靠分子间力结合的。

本书在讨论问题时，一般采用共价半径，但稀有气体通常采用范德华半径。表 5-4 根据这一原则列出了元素的原子半径。

表 5-4 元素的原子半径(pm)

H 32																	He 140
Li 130	Be 99											B 84	C 75	N 71	O 64	F 60	Ne 154
Na 160	Mg 140											Al 124	Si 114	P 109	S 104	Cl 100	Ar 188
K 200	Ca 174	Sc 159	Ti 148	V 144	Cr 130	Mn 129	Fe 124	Co 118	Ni 117	Cu 122	Zn 120	Ga 123	Ge 120	As 120	Se 118	Br 117	Kr 202
Rb 215	Sr 190	Y 176	Zr 164	Nb 156	Mo 146	Tc 138	Ru 136	Rh 134	Pd 130	Ag 136	Cd 140	In 142	Sn 140	Sb 140	Te 137	I 136	Xe 216
Cs 238	Ba 206		Hf 164	Ta 158	W 150	Re 141	Os 136	Ir 132	Pt 130	Au 130	Hg 132	Tl 144	Pb 145	Bi 150	Po 142	At 148	Rn 220

La 194	Ce 184	Pr 190	Nd 188	Pm 186	Sm 185	Eu 183	Gd 182	Tb 181	Dy 180	Ho 179	Er 177	Tm 177	Yb 178	Lu 174

数据摘自：Haynes W M. CRC Handbook of Chemistry and Physics. 97th ed. 2016-2017.

从表 5-4 可以看出，原子半径随原子序数的增加呈现周期性的变化。影响原子半径的主要因素是原子的有效核电荷和主量子数 n。

在同一短周期中，从左到右，虽然主量子数 n 不变，但随着原子序数的增加，新增加的电子填在最外层(s、p 轨道)，屏蔽效应最小，有效核电荷增加的幅度最大，故原子半径明显减小(稀有气体除外，因为它们采用范德华半径)。

在同一长周期中，由于包含有过渡元素或内过渡元素(镧系和锕系)，原子半径变化有所不同。总的来看，过渡元素从左到右，随着原子序数的增加，新增加的电子填在次外层$(n-1)$d 轨道上，屏蔽效应较大，有效核电荷增加的幅度较小，原子半径缓慢减小。但对于 ds 区元素，由于 d 轨道处于全充满状态，屏蔽效应进一步增大，所以原子半径略有增大。对于镧系元素，随着原子序数的增加，新增加的电子填在$(n-2)$f 轨道上，屏蔽效应更大，有效核电荷增加的幅度更小，所以原子半径减小得更加缓慢，从镧到镥 15 个元素原子半径平均减少不足 1pm，这一现象称为镧系收缩。镧系收缩导致镧系各元素之间性质相似，分离困难。

同一主族，由上到下，主量子数 n 增加，原子半径依次增大。同一副族，由上到下原子半径增大的幅度较小，特别是第五周期和第六周期的元素，它们的原子半径非常接近，这主要是镧系收缩造成的结果。镧系收缩导致同族第三过渡系元素与第二过渡系元素的原子半径相近，性质相似。例如，锆与铪、铌与钽等总是成对地共生于矿物中，它们的分离也相当困难。

2. 电离能

元素的气态原子在基态时失去电子所需要的能量称为**电离能**，用 I 表示。失去第一个电子所需要的能量，称为第一电离能 I_1；失去第二个电子所需要的能量，称为第二电离能 I_2，依次类推。一般来说，存在如下规律：$I_1<I_2<I_3\cdots$。元素的第一电离能 I_1 是该元素金属活泼性强弱的标志。表 5-5 列出了元素的第一电离能。

表 5-5　元素的第一电离能 I_1(kJ · mol^{-1})

H 1312																	He 2372
Li 520.2	Be 899.5											B 800.6	C 1086	N 1402	O 1314	F 1681	Ne 2081
Na 495.8	Mg 727.7											Al 577.5	Si 786.5	P 1012	S 999.6	Cl 1251	Ar 1521
K 418.8	Ca 589.8	Sc 633.1	Ti 658.8	V 650.9	Cr 652.9	Mn 717.3	Fe 762.4	Co 760.4	Ni 737.1	Cu 745.5	Zn 906.4	Ga 578.8	Ge 762.2	As 944.4	Se 940.9	Br 1140	Kr 1351
Rb 403.0	Sr 549.5	Y 599.9	Zr 640.1	Nb 652.1	Mo 684.3	Tc 702.4	Ru 710.2	Rh 719.7	Pd 804.4	Ag 731.0	Cd 867.8	In 558.3	Sn 708.6	Sb 830.6	Te 869.3	I 1008	Xe 1170
Cs 392.0	Ba 502.8	La 538.1	Hf 658.5	Ta 728.4	W 758.8	Re 755.8	Os 814.2	Ir 865.2	Pt 864.4	Au 890.1	Hg 1007	Tl 589.3	Pb 725.6	Bi 702.9	Po 812.1	At —	Rn 1037

数据摘自：Haynes W M. CRC Handbook of Chemistry and Physics. 97th ed. 2016-2017.

由表 5-5 可以看出，同一主族，从上到下，第一电离能减小，金属性依次增强；同一周期，从左到右，第一电离能总趋势增大，金属性减弱。但有例外，如 $I_1(N)>I_1(O)>I_1(C)$，这是因为 N 原子的外层电子构型为 $2s^22p^3$，p 轨道处于半充满状态，比较稳定，失电子比较困难，故第一电离能较大；而 O 原子外层电子构型为 $2s^22p^4$，失去一个电子后变成半充满状态，故第一电离能较小。副族元素的电离能数据规律性较差。

电离能数据还可以说明元素的氧化态。例如，钠的 I_1=495.8kJ · mol^{-1}，I_2=4562kJ · mol^{-1}，$I_2 \gg I_1$，故钠通常表现为+1 氧化态；而铍的 I_1=899.5kJ · mol^{-1}，I_2=1757kJ · mol^{-1}，I_3=14849kJ · mol^{-1}，I_4 更大，$I_3 \gg I_2$，故铍通常表现为+2 氧化态。

3. 电子亲和能

元素的气态原子在基态时得到电子形成气态负离子所放出的能量称为元素的**电子亲和能**。电子亲和能用 E 表示。与电离能相似，电子亲和能也有第一电子亲和能、第二电子亲和能、第三电子亲和能、……。由于历史原因，电子亲和能正、负号的规定是放出能量为正，吸收能量为负。电子亲和能越大，表示原子变成负离子的倾向越大，非金属性越强。表 5-6 列出了某些元素的第一电子亲和能。

表 5-6　某些元素的第一电子亲和能 E_1(kJ · mol^{-1})

H 72.77							He —
Li 59.63	Be —	B 26.99	C 121.78	N —	O 140.98	F 328.16	Ne —
Na 52.87	Mg —	Al 41.76	Si 134.07	P 72.03	S 200.41	Cl 348.57	Ar —
K 48.38	Ca 2.37	Ga 41.49	Ge 118.94	As 78.54	Se 194.96	Br 324.53	Kr —
Rb 46.88	Sr 4.63	In 28.95	Sn 107.30	Sb 100.92	Te 190.16	I 295.15	Xe —
Cs 45.50	Ba 13.95	Tl 19.30	Pb 35.12	Bi 90.92	Po 183	At 269.7	Rn —

数据摘自：Haynes W M. CRC Handbook of Chemistry and Physics. 97th ed. 2016-2017.

电子亲和能数据不全，准确性较差，因此规律性不太明显。总体来说，金属元素的电子亲和能较低，非金属元素的电子亲和能较高。从表 5-6 中仍然可以看出元素电子亲和能数值变化的大致规律：同一周期，从左到右，电子亲和能增大；同一主族，从上到下，电子亲和能减小。但 F 和 O 的第一电子亲和能在同族中并不是最大的，这是由于 F 和 O 原子半径过小，电子云密度过高，结合电子时将会受到原有电子较强的排斥，从而导致放出的能量减少。

4. 电负性

电离能和电子亲和能只是分别从一个侧面反映了原子失去电子和得到电子的能力，因而存在一定的片面性。例如，I_1(H)>I_1(I)，说明在 HI 分子中 I 比 H 容易失去电子；而 E_1(H)<E_1(I)，又说明在 HI 分子中 I 比 H 容易得到电子，这显然是相互矛盾的。

为了能比较全面地描述不同元素原子在分子中对成键电子吸引的能力，鲍林于 1932 年提出了电负性的概念。**电负性**是指元素原子在分子中吸引电子的能力，用 χ 表示。他指定最活泼的非金属元素(氟)原子的电负性为 4.0，然后通过计算得到其他元素原子的电负性值。表 5-7 列出了元素的电负性。

表 5-7　元素的电负性

Li 0.98	Be 1.57						H 2.20					B 2.04	C 2.55	N 3.04	O 3.44	F 3.98
Na 0.93	Mg 1.31											Al 1.61	Si 1.90	P 2.19	S 2.58	Cl 3.16
K 0.82	Ca 1.00	Sc 1.36	Ti 1.54	V 1.63	Cr 1.66	Mn 1.55	Fe 1.83	Co 1.88	Ni 1.91	Cu 1.90	Zn 1.65	Ga 1.81	Ge 2.01	As 2.01	Se 2.55	Br 2.96
Rb 0.82	Sr 0.95	Y 1.22	Zr 1.23	Nb 1.6	Mo 2.16	Tc 2.10	Ru 2.2	Rh 2.28	Pd 2.20	Ag 1.93	Cd 1.69	In 1.78	Sn 1.96	Sb 2.05	Te 2.10	I 2.66
Cs 0.79	Ba 0.89		Hf 1.3	Ta 1.5	W 1.7	Re 1.9	Os 2.2	Ir 2.2	Pt 2.2	Au 2.4	Hg 1.9	Tl 1.8	Pb 1.8	Bi 1.9	Po 2.0	At 2.2
Fr 0.7	Ra 0.9		Th 1.3	Pa 1.5	U 1.7	Np 1.3	Pu 1.3									

数据摘自：Haynes W M. CRC Handbook of Chemistry and Physics. 97th ed. 2016-2017.

元素原子的电负性呈周期性变化。同一周期，从左到右电负性逐渐增大；同一主族，从上到下电负性逐渐减小。副族元素原子的电负性变化不甚规律。在周期表中，氟的电负性最大，铯的电负性最小。

一般来说，非金属的电负性大于金属的电负性，但二者之间并没有严格的界限。不过，大多数非金属的电负性在 2.0 以上，大多数金属的电负性在 2.0 以下。根据元素的电负性的大小，可以衡量元素的金属性和非金属性的强弱以及彼此之间形成化学键的性质。通常，电负性相差大的金属元素与非金属元素之间以离子键结合，形成离子型化合物；电负性相同或相近的非金属元素之间以共价键结合，形成共价化合物；电负性相同或相近的金属元素之间以金属键结合，形成金属或合金。

自鲍林提出了电负性的概念以后，吸引了不少学者对此进行研究，目前已经有了几套电负性数据。各套数据规律基本相同，但数值存在差异，因此使用时要注意选用同一套电负性数据。

元素周期律是人们在长期科学实践活动中积累了大量感性资料后总结出来的规律，它使人们对化学元素的认识形成了一个完整的系统，使化学成为一门系统的科学。

5.6　离子键理论

5.6.1　离子键的形成和性质

金属钠在氯气中燃烧时生成氯化钠。氯化钠在熔融或溶解状态下能导电，说明它是由带相反电荷的正、负离子组成的。因此可以认为氯化钠的形成过程如下：当电负性小的 Na 原子与电负性大的 Cl 原子相遇时，它们都有达到稀有气体稳定结构的倾向，Na 原子失去电子变成 Na^+，Cl 原子得到电子变成 Cl^-，Na^+和 Cl^-靠静电引力结合成稳定的化合物。

这种由正、负离子的静电作用而形成的化学键称为**离子键**。由离子键形成的化合物称为**离子型化合物**。

离子键有以下三个特点：

(1) 没有方向性。

离子电荷的分布是球形对称的，它的静电场力是向空间各个方向伸展的，所以它可以在空间任何方向与带有相反电荷的离子相互吸引而形成离子键。

(2) 没有饱和性。

每一个离子总是尽可能多地吸引带相反电荷的离子，只不过近的引力强，远的引力弱而已。但这并不意味着每个离子周围所排列的相反电荷离子数目是任意的。实际上，受空间条件的限制，每一种离子都各有自己的配位数，如在 NaCl 晶体中，Na^+和 Cl^-的配位数都是 6。

(3) 键的离子性成分与元素的电负性有关。

键的离子性成分是指在两个相邻原子间所形成的单键中纯静电引力所占的百分数。以最典型的离子化合物 CsF 为例，它的离子性成分为 92%，也就是说，Cs^+与 F^-之间并不完全是静电作用，仍有 8%的原子轨道重叠——共价性成分。通常将离子性成分大于 50%的单键称为离子键，而把共价性成分大于 50%的单键称为共价键。

对于 AB 型化合物，单键的离子性成分只与 A、B 两原子的电负性差值有关。当两个原子的电负性差值为 1.7 时，单键约有 50%的离子性成分。因此，若两个原子的电负性差值大于 1.7 时，可判断它们之间形成离子键，该物质是离子化合物；反之，则原子间形成共价键，该物质为共价化合物。

5.6.2 离子的特征

离子主要有三个重要的结构特征：离子的电荷、离子的电子构型和离子半径。

1. 离子的电荷

离子的电荷数就是原子在形成离子化合物过程中得、失的电子数。

元素的原子得电子时，总是尽可能形成稀有气体的电子层结构。

元素的原子失去电子形成正离子时，最先失去的并不一定是基态原子中能量最高的轨道上的电子。这是因为正离子的有效核电荷比原子的多，所以基态正离子的轨道能级与原子的轨道有所不同。

对于基态正离子的轨道能级高低顺序，徐光宪提出了**(n+0.4l)规则**。他认为，(n+0.4l)值越大，能级越高，电子越容易失去。由此可得原子在变成正离子时失电子的顺序为：np→ns→(n−1)d→(n−2)f。例如，Fe 原子的外层电子构型为 $3d^6 4s^2$，先失去的是 4s 上的 2 个电子(而不是先失去 3d 上的 2 个电子)成为 Fe^{2+}，再失去 3d 上的 1 个电子成为 Fe^{3+}。

2. 离子的电子构型

对于简单负离子来说，通常具有稀有气体的电子构型，即 8 电子构型，如 Cl^-($3s^2 3p^6$)、O^{2-}($2s^2 2p^6$)等。

对于正离子来说，情况比较复杂，通常可分为 0、2、8、18、18+2 和 9～17 等六种电子构型，见表 5-8。

表 5-8　正离子的电子构型

类型	离子的外层电子构型	实例
0 电子构型	$1s^0$	H^+
2 电子构型	$1s^2$	Li^+，Be^{2+}
8 电子构型	ns^2np^6	Na^+，Mg^{2+}，Al^{3+}，Ca^{2+}，Sc^{3+}
18 电子构型	$ns^2np^6\ nd^{10}$	Cu^+，Ag^+，Zn^{2+}，Cd^{2+}，Hg^{2+}
18+2 电子构型	$(n-1)s^2(n-1)p^6(n-1)d^{10}ns^2$	Sn^{2+}，Pb^{2+}，Sb^{3+}，Bi^{3+}
9～17 电子构型	$ns^2np^6nd^{1\sim9}$	V^{3+}，Mn^{2+}，Fe^{3+}，Fe^{2+}，Ni^{2+}

3. 离子半径

与原子的情况一样，电子在离子中运动也没有确定的边界。离子半径是根据离子晶体中相邻正、负离子的核间距测出的。如果把离子晶体中相邻的正、负离子看作是相互接触的两个球，两个离子的核间距 d 就可看作是正、负离子半径之和，即 $d=r_++r_-$(图 5-15)。核间距 d 的数值可通过 X 射线衍射法测得。以氧离子(O^{2-})半径为 140pm 作为标准，可以计算出其他离子半径。

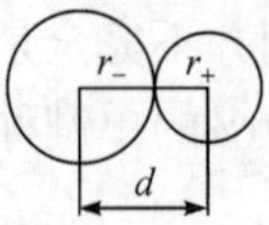

图 5-15　离子半径示意图

离子半径与离子所处的环境有很大关系。表 5-9 列出了目前化学界公认的配位数为 6 时常见离子的半径。

表 5-9　离子半径(pm)

(1) 正离子半径

Li^{+} 76	Be^{2+} 45																
Na^{+} 102	Mg^{2+} 72	Al^{3+} 53.5															
K^{+} 138	Ca^{2+} 100	Sc^{3+} 74.5	Ti^{4+} 60.5	V^{3+} 64	Cr^{3+} 61.5	Mn^{2+} 83	Fe^{2+} 78	Fe^{3+} 64.5	Co^{2+} 74.5	Ni^{2+} 69	Cu^{2+} 73	Cu^{+} 77	Zn^{2+} 74	Ga^{3+} 62		Ge^{2+} 73	As^{3+} 58
Rb^{+} 152	Sr^{2+} 118			9～17 电子构型								Ag^{+} 115	Cd^{2+} 95	In^{3+} 80		Sn^{2+} 118	Sb^{3+} 76
Cs^{+} 167	Ba^{2+} 136												Hg^{2+} 119	Tl^{3+} 88.5	Tl^{+} 150	Pb^{2+} 119	Bi^{3+} 103
8(或 2)电子构型												18 电子构型			18+2 电子构型		

(2) 负离子半径

O^{2-}	S^{2-}	Se^{2-}	Te^{2-}	F^{-}	Cl^{-}	Br^{-}	I^{-}
140	184	198	221	133	181	196	220
8 电子构型							

数据摘自：Speight J G. Lange's Handbook of Chemistry. 16th ed. 2005, 1.151～1.156.

原子失去电子成为正离子时，由于有效核电荷增加，外层电子受到的引力增大，所以正离子的半径比相应的原子半径小；原子形成负离子后，外层电子的相互斥力增大，所以负离子半径比相应的原子半径大。电荷相同时，离子半径的变化与原子半径的变化规律类似。

离子所带电荷越多，离子半径越小，所形成的离子键越强。离子键的强弱对离子型化合物的性质有很大影响。

5.6.3　离子晶体

1. 晶体的基本概念

固体分为晶体和非晶体。晶体具有规则的外形(如食盐晶体是正立方体，明矾晶体是正八面体)、固定的熔点和各向异性的特征。非晶体没有这些特点。

晶体的特征是由其内部结构所决定的。应用 X 射线衍射法对大量晶体研究的结果表明，组成晶体的质点总是在空间有规律地、周期性地排列着。结晶学中称由这些质点所组成的几何图形为**晶格**(图 5-16)，晶格中质点占据的位置称为**结点**。晶格中的最小重复单位称为**晶胞**，晶胞在空间连续重复延伸就成为晶格。

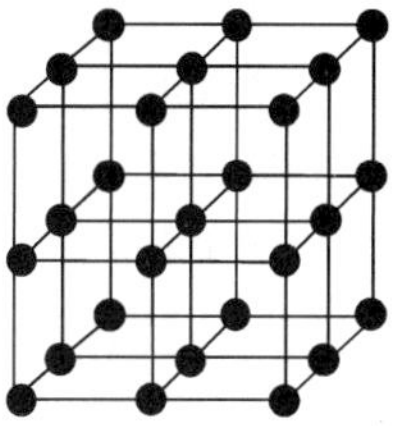

图 5-16　晶格

根据组成晶体的质点种类和作用力的不同，可将晶体分为离子晶体、原子晶体、分子晶体和金属晶体四种基本类型。

2. 离子晶体的特点

由正、负离子通过离子键结合而成的晶体称为离子晶体。在离子晶体中，结点上是正、负离子。由于离子键较强，所以离子晶体具有较高的熔点、沸点和硬度。离子晶体一般很脆，易溶于极性溶剂，水溶液和熔融态能导电。

在离子晶体中不存在单个的分子，整个晶体可以看成是一个巨型分子。

3. AB 型化合物最简单离子晶体的类型

离子晶体中正、负离子在空间的排列情况是多种多样的。这里只介绍 AB 型化合物(只含有一种正离子和一种负离子，组成比为 1∶1)离子晶体中最简单的结构类型。对于晶胞形状为正立方体的 AB 型离子化合物来说，按配位数划分主要有以下三种类型：

1) CsCl 型

如图 5-17(a)所示，属于简单立方晶格。组成晶体的正离子分布在正立方体的八个顶点上，负离子也分布在正立方体的八个顶点上，每个离子都处于 8 个带相反电荷离子所形成的正立方体的中心，正、负离子的配位数均为 8。除 CsCl 外，CsBr、CsI 等晶体都属于 CsCl 型晶体。

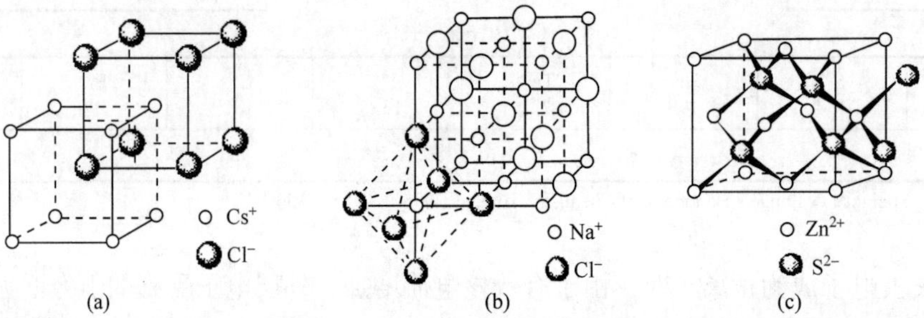

图 5-17　AB 型离子晶体的结构

2) NaCl 型

如图 5-17(b)所示，属于面心立方晶格。组成晶体的正离子分布在正立方体的八个顶点上和六个面心上，负离子也分布在正立方体的八个顶点上和六个面心上，每个离子都处于 6 个带相反电荷的离子所形成的正八面体的中心，正、负离子的配位数均为 6，为最常见类型。除 NaCl 外，LiF、CsF 等晶体都属于 NaCl 型晶体。

3) 立方 ZnS 型(闪锌矿型)

如图 5-17(c)所示，属于面心立方晶格。组成晶体的正离子分布在正立方体的八个顶点上和六个面心上，负离子也分布在正立方体的八个顶点上和六个面心上，但质点分布较复杂。在晶体中，由同种离子所形成的四面体的中心刚好有半数被相反电荷的离子所占据，正、负离子的配位数均为 4。除 ZnS 外，ZnO、HgS 等晶体都属于立方 ZnS 型晶体。

配位数和晶体类型主要与正、负离子半径比有关。一般来说，r_+/r_-为 0.225～0.414，配位数为 4，为立方 ZnS 型；0.414～0.732，配位数为 6，为 NaCl 型；0.732～1.0，配位数为 8，为 CsCl 型。上述规律有例外。

4. 晶格能

离子晶体的熔、沸点的高低和硬度的大小取决于离子键的强度，而离子键的强度可用晶格能来衡量。

晶格能的定义是：在标准态下将 1mol 离子晶体变成无限远离的气态正、负离子时所需要的能量。常用符号 U 表示。可以粗略地认为它与正、负离子的电荷和半径有关：

$$U \propto \frac{|z_+ z_-|}{r_+ + r_-} \tag{5-17}$$

即离子电荷越多，半径越小，晶格能越大，离子晶体的硬度越大，熔、沸点越高。

例 5-2　试比较下列 3 组离子化合物的熔点。

(1) NaF 与 NaCl；

(2) MgO 与 CaO；

(3) NaF 与 CaO(二者离子半径很接近)

解　(1) Cl^-比 F^-半径大，所以 NaF 熔点高；

(2) Mg^{2+}比 Ca^{2+}半径小，所以 MgO 熔点高；

(3) Ca^{2+}、O^{2-}比 Na^+、F^-电荷高，所以 CaO 熔点高。

上述 4 种晶体的有关数据见表 5-10。

表 5-10　晶格能与晶体性质的实验数据

离子化合物	电荷数 z	$(r_+ + r_-)$/pm	U/(kJ · mol^{-1})	熔点/℃	硬度
NaF	1	231	930	993	3.2
NaCl	1	282	790	801	2.5
MgO	2	210	3791	2852	6.5
CaO	2	240	3401	2614	4.5

晶格能对离子化合物的溶解度也有一定的影响。

5.7　共价键理论

离子键理论能很好地解释离子化合物的形成和性质，但对于由电负性相同或相差较小的原子所形成的分子来说，离子键理论显然就不适用了。为了说明这类分子中的化学键，20 世纪初有人提出了共价键理论。

共价键理论主要包括价键理论和分子轨道理论。为了解释多原子分子的结构，鲍林又对价键理论进行了补充，提出了杂化轨道理论。本节简要介绍这几种理论，同时介绍专门用于预测分子几何构型的价层电子对互斥理论。

5.7.1　价键理论

价键理论简称 VB 法，又称**电子配对法**，是海特勒(Heitler，美)和伦敦(London，美)应用量子力学处理氢分子结构问题所得结果的推广。

1. 共价键的形成和本质

1927 年，海特勒和伦敦用量子力学处理氢分子时得到 H_2 分子的能量 E 与核间距 d 的关系曲线，如图 5-18 所示。

如果两个氢原子的未成对电子自旋方向相反，当这两个原子相互靠近时，两个原子的电子不但受自身原子核的吸引，而且受另一原子核的吸引，整个系统能量降低。随着两个原子的靠近，两原子核之间的斥力也逐渐增大。当 d=74pm(此值小于氢原子玻尔半径 53pm 的 2

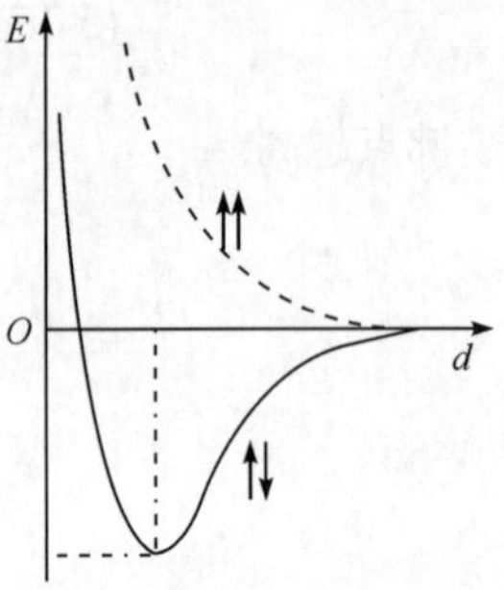

图 5-18　氢分子形成过程的能量曲线

倍)时，吸引与排斥力达到平衡，系统能量达到最低。这说明此时两个氢原子的 1s 轨道发生了重叠，形成了稳定的化学键。这种状态称为氢分子的**基态**。这个最低能量就是 H—H 键的键能，而两个氢原子原子核间的平衡距离就是键长。

如果两个氢原子的电子自旋平行，当它们相互靠近时将会产生排斥作用，系统能量升高，说明它们不能形成稳定的化学键，即不能形成 H_2 分子，这种不稳定的状态，称为氢分子的**排斥态**。

根据量子力学原理，氢分子的基态之所以能成键，是由于两个氢原子的 1s 原子轨道都是正值，互相重叠后使两个核间的概率密度有所增加，在核间出现了一个概率密度最大的区域。这一方面降低了两原子核之间的排斥，另一方面增加了两个原子核对核间负电荷区域的吸引，故有利于系统能量降低和共价键的形成。而氢分子的推斥态则相当于两个氢原子的 1s 轨道重叠部分相互抵消，在两核间出现了概率密度稀疏的区域，从而增大了两核之间的排斥，使系统能量升高，因而不能形成共价键，这两种情况如图 5-19 所示。

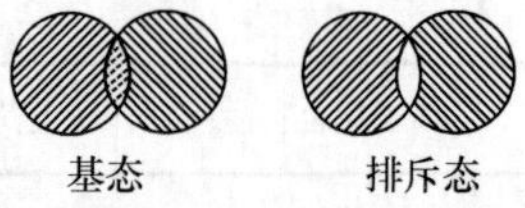

图 5-19　氢分子的两种状态

综上所述，共价键的形成是由于原子相互靠近时，两个自旋相反的未成对电子的相应原子轨道相互重叠，电子云密集在两原子核之间，使系统能量降低，因而形成稳定的共价键。这表明共价键的本质是电性的。

2. 价键理论的基本要点

1930 年，鲍林等将海特勒和伦敦对氢分子形成的研究成果扩展到其他分子，建立了现代价键理论。该理论的基本要点有两条。

1) 电子配对原理

成键两原子中自旋相反的未成对电子相互靠近时，可相互配对形成稳定的共价键。这就意味着原子所能形成的共价键数目受到未成对电子数的限制。因此，共价键具有饱和性。电子配对以后会放出能量，放出能量越多，化学键越稳定。

2)最大重叠原理

成键时原子轨道必须同号重叠，并且沿着最大重叠方向。因此，共价键具有方向性。原子轨道重叠的越多，形成的共价键越牢固。

例如，HCl 分子中的共价键是由氢原子的 1s 轨道与氯原子的 3p 轨道重叠形成的，它们有四种可能的重叠方式，如图 5-20 所示，只有(a)满足最大重叠原理，故 HCl 分子采取(a)的方式重叠成键。

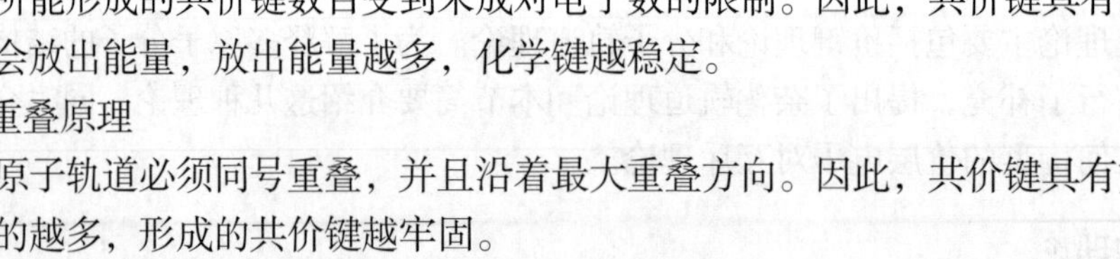

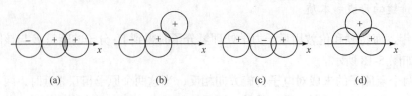

图 5-20　s 和 p_x 轨道可能的重叠方式

3. 共价键的主要类型

根据原子轨道重叠方式的不同，通常将共价键分为 σ 键和 π 键。

1) σ 键

两原子轨道沿键轴方向，以“头碰头”的方式发生重叠所形成的共价键称为 **σ 键**。此时，参与成键的原子轨道沿键轴方向旋转任意角度，轨道的形状和符号均不发生改变。例如，s-s(H_2 分子中的键)、p_x-s(如 HCl 分子中的键)、p_x-p_x(如 F_2 分子中的键)重叠都形成 σ 键(图 5-21)。

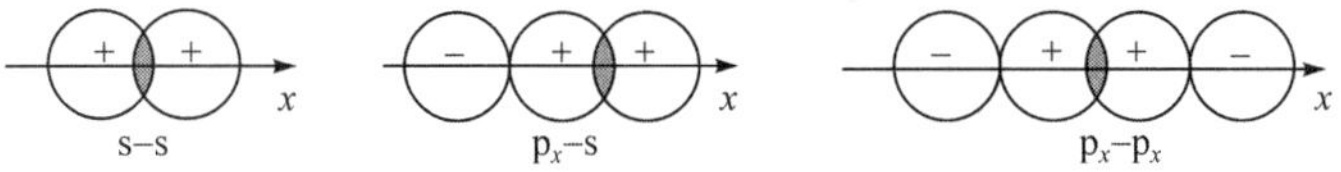

图 5-21　σ 键示意图

2) π 键

两原子轨道沿键轴方向以“肩并肩”方式重叠，轨道重叠部分对通过一个键轴的平面具有镜面反对称性，这种键称为 **π 键**。例如，当两个原子沿 x 轴结合时，p_y-p_y、p_z-p_z 轨道重叠形成的就是 π 键(图 5-22)。

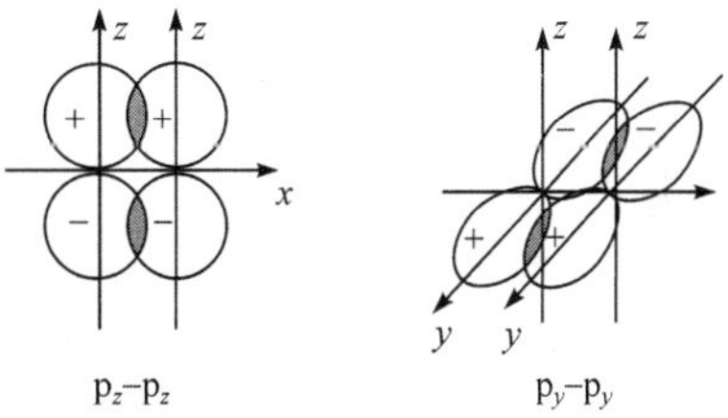

图 5-22　π 键示意图

在氮分子的结构中，就有一个 σ 键和两个 π 键。氮原子的外层电子构型为 $2s^22p_x^12p_y^12p_z^1$。当两个 N 原子相化合时，如果两个 N 原子的 p_x 轨道沿 x 轴方向“头碰头”重叠形成一个 σ 键，则两个 N 原子的 p_y-p_y 和 p_z-p_z 轨道就不能沿 x 方向“头碰头”重叠了，而只能以“肩并肩”方式重叠，形成两个 π 键。

通常，π 键重叠程度小于 σ 键，不如 σ 键牢固，π 键的电子活动性较高，它是化学反应的积极参与者。例如，含有双键的烯烃就很容易发生加成反应。

3) 配位键

NH_3 与 H^+ 可以结合成 NH_4^+，这里 H^+ 与 NH_3 分子中 N 原子之间形成的是共价键，但 H^+ 并没有电子可提供。显然，H^+ 与 N 原子之间成键时共用的电子对是由 N 原子单独提供的。化学上将这种共价键称为**配位键**。配位键通常用“→”表示，箭头由提供电子对的原子指向接受电子对的原子。配位键一经形成就同普通的共价键没有区别。

一般来说，形成配位键要满足两个条件：①提供电子对的原子其价电子层有孤电子对；②接受电子对的原子其价电子层要有空轨道。

在上面的例子中，H^+ 的 1s 轨道是空着的，于是 NH_3 分子中的 N 原子将价层中一对未成键的孤电子对放入该轨道中，形成 $[H{\leftarrow}NH_3]^+$。

配位键在配合物的形成过程中起着决定性的作用。

5.7.2　价层电子对互斥理论

价键理论可以很好地说明共价分子中化学键的本质和特征，但是它却不能预测多原子分子的空间构型。由于组成分子的原子在三维空间的排列顺序与方式的不同，多原子分子的结构呈现出多样性，究竟采取哪一种几何构型也是化学理论必须回答的问题。为了预测 AB_n 型(A 为中心原子，B 为配位原子)多原子分子的几何构型，1940 年西奇威克(Sidgwick，英)等提出了**价层电子对互斥理论**，简称 VSEPR 法。

1. 价层电子对互斥理论的基本要点

(1) 中心原子与配位原子形成 AB_n 多原子分子时，为使系统能量最低，总是选择中心原子价层电子对相互排斥作用最小的那种几何构型。为此，中心原子的价层电子对在其周围排布时要尽可能互相远离。因此，价层电子对数(VP)与价层电子对的几何构型之间存在如下关系，见表 5-11。

表 5-11　中心原子价层电子对数与电子对几何构型的关系

VP	2	3	4	5	6
几何构型	 直线形	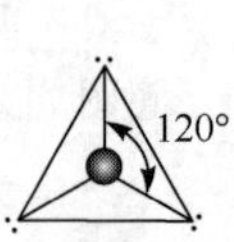 三角形	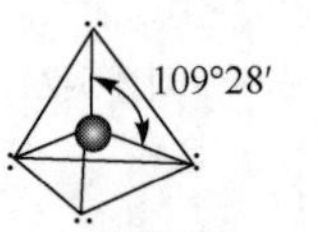 四面体	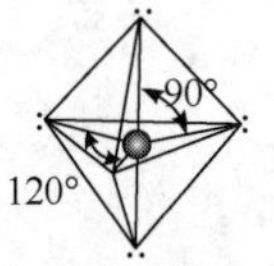 三角双锥	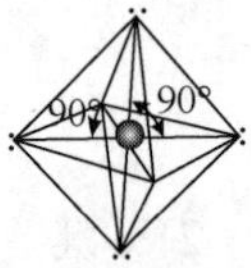 八面体
电子对夹角	180°	120°	109°28′	90°, 120°, 180°	90°, 180°

(2) 价层电子对包括成键电子对(BP)和孤电子对(LP)，VP=BP+LP。其中成键电子对指的是 σ 成键电子对(不考虑 π 电子对)。由于成键电子对受两个原子核的吸引，电子云主要集中在键轴的位置，而孤电子对只受中心原子的吸引，电子云比较肥大，对相邻电子对的排斥作用较大。不同类型价层电子对的排斥作用顺序为

孤电子对-孤电子对>孤电子对-成键电子对>成键电子对-成键电子对

这种差别可以通过电子对之间的夹角反映出来。例如，在水分子中，两条孤电子对轨道之间夹角为 115.4°，孤电子对轨道与成键电子轨道之间夹角为 109.1°，而两条成键电子对轨道之间夹角为 104.5°。

(3) 中心原子若与配位原子形成共价双键或共价三键，需按共价单键处理。虽然如此，但由于多重键比单键包含的电子数多，电子云占据的空间大，排斥作用也大。因此，单键、双键和三键的排斥作用顺序为

三键>双键>单键

例如，甲醛分子中，∠HCO=122°6′，∠HCH=115°48′。

(4) 电负性也对分子的几何构型产生影响。中心原子电负性增大，成键电子对的电子云将靠近中心原子，对其他电子对的排斥作用增强，键角将变大。反之，配位原子电负性增大，成键电子对的电子云将远离中心原子，对其他电子对的排斥作用减弱，键角将变小。

例如，O 比 S 的电负性大，因此 H_2O 和 H_2S 的键角分别为 104.5°和 92.2°。再如，F 比 H 的电负性大，因此 NF_3 和 NH_3 的键角分别为 102.1°和 107°18′。

2. 判断共价分子或离子结构的一般步骤

(1) 确定中心原子的价层电子对数 VP，判断电子对的空间构型。

$$VP = \frac{中心原子的价电子数 + 配位原子提供的价电子数 \pm 离子电荷数\begin{pmatrix}负离子\\正离子\end{pmatrix}}{2} \tag{5-18}$$

计算 VP 时有如下规定：

① 作为配位原子时，H 与卤素每个原子各提供 1 个价电子，氧族元素不提供价电子，氮族元素每个原子向中心原子索取 1 个价电子。

② 若计算 VP 时剩余 1 个电子未能整除，也当作 1 对电子处理，但它对其他电子对的排斥作用将明显减弱。

(2) 若中心原子价层电子对数 VP 等于中心原子周围的配位原子数，则价层电子对都是成键电子对，价层电子对的空间分布就是该分子的空间构型，如 BeH_2、BF_3、CH_4、PCl_5、SF_6 分别为直线形、平面三角形、四面体、三角双锥和八面体。

例 5-3　试判断 PO_4^{3-} 的几何构型。

解　在 PO_4^{3-} 中，中心原子 P 有 5 个价电子，配位原子 O 不提供电子，PO_4^{3-} 的负电荷数为 3，所以 P 原子的价层电子对数为 $\frac{5+3}{2}=4$，电子对空间分布为四面体。因配位原子数为 4，与价层电子对数相等，故价层电子对都是成键电子对，所以 PO_4^{3-} 为四面体。

(3) 若中心原子价层电子对中有孤电子对，分子几何构型将不同于电子对空间分布。这时需要确定中心原子的成键电子对数、孤电子对数，通过分析各电子对之间相互排斥作用的大小，推断分子的几何构型。其中孤电子对数等于价层电子对数减去成键电子对数。

① 当中心原子价层电子对有不同夹角时，只需考察夹角最小的情况。例如，三角双锥构型的分子中中心原子价层电子对有 90°、120°和 180°三种夹角，只需考察 90°夹角电子对之间的排斥作用即可。

② 中心原子周围在最小角度的排斥作用大的电子对数越少，结构越稳定。

例 5-4　试判断 SF_4 分子的几何构型。

解　在 SF_4 分子中，中心原子 S 有 6 个价电子，4 个 F 原子共提供 4 个电子，所以 S 原子的价层电子对数为 $\frac{6+4}{2}=5$，电子对空间分布为三角双锥。由于配位原子数为 4，故有 4 个成键电子对，1 个孤电子对，其中 4 个顶角被与 F 原子相结合的成键电子对所占据，1 个顶角被孤电子对所占据，此时有两种可能的结构，如图 5-23 所示。究竟哪一种是最稳定的结构需要进一步分析。

由图可见，结构(a)和结构(b)都没有孤电子对–孤电子对间的排斥作用，不过结构(b)中孤电子对–成键电子对间 90°的排斥作用有 2 个，比结构(a)中的同种排斥作用(有 3 个)要小，所以结构(b)应为 SF_4 分子的稳定结构，即为变形的四面体。

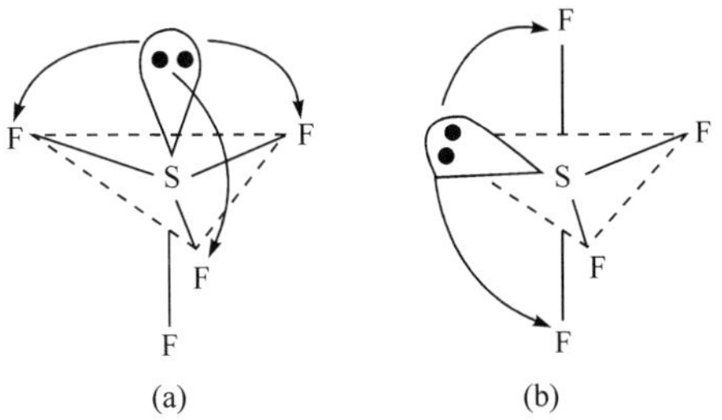

图 5-23　SF_4 分子两种可能的几何构型

表 5-12 给出了价层电子对与分子几何构型的关系。

表 5-12　价层电子对与分子几何构型的关系

VP	价层电子对空间分布	BP	LP	分子几何构型	实例
2	直线形	2	0	 直线形	HCN，CO_2
3	平面三角形	3	0	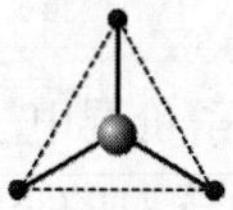 平面三角形	BF_3，SO_3
		2	1	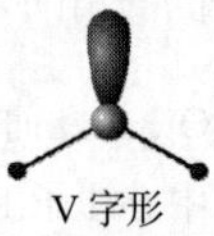 V 字形	$PbCl_2$，SO_2
4	四面体	4	0	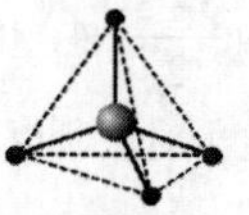 四面体	CH_4，SO_4^{2-}
		3	1	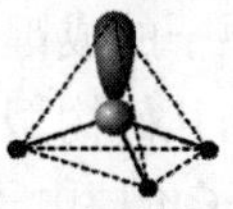 三角锥形	NH_3，SO_3^{2-}
		2	2	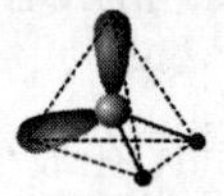 V 字形	H_2O，ClO_2^-
5	三角双锥	5	0	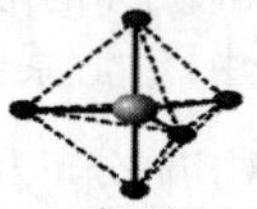 三角双锥	PCl_5，$AsCl_5$
		4	1	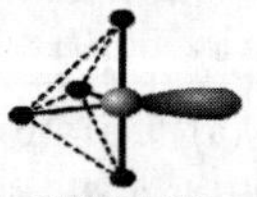 变形四面体	SF_4，$TeCl_4$
		3	2	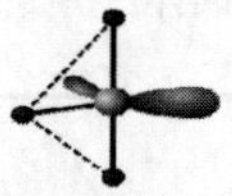 T 字形	ClF_3，BrF_3
		2	3	 直线形	XeF_2，I_3^-
6	八面体	6	0	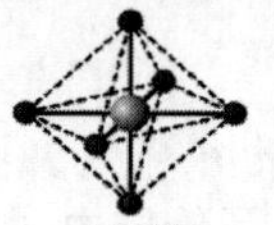 八面体	SF_6，$[AlF_6]^{3-}$

续表

VP	价层电子对空间分布	BP	LP	分子几何构型	实例
6	八面体	5	1	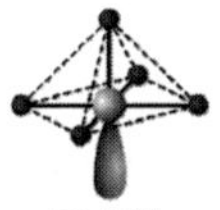 四方锥	IF_5，$[SbF_5]^{2-}$
		4	2	 平面正方形	XeF_4，ICl_4^-

价层电子对互斥理论在预测由第一、二、三周期元素所组成的多原子分子的几何构型及键角变化的规律等方面是很成功的。但用此法判断含有 d 电子的过渡元素以及长周期主族元素形成的分子时常与实验结果有出入。同时，它也无法解释多原子分子中共价键的形成原因和相对稳定性。

5.7.3　杂化轨道理论

价键理论在阐明多原子分子和配离子的形成与立体结构时遇到了很大困难。例如，价键理论不能解释 CH_4 分子的形成和 CH_4 分子中的键角为 109°28′的原因。1931 年，鲍林在价键理论的基础上提出了轨道杂化的概念，较好地解释了多原子分子和配离子的空间构型问题，形成了杂化轨道理论。

1. 杂化轨道理论的基本要点

(1) 在成键过程中，由于原子间的相互影响，同一原子中能量相近的某些原子轨道可以“混合”起来，重新组合成数目相等、成键能力更强的新的原子轨道，从而改变了原有轨道的状态。这一过程称为原子轨道的**杂化**，所组成的新的原子轨道称为**杂化轨道**。

(2) 为使成键电子之间的排斥力最小，各个杂化轨道在核外要采取最对称的空间分布方式。杂化轨道的类型对分子的空间构型起决定性作用。

原子轨道的杂化只发生在分子形成的过程中，孤立的原子其轨道不可能发生杂化。

2. 杂化轨道的类型与分子的空间构型

根据组成杂化轨道的原子轨道的种类和数目的不同，可将其分成不同的类型。

1) s-p 型杂化

只有 s 轨道和 p 轨道参与的杂化称为 s-p 型杂化。其中，由 s 轨道和 1 个 p 轨道进行的杂化称为 **sp 杂化**，所形成的轨道称为 sp 杂化轨道；同理，由 s 轨道分别和 2 个或 3 个 p 轨道进行的杂化称为 **sp^2 杂化**或 **sp^3 杂化**，所形成的轨道分别称为 sp^2 杂化轨道或 sp^3 杂化轨道。

(1) 等性杂化。一般情况下，某原子进行杂化时所形成的若干杂化轨道的成分是相同的，因而形状也是相同的，这种杂化称为**等性杂化**。

从图 5-24 可以看出，sp 杂化轨道有两个，每个 sp 杂化轨道都含有 $\frac{1}{2}$s 和 $\frac{1}{2}$p 成分。为使相互间的排斥能最小，轨道间的夹角为 180°[图 5-24(a)]。同理，每个 sp^2 杂化轨道含有 $\frac{1}{3}$s 和 $\frac{2}{3}$p 成分，轨道间的夹角为 120°[图 5-24(b)]；每个 sp^3 杂化轨道含有 $\frac{1}{4}$s 和 $\frac{3}{4}$p 成分，轨道间的夹角为 109°28′[图 5-24(c)]。从图中还可以看出，杂化轨道都是一头大，一头小，这种分布有利于成键时原子轨道间最大程度的重叠，因而杂化轨道比原子轨道的成键能力强。

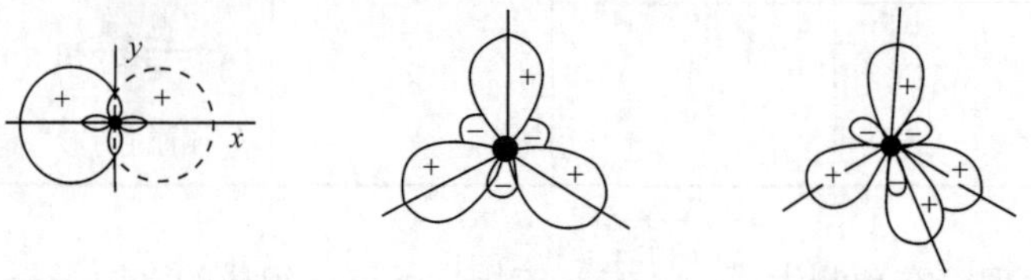

(a) 两个sp杂化轨道　(b) 三个sp^2杂化轨道　(c) 四个sp^3杂化轨道

图 5-24　s-p 型杂化轨道示意图

由于不同类型的杂化轨道之间的夹角不同，因而成键后所形成的分子就具有不同的空间构型。sp 杂化形成直线形分子；sp^2 杂化形成平面三角形分子；sp^3 杂化形成四面体型分子。

以 CH_4 分子为例，其空间构型为正四面体，键角∠HCH 为 109°28′。价键理论无法解释这一事实。杂化轨道理论认为，基态 C 原子外层电子构型为 $2s^22p^2$，在成键过程中，有 1 个 2s 电子被激发到 2p 轨道上，产生四个未成对电子。同时 C 原子中的 2s 轨道和三个 2p 轨道杂化，形成四个 sp^3 杂化轨道：

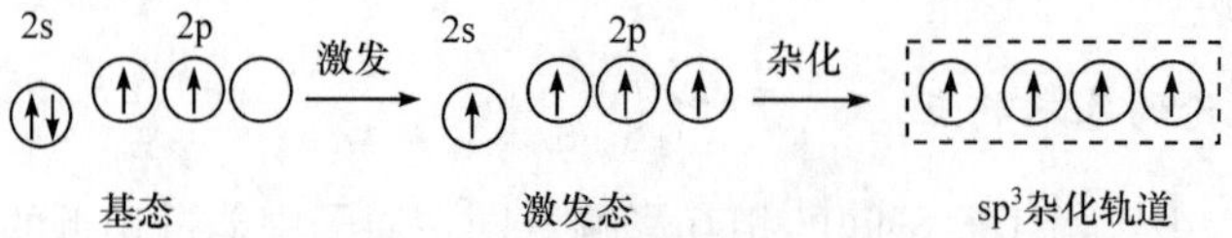

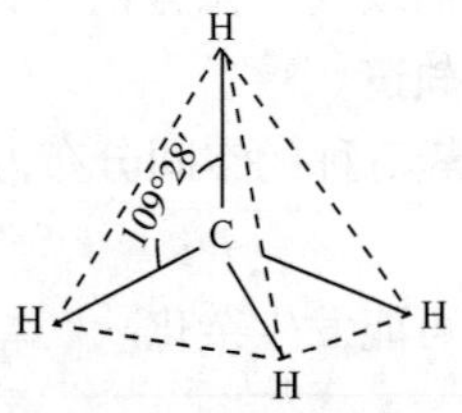

图 5-25　CH_4分子的构型

这四个 sp^3 杂化轨道在 C 原子周围呈正四面体形对称分布，在空间互成 109°28′夹角[图 5-24(c)]。四个 sp^3 杂化轨道各与一个 H 原子的 1s 轨道重叠，形成四个 sp^3-s 型的 σ 键，从而形成正四面体形的 CH_4 分子(图 5-25)。

同理，$BeCl_2$ 分子的构型(直线形，键角 180°)可以用 sp 杂化来解释；BF_3 分子的构型(平面三角形，键角 120°)可以用 sp^2 杂化来解释。

利用杂化轨道理论也可以解释配离子的几何构型，但需要注意两点：

第一，在形成配离子时，中心离子提供空的杂化轨道，配位原子提供孤电子对，形成 σ 配位键。

第二，中心离子利用哪些价层轨道杂化，既与中心离子的价层电子结构有关，也与配位体的性质有关。当配位体对中心离子的影响较大时，可导致中心离子的价层电子排布发生变化，未成电子对数减少。未成对电子数可通过磁矩来确定。

磁矩是衡量物质磁性大小的物理量。物质的磁性主要来自于电子自旋。通常在反磁性物质中电子都已配对，在顺磁性物质中则含有未成对电子。在忽略其他因素的情况下，原子或离子的磁矩 μ 与其未成对电子数 n 的关系为

$$\mu \approx \sqrt{n(n+2)}\,\mu_B \tag{5-19}$$

式中，μ 以 μ_B(玻尔磁子)为单位，$1\mu_B=9.27\times10^{-24}A\cdot m^2$。测出磁矩 μ，即可估算出未成对电子的数目，有助于分析配位化合物的成键情况。

先以直线形的$[Ag(NH_3)_2]^+$ 为例。Ag^+的价层电子构型为 $4d^{10}$，Ag^+的 4d 轨道已全充满，而与之能量相近的 5s 和 5p 轨道皆空着。当 Ag^+与 2 个 NH_3 分子形成$[Ag(NH_3)_2]^+$时，Ag^+的 5s 和一个 5p 轨道采取 sp 杂化，组成两个 sp 杂化轨道，分别接受 NH_3 分子中的 N 原子提供的孤电子对而形成配位键(虚线内杂化轨道中的共用电子对由氮原子提供)：

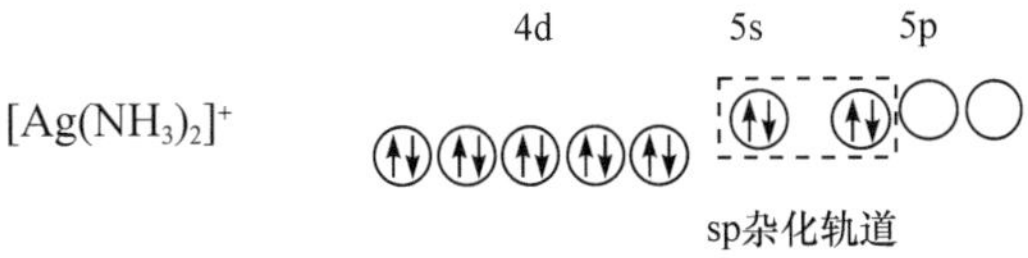

所以$[Ag(NH_3)_2]^+$的构型为直线形。

再以$[Ni(NH_3)_4]^{2+}$为例。Ni^{2+}的价层电子构型为 $3d^8$，有 2 个未成对电子。实验测得$[Ni(NH_3)_4]^{2+}$的磁矩为 $3.11\mu_B$。由此可知其未成对电子数 n=2，说明 Ni^{2+}的价层电子排布在形成配离子前后没有变化。因此，当 Ni^{2+}与 NH_3 分子形成$[Ni(NH_3)_4]^{2+}$时，Ni^{2+}空的 4s 轨道和三个 4p 轨道进行 sp^3 杂化，并接受 NH_3 分子中的 N 原子提供的孤电子对而形成配位键：

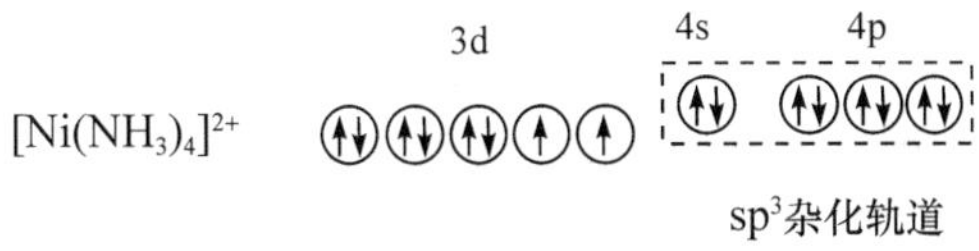

所以$[Ni(NH_3)_4]^{2+}$的构型为正四面体。

(2) 不等性杂化。有些情况下，含孤电子对的原子轨道也可与含未成对电子的原子轨道一道杂化。此时，由于孤电子对的存在，各杂化轨道所含的成分、能量和形状将不完全相同，这样的杂化称为**不等性杂化**。NH_3 分子和 H_2O 就是不等性杂化的典型例子。

N 原子的外层电子构型为 $2s^22p^3$，其中 2s 为含孤电子对的轨道，它仍能与 $2p_x2p_y2p_z$ 轨道杂化，形成四个 sp^3 杂化轨道。不过这四个杂化轨道的成分和能量并不完全相同，其中三个能量较高的杂化轨道各含 0.226s 成分和 0.774p 成分，被未成对电子占据并与三个氢原子的 1s 轨道成键，另一个能量较低的杂化轨道含 0.322s 成分和 0.678p 成分，被孤电子对占据且不参与成键。由于孤电子对比成键电子排斥作用大，N—H 键之间的夹角压缩到 107°18′，因此氨分子的空间构型不是正四面体，而是三角锥形(图 5-26)。

在水分子中，O 原子也采取不等性 sp^3 杂化。其中两个能量较高的杂化轨道被未成对电子占据并分别与氢原子的 1s 轨道成键，另两个能量较低的杂化轨道被孤电子对占据且不参与成键。由于 O 原子有两对孤电子对，因此 O—H 键在空间受到更强烈的排斥，O—H 键之间的夹角被压缩到 104°45′，水分子的几何形状为 V 字形(图 5-27)。

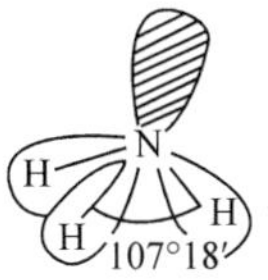

图 5-26　氨分子的空间构型

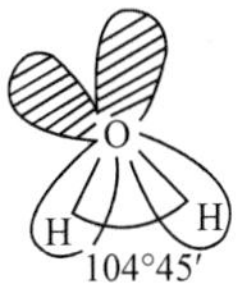

图 5-27　水分子的空间构型

2) s-p-d 型杂化

由 s 轨道、p 轨道和 d 轨道一起参与的杂化称为 s-p-d 型杂化。这类杂化在过渡金属所形成的配合物中占有十分重要的地位。几种常见的 s-p-d 型杂化轨道和分子的空间构型列于表 5-13 中。

表 5-13　几种常见的 s-p-d 型杂化轨道和分子空间构型

杂化轨道类型	dsp^2	sp^3d	dsp^3	sp^3d^2	d^2sp^3
参加杂化轨道	1 个 $(n-1)$d、ns、2 个 np	ns、3 个 np、1 个 nd	1 个 $(n-1)$d、ns、3 个 np	ns、3 个 np、2 个 nd	2 个 $(n-1)$d、ns、3 个 np
杂化轨道数	4	5	5	6	6
空间构型	平面正方形	三角双锥	三角双锥	正八面体	正八面体
实例	$[Ni(CN)_4]^{2-}$	PCl_5	$[Ni(CN)_5]^{3-}$	$[FeF_6]^{3-}$	$[Fe(CN)_6]^{3-}$

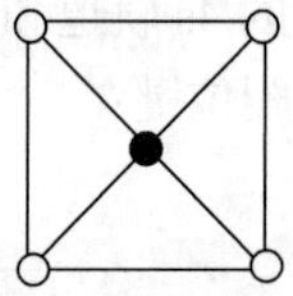

图 5-28　$[Ni(CN)_4]^{2-}$ 的空间构型

● Ni^{2+}

○ CN^-

例 5-5　试说明$[Ni(CN)_4]^{2-}$的形成和空间构型。

解　Ni^{2+}的外层电子构型为 $3d^8$，其中 3d 轨道尚有 2 个未成对电子，而 4s 和 4p 轨道是空的；如果 CN^-中的孤电子对都进入这四个空轨道，则应采取 sp^3 杂化，空间构型为正四面体。但实验证明，$[Ni(CN)_4]^{2-}$的空间构型为平面正方形(图 5-28)，磁矩为 $0\mu_B$。可以推知，在$[Ni(CN)_4]^{2-}$中电子均已成对，说明 Ni^{2+}与 CN^-化合时，Ni^{2+}中的 2 个未成对 d 电子重新分布，空出一条 3d 轨道，此 3d 轨道与 4s 及两个 4p 轨道组成四个 dsp^2 杂化轨道，它们分别指向平面正方形的四个顶点。

$[Ni(CN)_4]^{2-}$的成键情况及电子分布为

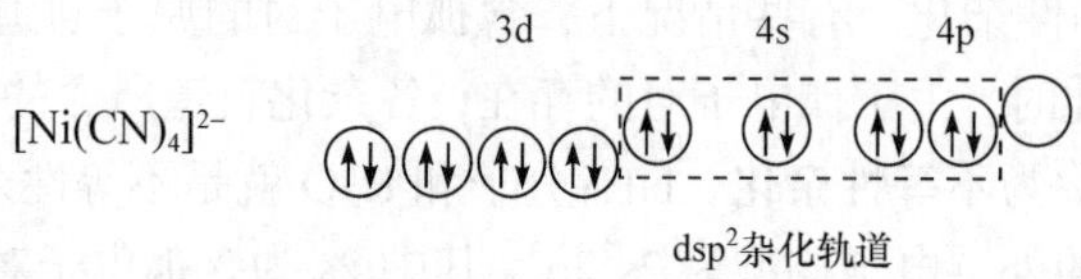

因此，配离子$[Ni(CN)_4]^{2-}$的空间构型为平面正方形。

例 5-6　$[Fe(CO)_5]$的形成和空间构型。

解　Fe 原子的外层电子构型为 $3d^64s^2$，其具体排布如下：

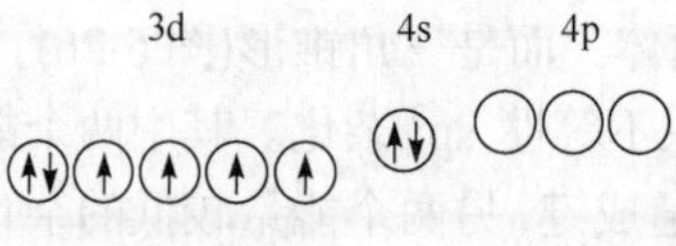

实验证明，$[Fe(CO)_5]$的磁矩为 $0\mu_B$，没有未成对电子。由此可以推知，Fe 与 CO 化合时，Fe 的价层轨道中的 6 个 3d 电子和 2 个 4s 电子进行了重排，占据了 5 个 3d 轨道中的 4 个，空出 1 个。空出的 3d 轨道与 4s 和 3 个 4p 轨道采取 dsp^3 杂化，形成 5 个 dsp^3 杂化轨道。5 个空的 dsp^3 杂化轨道接受 5 个 CO 提供的 5 对孤电子对，从而形成三角双锥形的结构。其电子分布为

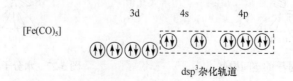

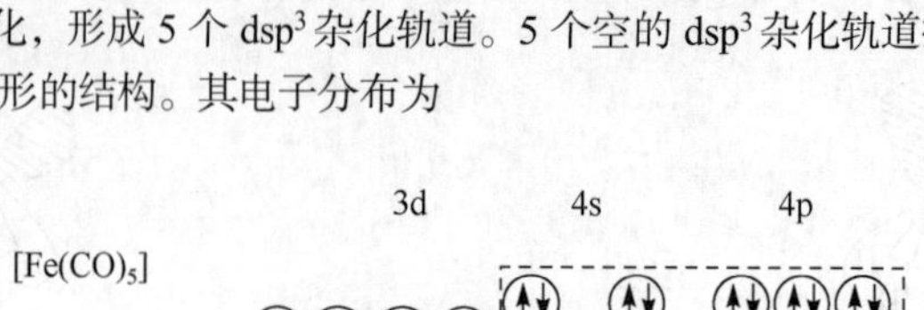

例 5-7　$[Fe(CN)_6]^{3-}$的形成和空间构型。

解　Fe^{3+}的外层电子构型为 $3d^5$，其具体排布如下：

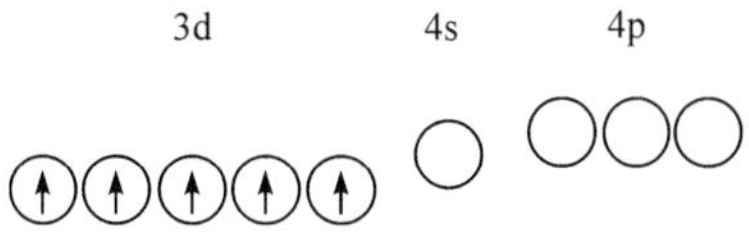

实验证明，$[Fe(CN)_6]^{3-}$的空间构型为正八面体(图 5-29)，磁矩为 $2.0\mu_B$，相当于 1 个未成对电子。由此可以推知，Fe^{3+}与 CN^-化合时，Fe^{3+}的价层轨道中的 5 个电子进行了重排：4 个电子两两成对，1 个电子未成对，空出 2 个 3d 轨道。空出的 2 个 3d 轨道与 4s 和 3 个 4p 轨道采取 d^2sp^3 杂化，形成的 6 个 d^2sp^3 杂化轨道分别指向正八面体的 6 个顶点。Fe^{3+}与 CN^-成键时，Fe^{3+}的 6 个空的 d^2sp^3 杂化轨道接受 6 个 CN^-提供的 6 对孤电子对，从而形成正八面体形的$[Fe(CN)_6]^{3-}$，其电子分布为

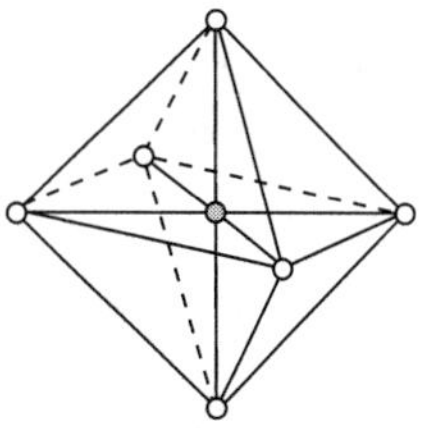

图 5-29　$[Fe(CN)_6]^{3-}$的空间构型

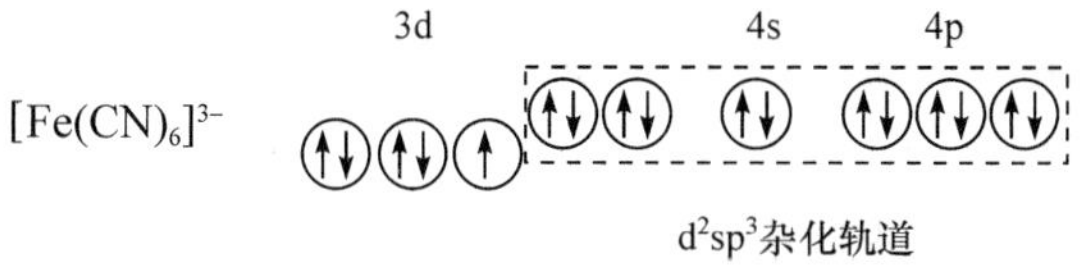

例 5-8　$[FeF_6]^{3-}$的形成和空间构型。

解　实验证明，$[FeF_6]^{3-}$的空间构型仍为正八面体，但磁矩为 $5.9\mu_B$，相当于 5 个未成对电子。这表明 Fe^{3+}价层轨道中电子的分布在形成配离子前后没有变化。由于没有空的 3d 轨道，只能动用 4s、4p、4d 空轨道进行杂化。由此可推知，Fe^{3+}与 F^-化合时，采用 sp^3d^2 杂化轨道与 6 个 F^-提供的电子对成键，$[FeF_6]^{3-}$的电子分布为

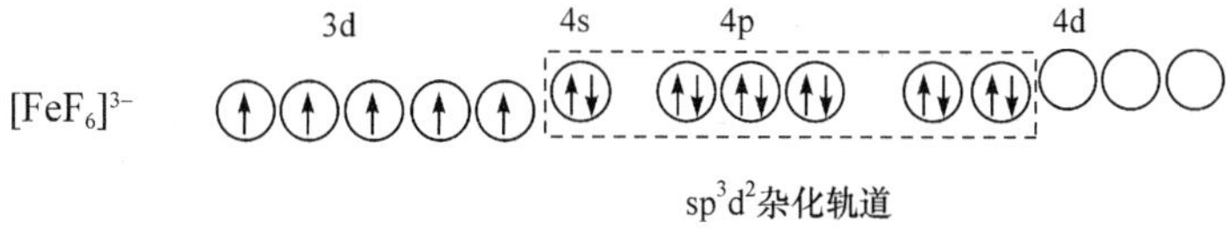

例 5-5～例 5-8 中，F^-不能使中心离子的价电子发生重排，称为弱场配体，而 CN^-和 CO 能使中心离子的价电子发生重排，称为强场配体。常见的弱场配体有 F^-、Cl^-、H_2O、$C_2O_4^{2-}$等，常见的强场配体有 CN^-、CO、NO_2^-等。

在配合物中，若中心原子(或离子)参与杂化的所有轨道都属于最外层，如 ns、np 或 ns、np、nd 等轨道杂化形成的配合物称为**外轨型配合物**，如$[Ni(NH_3)_4]^{2+}$、$[FeF_6]^{3-}$等；若中心原子(或离子)中有次外层的轨道参与杂化，如$(n-1)$d、ns、np 等轨道杂化形成的配合物称为**内轨型配合物**，如$[Ni(CN)_4]^{2-}$、$[Fe(CN)_6]^{3-}$等。内轨型配合物和外轨型配合物的主要差别有三点：

(1) 形成内轨型配合物时中心离子 d 电子可能发生重排，而形成外轨型配合物时一般不发生重排。

(2) 内层 d 轨道能量较低，因此内轨型配合物比外轨型配合物稳定性大。

(3) 一般来说，内轨型配合物磁性小，而外轨型配合物磁性大。

5.7.4　分子轨道理论

价键理论和杂化轨道理论抓住了形成共价键的主要因素，比较直观，容易被人们接受，特别是杂化轨道理论在解释分子的空间构型方面是相当成功的。但它们过分强调成键电子仅

在相邻原子之间的小区域内运动，因而具有局限性。例如，无法解释像 H_2^+这样的存在单电子键的分子或离子的形成，也无法解释 O_2、B_2 等分子具有顺磁性等。1932 年，一种将分子作为整体来考虑的新理论——分子轨道理论出现了，它较好地解决了上述问题。

1. 分子轨道理论的基本要点

(1) 在分子中，电子不再属于某个原子，电子运动不再局限于个别原子轨道，而是在属于整个分子的若干分子轨道中运动。

(2) 分子轨道可以通过原子轨道线性组合而成。几个原子轨道可以组合成几个分子轨道，其中有一些分子轨道的能量比原来的原子轨道能量低，有利于成键，称为**成键轨道**；另一些分子轨道的能量比原来的原子轨道能量高，不利于成键，称为**反键轨道**。在某些分子中，还可能有一些分子轨道，它们的能量与原来的原子轨道相同，称为**非键轨道**。

(3) 为了组合成分子轨道，原子轨道要遵循对称性匹配、能量相近和最大重叠三项原则。

对称性匹配原则　只有对称性匹配的原子轨道才能组合成分子轨道。对称性匹配可以理解为两个原子轨道以原子核连线为轴旋转 180°时，它们角度分布的正、负号要么不变，要么同时改变。在图 5-30 中，(a)、(c)为两个原子轨道的对称性不匹配，而(b)、(d)、(e)为两个原子轨道的对称性匹配。

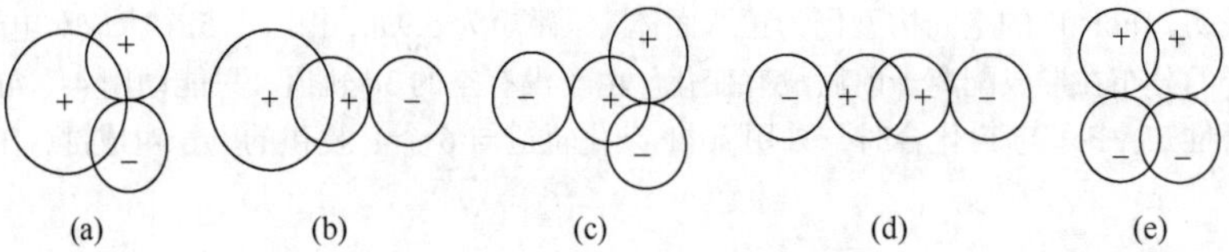

图 5-30　原子轨道对称性示意图

能量相近原则　只有能量相近的原子轨道才能组合成有效的分子轨道。

最大重叠原则　能量相近、对称性匹配的两个原子轨道线性组合时，重叠程度越大，组合成的分子轨道能量越低，形成的化学键越牢固。

在分子轨道形成过程中，对称性匹配是首要条件。

(4) 电子在分子轨道中的排布服从能量最低原理、泡利不相容原理和洪德规则。

2. 分子轨道的类型

按分子轨道沿键轴在空间分布的特征，可以分成 σ 轨道和 π 轨道。

1) σ 轨道

若分子轨道以键轴为对称轴旋转时，其符号和大小不变，称为 **σ 轨道**。

如图 5-31 所示，一个原子的 *ns* 原子轨道与另一个原子的 *ns* 原子轨道可组合成两个分子轨道，它们属于 σ 轨道。其中重叠相加形成的是成键轨道，用 σ_{ns} 表示；重叠相减形成的是反键轨道，用 σ_{ns}^* 表示。

同理，一个原子的 s 轨道和另一个原子的 p 轨道也可以组合成两个 σ 轨道，它们分别是成键轨道 σ_{sp} 和反键轨道 σ_{sp}^*，如图 5-32 所示。

一个原子的 p 轨道和另一个原子的 p 轨道组合成分子轨道，可以有“头碰头”和“肩并肩”两种组合方式。其中，当两个原子沿 *x* 轴靠近时，两个原子的 p_x 轨道将以“头碰头”方

式组合成两个 σ 轨道，分别是成键轨道 σ_{p_x} 和反键轨道 $\sigma^*_{p_x}$，如图 5-33 所示。

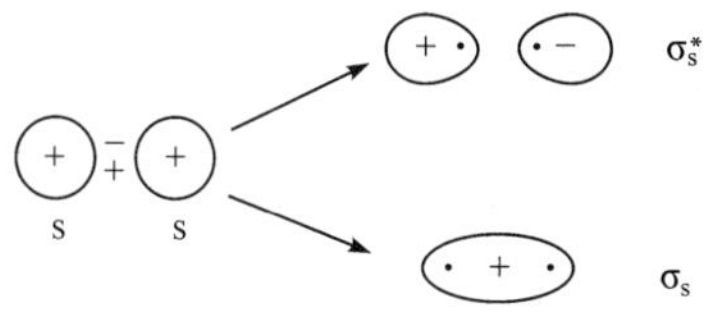

图 5-31　s-s 组合成的分子轨道

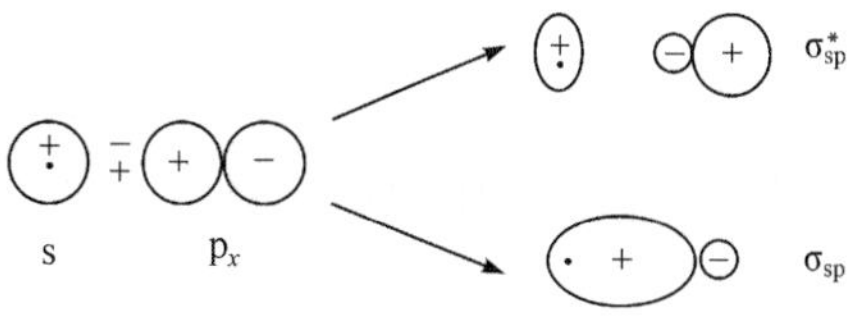

图 5-32　s-p 组合成的分子轨道

2) π 轨道

若分子轨道对通过一个键轴的平面(该平面概率密度为零，称为节面)具有反对称性，则称为 **π 轨道**。

当两个原子沿 x 轴靠近时，两个原子的 p_z 轨道只能以“肩并肩”方式组合成两条 π 轨道，分别是成键轨道 π_{p_z} 和反键轨道 $\pi^*_{p_z}$，如图 5-34 所示。它们都有一个通过键轴的节面(xy 平面)，节面上下，形状相同，符号相反。与此同时，两个原子的 p_y 轨道也只能组合成两个 π 轨道，分别是成键轨道 π_{p_y} 和反键轨道 $\pi^*_{p_y}$。π_{p_y} 轨道与 π_{p_z} 轨道，$\pi^*_{p_y}$ 轨道与 $\pi^*_{p_z}$ 轨道，形状与能量都分别相同，只是在空间互成 90°。

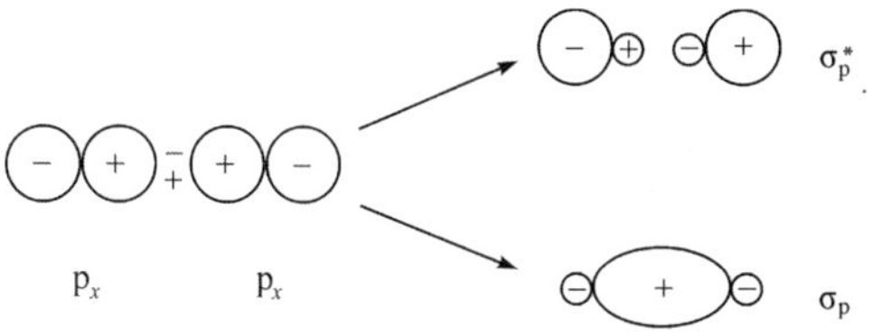

图 5-33　p-p“头碰头”组合成的分子轨道

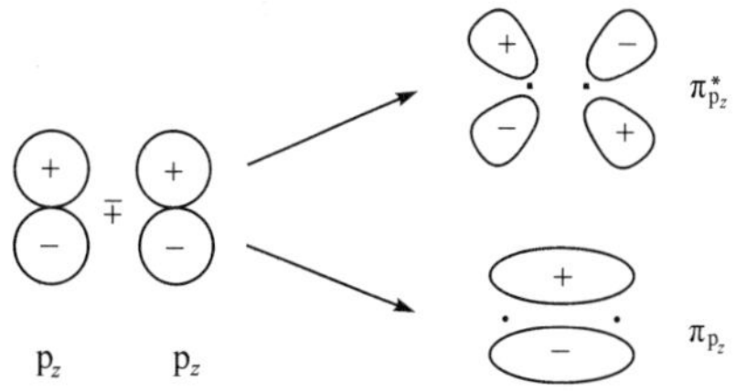

图 5-34　p-p“肩并肩”组合成的分子轨道

由图 5-31～图 5-34 可以看出，无论是 σ 轨道还是 π 轨道，只要是成键轨道，两核之间的电子云密度都比较大，从而有利于两个原子的结合；只要是反键轨道，两核之间的电子云密度都比较小，从而不利于两个原子的结合，使分子系统能量升高。

3. 同核双原子分子的分子轨道能级图

每个分子轨道都有相应的能量，其数值主要通过光谱实验来确定。将分子中各分子轨道按能量由低到高排列起来，就得到分子轨道能级图。对于第二周期的同核双原子分子来说，分子轨道能级图有两种情况。

1) O_2、F_2 的分子轨道能级图

O、F 原子的 2s、2p 轨道能量相差较大，在组合成分子轨道时，基本不发生 2s 与 2p 轨道的相互作用，只是发生两原子对应的原子轨道之间的线性组合，因此，分子轨道能级顺序为

$$\sigma_{1s} < \sigma^*_{1s} < \sigma_{2s} < \sigma^*_{2s} < \sigma_{2p_x} < \pi_{2p_y} = \pi_{2p_z} < \pi^*_{2p_y} = \pi^*_{2p_z} < \sigma^*_{2p_x}$$

相应的分子轨道能级图如图 5-35(a)所示。

2) 第二周期其他分子的分子轨道能级图

除 O、F 原子外，第二周期其他元素原子的 2s、2p 轨道能量相差较小，在组合成分子轨

道时，不仅发生两原子对应的原子轨道之间的线性组合，而且发生 2s 与 2p 轨道的相互组合，从而使分子轨道的能级次序发生改变。此时，分子轨道能级顺序为

$$\sigma_{1s}<\sigma_{1s}^*<\sigma_{2s}<\sigma_{2s}^*<\pi_{2p_y}=\pi_{2p_z}<\sigma_{2p_x}<\pi_{2p_y}^*=\pi_{2p_z}^*<\sigma_{2p_x}^*$$

相应的分子轨道能级图如图 5-35(b)所示。

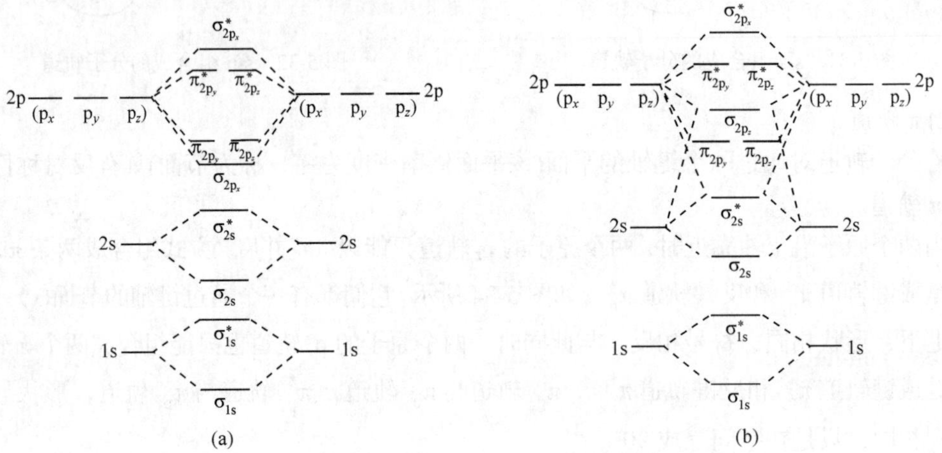

图 5-35　第二周期同核双原子分子的分子轨道能级图

4. 分子轨道理论应用举例

根据电子在分子轨道中排布的三条原理，利用分子轨道能级图，即可确定第一、第二周期同核双原子分子中电子的排布。

1) H_2^+

如图 5-36 所示，H_2^+中只有 1 个电子，根据能量最低原理，该电子将进入能量最低的 σ_{1s} 成键分子轨道中。

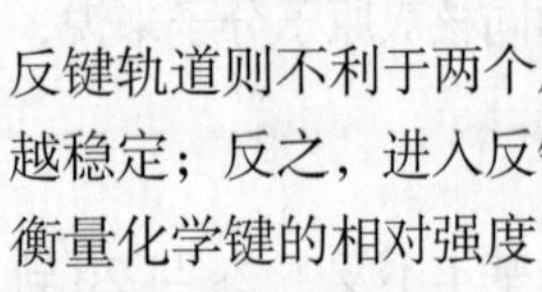

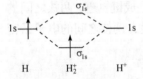

图 5-36　H_2^+的分子轨道示意图

为简便起见，电子在 H_2^+分子轨道中的排布可用分子轨道式表示为

$$H_2^+[(\sigma_{1s})^1]$$

它表明在 H_2^+中，1 个 H 原子和 1 个 H^+是靠 1 个单电子 σ 键结合在一起的。

前面说过，电子进入成键轨道有利于两个原子的结合；而进入反键轨道则不利于两个原子的结合，因此进入成键轨道的电子数越多，化学键越牢固，分子越稳定；反之，进入反键轨道的电子数越多，化学键越不牢固，分子越不稳定。为了粗略地衡量化学键的相对强度，分子轨道理论中将分子中净成键电子数的一半定义为**键级**，即

$$键级=\frac{成键电子数-反键电子数}{2} \tag{5-20}$$

一般来说，键级越大，分子越稳定；键级为零，分子不存在。

显然，H_2^+的键级为 0.5，能存在，但不够稳定。

2) O_2

O 原子的电子排布式为 $1s^22s^22p^4$。O_2 分子中共有 16 个电子，它们按图 5-35(a)的能级顺

序依次填入相应的分子轨道，其中最后 2 个电子，根据洪德规则要分别填入 2 个等价的 π_{2p}^* 轨道，并保持自旋平行。所以，O_2 分子的分子轨道式为

$$O_2[(\sigma_{1s})^2(\sigma_{1s}^*)^2(\sigma_{2s})^2(\sigma_{2s}^*)^2(\sigma_{2p_x})^2(\pi_{2p_y})^2(\pi_{2p_z})^2(\pi_{2p_y}^*)^1(\pi_{2p_z}^*)^1]$$

研究表明，原子内层轨道上的电子在形成分子时基本上处于原来的原子轨道上，可以认为没有参与成键。所以，O_2 分子的分子轨道式又可表示为

$$O_2[KK(\sigma_{2s})^2(\sigma_{2s}^*)^2(\sigma_{2p_x})^2(\pi_{2p_y})^2(\pi_{2p_z})^2(\pi_{2p_y}^*)^1(\pi_{2p_z}^*)^1]$$

其中$(\sigma_{2s})^2$的成键作用与$(\sigma_{2s}^*)^2$的反键作用相互抵消，对成键没有贡献；$(\sigma_{2p_x})^2$构成一个 σ 键；$(\pi_{2p_y})^2$的成键作用被$(\pi_{2p_y}^*)^1$的反键作用抵消掉一半，因二者空间方位一致，构成一个三电子 π 键；$(\pi_{2p_z})^2$与$(\pi_{2p_z}^*)^1$构成另一个三电子 π 键。所以 O_2 分子有一个 σ 键和两个三电子 π 键。O_2 分子的键级为

$$键级 = (8-4)/2 = 2$$

说明三电子 π 键的强度相当于正常 π 键的一半。由分子轨道式可以看出 O_2 分子中有 2 个未成对电子，应呈顺磁性，这与实验结果完全相符。

3) N_2

N_2 分子中共有 14 个电子，它们按图 5-35(b)的能级顺序依次填入相应的分子轨道，其分子轨道式为

$$N_2[KK(\sigma_{2s})^2(\sigma_{2s}^*)^2(\pi_{2p_y})^2(\pi_{2p_z})^2(\sigma_{2p_x})^2]$$

可以看出，N_2 分子有一个 σ 键和两个 π 键，无未成对电子，呈反磁性。N_2 分子的键级为

$$键级 = (8-2)/2 = 3$$

故 N_2 特别稳定。

5.7.5　离域 π 键

前面介绍的化学键其成键电子的活动范围主要局限在两个原子之间，这类化学键称为定域键，即双中心键。这里所说的**离域 π 键**是指成键的 π 电子围绕分子中三个或三个以上原子运动所形成的 π 键，即多中心键，又称**大 π 键**。离域 π 键用符号 Π_n^m 表示，其中 n 表示参与形成离域 π 键的原子数，m 表示形成离域 π 键的电子数。

离域 π 键的形成条件有三个：第一，参与形成离域 π 键的原子都尽可能在同一个平面上；第二，每个原子都必须提供一个与分子平面呈反对称的原子轨道；第三，参与离域的电子数必须少于参与离域的原子(轨道)数的 2 倍。

前两条是为了保证形成离域 π 键的原子轨道能最大程度地重叠，第三条是因为 n 个原子轨道组合可以得到 n 个分子轨道，其中一半是成键轨道，另一半是反键轨道(当 n 为奇数时还有一个非键轨道)，如果 $m=2n$，则成键轨道和反键轨道都被电子充满，键级为 0，故不能形成离域 π 键。

依据 n 与 m 的不同关系，可将离域 π 键分为三类。

1) 正常大 π 键

$m=n$ 时形成的离域 π 键称为**正常大 π 键**。大多数有机共轭分子中的离域 π 键属于这一类

型，如苯含有大π键Π_6^6。

2) 多电子大π键

$m>n$ 时形成的离域π键称为**多电子大π键**。双键邻接含有孤电子对的O、N、Cl、S等原子时常形成多电子大π键，如SO_2含有大π键Π_3^4：

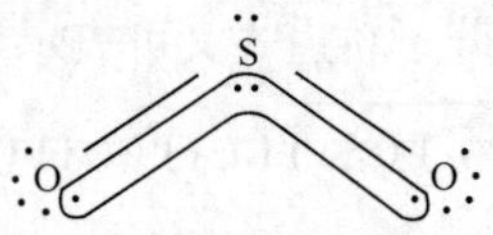

SO_2分子呈V字形，中心S原子采取sp^2不等性杂化，两个含未成对电子的杂化轨道与两个O原子形成两个σ键，同时S原子的$3p_z$轨道和两个氧原子的$2p_z$轨道均垂直于分子平面，互相重叠，形成大π键Π_3^4。

再如BF_3分子，中心B原子采取sp^2杂化，3个sp^2杂化轨道分别与3个F的2p轨道的单电子配对，形成3个σ键，B原子未杂化的空的$2p_z$轨道和3个含有成对电子的F的$2p_z$轨道重叠，形成Π_4^6的大π键。

3) 缺电子大π键

$m<n$ 时形成的离域π键称为**缺电子大π键**，如$[Ni(CN)_4]^{2-}$中含有大π键Π_9^8。

离域π键的形成能使系统能量降低，分子稳定性提高，进而对分子的性质会产生一系列的影响。

5.8 金属键理论简介

周期表中的金属元素占80%以上。金属单质或合金有许多共性：能导电、导热、富有延展性、有金属光泽等。这些性质是由金属内部的结合力所决定的。目前关于金属晶体内部原子之间作用力本质的解释主要有改性共价键理论和金属能带理论。这里介绍改性共价键理论。

5.8.1 金属键的改性共价键理论

金属元素的原子半径一般较非金属元素的原子半径要大，而最外层电子数又较少，因此，金属原子的最外层电子受原子核的引力较弱，电离能较小，很容易从金属原子上脱落下来。在金属晶体中，当部分金属原子失去电子变成正离子的同时，脱落下来的电子成为自由电子，它们不是固定在某些金属离子的附近，而是在正离子和金属原子之间高速运动，为整个金属所共有，起到了把大量离子和原子黏合在一起的作用。这种自由电子与原子或正离子之间的结合力称为**金属键**。

金属键可以看成是由许许多多个原子共用一些自由电子所形成的化学键，所以有人把它称为改性共价键。但它与共价键又有所不同。金属键没有方向性和饱和性，因此在金属晶体中金属原子总是采取紧密堆积结构，具有很高的配位数。

金属键的强弱与自由电子的多少等因素有关。

改性共价键理论可以解释金属的许多共性。例如，金属中的自由电子可以吸收可见光，然后又把各种波长的光大部分发射出去，故大多数金属呈银白色光泽；在外加电场作用下自由电子可以定向流动形成电流，故金属具有导电性；当金属的某一部分受热而加强原子或离子的振动时，能通过自由电子的运动把能量传递给邻近的原子和离子，因此金属具有导热性；金属晶体的紧密堆积结构允许在外力作用下使一层原子在相邻的另一层原子上滑动而不破坏金属键，因此金属具有很好的延展性。

5.8.2　金属晶体的紧堆结构

由于金属键没有方向性和饱和性，所以在金属晶体中只要空间条件许可，金属原子总是采取紧堆结构，以使相邻原子价层原子轨道之间产生最大限度的重叠。

紧堆结构是指金属晶体以圆球状的金属原子一个接一个地紧密堆积在一起所组成的空间排列形式。按照堆积方式的不同，最常见的金属晶格有以下三种类型。

1. 面心立方密堆积晶格

该晶格示意图如图 5-37(a)所示。这种晶格每三层一个重复周期，即采取 ABCABC 的重复方式，配位数为 12，圆球占全部体积的 74.05%，为最紧密堆积方式。属于这种堆积方式的金属有 Ca、Sr、Cu、Au、Al、Pb、Ni、Pd、Pt 等。

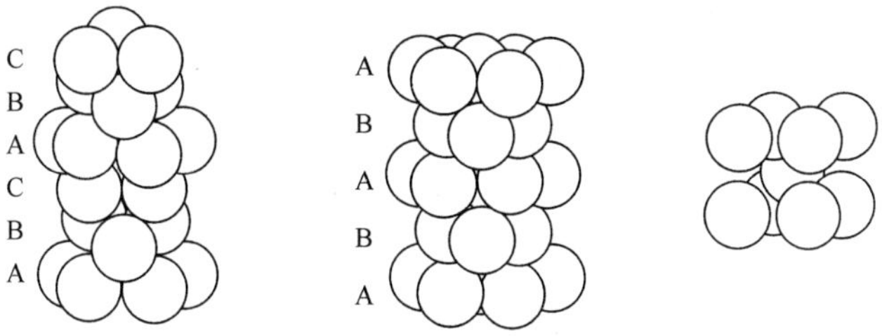

(a)　(b)　(c)

图 5-37　金属晶格示意图

2. 六方密堆积晶格

该晶格示意图如图 5-37(b)所示。这种晶格每两层一个重复周期，即采取 ABAB 的重复方式，配位数也是 12，圆球也占全部体积的 74.05%，也是最紧密堆积方式。属于这种堆积方式的金属有 Y、La、Mg、Co、Zr、Hf、Cd、Ti 等。

3. 体心立方密堆积晶格

该晶格示意图如图 5-37(c)所示。配位数为 8，圆球占全部体积的 68.02%，不是最紧密堆积方式。属于这种堆积方式的金属有 K、Rb、Cs、Li、Na、Cr、Mo、W、Fe 等。

5.9　分子间的相互作用

前面讨论了分子或晶体中相邻原子之间的强烈作用力——化学键，除此以外，在分子与分子之间还存在着一些比较弱的作用力，如分子间力、氢键等。气体在降温、加压时能够凝结成液态或固态，主要是靠这些弱作用力。从本质上看，这些弱作用力都属于静电引力，它们的产生与分子的极性(包括瞬间出现的极性)密切相关。

5.9.1 分子的极性

就总体来说，分子是电中性的，因为分子中正、负电荷的电量是相等的。但就分子内部正、负电荷的分布情况来看，可把分子分成极性分子和非极性分子两类。

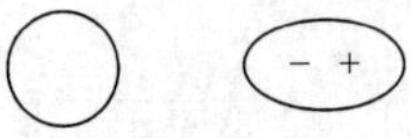

图 5-38 极性分子和非极性分子示意图

设想在分子中每一种电荷都有一个“电荷中心”，正、负电荷中心的相对位置用“+”和“−”表示。正、负电荷中心重合的分子称为非极性分子[图 5-38(a)]，正、负电荷中心不重合的分子称为极性分子[图 5-38(b)]。

分子的极性也可以用分子的电偶极矩来衡量。**电偶极矩**(μ)定义为分子中正、负电荷中心间的距离(d)和电荷(q)的乘积：

$$\mu = qd \tag{5-21}$$

电偶极矩的数值可由实验测出，它的单位是 C · m。表 5-14 列出一些物质的电偶极矩。电偶极矩的数值越大，表示分子的极性越大，电偶极矩为零的分子为非极性分子。

表 5-14 一些物质的电偶极矩(在气相中)

物质	电偶极矩 $\mu/(10^{-30}C \cdot m)$	分子空间构形	物质	电偶极矩 $\mu/(10^{-30}C \cdot m)$	分子空间构形
H_2	0	直线形	H_2S	3.07	V 字形
CO	0.33	直线形	H_2O	6.24	V 字形
HF	6.40	直线形	SO_2	5.34	V 字形
HCl	3.62	直线形	NH_3	4.34	三角锥形
HBr	2.60	直线形	BCl_3	0	平面三角形
HI	1.27	直线形	CH_4	0	正四面体
CO_2	0	直线形	CCl_4	0	正四面体
CS_2	0	直线形	$CHCl_3$	3.37	四面体
HCN	9.94	直线形	BF_3	0	平面三角形

从表 5-14 中可以看出，对于双原子分子，分子的极性与键的极性是一致的。同核双原子分子中两原子的电负性差值为零，共价键没有极性，分子的电偶极矩为零，是非极性分子；而异核双原子分子中两原子的电负性差值不为零，共价键有极性，分子的电偶极矩不为零，是极性分子。

对于多原子分子，分子的极性不仅与键的极性有关，而且与分子的空间构型有关。以 BF_3 和 NH_3 两分子为例，虽然 B—F 键和 N—H 键都是极性键，但 BF_3 分子的空间构型为平面三角形，正、负电荷中心重合，为非极性分子，而 NH_3 的空间构型为三角锥形，正、负电荷中心不重合，为极性分子。

反过来，也可以根据电偶极矩数值验证和推断某些分子的空间构型。例如，通过实验测得 H_2O 分子的偶极矩不为 0，可以确定 H_2O 分子中正、负电荷中心是不重合的，由此可以认为 H_2O 分子不可能是直线形分子，这样 H_2O 分子为 V 字形分子的说法得到证实。又如，实验测得 CS_2 分子的偶极矩为 0，说明 CS_2 分子的正、负电荷中心是重合的，由此可以推断 CS_2 分子应为直线形分子。

不同物质之间的相互溶解情况与分子极性的差异有关。H_2O 和 NH_3 都是极性很大的分子，所以 NH_3 在水中的溶解度很大，而 CH_4 是非极性分子，它在水中的溶解度很小。

5.9.2　分子间力

1. 分子间力的种类

分子间力最早是由范德华(van der Walls，荷兰)研究实际气体对理想气体状态方程的偏差时提出来的，又称范德华力。按照产生的原因和特性，可将分子间力分成三种类型。

1) 色散力

当非极性分子相互靠近时，由于分子中的电子不断地运动和原子核的不断振动，经常发生电子云和原子核之间瞬间相对位移，使分子的正、负电荷中心不相重合，从而产生**瞬时偶极**。瞬时偶极之间总是处于异极相邻的状态(图 5-39)。这种由于瞬时偶极产生的吸引力称为**色散力**。

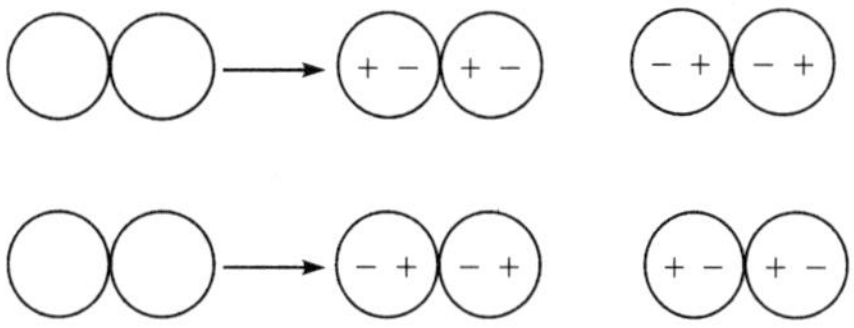

图 5-39　非极性分子相互作用的情况

虽然瞬时偶极存在的时间较短，但异极相邻状态不断重复着，使分子之间始终存在色散力。

对于结构相同的分子，相对分子质量越大，色散力越大；对于同分异构体，线性分子的色散力较大。

由于电子与原子核的相对运动，不仅非极性分子内部会出现瞬时偶极，而且极性分子内部也会出现瞬时偶极，因此极性分子和极性分子之间、非极性分子和极性分子之间也同样存在着色散力。

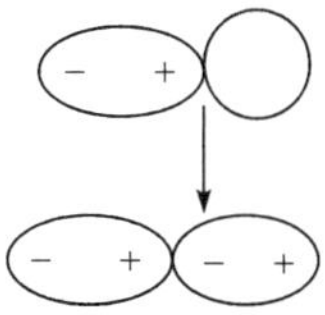

图 5-40　非极性分子与极性分子相互作用的情况

2) 诱导力

除色散力之外，在极性分子和非极性分子之间还存在着另外一种作用力。由于极性分子的**固有偶极**(也称永久偶极)所产生的电场，对非极性分子的电子云发生了影响，致使非极性分子中正、负电荷中心不相重合，从而产生**诱导偶极**(图 5-40)。这种诱导偶极和极性分子的固有偶极之间的吸引力，称为**诱导力**。诱导偶极会反作用于极性分子使其偶极长度增加，极性增强，从而进一步加强了它们之间的吸引。

另外，极性分子在固有偶极的相互影响下相互靠近时，分子中正、负电荷中心的距离将被拉大，也将产生诱导偶极。因此，极性分子之间也存在诱导力。

3) 取向力

由于极性分子有固有偶极，所以当极性分子相互靠近时，在空间就按异极相吸的状态取向(图 5-41)。由于固有偶极之间的取向而产生的作用力称为**取向力**。

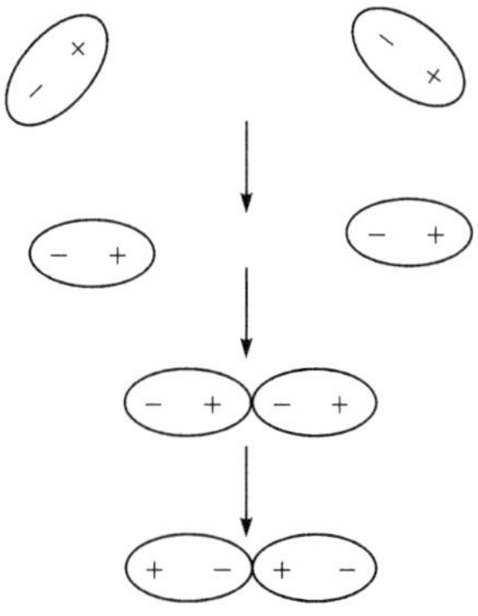

图 5-41　极性分子间相互作用的情况

总之，在非极性分子之间只有色散力；在非极性分子和极性分子之间有色散力和诱导力；在极性分子之间有色散力、取向力和诱导力。在三种作用力中，除了极性很大而且分子间有氢键的分子(如 H_2O)之外，对大多数分子来说，色散力是最主要的作用力。

2. 分子间力的特征

分子间力是普遍存在的一种作用力，其强度较小(一般在几十 $kJ \cdot mol^{-1}$ 以下)，与共价键

(一般为 100～450kJ · mol^{-1})相比可以差 1～2 个数量级；作用范围一般为 0.3～0.5nm，属近距离作用力。分子间力没有方向性和饱和性，并与分子间距离的 7 次方成反比，即随分子间距离增大而迅速地减小。

3. 分子间力对物质物理性质的影响

对于结构相似的物质，一般来说，相对分子质量越大，分子变形性越大，分子间力越强，熔、沸点越高。例如

	F_2	Cl_2	Br_2	I_2
相对分子质量	小	———	———→	大
分子间力	小	———	———→	大
熔点	低	———	———→	高
沸点	低	———	———→	高

5.9.3　氢键

1. 氢键的形成

前面说过，结构相似的同系列物质的熔、沸点一般随着相对分子质量的增大而升高。但在氢化物中却存在着 NH_3、H_2O、HF 分子与同族其他元素的氢化物相比熔、沸点偏高的反常情况，原因是这些分子之间除有分子间力之外，还有另外一种作用力——氢键。

现以 HF 为例说明氢键的形成。在 HF 分子中，由于 F 的电负性很大，共用电子对强烈偏向 F 原子一边，使氢原子几乎成为赤裸的质子。这个半径很小，又带正电性的氢原子与另一个 HF 分子中含有孤电子对并带部分负电荷的氟原子充分靠近产生吸引力，这种吸引力称为**氢键**。

氢键的存在可使 HF 简单分子形成$(HF)_n$缔合分子，如图 5-42 所示。

从上面的讨论可以看出，形成氢键必须具备两个条件：①分子中必须有与电负性很强的元素形成强极性键的氢原子；②分子中必须有带孤电子对、电负性很大、半径很小的元素。

满足上述条件的主要有 F、O、N 的氢化物、无机含氧酸、羧酸、醇、胺及蛋白质等。

氢键分为分子间氢键和分子内氢键。前者是在两个分子之间形成的氢键，如固体氟化氢中的氢键、NH_3与H_2O分子间的氢键等；后者则是在一个分子内形成的氢键，如邻硝基苯酚(图 5-43)中的氢键等。

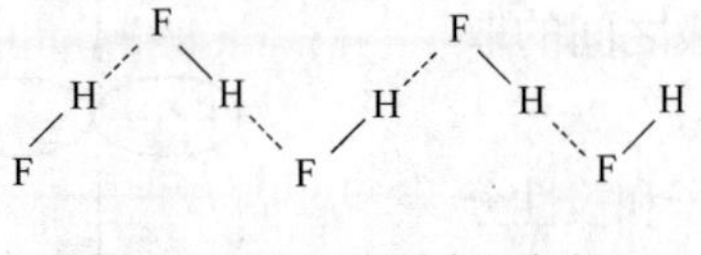

图 5-42　HF 分子中的氢键

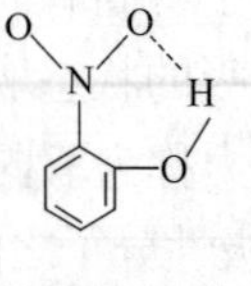

图 5-43　邻硝基苯酚中的氢键

2. 氢键的特点

1) 具有方向性和饱和性

氢键的方向性是指 Y 原子与 X—H 形成氢键时，将尽可能使氢键与 X—H 键轴在同一个

方向，即 X—H…Y 三个原子在同一直线上。因为只有这样成键，X 与 Y 之间相隔的距离最远，两原子电子云之间的排斥力最小，系统最稳定。

需要说明的是，氢键的方向性并不是十分严格，尤其是分子内形成的氢键。

氢键的饱和性是指每一个 X—H 只能与一个 Y 原子形成氢键。原因是氢原子的原子半径比 X 和 Y 的原子半径都要小得多，当 X—H 与一个 Y 原子形成 X—H…Y 后，如果再有一个极性分子的 Y 原子靠近它们，则这个原子的电子云受 X—H…Y 上的 X、Y 原子电子云的排斥力比受 H 核的吸引力大得多，使 X—H…Y 上的这个 H 原子不容易与第二个原子再形成氢键①。

2) 氢键的强弱与元素电负性有关

X、Y 原子的电负性越大，氢键越强。形成氢键的强弱次序如下：

$$F—H\cdots F > O—H\cdots O > O—H\cdots N > N—H\cdots N$$

氢键的强度比化学键小得多，其键能大多为 25～40kJ · mol^{-1}，与分子间力接近，故可把氢键看作是有方向性的分子间力。

3. 氢键对化合物性质的影响

分子间形成氢键，可使化合物的熔、沸点显著升高；与水形成氢键可使水中溶解度增大。

分子内形成氢键，可使化合物的熔、沸点降低，如邻硝基苯酚熔点为 318K，而间硝基苯酚和对硝基苯酚(形成分子间氢键)熔点分别为 369K 和 387K。分子内形成氢键，可使水中溶解度减小。

氢键在生物体内起着十分重要的作用。生物体内存在各式各样的氢键。在 DNA 的双螺旋结构中，两条核苷酸所组成的长链正是靠氢键巧妙地连接在一起。由于氢键键能小，既容易拆开，也容易重新形成，因而便于复制过程的进行。倘若两条链之间的作用力是相同数量的共价键，则 DNA 复制过程的能量变化之大是生物体自身所无法承受的。

本 章 小 结

自然界物种繁多、性质各异、千变万化、精彩纷呈。所有这些都是由物质的微观结构所决定的。本章首先讨论了原子核外电子的运动状态、核外电子的排布规律及其与元素性质的关系，在此基础上，着重讨论了化学键与分子结构、晶体结构的关系，以及化学键与分子间作用力对物质性质的影响。

【主要概念】

量子化，波粒二象性，波函数，原子轨道，电子云，四个量子数，能级分裂，能级交错，屏蔽效应，钻穿效应，核外电子排布式，价层电子构型，能级组与周期系，原子半径、电离能、电子亲和能、电负性。

离子键，离子的电子构型，离子半径，晶格能，共价键，σ 键和 π 键，配位键，价层电子对数 VP，杂化轨道，等性杂化与不等性杂化，内轨型配合物与外轨型配合物，磁矩，成键轨道、反键轨道及非键轨道，对称性匹配，键级，离域 π 键，金属键，极性分子与非极性

① 实际上，氢键的饱和性也并不十分严格。在一些配合物晶体中，1 个氢原子往往不止形成 1 个氢键，而是同时与 2 个或 3 个电负性大、半径小且含有孤电子对的原子形成分叉氢键。

分子，电偶极矩，分子间力，氢键。

【主要内容】

(1) 微观粒子具有能量量子化、波粒二象性、位置和动量不能同时准确确定的特点，其运动行为可以用统计规律来研究。

(2) 原子核外电子的运动状态用波函数 ψ 来描述(严格地讲，ψ 只能描述电子运动轨道的状态)。波函数也称原子轨道。电子云是电子概率密度分布$|\psi|^2$的具体形象。

(3) 完整地描述电子的运动状态要用四个量子数。主量子数 n 决定电子层数，角量子数 l 决定原子轨道形状，磁量子数 m 描述原子轨道在空间的伸展方向，自旋量子数 m_s 描述电子的自旋方向。

(4) 在多电子原子中，屏蔽效应和钻穿效应影响原子轨道的能量。按照鲍林原子轨道近似能级图，遵循能量最低原理、泡利不相容原理和洪德规则，可以进行核外电子排布。

(5) 周期表中的元素分为 7 个周期，5 个区(s 区、p 区、d 区、ds 区和 f 区)。能级组的划分是元素划分为周期的本质原因。

(6) 原子核外电子排布的周期性决定了元素性质(如原子半径、电离能、电子亲和能、电负性)的周期性。

(7) 化学键有三种基本类型：离子键、共价键、金属键。由正、负离子的静电作用而形成的化学键称为离子键。离子键没有方向性和饱和性，其强度可用晶格能来衡量。简单离子通常可分为 0、2、8、18、18+2 和 9～17 六种电子构型。

(8) 共价键理论主要包括价键理论和分子轨道理论。价键理论认为，成键两原子中自旋相反的未成对电子相互靠近时，可相互配对形成共价键。成键时原子轨道必须同号重叠，并且重叠的越多，形成的共价键越牢固。因此，共价键具有饱和性和方向性。

(9) 价层电子对互斥理论用于预测多原子分子的几何构型及键角变化。AB_n 多原子分子的几何构型，总是选择中心原子价层电子对相互排斥作用最小的那种形式。

(10) 杂化轨道理论是价键理论的补充，用于解释多原子分子和配离子的空间构型。杂化是指同一原子中能量相近的某些原子轨道为增强成键能力所进行的重新组合。在分析配离子的结构时，借助于磁矩可以推断中心离子价层电子是否发生重排，采取何种杂化方式。

(11) 分子轨道由原子轨道线性组合而成。为了组合成分子轨道，原子轨道要遵循对称性匹配、能量相近和最大重叠三项原则。电子在分子轨道中的排布遵循能量最低原理、泡利不相容原理和洪德规则。

(12) 离域 π 键的形成条件有三：相关原子尽可能共平面；均有垂直于分子平面的轨道；参与离域的电子数少于轨道数的 2 倍。形成离域 π 键能使分子稳定性提高。

(13) 改性共价键理论认为，在金属晶体中，自由电子与原子或正离子之间的结合力称为金属键。据此可以解释金属的光泽、导电、导热、延展等性质。

(14) 对于双原子分子，分子的极性与键的极性一致；对于多原子分子，分子的极性与键的极性及分子的空间构型有关。在非极性分子之间只有色散力；在非极性分子和极性分子之间有色散力和诱导力；在极性分子之间有色散力、取向力和诱导力。分子间力越强，熔、沸点越高。

(15) 氢键存在于氢原子和电负性大、半径小的原子之间，分为分子间氢键和分子内氢键，具有饱和性和方向性。分子间形成氢键，可使化合物的熔、沸点显著升高；分子内形成氢键，可使化合物的熔、沸点降低。

阅读材料

化学家怎样测定新分子的结构

当我们从自然界分离出一种新化学物质时，或者在实验室制造出一种新化合物时，必须测定这种新化合物的详尽结构。

在测定新化合物的结构之前，首先要弄清的是新物质是否纯净。常见的鉴定方法是从中能否分离出其他物质。现代分离手段强而有力，可以分离几乎所有的混合物。然后再测定化学组成，如测定一个分子里含有多少个碳原子、氧原子或铁原子等。

若分子不是很大，它的组成可以用质谱仪来测定。质谱仪可以测定一个分子的质量。有了分子的质量就可以确定化学组成。甚至可以区分是一个氧原子，还是一个 CH_4 分子(碳原子)加上四个氢原子。因为通常定义碳的相对原子质量为 12.000000，以此为基础测得的氧的相对原子质量为 15.995915，氢的相对原子质量为 1.007825。所以，一个 CH_4 分子的相对分子质量为 16.0313，不等于氧原子的 15.995915。现代仪器完全可以测出这样小的差别，因而可以确定分子式。

知道一个分子里有哪些原子是一回事，知道原子在分子里是如何结合的是另一回事。在质谱仪里分子会被分解成碎片。测定分子碎片的精确质量来确定分子碎片的组成可以在很大程度上得知分子里的原子是如何连接的。此外还有其他强有力的测定原子连接方式的手段。

例如，乙醇和二甲醚是同分异构体，具有相同的分子式——C_2H_6O。可以用核磁共振谱(NMR)来区分它们。核磁共振谱可以揭示分子里的氢原子有几种不同的结合方式。二甲醚里的 6 个氢原子是等同的，它们全都连在同一种类型的碳原子上，因而二甲醚的核磁共振谱里只有一个有关它的氢原子的信号；而在乙醇里，3 个氢原子连在端位碳上，2 个氢原子连着氧原子键合的另一类型的碳原子上，最后还有一个氢原子是连在氧原子上的，它的核磁共振谱上就会显示一个 OH 上的氢原子的峰、一个 2 倍大小的 CH_2 上的氢原子的峰，以及一个 3 倍大小的 CH_3 上的氢原子的峰。

这个核磁共振谱还能带给我们有关氢原子的化学环境的更详尽的信息。由于氧原子吸引电子的性质不同而使图谱里呈现不同的峰，而且出现在不同的位置。从每个峰的精细结构可以知道邻近的原子上有几个氢原子。例如，乙醇的核磁共振谱上的 CH_3 基团的峰具有的形状会指示出邻近的碳原子上有 2 个氢原子。

核磁共振谱还可以用来测定分子里所含的碳原子的类型。二甲醚里的碳原子只有一种类型，因而它的核磁共振的碳谱里只有一个信号。乙醇的核磁共振的碳谱里就会显示两种不同信号。另外，碳核磁共振谱还揭示了每种类型的碳原子上有几个氢原子，甚至有几个邻近的氢原子。充分发挥核磁共振谱的作用可以推导出简单分子里的原子排列方式，甚至可以确定含上百个原子的小蛋白质分子的三维结构。

X 射线结晶学是另一种强有力的测定结构的技术。顾名思义，这种技术是把 X 射线穿过一种未知化合物的晶体。X 射线会在晶体里分散开来。这可以用水穿过喷头分散开来打比喻。计算机可以把 X 射线在一种晶体结构里喷射开来得到的花样翻译成晶体的结构。例如，Hodskin 就是用 X 射线结晶学测定了维生素 B_{12} 的结构，因而在 1964 年荣获诺贝尔化学奖。

测定分子结构也会用到其他仪器。例如，红外光谱仪，在有机物分子中，组成化学键或官能团的原子处于不断振动的状态，其振动频率与红外光的振动频率相当。所以，用红外光照射有机物分子时，分子中的化学键或官能团可发生振动吸收，不同的化学键或官能团吸收频率不同，在红外光谱上将处于不同位置，从而可获得分子中含有何种化学键或官能团的信息。利用计算机对这些信息进行模式识别，可以帮助确定部分乃至整个分子的类型及结构。此外，色谱仪、传感器可以帮助我们确定分子的手性。色谱法可满足各种条件下对映体拆分和测定的要求，能够快速对手性样品进行定性、定量分析和制备拆分。电化学传感器主要通过主体选择性键合客体分子引起传感器的电信号变化而实现手性识别；荧光传感器基于对映体分子和手性选择剂形成缔合物的荧光差异来实现识别。这些现代仪器极大地简化了测定化学物质结构的问题。最后，通过综合分析几种方法的结果，就可以大致推断出新分子的结构。

习　题

1. 波函数与原子轨道的含义是什么？原子核外电子的运动有何特点？概率密度与电子云的含义是什么？有何关系？

2. n=3 时，l 可取哪些数值？写出它们的轨道名称和轨道形状。

3. 符号 s、$2p_x$、$3d^1$ 的含义是什么？

4. 下列各组量子数哪些是不合理的？为什么？

(1) n=2，l=1，m=0　　(2) n=2，l=2，m=+1

(3) n=3，l=0，m=−1　　(4) n=3，l=1，m=1

(5) n=2，l=0，m=−1

5. 下列说法是否正确？为什么？

(1) s 电子绕核运动，其轨道为一圆圈。

(2) 主量子数 n=1 时有两个自旋相反的轨道。

(3) 主量子数 n=3 时有 3s、3p、3d、3f 四个轨道。

(4) 氢原子的 1s 电子云图中，小黑点越密的地方，电子越多。

(5) 一个原子中不可能存在两个运动状态完全相同的电子。

(6) 氦原子的核电荷数与有效核电荷数相等。

(7) 主量子数 n 为 4 时，其轨道总数为 16，电子层电子最大容量为 32。

6. 多电子原子的能量与哪些量子数有关？

7. 将氢原子核外电子从基态激发到 2s 或 2p 轨道，所需能量是否相同？为什么？

8. 当电子的速度达到光速的 20%时，该电子的德布罗意波长多大？当锂原子(质量 7.02amu)以相同速度飞行时，其德布罗意波长多大？

(12.1pm；9.48×10^{-4}pm)

9. 已知某些元素基态原子的价层电子层构型为

$$3s^1, 3s^23p^5, 4s^24p^1, 3d^54s^2, 3s^23p^3, 5d^{10}6s^1$$

它们分别属于第几周期？第几族？哪个区？是何元素？

10. 什么是屏蔽效应和钻穿效应？怎样解释同一电子层中的能级分裂及不同电子层中的能级交错现象？

11. 请分别用 4 个量子数表示 P 原子 5 个价电子的运动状态。

12. 已知下列元素在周期表中的位置，试写出它们的价层电子构型和元素符号。

(1) 第四周期第ⅣB 族

(2) 第五周期第ⅡB 族

(3) 第六周期第ⅦA 族

13. 写出下列原子的电子排布式。

S　Cr　Cu　Ba　Ar　Ag　Pb

14. 基态原子价层电子排布满足下列条件之一的是哪一类或哪一个元素？

(1) 具有 2 个 p 电子。

(2) 有 2 个量子数为 n=4 和 l=0 的电子，有 6 个量子数为 n=3 和 l=2 的电子。

(3) 3d 为全充满，4s 只有一个电子的元素。

15. 试将下列各组元素的原子半径由小到大排列起来(各组中的数字为原子序数)。

(1) 12，56，38　　(2) 15，83，51

16. 已知某元素在氪之前，当该元素的原子失去 3 个电子形成+3 氧化态的离子时，在它的角量子数为 2 的轨道中电子刚好处于半充满状态，试判断它是什么元素。

17. 指出第四周期中具有下列性质的元素。

(1) 非金属性最强的元素　　(2) 金属性最强的元素

(3) 电离能最大的元素　　(4) 电子亲和能最大的元素

(5) 原子半径最大的元素　　(6) 电负性最大的元素

(7) 化学性质最不活泼的元素

18. 有第四周期的 A、B、C、D 四种元素，其价电子数依次为 1、2、2、7，其原子序数按 A、B、C、D 依次增大。已知 A 与 B 的次外层电子数为 8，而 C 与 D 的次外层电子数为 18。试判断：

(1) 哪些是金属元素？

(2) D 与 A 的简单离子是什么？

(3) 哪一元素的氢氧化物碱性最强？

(4) B 与 D 两原子间能形成何种化合物？写出化学式。

19. 迄今为止，人类共发现了 118 种元素，这些元素已将元素周期表的前 7 个周期完全填满，如果再发现新元素，则将在元素周期表中开辟新的周期。则第八周期最多可容纳多少种元素？这些元素原子的价电子可能出现在哪些亚层上？

20. 按照 IUPAC 推荐的方法，周期表中第 11 族有哪些元素？

21. 写出下列离子的电子排布式，并指出属于何种电子构型。

Li^+　Fe^{2+}　Ti^{4+}　V^{3+}　Sn^{2+}　Hg^{2+}　Al^{3+}　Ga^{3+}　Cu^+　Cu^{2+}

22. 试从元素的电负性数据判断下列化合物中哪些是离子型化合物，哪些是共价型化合物。

NaF　AgCl　RbF　HI　CuI　HBr　CsCl

23. 比较下列各组化合物的熔点高低，并说明原因。

(1) NaCl，NaBr　　(2) CaO，KCl　　(3) BCl_3，BBr_3

(4) H_2O，H_2S　　(5) CCl_4，CH_4

24. 将下列离子按离子半径由小到大排列起来。

O^{2-}　F^-　Na^+　Mg^{2+}　Al^{3+}　B^{3+}　S^{2-}

25. BF_3 的几何构型是平面三角形，而 NF_3 的几何构型却是三角锥形，试用杂化轨道理论解释。

26. 试用价层电子对互斥理论推测下列分子或离子的几何构型。

(1) I_3^+　　(2) NO_2^-　　(3) CO_3^{2-}　　(4) SO_3^{2-}

(5) SO_4^{2-}　　(6) SO_2Cl_2　　(7) NO_2^+　　(8) NO_3^-

27. 试用价层电子对互斥理论推测下列分子或离子的几何构型，并用杂化轨道理论加以说明。

(1) $BeCl_2$　　(2) $SnCl_6^{2-}$　　(3) BBr_3　　(4) NCl_3

(5) NH_4^+　　(6) XeF_4　　(7) PCl_5　　(8) SF_6

(9) CS_2　　(10) SO_3

28. 为什么 SF_6 稳定，而 OF_6 不存在？

29. 判断下列配合物中心离子的杂化方式，并指出它们的几何构型，以及属于内轨型配合物，还是外轨型配合物。

(1) $[Cd(NH_3)_4]^{2+}$　　$\mu=0\mu_B$

(2) $[Co(NH_3)_6]^{3+}$　　$\mu=0\mu_B$

(3) $[Ni(NH_3)_6]^{2+}$　　$\mu=3.2\mu_B$

(4) $[Mn(SCN)_6]^{4-}$　　$\mu=6.1\mu_B$

(5) 顺-$[PtCl_2(NH_3)_2]$　　$\mu=0\mu_B$

(6) $[Fe(EDTA)]^{2-}$　　$\mu=0\mu_B$

(7) $[Fe(CO)_5]$　　$\mu=0\mu_B$

(8) $[Mn(CN)_6]^{3-}$　　$\mu=2.8\mu_B$

30. 已知$[Fe(CN)_6]^{3-}$是内轨型配合物，$[CoF_6]^{3-}$是外轨型配合物，画出它们的电子分布情况，并指出各以何种杂化轨道成键。

31. 当键轴为 x 轴时，下列各组的两个原子轨道对称性是否匹配？

(1) s-s　(2) s-p_x　(3) s-p_y　(4) s-p_z

(5) p_x-p_x　(6) p_x-p_y　(7) p_y-p_y

32. 试用分子轨道理论判断O_2^-、O_2、O_2^{2-}、O_2^+的稳定性大小及磁性强弱。

33. 写出H_2^-、Be_2、N_2^+的分子轨道式，并指出能否存在。

34. 指出下列分子中哪些是极性分子，哪些是非极性分子。

H_2S，$CHCl_3$，CS_2，CCl_4，BCl_3，NCl_3，NO_2，SO_3

35. 判断下列各组分子之间存在何种形式的分子间作用力。

(1) H_2S 气体分子　(2) CH_4 分子　(3) 甲醇与 H_2O

(4) NH_3 分子　(5) Br_2 与 CCl_4　(6) N_2 与 H_2O

36. 按沸点由低到高的顺序依次排列以下各组物质，并说明理由。

(1) H_2，CO，Ne，HF　(2) CF_4，CCl_4，CBr_4

(3) BiH_3，NH_3，PH_3　(4) BN，$CdCl_2$，MgO，BaO

37. 指出下列各组化合物中，键的极性最小和键的极性最大的化合物。

(1) LiCl，$BeCl_2$，BCl_3，CCl_4　(2) SiF_4，$SiCl_4$，$SiBr_4$，SiI_4

38. 下列化合物中哪些存在氢键？并指出它们是分子间氢键还是分子内氢键。

C_6H_6　NH_3　C_2H_6　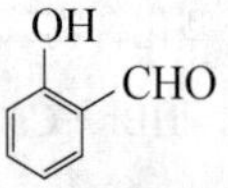　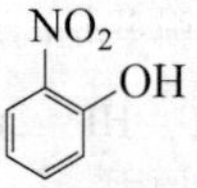　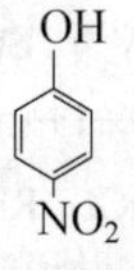　H_3BO_3(固)　HNO_3　CH_2O

39. 温度接近沸点时，乙酸蒸气的实测分子质量明显高于用相对原子质量和乙酸化学式计算出来的分子质量。为什么？乙醛会不会也有这种现象？

40. 要使 BaF_2、F_2、Ba、Si 晶体熔融，需要分别克服何种作用力？

第 6 章　s 区元素选述

s 区元素包括ⅠA、ⅡA 族(1、2 族)[①]元素，它们的价层电子构型分别为 ns^1 和 ns^2。ⅠA 族中有氢、锂、钠、钾、铷、铯、钫七种元素，ⅡA 族中有铍、镁、钙、锶、钡、镭六种元素，其中钫和镭为放射性元素。

6.1　氢

氢是宇宙中最丰富的元素。氢在热核反应中所产生的能量是太阳和其他星球辐射能的主要来源。在地球上，氢的质量约占地壳质量的 1%，且几乎全部以化合态存在。

氢气是重要的化工原料。目前，全世界生产的氢气约有 2/3 用于合成氨工业。氢气也广泛用于生产盐酸和工业甲醇。在石油工业上，许多工艺过程，如加氢裂化、加氢脱硫、催化加氢等也需要大量氢气。氢气还用于金属冶炼、焊接。氢气因其燃烧速度快、无污染，被视为 21 世纪最具发展潜力的清洁能源，液氢作为高能燃料还是动力火箭的推进剂。

6.1.1　氢的成键特征

氢是周期表中的第一个元素，原子核外只有一个电子，该电子作为价电子直接受核的吸引而无其他电子屏蔽，从而使氢与同族的碱金属元素相比在成键特征和性质上有很大的差别。

1. 失去价电子

氢原子失去 1s 电子就成为 H^+(质子)。H^+半径极小(约 0.0015pm)，所以电场相当强，能使相邻的其他原子的电子云发生强烈地变形。因此，H^+在水溶液中不能单独存在，只能以水合氢离子的形式存在。

2. 获得一个电子

氢原子可以获得一个电子形成具有氦原子电子结构($1s^2$)的 H^-，这是氢与活泼金属化合形成离子型氢化物时的价键特征。

3. 形成共价化合物

在大多数情况下，氢原子总是与 p 区元素的原子通过共用电子对相结合，形成共价化合物。

在特殊情况下，氢原子也可以形成氢桥键。

由于氢与碱金属相比有很大差别，有的学者认为不应将氢划入ⅠA 族。

---

① 括号内为 IUPAC 推荐的方法，下同。

6.1.2　氢的化学性质

1. 氢气的化学稳定性

H—H 键的键能(436kJ · mol^{-1})比一般单键键能高很多，所以在常温下氢气的化学性质并不活泼，除能与单质氟快速反应而发生爆炸外，若无合适的催化剂或光照等条件，一般不易与其他单质和化合物发生反应。

2. 氢气的还原性

在室温下，氢气的还原能力不强，只有少数化合物可以被其还原。例如，将氢气通入氯化钯溶液可以沉淀出黑色的钯：

$$PaCl_2 + H_2 \xlongequal{} Pa\downarrow + 2HCl$$

这一反应可以用来检验氢气的存在。

在高温、光照或合适的催化剂存在下，氢气能与许多元素的单质和化合物发生反应。例如，与非金属反应：

$$H_2 + Cl_2 \xrightarrow{\text{光}} 2HCl \qquad \Delta_r H_m^\ominus = -184.6\text{kJ} \cdot \text{mol}^{-1}$$

$$3H_2 + N_2 \xrightarrow[\text{催化剂}]{\text{高温、高压}} 2NH_3 \qquad \Delta_r H_m^\ominus = -91.8\text{kJ} \cdot \text{mol}^{-1}$$

又如，在高温下，氢气可将许多元素的氧化物或卤化物还原为单质：

$$SiCl_4 + 2H_2 \xlongequal{\triangle} Si + 4HCl$$

$$WO_3 + 3H_2 \xlongequal{\triangle} W + 3H_2O$$

3. 氢气的氧化性

在高温下，氢气能与活泼金属反应生成离子型氢化物，如

$$H_2 + 2Na \xrightarrow{653K} 2NaH \qquad \Delta_r H_m^\ominus = -56.4\text{kJ} \cdot \text{mol}^{-1}$$

$$H_2 + Ca \xrightarrow{523\sim573K} CaH_2 \qquad \Delta_r H_m^\ominus = -174.3\text{kJ} \cdot \text{mol}^{-1}$$

离子型氢化物具有很强的还原性，它能将水中的 H^+还原为 H_2，也能在高温下将金属氯化物或氧化物还原为金属：

$$NaH + H_2O \xlongequal{} H_2\uparrow + NaOH$$

$$TiCl_4 + 4NaH \xlongequal{} Ti + 4NaCl + 2H_2\uparrow$$

4. 进入金属晶格形成金属型氢化物

氢与过渡元素一般可形成金属型氢化物。从组成上看，这类氢化物有的是**整比化合物**，如 TiH_2、FeH_2、CrH_2、CuH 等，有的则是**非整比化合物**，如 $PdH_{0.8}$、$ZrH_{1.92}$ 等。

6.2　碱金属与碱土金属元素

在 Ⅰ A 族(1 族)中，锂、钠、钾、铷、铯、钫六种元素的氧化物的水溶液显碱性，故称为碱金属。Ⅱ A 族(2 族)中，因钙、锶、钡的氧化物兼有“碱性”和“土性”(化学上把难溶于

水和难熔融的性质称为土性)，故习惯上将ⅡA 族元素统称为碱土金属。碱金属和碱土金属都属于非常活泼的金属，它们只能以化合物形式存在于自然界中，其金属单质的制备通常采用电解它们的熔盐。

6.2.1 碱金属与碱土金属元素的通性

碱金属和碱土金属的基本性质分别列于表 6-1、表 6-2 中。

表 6-1　碱金属元素的性质

元素	Li	Na	K	Rb	Cs
原子序数	3	11	19	37	55
价层电子构型	$2s^1$	$3s^1$	$4s^1$	$5s^1$	$6s^1$
密度/$(g \cdot cm^{-3})$	0.534	0.968	0.856	1.532	1.90
熔点/℃	180.05	97.8	63.2	39.0	28.5
沸点/℃	1347	881.0	765.5	688	705
硬度(金刚石=10)	0.6	0.4	0.5	0.3	0.2
金属半径/pm	130	160	200	215	238
M^+半径/pm	76	102	138	152	167
第一电离能/$(kJ \cdot mol^{-1})$	520.2	495.8	418.8	403.0	392.0
第二电离能/$(kJ \cdot mol^{-1})$	7298	4562	3051	2633	2230
电负性	0.98	0.93	0.82	0.82	0.79
$E^\ominus(M^+/M)/V$	−3.04	−2.71	−2.93	−2.93	−2.92

表 6-2　碱土金属元素的性质

元素	Be	Mg	Ca	Sr	Ba
原子序数	4	12	20	38	56
价层电子构型	$2s^2$	$3s^2$	$4s^2$	$5s^2$	$6s^2$
密度/$(g \cdot cm^{-3})$	1.848	1.738	1.55	2.63	3.62
熔点/℃	1287	649	839	768	727
沸点/℃	2970	1105	1484	1381	1640
硬度(金刚石=10)	4	2.0	1.5	1.8	—
金属半径/pm	99	140	174	190	206
M^{2+}半径/pm	45	72	100	118	136
第一电离能/$(kJ \cdot mol^{-1})$	899.5	727.7	589.8	549.5	502.8
第二电离能/$(kJ \cdot mol^{-1})$	1757	1450	1145	1064	965
第三电离能/$(kJ \cdot mol^{-1})$	14849	7733	4912	4210	—
电负性	1.57	1.31	1.00	0.95	0.89
$E^\ominus(M^{2+}/M)/V$	−1.85	−2.372	−2.868	−2.89	−2.91

碱金属和碱土金属原子的最外层只有 1 个和 2 个 s 电子，内层则为稀有气体原子的结构。根据元素周期律可知，在周期表中，每一个碱金属元素的出现都标志着一个新的周期的开始。因为碱金属的原子半径是同周期元素中最大的，核电荷数则是同周期元素中最小的，所以它们的第一电离能很小，第二电离能则很大，很容易失去 s 电子而形成单一氧化态的 M^+，故 $E^\ominus(M^+/M)$很小，还原性很强。碱土金属与相邻的碱金属相比增加了 1 个核电荷和 1 个电子，有效核电荷有所增加，原子半径减小，因而它们的第一电离能比碱金属要大，但第二电离能比碱金属要小得多，故碱土金属具有稳定的+2 氧化态。

碱金属和碱土金属均为银白色，有金属光泽，具有良好的导电性和延展性。由于碱金属和碱土金属原子的半径较大、价电子数较少，因此其密度较小，金属键较弱，故熔、沸点较低，密度小，硬度低。其中碱土金属有两个价电子，使其金属键比碱金属强，从而熔、沸点，硬度和密度比碱金属的高。

碱金属和碱土金属的许多性质的变化都是很有规律的。例如，同一族内，从上到下原子半径依次增大，电离能和电负性依次减小，金属活泼性依次增加。

碱金属和碱土金属的化合物以离子型为主，但半径较小的 Li^+、Be^{2+}具有较强的极化力，使锂、铍的化合物具有明显的共价性倾向。

碱金属和碱土金属都是强还原剂，能与氧、氢、卤素等非金属直接反应。

除铍外，碱金属和碱土金属能与水反应放出氢气(镁需加热)。

6.2.2 氧化物和氢氧化物

1. 氧化物

碱金属和碱土金属与氧形成的二元化合物可分为普通氧化物、过氧化物、超氧化物和臭氧化物，其中前两者较为重要。

1) 普通氧化物

在碱土金属和碱金属中，Li、Be、Mg、Ca、Sr 在过量的空气中燃烧可生成相应的普通氧化物，而 Na、K、Rb、Cs 的普通氧化物只能用间接的方法制备。例如，可以用碱金属还原过氧化物、硝酸盐或亚硝酸盐来制备钠或钾的普通氧化物。

$$Na_2O_2 + 2Na \xlongequal{} 2Na_2O$$

$$2KNO_3 + 10K \xlongequal{} 6K_2O + N_2\uparrow$$

碱土金属的普通氧化物常由它们的碳酸盐或硝酸盐加热分解而制得。

$$MCO_3 \xlongequal{\triangle} MO + CO_2\uparrow$$

碱金属氧化物均为固体，其颜色从 Li_2O 到 Cs_2O 逐渐加深：Li_2O 和 Na_2O 为白色，K_2O 为淡黄色，Rb_2O 为亮黄色，Cs_2O 为橙红色。碱土金属氧化物均为白色固体。

碱金属和碱土金属的氧化物都属于离子晶体，其热稳定性和熔点的变化趋势与晶格能的变化趋势相同：同族从上到下依次降低，同周期碱土金属氧化物熔点比碱金属氧化物熔点明显增加。

碱金属和碱土金属的氧化物与水反应生成相应的氢氧化物，并放出热量，如

$$CaO(s) + H_2O(l) \xlongequal{} Ca(OH)_2(s) \qquad \Delta_r H_m^\ominus = -64.5kJ \cdot mol^{-1}$$

经过煅烧的 BeO 和 MgO 极难与水反应，它们的熔点很高，是很好的耐火材料。

2) 过氧化物

含有过氧基—O—O—的化合物称为过氧化物，在这里氧的氧化数为−1。除铍以外，所有的碱金属和碱土金属都能与氧形成过氧化物。其中，最重要的过氧化物是 Na_2O_2 和 BaO_2。

将金属钠加热到 473K 后通入不含 CO_2 的干燥空气直接得到 Na_2O_2。Na_2O_2 为淡黄色粉末，易潮解，与水或稀酸作用时生成 H_2O_2：

$$Na_2O_2 + 2H_2O = H_2O_2 + 2NaOH$$

H_2O_2 不稳定，立即分解放出氧气。Na_2O_2 可用作氧气发生剂、氧化剂、漂白剂和消毒剂。

Na_2O_2 也能与 CO_2 反应放出氧气：

$$2Na_2O_2 + 2CO_2 = 2Na_2CO_3 + O_2\uparrow$$

因此，Na_2O_2 还可用作防毒面具和潜水作业中的 CO_2 吸收剂和供氧剂。

在化学分析中，常利用 Na_2O_2 的强氧化性来分解一些难溶于酸的矿物，如

$$3Na_2O_2 + Cr_2O_3 = 2Na_2CrO_4 + Na_2O$$

但由于 Na_2O_2 具有强碱性，熔融时应使用铁坩埚或镍坩埚，而不宜使用石英或陶瓷容器。

实验室中经常用 BaO_2 与稀硫酸反应制备 H_2O_2：

$$BaO_2 + H_2SO_4 = H_2O_2 + BaSO_4$$

2. 氢氧化物

碱金属和碱土金属的氢氧化物都是白色固体，在空气中很容易吸水潮解，固体 NaOH 是很好的干燥剂(但不能干燥酸性气体！)。除 LiOH 溶解度稍小外，碱金属氢氧化物均易溶于水，溶解度从 LiOH 到 CsOH 依次增大，溶解的同时会放出大量的热。碱土金属氢氧化物在水中的溶解度也按从 $Be(OH)_2$ 到 $Ba(OH)_2$ 的顺序递增，但比碱金属氢氧化物的溶解度要小得多，其中 $Be(OH)_2$ 和 $Mg(OH)_2$ 难溶于水。

在碱金属和碱土金属的氢氧化物中，除 $Be(OH)_2$ 呈两性，LiOH、$Mg(OH)_2$ 为中强碱外，其余均为强碱。

氢氧化钠是最常用的强碱，也是重要的化工原料和化学试剂。作为强碱，NaOH 有一系列的碱性特征，可与 Al_2O_3、B、S、SiO_2、CO_2、卤素(X_2)等反应。

$$3S + 6NaOH = 2Na_2S + Na_2SO_3 + 3H_2O$$

$$SiO_2 + 2NaOH = Na_2SiO_3 + H_2O$$

$$X_2 + 2NaOH = NaX + NaXO + H_2O$$

NaOH 能腐蚀玻璃(因玻璃的主要成分是 SiO_2)，因此不能用玻璃瓶盛装其固体或浓溶液，实验室中用玻璃瓶盛放 NaOH 稀溶液时要用橡胶塞而不能用玻璃塞，以免生成黏性的 Na_2SiO_3，将瓶口和瓶塞粘在一起。

固体 NaOH 容易吸收空气中的水汽和酸性气体(如 CO_2)，因此市售的 NaOH 总难免会含有 Na_2CO_3。欲配制不含 Na_2CO_3 的 NaOH 溶液，可先配制饱和的 NaOH 溶液，密闭静置，此时由于 Na_2CO_3 在饱和的 NaOH 溶液中溶解度极小而沉淀析出，取上层清液，用煮沸(除去 CO_2)后冷却的蒸馏水稀释即可。

6.2.3　盐类

1. 溶解性

常见的碱金属盐都易溶于水，只有某些半径较大的阴离子的碱金属盐，如乙酸铀酰锌钠

$NaAc \cdot Zn(Ac)_2 \cdot 3UO_2(Ac)_2 \cdot 9H_2O$、锑酸钠 $Na[Sb(OH)_6]$、高氯酸钾 $KClO_4$、六氯合铂(Ⅳ)酸钾 $K_2[PtCl_6]$、六硝基合钴(Ⅲ)酸钠钾 $K_2Na[Co(NO_2)_6]$、酒石酸氢钾 $KHC_4H_4O_6$、四苯硼酸钾 $K[B(C_6H_5)_4]$，以及锂的一些弱酸盐(如 LiF、Li_2CO_3 和 Li_3PO_4)等微溶于水。

碱土金属与一价阴离子(除 F^-外)形成的盐绝大多数易溶于水，而与电荷高的阴离子形成的盐大多数难溶于水，如碱土金属的碳酸盐、磷酸盐和草酸盐都难溶，硫酸盐和铬酸盐中仅铍盐、镁盐易溶，其余难溶。

2. 热稳定性

一般来说，大多数碱金属盐和碱土金属盐都具有较高的热稳定性，且碱金属盐比碱土金属盐有更高的稳定性。

碱金属卤化物在高温时挥发而不分解；硫酸盐在高温时既不挥发，也难分解。

碱金属碳酸盐除 Li_2CO_3 在 1000℃以上部分分解为 Li_2O 和 CO_2 外，其余皆不分解。碱土金属的碳酸盐(除 $BeCO_3$ 外)在常温下稳定，高温下分解为金属氧化物和 CO_2。

碱金属和碱土金属的硝酸盐热稳定性较差，加热到一定温度便可分解。其中锂和碱土金属硝酸盐分解为金属氧化物、NO_2 和 O_2：

$$4LiNO_3 \xlongequal{} 2Li_2O + 4NO_2\uparrow + O_2\uparrow$$

$$2Mg(NO_3)_2 \xlongequal{} 2MgO + 4NO_2\uparrow + O_2\uparrow$$

其他碱金属硝酸盐分解为亚硝酸盐和 O_2：

$$2NaNO_3 \xlongequal{} 2NaNO_2 + O_2\uparrow$$

6.2.4　锂、铍的特殊性和对角线规则

锂、铍的性质与同族其他元素的性质明显不同。例如，锂的熔、沸点高，硬度大，而导电性则较弱；锂能和氮气反应生成氮化物，而其他碱金属不能直接和氮气反应；锂的化合物 LiOH、Li_2CO_3、$LiNO_3$ 热稳定性比其他碱金属相应化合物的差，而 LiH 的热稳定性则比其他碱金属氢化物的高等。

铍的熔点、沸点、硬度也比其他碱土金属高，铍的电负性也较大，有较强的形成共价键的倾向。例如，$BeCl_2$ 已属于共价型化合物，而其他碱土金属的氯化物基本上都是离子型的；铍的化合物热稳定性相对较差，易水解；铍的氢氧化物 $Be(OH)_2$ 呈两性，既能溶于酸，又能溶于碱形成$[Be(OH)_4]^{2-}$等。

锂与周期表中处于右下方的相邻元素镁相比有很多相似之处，这一规律称为**对角线规则**。锂和镁的相似性主要表现在以下几个方面：

(1) 在充足的空气中燃烧，都只生成普通氧化物。

(2) 氢氧化物都是中强碱，且溶解度都很小。

(3) 氟化物、碳酸盐、磷酸盐等均难溶。

(4) 硝酸盐的热分解产物都是金属氧化物、NO_2 和 O_2。

(5) 都能和氮气反应生成氮化物。

$$6Li + N_2 \xrightarrow{\triangle} 2Li_3N$$

$$3Mg + N_2 \xrightarrow{\triangle} Mg_3N_2$$

此外，铍与铝、硼与硅也具有明显的相似性。

6.2.5 氧化物及其水合物的酸碱性

1. 氧化物及其水合物酸碱性递变规律

(1) 同周期元素的最高价氧化物及其水合物从左到右酸性增强，如

Na_2O	MgO	Al_2O_3	SiO_2	P_2O_5	SO_3	Cl_2O_7
$NaOH$	$Mg(OH)_2$	$Al(OH)_3$	H_4SiO_4	H_3PO_4	H_2SO_4	$HClO_4$
强碱	中强碱	两性	弱酸	中强酸	强酸	极强酸

$Sc(OH)_3$	$Ti(OH)_4$	HVO_3	H_2CrO_4	$HMnO_4$
弱碱	两性	弱酸	中强酸	强酸

(2) 同主族同价态氧化物及其水合物从上到下碱性增强，如

N_2O_5	P_2O_5	As_2O_5	Sb_2O_5
HNO_3	H_3PO_4	H_3AsO_4	$HSb(OH)_6$
强酸	中强酸	中强酸	弱酸

(3) 同一元素多种价态的氧化物及其水合物氧化数高的酸性强，如

$HClO$	$HClO_2$	$HClO_3$	$HClO_4$
弱酸	弱酸	中强酸	强酸
MnO	MnO_2	MnO_3	Mn_2O_7
碱性	两性	酸性	酸性

2. 氧化物及其水合物酸碱性强弱的理论解释

(1) ROH 理论。

以 ROH 表示氧化物的水合物(包括氢氧化物和含氧酸)，它在水溶液中有两种解离方式：

$$R—O—H \longrightarrow R^+ + OH^- \quad \text{(碱式解离)}$$

$$R—O—H \longrightarrow RO^- + H^+ \quad \text{(酸式解离)}$$

ROH 究竟以哪种解离方式为主取决于 R—O 键与 O—H 键的相对强弱，研究表明，这是由 R^+的**离子势** ϕ 大小决定的：

$$\phi = \frac{Z}{r}$$

式中，Z 为离子 R 的电荷数：r 为离子 R 的半径。ϕ 值越大，则离子 R 的电场越强，对氧原子电子云的吸引就越强，导致氧原子与氢原子之间的电子云密度越小，结果 O—H 键越弱，因而酸性越强，相应氧化物的酸性也越强；反之，ϕ 值越小，则离子 R 的电场越弱，对氧原子电子云的吸引就越弱，导致氧原子与氢原子之间的电子云密度越大，结果 O—H 键越强，因而碱性越强，相应氧化物的碱性也越强。例如：

	$NaOH$	$Mg(OH)_2$	$Al(OH)_3$	H_4SiO_4	H_3PO_4	H_2SO_4	$HClO_4$
ϕ	小	$\longrightarrow$					大
	强碱	中强碱	两性	弱酸	中强酸	强酸	极强酸

应当指出，用 ϕ 值来判断氧化物水合物的酸碱性强弱只是一种粗略的经验方法，实际上，氧化物水合物的酸碱性还与许多因素有关。

(2) 非羟基氧原子越多，含氧酸酸性越强。

同一元素多种价态的含氧酸，氧化数越高，非羟基氧就越多，造成羟基氧对质子的吸引力削弱就越严重，故酸性越强，如

$HClO$	$HClO_2$	$HClO_3$	$HClO_4$
弱酸	弱酸	中强酸	强酸

本 章 小 结

【主要内容】

(1) 氢气在常温下不活泼，在高温下以还原性为主。氢化物分为离子型氢化物、共价型氢化物和金属型氢化物。

(2) 碱金属和碱土金属均为银白色，有金属光泽，具有良好的导电性和延展性。密度较小，熔点较低，硬度低。碱金属和碱土金属都是强还原剂。

(3) 碱金属和碱土金属与氧形成的二元化合物可分为普通氧化物、过氧化物、超氧化物和臭氧化物。碱金属和碱土金属的氢氧化物中，除 $Be(OH)_2$ 呈两性，LiOH 和 $Mg(OH)_2$ 为中强碱外，其余均为强碱。氢氧化物的碱性强弱，可用 ROH 理论来判断。

(4) 常见碱金属盐易溶于水，碱土金属与一价阴离子(除 F^-外)形成的盐绝大多数易溶于水，而与电荷高的阴离子形成的盐大多数难溶于水。大多数碱金属盐和碱土金属盐都具有较高的热稳定性，但它们的硝酸盐热稳定性较差。

(5) 碱金属和碱土金属的化合物以离子型为主，但锂、铍的化合物比较特殊，具有明显的共价性。锂与镁、铍与铝、硼与硅则具有明显的相似性——对角线规则。

(6) 同周期元素的最高价氧化物及其水合物从左到右酸性增强。同主族同价态氧化物及其水合物从上到下碱性增强。同一元素多种价态的氧化物及其水合物氧化数高的酸性强。离子 R 的**离子势** ϕ 大小决定了 ROH 以哪种方式解离，ϕ 值越大，酸性越强，相应氧化物的酸性也越强；反之，ϕ 值越小，碱性越强，相应氧化物的碱性也越强。同一元素多种价态的含氧酸，非羟基氧越多，酸性越强。

阅读材料

利用分子“CT”快速测出小分子结构

每到年末，*Science* 都会评选出这一年的十大科学突破，标志着人类在科学探索上的新的重要进程。在入选 2018 年 *Science* 十大科学突破中有一项了不起的成就——利用分子“CT”快速测出小分子结构。

化学与生活息息相关，药物化学为大家提供各种治疗疾病的药物，有机化学为大家提供快速获得药物的策略，材料化学为大家提供生活中的各种材料，高分子化学为大家提供衣服所需的高分子布料等。物质的性质取决于其内部的结构，在化学领域结构主导一切，因为它决定一个分子如何表现。然而对于化学科研人员，特别是从事有机化学和

药物化学的科研人员来讲，最难的就是确定分子的结构。

几十年来，确定分子结构的黄金标准一直是X射线晶体学技术。X射线晶体学是将一束X射线射向含有数百万个分子的晶体，这些分子排列在一个共同的方向上。然后，研究人员跟踪X射线从晶体上反弹的方式，以识别单个原子，并在分子中分配它们的位置，从而确定分子的结构。不过，晶体的生长是非常耗费时间的，获得一粒沙子大小能满足测试要求的单晶少则几天，多则几个月，甚至几年。因此，怎样快速辨别分子的结构一直是研究人员苦恼的事情。

核磁共振波谱法是对各种有机物和无机物的成分、结构进行定性分析的强有力的方法之一。它通过扰乱分子内原子的磁行为并追踪其行为来推断结构。原子磁行为的变化取决于它的相邻原子。不过，核磁共振谱也需要相当数量的原始材料。同时，得到的氢谱、碳谱甚至2D-核磁共振谱全部是结构的间接信息，对于结构复杂化合物或异构体的核磁解析出现错误已经是司空见惯，更别说化合物手性中心绝对立体构型的确定。

美国加利福尼亚大学洛杉矶分校的 Tamir Gonen 教授一直致力于研究蛋白质的结构，冷冻电镜是他们常用的仪器。在与加州理工学院有机化学家 Stoltz 的合作中，他们突发奇想，能不能用类似解析蛋白质结构的策略来解析小分子结构？他们将少量化合物孕酮的非晶固体粉末置于两个玻璃盖玻片之间压碎，细粉末沉积在多孔碳铜网上，液氮冷却后用冷冻电镜进行分析。结果很让人满意，基于样品中单个纳米晶体的电子衍射数据，分辨率都可达到约1Å甚至更好(图6-1)。让人震惊的是，整个结构解析过程仅仅需要10min左右！

在这一方法中，电子束并非像传统电子衍射方法那样从一个方向射向静止的晶体，研究者会连续旋转晶体并收集所有的衍射数据，这也是获得高分辨率的关键。用 Tamir Gonen 的话说，这更像是“给小分子做一次CT(计算机断层扫描)”，而不是拍个X光片。

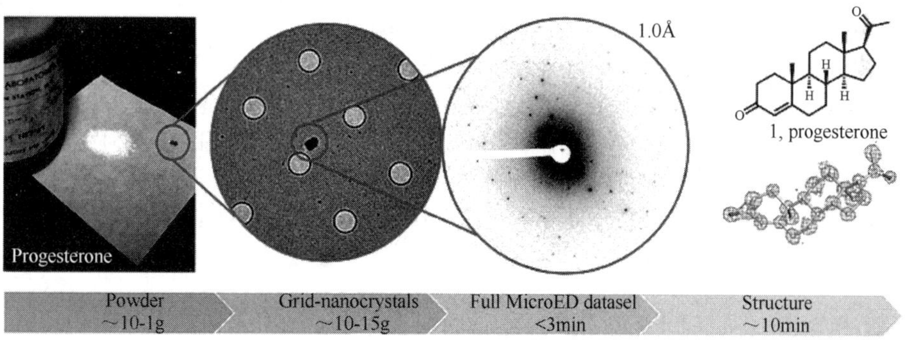

图6-1 冷冻电镜-显微电子衍射分析小分子结构的过程

他们不但得到了孕酮的结构，而且在多种类型的小分子上都能轻易得到可与X射线晶体学相媲美的高分辨率。

例如，他们利用这种技术不仅能够从混合物中得到不同化合物的结构信息，还能够从那些根本无法结晶的材料上获得化合物的结构信息，甚至可以从硅胶柱上的样品测定结构(图6-2)。

更重要的是，一个由德国和瑞士科学家组成的团队利用基本相同的技术，公布了类似结果。他们的论文也强调了两点：测试样品可以小到亚微米晶级别，而分辨率可低于1Å。

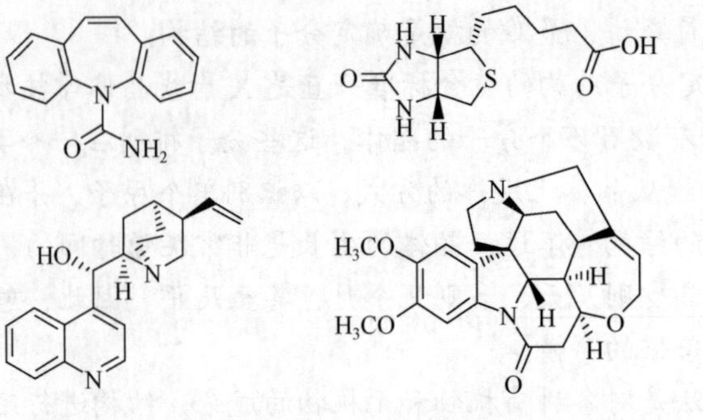

图 6-2　采用最新技术获得的含有 4 种有机化合物的结构

这项新技术对难以测定结构的小样品(仅为 X 射线晶体学所需晶体的十亿分之一)非常有效，速度极快且非常简单，使得破译分子结构变得更加容易。它非常适合绘制激素和潜在药物等小分子的图谱，这必将对从合成和发现新药到设计用于研究和跟踪疾病的分子探针等领域产生深远的影响。2005 年的诺贝尔化学奖获得者加州理工学院化学系教授 Grubbs 认为，“在制造新分子的过程中，最慢的一步是确定产物的结构。这种情况可能以后不会再有，因为该技术有望彻底改变有机化学。”

习　题

1. 从分子轨道理论出发讨论 H_2^+和 H_2^{2-}存在的可能性。

2. 写出 CaH_2 与水作用的反应方程式，并指出什么是氧化剂，什么是还原剂。

3. 在野外充填氢气球时，可利用 CaH_2 与水作用。现要充填一个体积为 $500m^3$ 的气球，需要多少千克的 CaH_2(在标准状况下)?

(469.8kg)

4. 在以水为溶剂的反应系统中，为什么不能用碱金属作还原剂?

5. 实验室中盛放强碱的试剂瓶为什么不能用玻璃塞?

6. 市售 NaOH 中为什么常含有少量 Na_2CO_3? 如何配制不含 Na_2CO_3 杂质的 NaOH 溶液?

7. 碱金属在过量的 O_2 中燃烧时各生成什么氧化物? 各类氧化物与水的作用情况如何?

8. 举例说明碱金属的过氧化物可以作为特殊环境下的供氧剂。

9. 经实验测定，1mol NaH 水解的标准摩尔焓变为$-128.2kJ \cdot mol^{-1}$，1mol 金属钠与水反应的标准摩尔焓变为$-185.1kJ \cdot mol^{-1}$，求 NaH 的标准摩尔生成焓。

($-56.9kJ \cdot mol^{-1}$)

10. 试解释 $Be(OH)_2$ 能溶于 NaOH 溶液，而 $Mg(OH)_2$ 不溶于 NaOH 溶液却能溶于 NH_4Cl 溶液。

11. 举例说明锂及其化合物的特殊性，并将其与镁的性质加以比较。

12. 完成下列反应方程式。

(1) $Na_2O_2 + CO_2 \longrightarrow$

(2) $Na_2O_2 + Cr_2O_3 \longrightarrow$

(3) $Li + N_2 \longrightarrow$

(4) $Mg + N_2 \longrightarrow$

(5) $KO_2 + H_2O \longrightarrow$

(6) $BaO_2 + H_2SO_4 \longrightarrow$

13. 写出下列化合物受热分解反应的方程式。

(1) $NaNO_3$　　(2) $LiNO_3$　　(3) $Mg(NO_3)_2$

(4) $MgCO_3$　　(5) $CaCl_2 \cdot H_2O$

14. s 区元素氢氧化物中，具有两性性质的有哪些？属于中强碱的有哪些？

15. 可通过金属在空气中燃烧直接制备的 s 区普通氧化物的是什么？

16. 将下列卤素的含氧酸按酸性由强到弱进行排列。

$HClO$　　$HClO_2$　　$HClO_3$　　$HClO_4$　　$HBrO$　　HIO

17. 试用所学理论比较 HNO_3 和 H_3PO_4 酸性的强弱。

第 7 章　p 区元素选述

p 区元素包括ⅢA～ⅦA 族(13～17 族)和零族(18 族)元素，除 He 以外，它们的价层电子构型为 $ns^2np^{1\sim6}$。

零族元素又称稀有气体，其价层电子结构相当稳定，导致它们在元素性质上不符合同周期其他主族元素的递变规律。因此，在讨论 p 区元素的性质及其变化规律时通常把零族元素排除在外。

p 区各族元素，从上到下非金属性逐渐减弱，金属性逐渐增强。ⅢA～ⅥA 族都是从典型的非金属元素过渡到金属元素，其中非金属元素的单质均以非极性共价键结合。绝大多数 p 区元素具有多种氧化态，最高氧化态等于该元素原子最外层电子数目，正氧化态彼此之间差值一般为 2，ⅢA～ⅤA 各族元素从上到下，低的正氧化态化合物的稳定性增强，而高的正氧化态化合物的稳定性减弱，表现为 ns^2 电子越来越不容易失去，这一现象称为**惰性电子对效应**。

在 p 区中，第二周期元素最外层只有 2s 和 2p 四个轨道，其配位数不超过 4，而其他周期元素最外层还有 d 轨道，所以可以形成配位数更高的化合物。例如，ⅤA 族元素与氟化合时，氮生成 NF_3，其他元素则能生成五氟化物。

7.1　卤　　素

周期表中ⅦA 族(17 族)包括氟、氯、溴、碘、砹和鿬六种元素，因它们易成盐，故称为卤素。砹是放射性元素，鿬是人工合成放射性元素。卤素是同周期中非金属性最强的元素，在自然界中以化合物(尤其是卤化物)形式存在。

7.1.1　卤素的通性

1. 物理性质

卤素的基本性质列于表 7-1 中。

表 7-1　卤素的性质

元素	F	Cl	Br	I
原子序数	9	17	35	53
价层电子构型	$2s^22p^5$	$3s^23p^5$	$4s^24p^5$	$5s^25p^5$
主要氧化数	−1，0	−1，0，+1，+3，+5，+7	−1，0，+1，+3，+5，+7	−1，0，+1，+3，+5，+7
熔点/℃	−218.6	−101.0	−7.25	113.6

续表

元素	F	Cl	Br	I
沸点/℃	−188.1	−34.0	59.5	182.2
共价半径/pm	60	100	117	136
X^-半径/pm	133	181	196	220
第一电离能/($kJ \cdot mol^{-1}$)	1681	1251	1140	1008
第一电子亲和能/($kJ \cdot mol^{-1}$)	328.16	348.57	324.53	295.15
电负性	3.98	3.16	2.96	2.66
$E^\ominus(X_2/X^-)$/V	+2.87	+1.358	+1.066	+0.5355

卤素单质为非极性双原子分子，分子之间以色散力相结合。F_2、Cl_2、Br_2、I_2随着相对分子质量的增大，色散力依次增大，熔、沸点依次升高。卤素单质的颜色也随原子序数的增大而逐渐加深。常温下，F_2、Cl_2分别为浅黄色和黄绿色气体，Br_2为红棕色液体，I_2为紫黑色晶体。Cl_2、Br_2、I_2都易溶于有机溶剂，而在水中溶解度很小。KI 的存在可以增大I_2在水中的溶解度，此时I_2与I^-结合成I_3^-：

$$I_2 + I^- \rightleftharpoons I_3^-$$

卤素单质均有刺激性气味，能强烈刺激眼、鼻、喉、气管的黏膜。空气中含有 0.01%的氯气时，就会引起中毒。此时可吸入乙醇和乙醚的混合气体解毒。液溴沾到皮肤上会造成难以痊愈的灼伤，使用时要特别小心。

2. 化学性质

卤素原子的价层电子构型为ns^2np^5，获得 1 个电子即可形成 8 个电子的稳定结构，因而最突出的化学性质是具有氧化性。随着元素电负性按 F、Cl、Br、I 的顺序依次减小，单质的氧化性也按 F_2、Cl_2、Br_2、I_2 的次序降低。其中氟是周期表中氧化性最强的单质，只能用电解的方法来制备。

由于氟的电负性最大，所以通常不能表现出正氧化态。而氯、溴、碘在同电负性更大的元素结合时，则可表现出+1、+3、+5、+7 氧化态，它们的最高氧化数与族数相一致。

由于F_2的氧化性最强，所以不仅能将所有金属直接氧化成高价氟化物(其中与 Cu、Ni、Mg 作用表面生成氟化物致密保护膜而终止反应)，而且几乎能与所有的非金属元素(除氧、氮、稀有气体外)直接化合，反应剧烈。F_2遇水立即反应，放出O_2：

$$2F_2 + 2H_2O = 4HF + O_2\uparrow$$

Cl_2也能与各种金属和大多数非金属化合(干燥的Cl_2与 Fe 化合除外)，但作用程度不如氟剧烈。Cl_2与水作用时，只有在光照下才能缓慢将其氧化放出O_2。

Br_2、I_2在常温下可以和活泼金属作用，与其他金属的反应则需要加热，也可与许多非金属作用，反应不如F_2、Cl_2剧烈，一般多形成低价化合物。

Cl_2、Br_2、I_2在水中可发生下面两类歧化反应：

$$X_2 + H_2O \rightleftharpoons HX + HXO \quad (1)$$

$$3X_2 + 3H_2O \rightleftharpoons 5HX + HXO_3 \quad (2)$$

上述反应平衡常数都很小。相对来说，I_2 主要按式(2)反应；Cl_2 在常温下主要按式(1)反应，在热水中则按式(2)反应；Br_2 在低温(0℃)下按式(1)反应，加热时主要按式(2)反应，加碱均可使反应进行得比较彻底。

卤素与氢的反应同样能很好地反映卤素单质活泼性的大小。氟与氢即使在低温、暗处也会剧烈化合而发生爆炸，而氯与氢在暗处反应则极为缓慢，只有在光照作用下才能瞬间完成，溴与氢的反应需要加热才能进行，碘与氢只有在高温或有催化剂的条件下才能反应，且反应是可逆的。

卤素之间也能发生置换反应。根据 $E^{\ominus}(X_2/X^-)$可知，卤素的氧化能力为 $F_2>Cl_2>Br_2>I_2$，卤离子的还原能力为 $F^-<Cl^-<Br^-<I^-$。因此前面的卤素单质可以将后面的卤素从它们的卤化物中置换出来。

$$Cl_2 + 2Br^- = 2Cl^- + Br_2$$

$$Cl_2 + 2I^- = 2Cl^- + I_2$$

$$Br_2 + 2I^- = 2Br^- + I_2$$

工业上常用这类反应来制备单质溴和碘。但制碘时氯气不可通入过量，否则会将 I_2 继续氧化为 IO_3^-。

卤素的用途十分广泛。氟大量用于制造有机氟化物，如制冷剂氟利昂(因对臭氧层有破坏作用，已禁止使用)、聚四氟乙烯(一种性能优异的工程塑料，俗称特氟龙)等。氯是一种重要的工业原料，主要用于合成盐酸、聚氯乙烯、漂白粉、农药、染料等，也用于饮水消毒。溴主要用于生产汽油抗爆剂、照相感光剂(溴化银)、制冷剂(溴化锂)、农药等。碘广泛用于有机合成、制药、照相等行业中，碘和碘化钾的乙醇溶液(碘酒)在医药上用作消毒剂，在食盐中添加少量碘酸钾可预防甲状腺肿的发生，碘化银用于人工降雨和人工防雹，其效能比干冰高数百倍。

7.1.2 卤化氢及氢卤酸

卤素的氢化物 HF、HCl、HBr、HI 统称卤化氢，它们的水溶液称氢卤酸。

1. 卤化氢的制备和性质

利用浓硫酸与氟化物或氯化物反应可制取 HF 或 HCl。

$$CaF_2 + H_2SO_4(浓) \xlongequal{\triangle} CaSO_4 + 2HF\uparrow(在铂器皿中进行)$$

$$NaCl + H_2SO_4(浓) \xlongequal{\triangle} NaHSO_4 + HCl\uparrow$$

由于浓硫酸可将 HBr 和 HI 氧化，制取 HBr 和 HI 时需要用非氧化性的浓磷酸来代替浓硫酸。

$$KI + H_3PO_4(浓) \xlongequal{\triangle} KH_2PO_4 + HI\uparrow$$

卤化氢是共价化合物，其熔、沸点按 HCl、HBr、HI 的顺序依次升高，这与分子间力的变化相一致，但 HF 因分子间存在氢键，熔、沸点出现反常。

卤化氢是极性分子，在水中的溶解度很大，其中 HF 与水形成氢键，能无限制地溶于水。卤化氢的热稳定性按 HF、HCl、HBr、HI 的次序依次减弱。

2. 氢卤酸的性质

卤化氢溶于水变成氢卤酸。氢卤酸中，除 HF 外都是强酸，其酸性按 HCl、HBr、HI 的顺序依次增强，而 HF 稀溶液为弱酸：

$$HF \rightleftharpoons H^+ + F^- \qquad K_a^\ominus=6.3\times10^{-4} \tag{1}$$

这与卤离子的电荷密度变化有着密切关系。

HF 还有一点比较特殊，即浓度增大时，酸性反而增强。这是因为存在如下反应：

$$HF + F^- \rightleftharpoons HF_2^- \qquad K^{\ominus\prime}=5.2 \tag{2}$$

将式(1)、式(2)合并，得

$$2HF \rightleftharpoons H^+ + HF_2^- \qquad K^\ominus=3.3\times10^{-3}$$

$K^\ominus>K_a^\ominus$，表明 HF 浓度增大时酸性增强。

尽管 HF 是弱酸，但它的腐蚀性却很强，能与 SiO_2、$CaSiO_3$ 反应：

$$SiO_2 + 4HF = SiF_4\uparrow + 2H_2O$$

$$CaSiO_3 + 6HF = CaF_2 + SiF_4\uparrow + 3H_2O$$

因此，可以利用氢氟酸来刻蚀玻璃(高纯氢氟酸用于刻蚀芯片)，或在化学分析中溶解硅酸盐矿物。故盛装氢氟酸不能用玻璃瓶，而要用塑料瓶。

7.1.3 卤化物

1. 卤化物的晶体类型及熔、沸点

卤素与其他元素所组成的二元化合物称为卤化物。除 He、Ne、Ar 外，其他元素都能与卤素形成卤化物。按键型可将卤化物分成离子型卤化物和共价型卤化物。

一般来说，若组成卤化物的两个元素电负性相差很大，则形成离子型卤化物；若两元素的电负性相差不大，则形成共价型卤化物。

总的来看，非金属卤化物都是共价型卤化物，金属卤化物情况则比较复杂。其中，碱金属(除锂外)、碱土金属(除铍外)，以及比较活泼的过渡金属、镧系和锕系元素的低价态卤化物基本上属于离子型卤化物，而大多数金属的高价态卤化物基本上属于共价型卤化物。对于同一金属而言，氟化物多为离子型，而碘化物多为共价型。

卤化物的晶体类型大致与键型变化相对应。键型与晶体类型的变化直接影响化合物的熔、沸点。一般来说，离子晶体熔、沸点较高，而分子晶体熔、沸点较低；过渡型的链状或层状晶体熔、沸点介于离子晶体和分子晶体之间。表 7-2 列出了一些氯化物的熔点。从表 7-2 可以看出，同一周期，从左向右(大约到ⅣA 族)，最高价氯化物的熔点依次降低，表明键型从离子型逐渐过渡到共价型；p 区同一族，从上往下，氯化物的熔点依次升高，表明键型从共价型逐渐过渡到离子型。

表 7-2　一些氯化物的熔点(℃)

ⅠA																	
HCl −114.8	ⅡA											ⅢA	ⅣA	ⅤA	ⅥA		
$LiCl$ 605	$BeCl_2$ 405											BCl_3 −107.3	CCl_4 −23	NCl_3 <−40			
$NaCl$ 801	$MgCl_2$ 714	ⅢB	ⅣB	ⅤB	ⅥB	ⅦB	Ⅷ			ⅠB	ⅡB	$AlCl_3$ 190*	$SiCl_4$ −70	PCl_5 166.8d PCl_3 −112	SCl_4 −30		
KCl 770	$CaCl_2$ 782	$ScCl_3$ 939	$TiCl_4$ −25 $TiCl_3$ 440d	VCl_4 −28	$CrCl_3$ 1150 $CrCl_2$ 824	$MnCl_2$ 650	$FeCl_3$ 306 $FeCl_2$ 672	$CoCl_2$ 724	$NiCl_2$ 1001	$CuCl_2$ 620 $CuCl$ 430	$ZnCl_2$ 283	$GaCl_3$ 77.9	$GeCl_4$ −49.5	$AsCl_3$ −8.5	$SeCl_4$ 205		
$RbCl$ 718	$SrCl_2$ 875	YCl_3 721	$ZrCl_4$ 437*	$NbCl_5$ 204.7	$MoCl_5$ 194		$RuCl_3$ >500d	$RhCl_3$ 475d	$PdCl_2$ 500d	$AgCl$ 455	$CdCl_2$ 568	$InCl_3$ 586	$SnCl_4$ −33 $SnCl_2$ 246	$SbCl_5$ 2.8 $SbCl_3$ 73.4	$TeCl_4$ 224		
$CsCl$ 645	$BaCl_2$ 963	$LaCl_3$ 860	$HfCl_4$ 319s	$TaCl_5$ 216	WCl_6 275 WCl_5 248		$OsCl_3$ 550d	$IrCl_3$ 763d	$PtCl_4$ 370d	$AuCl_3$ 254d $AuCl$ 170d	$HgCl_2$ 276 Hg_2Cl_2 400s	$TlCl_3$ 25 $TlCl$ 430	$PbCl_4$ −15 $PbCl_2$ 501	$BiCl_3$ 231			

注：*表示在加压下，d 表示分解，s 表示升华。

氟、溴、碘的化合物与氯化物的情况大体相似。

上述卤化物晶体类型与熔点的变化规律可用离子极化理论加以说明。

2. 离子极化理论

离子极化理论是从离子键理论出发，把化合物中的组成元素看作正、负离子，然后考虑正、负离子之间的相互作用。

孤立的离子不存在偶极[图 7-1(a)]，但离子在电场中将会发生原子核和电子云的相对位移，结果离子发生变形而产生诱导偶极[图 7-1(b)]，这一过程称为**离子的极化**。实际上离子本身就可以产生电场，会使邻近的离子极化[图 7-1(c)]。

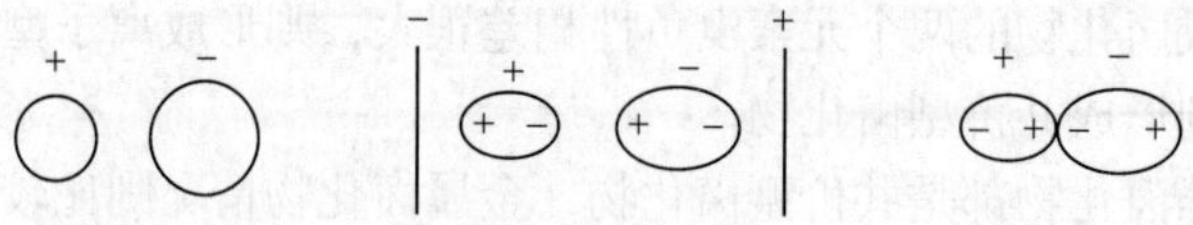

(a) 不在电场中的离子　(b) 离子在电场中的极化　(c) 正、负离子的相互极化

图 7-1　离子的极化作用

离子极化作用的强弱与离子的极化力和变形性两方面因素有关。

1) 离子的极化力

某离子使其他离子极化而发生变形的能力，称为该离子的**极化力**。它与下面三个因素有关。

(1) 离子的电荷。电荷越多，极化力越强，如 $Na^+ < Mg^{2+} < Al^{3+} < Si^{4+}$。

(2) 离子半径。半径越小，极化力越强，如 $Mg^{2+} > Ca^{2+} > Sr^{2+} > Ba^{2+}$。

(3) 离子的外层电子构型。对于不同电子层结构的阳离子来说，它们的极化作用大小的顺序为：18、18+2、2 电子构型的离子>9～17 电子构型的离子>8 电子构型的离子。

2) 离子的变形性

离子在外电场作用下，其电子云与原子核发生相对位移，这种性质称为离子的**变形性**。它的大小也取决于三个因素。

(1) 离子的电荷。结构相同的离子，正电荷越少，负电荷越多，变形性越大，如 Si^{4+}<Al^{3+}<Mg^{2+}<Na^{+}<F^{-}<O^{2-}。

(2) 离子半径。外层电子构型相同的离子，半径越大，变形性越大，如 F^{-}<Cl^{-}<Br^{-}<I^{-}。

(3) 阳离子的外层电子构型。18、18+2、9～17 电子构型的离子的变形性比半径相近的 8 电子构型离子的大得多，如 Ag^{+}>K^{+}，Hg^{2+}>Ca^{2+}。

虽然阴、阳离子都具有极化力和变形性，但一般来说，阳离子半径小，极化力大，变形性小；而阴离子半径大，极化力小，变形性大。因此在考虑离子极化作用时，主要考虑阳离子的极化力和阴离子的变形性。但如果阳离子的变形性比较明显时(如 18 电子构型的+1、+2 价离子)，则也能被阴离子极化而变形，产生诱导偶极，又反过来加强对阴离子的极化力，这种相互影响称为**附加极化作用**。一般阳离子的电子层数越多，越容易变形，附加极化作用越大，如 Zn^{2+}<Cd^{2+}<Hg^{2+}。

3) 离子极化对物质结构和性质的影响

离子极化的结果，使正、负离子之间产生了额外的吸引力，甚至有可能使两个离子的轨道或电子云发生变形而相互重叠，从而生成极性较小的键，即离子键向共价键过渡，离子型化合物向共价极性分子过渡(图 7-2)。熔、沸点，溶解度，颜色等性质也会发生相应的变化。

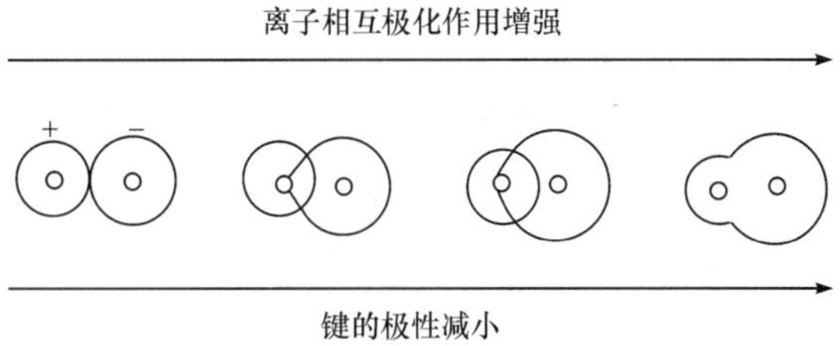

图 7-2　离子键向共价键转变的示意图

以 NaCl、$MgCl_2$、$AlCl_3$、$SiCl_4$ 为例，随着阳离子的电荷数升高，极化力依次增大，离子极化作用依次增强，化学键由 NaCl 中的离子键过渡到 $SiCl_4$ 中的共价键，晶体类型也由 NaCl 中的离子晶体过渡到 $SiCl_4$ 中的分子晶体，结果熔、沸点依次降低。

再如，AgF、AgCl、AgBr、AgI，随着阴离子变形性的增大，离子极化作用依次增强，化学键由离子键逐渐过渡到共价键，水中溶解度从大变小，同时极化后使激发态和基态之间的能量差依次减小，吸收光的波长从紫外区过渡到可见区，使化合物颜色从无色逐渐变为黄色。

3. 卤化物的主要化学性质

1) 卤化物的水解反应

高价金属卤化物在水中会发生不同程度的水解，绝大部分水解生成碱式盐或氢氧化物和氢卤酸：

$$SnCl_2 + H_2O \xlongequal{} Sn(OH)Cl\downarrow + HCl$$

$$SbCl_3 + H_2O = SbOCl\downarrow + 2HCl$$

$$BiCl_3 + H_2O = BiOCl\downarrow + 2HCl$$

$$GeCl_4 + 4H_2O = Ge(OH)_4 + 4HCl$$

为了抑制水解，在配制上述氯化物溶液时，常加入一定量的盐酸。有些金属氯化物可完全水解，产生沉淀，欲配制它们的澄清溶液，只能将它们溶于浓盐酸，再用水稀释至所需浓度。

非金属卤化物中，有些不溶于水，如 CCl_4；有些溶于水，同时发生强烈水解生成氢卤酸和含氧酸。例如：

$$BCl_3 + 3H_2O = H_3BO_3 + 3HCl$$

$$PCl_5 + 4H_2O = H_3PO_4 + 5HCl$$

$$SiF_4 + 3H_2O = H_2SiO_3 + 4HF$$

即使在潮湿的空气中也能因水解而冒烟(酸雾)，故必须密封保存。

2) 卤离子的配位作用

卤离子 X^-可以与许多金属离子形成配离子，如$[FeCl_4]^-$、$[HgI_4]^{2-}$、$[SiF_6]^{2-}$等。同一金属离子和不同卤离子形成配离子的配位数，与卤离子的半径有关。例如，Fe^{3+}能与半径小的 F^-形成配位数为 6 的$[FeF_6]^{3-}$，而与半径大一些的 Cl^-则只能形成配位数为 4 的$[FeCl_4]^-$。

一些难溶卤化物能在过量 X^-存在下溶解，如

$$PbCl_2 + 2Cl^- = [PbCl_4]^{2-}$$

$$HgI_2(\text{红色}) + 2I^- = [HgI_4]^{2-}(\text{无色})$$

利用卤离子对金属离子的配位作用，可以进行有关的分离。例如，在分析化学中，Co^{2+}、Ni^{2+}用经典方法是难以分离的，但 Co^{2+}能与 Cl^-形成$[CoCl_3]^-$、$[CoCl_4]^{2-}$，而 Ni^{2+}却不能，再应用离子交换法即可将 Co^{2+}和 Ni^{2+}分离开来。

有些反应由于有配离子的形成而更容易进行。例如，Au 在浓硝酸中仍然很稳定，但却可溶于王水中，其原因就在于 Cl^-与 Au^{3+}形成配离子从而提高了 Au 的还原性。

$$Au + HNO_3 + 4HCl = H[AuCl_4] + NO\uparrow + 2H_2O$$

7.1.4　卤素的含氧酸及其盐

卤素的含氧酸包括次卤酸、亚卤酸、(正)卤酸和高卤酸，其中卤素的氧化数分别为+1、+3、+5、+7。表 7-3 列出了一些卤素含氧酸的化学式。

表 7-3　卤素的含氧酸

含氧酸	Cl	Br	I
次卤酸	HClO	HBrO	HIO
亚卤酸	$HClO_2$	$HBrO_2$	HIO_2
卤酸	$HClO_3$	$HBrO_3$	HIO_3
高卤酸	$HClO_4$	$HBrO_4$	HIO_4、H_5IO_6

在卤素的含氧酸根离子结构中，亚卤酸根为 V 字形，卤酸根为三角锥形，高卤酸根(IO_6^{5-}例外)为四面体形。除 IO_6^{5-}外，卤原子全部采用 sp^3 杂化。

1. 通性

1) 卤素含氧酸的酸性

卤素含氧酸的酸性强弱有以下变化规律：

$$
\begin{array}{lll}
\text{HClO} & \text{HBrO} & \text{HIO} \\
\text{HClO}_2 & \text{HBrO}_2 & \text{HIO}_2 \\
\text{HClO}_3 & \text{HBrO}_3 & \text{HIO}_3 \\
\text{HClO}_4 & \text{HBrO}_4 & \text{HIO}_4
\end{array}
$$

酸性增强（↓）

酸性增强（←）

2) 卤素含氧酸及其盐的氧化性

氯、溴、碘的元素电势图如下。

$E_{\mathrm{a}}^{\ominus}/\mathrm{V}$

$$\text{ClO}_4^- \xrightarrow{+1.189} \text{ClO}_3^- \xrightarrow{+1.214} \text{ClO}_2^- \xrightarrow{+1.645} \text{HClO} \xrightarrow{+1.628} \text{Cl}_2 \xrightarrow{+1.358} \text{Cl}^-$$

+1.430

+1.470

$$\text{BrO}_4^- \xrightarrow{+1.760} \text{BrO}_3^- \xrightarrow{+1.500} \text{HBrO} \xrightarrow{+1.574} \text{Br}_2 \xrightarrow{+1.087} \text{Br}^-$$

+1.520

$$\text{H}_5\text{IO}_6 \xrightarrow{+1.601} \text{IO}_3^- \xrightarrow{+1.130} \text{HIO} \xrightarrow{+1.439} \text{I}_2 \xrightarrow{+0.535} \text{I}^-$$

+1.195

+1.085

$E_{\mathrm{b}}^{\ominus}/\mathrm{V}$

$$\text{ClO}_4^- \xrightarrow{+0.360} \text{ClO}_3^- \xrightarrow{+0.330} \text{ClO}_2^- \xrightarrow{+0.660} \text{ClO}^- \xrightarrow{+0.401} \text{Cl}_2 \xrightarrow{+1.358} \text{Cl}^-$$

+0.500　　　　　0.880

+0.480

+0.519

$$\text{BrO}_4^- \xrightarrow{+0.920} \text{BrO}_3^- \xrightarrow{+0.540} \text{BrO}_3^- \xrightarrow{+0.451} \text{Br}_2 \xrightarrow{+1.087} \text{Br}^-$$

+0.761

+0.610

$$\text{H}_3\text{IO}_6^{2-} \xrightarrow{+0.700} \text{IO}_3^- \xrightarrow{+0.15} \text{IO}_3^- \xrightarrow{+0.445} \text{I}_2 \xrightarrow{+0.535} \text{I}^-$$

+0.490

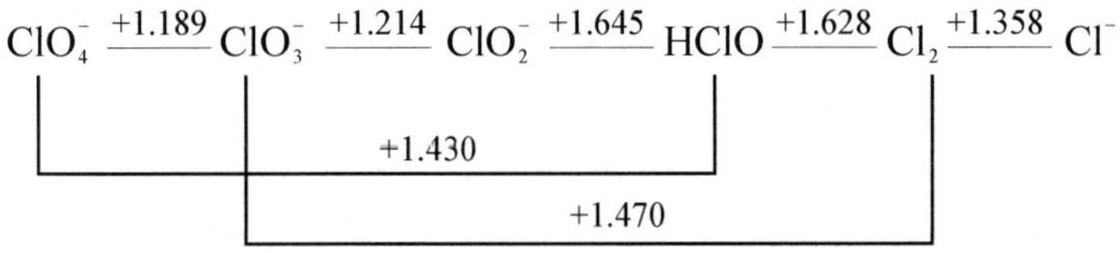

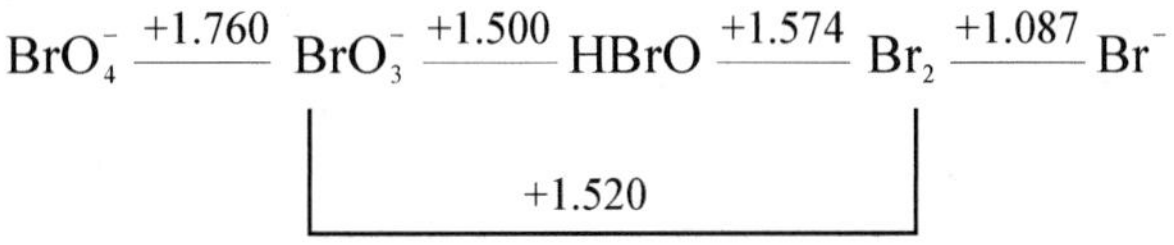

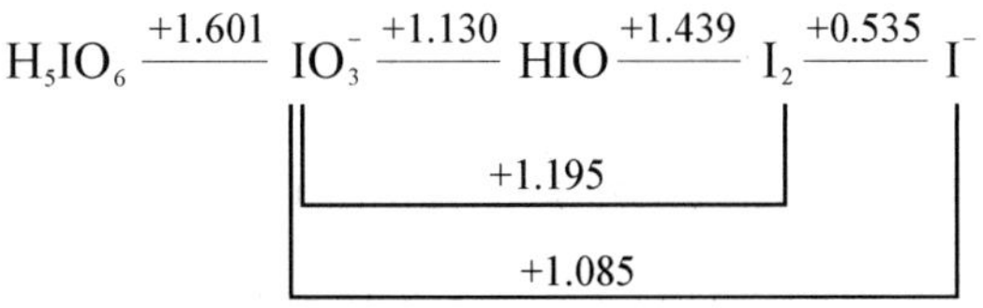

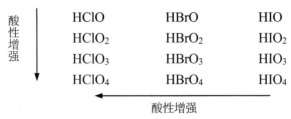

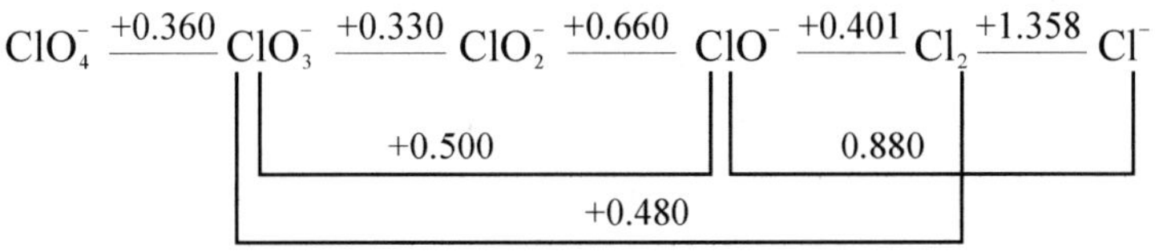

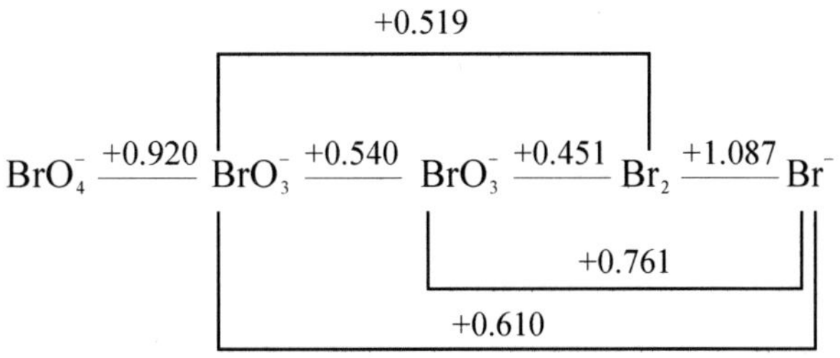

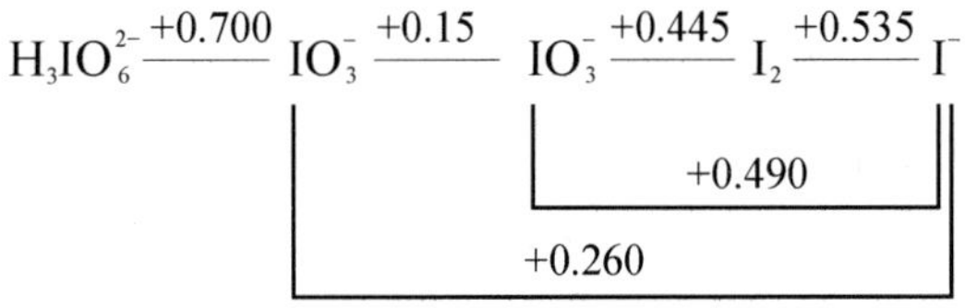

由上述元素电势图可以看出：

(1) 当含氧酸根为电对氧化态时，在酸性溶液中，绝大多数电对的电极电势都很大，而在碱性溶液中，各电对的电极电势都相应变小，表明在酸性溶液中各种卤素含氧酸均有较强的氧化性，而在碱性溶液中各种卤素含氧酸根的氧化性均明显下降。

(2) 许多中间氧化态物质由于 $E^{\ominus}$(右)>$E^{\ominus}$(左)，所以能够发生歧化反应。

2. 重要的卤素含氧酸及其盐

1) 次卤酸及其盐

次卤酸都是弱酸，而碱金属的次卤酸盐都容易水解，溶液显碱性。

次卤酸不稳定，其稳定性依 HClO、HBrO、HIO 的次序迅速减小。分解时可发生两类反应：

$$2HXO \xlongequal{} 2H^+ + 2X^- + O_2$$

$$3HXO \xlongequal{} 3H^+ + 2X^- + XO_3^-$$

究竟以哪一反应为主，主要取决于反应条件。在光照或适当的催化剂存在下，以前一反应为主，如果加热，则以后一反应为主。

次卤酸盐中只有次氯酸盐比较稳定，次溴酸盐在 0℃以下能稳定存在，室温时发生歧化反应，而次碘酸盐在任何温度下歧化反应都进行得相当彻底，不能存在于水溶液之中。

次卤酸盐中比较重要的是次氯酸盐。将氯气与熟石灰作用，生成漂白粉：

$$3Ca(OH)_2 + 2Cl_2 \xlongequal{} Ca(ClO)_2 + CaCl_2 \cdot Ca(OH)_2 \cdot H_2O + H_2O$$

由于绝对干燥的氢氧化钙与氯气并不发生反应，氯只能被氢氧化钙所吸附。为此，在工业上采用含有 1%以下游离水分的熟石灰来进行氯化，所用的氯气也含有 0.06%以下水分。利用这些原料中的游离水分，使氯气水解生成酸 HClO、HCl，生成的酸为熟石灰所中和。

漂白粉的有效成分是次氯酸钙，其强杀菌能力源于 ClO^-的强氧化性。但漂白粉长期在空气中放置会逐渐失效，原因是与空气中的 CO_2 作用生成 HClO：

$$Ca(ClO)_2 + CaCl_2 \cdot Ca(OH)_2 \cdot H_2O + 2CO_2 \xlongequal{} 2CaCO_3 + CaCl_2 + 2HClO + H_2O$$

HClO 不稳定，见光发生分解。

2) 卤酸及其盐

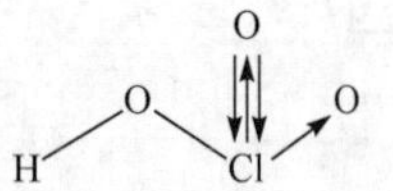

图 7-3 $HClO_3$的结构

HXO_3 分子为三角锥形结构，中心 X 原子采取 sp^3 不等性杂化。以 $HClO_3$ 为例，如图 7-3 所示，Cl 原子杂化轨道中的单电子与—OH 中的 O 原子形成 σ 键，Cl 原子杂化轨道中的电子对则向端 O 原子空的 p 轨道(电子重排之后形成)配位，形成 σ 配键，与此同时 Cl 原子空的 3d 轨道接受 O 原子 p 轨道中的电子对，形成两个 d-p 反馈 π 配键。由于 O 的 2p 与 Cl 的 3d 轨道能量相差较多，故它们之间形成的 d-p π 配键的强度较弱，两个才相当于一个单键。d-p π 配键是含氧酸分子中常见的键型。

在卤酸中，$HClO_3$、$HBrO_3$ 是强酸，其中 $HClO_3$ 的酸性更强些，HIO_3 是中强酸。

卤酸也不太稳定，但比次卤酸稳定性要好，稳定性依 $HClO_3$、$HBrO_3$、HIO_3 次序增大。HIO_3 可以固体状态存在，而 $HClO_3$ 和 $HBrO_3$ 仅存在于溶液中，其中 $HClO_3$ 可以存在的最大浓度为 40%，$HBrO_3$ 可以存在的最大浓度为 50%，超过此浓度即发生分解。卤酸盐比较稳定。

卤酸及其盐是强氧化剂。例如，$HClO_3$ 可将单质硫、磷、碘氧化成含氧酸：

$$5HClO_3 + 6P + 9H_2O \xlongequal{} 6H_3PO_4 + 5HCl$$

$$HClO_3 + S + H_2O \xlongequal{} H_2SO_4 + HCl$$

$$5HClO_3 + 3I_2 + 3H_2O \xlongequal{} 6HIO_3 + 5HCl$$

根据标准电极电势，卤酸及其盐氧化能力的次序是：溴酸(盐)>氯酸(盐)>碘酸(盐)。

卤酸盐通常用卤素单质在热的浓碱中歧化或将卤化物氧化来制取。

$$3X_2 + 6KOH \xlongequal{} 5KX + KXO_3 + 3H_2O \quad (X=Cl, Br, I)$$

$$3Cl_2 + X^- + 6OH^- \xlongequal{} 6Cl^- + XO_3^- + 3H_2O \quad (X=Br, I)$$

在卤酸盐中，氯酸钾最为重要，它是制造炸药、火柴、信号弹、焰火等的原料。固体氯酸钾加热会发生两种分解反应。当有 MnO_2 催化剂存在时，加热至 200℃左右分解出氧气；当没有催化剂时，加热到 400℃左右分解成高氯酸钾和氯化钾：

$$2KClO_3 \xlongequal{473K, MnO_2} 2KCl + 3O_2\uparrow$$

$$4KClO_3 \xlongequal{673K} 3KClO_4 + KCl$$

3) 高卤酸及其盐

$HClO_4$ 是常见的最强无机酸，$HBrO_4$ 是强酸，高碘酸在强酸中主要以 H_5IO_6 形式存在，为五元中强酸，在碱中则主要以 $H_3IO_6^{2-}$ 形式存在。将 H_5IO_6 进行真空加热脱水得偏高碘酸：

$$H_5IO_6 \xlongequal{373K} HIO_4 + 2H_2O$$

$HClO_4$ 和 $HBrO_4$ 不稳定，受热易分解：

$$4HClO_4 \xlongequal{\triangle} 2Cl_2 + 7O_2 + 2H_2O$$

$HClO_4$ 是常用的分析试剂。$HClO_4$ 溶液浓度越大越不稳定，无水 $HClO_4$ 在沸腾(90℃)时即分解，浓 $HClO_4$(>70%)遇有机物后受撞击即发生爆炸，必须特别小心。但当 $HClO_4$ 浓度低于 60%后对热变得十分稳定。

从标准电极电势上看，高卤酸及其盐在酸性介质中都是强氧化剂。但事实上 $HClO_4$ 和 $HBrO_4$ 的氧化性在温度较高、浓度较大时才比较明显，而在室温下并不显著，如稀 $HClO_4$ 甚至不能被 Zn 还原。这是因为稀 $HClO_4$ 完全解离为 ClO_4^-，ClO_4^- 呈四面体结构，对称性高，动力学稳定性好，所以氧化能力变弱。这一性质与稀 H_2SO_4 十分相似。只有 H_5IO_6 在室温下可作为强氧化剂，它能将 Mn^{2+} 定量地氧化为 MnO_4^-：

$$5H_5IO_6 + 2Mn^{2+} \xlongequal{} 2MnO_4^- + 5HIO_3 + 6H^+ + 7H_2O$$

高卤酸盐比较稳定。$KClO_4$ 的热分解温度高于 $KClO_3$，用 $KClO_4$ 制造的炸药比用 $KClO_3$ 制造的炸药稳定，因此曾将用 $KClO_4$ 制造的炸药称为“安全炸药”。而 NH_4ClO_4 则是火箭推进剂的主要成分。

7.1.5　无机含氧酸氧化还原性变化规律

无机含氧酸的氧化还原性质十分复杂，它不仅涉及热力学和动力学因素，而且一种元素往往可以有几种价态的含氧酸，同一种含氧酸又可以生成不同的氧化还原产物。这里仅从热力学的角度对无机含氧酸的氧化还原性加以讨论。

1. 含氧酸氧化还原性强弱的规律性

(1) 各元素最高氧化态的含氧酸在酸性介质中被还原为单质时，$E^{\ominus}$ 有如下规律：①同一周期，从左向右氧化性增强，如 $H_4SiO_4<H_3PO_4<H_2SO_4<HClO_4$；②同一族，从上往下氧化性

呈锯齿形变化，如 $HNO_3>H_3PO_4<H_3AsO_4$，$H_2SO_4<H_2SeO_4>H_6TeO_6$，$HClO_4<HBrO_4>H_5IO_6$；③同一周期，族序相同时，主族比副族氧化性强，如 $BrO_4^- > MnO_4^-$。

(2) 同一元素的不同氧化态的含氧酸中，低氧化态含氧酸的氧化能力较强，如 $HClO \sim HClO_2>HClO_3>HClO_4$，$HNO_2>HNO_3$(稀)；$H_2SO_3>H_2SO_4$(稀)。

2. 影响含氧酸氧化能力强弱的主要因素

1) 中心原子的电负性

组成和结构相近的无机酸，主族元素中心原子电负性越大，越容易获得电子而被还原，因而氧化性越强，如电负性 Si<P<S<Cl，所以氧化性 $H_4SiO_4<H_3PO_4<H_2SO_4<HClO_4$。

2) 中心原子与氧原子之间键(R—O)的强度与数目

含氧酸还原为低氧化态或单质的过程必然涉及 R—O 键的断裂。因此，含氧酸的 R—O 键越强或必须断裂的 R—O 键越多，则含氧酸越稳定，氧化性越弱，如 $HClO_2>HClO_3>HClO_4$，$HNO_2>HNO_3$(稀)，$H_2SO_3>H_2SO_4$(稀)。

在高卤酸中，从键能来看，Cl—O>Br—O>I—O，似乎氧化性 $HClO_4<HBrO_4<H_5IO_6$，但 H_5IO_6 中 I—O 键数多，故氧化性 $HBrO_4>HClO_4>H_5IO_6$。同理，氧化性 $H_3AsO_4>H_3PO_4$，$H_2SeO_4>H_6TeO_6>H_2SO_4$。

7.2　氧 族 元 素

周期表中ⅥA 族(16 族)包括氧、硫、硒、碲、钋和𫟷六种元素，称为氧族元素。氧是地壳中分布最广、含量最高的元素，它的丰度是47%，硫的分布也很广，硒、碲是稀有分散元素，钋是放射性元素，𫟷是人工合成放射性元素。氧和硫在自然界中既可以单质形式存在，也可以化合物形式存在。本节重点讨论氧和硫及其化合物。

7.2.1　氧族元素的通性

氧族元素的基本性质列于表 7-4 中。

表 7-4　氧族元素的性质

元素	O	S	Se	Te
原子序数	8	16	34	52
价层电子构型	$2s^22p^4$	$3s^23p^4$	$4s^24p^4$	$5s^25p^4$
主要氧化数	−2，−1，0	−2，0，+2，+4，+6	−2，0，+2，+4，+6	−2，0，+2，+4，+6
熔点/℃	−218.4	119	217	449.5
沸点/℃	−182.9	444.6	684.9	989.8
共价半径/pm	64	104	118	137
离子(M^{2-})半径/pm	140	184	198	221
第一电离能/($kJ \cdot mol^{-1}$)	1314	999.6	940.9	869.3
第一电子亲和能/($kJ \cdot mol^{-1}$)	140.98	200.41	194.96	190.16

续表

元素	O	S	Se	Te
第二电子亲和能/($kJ\cdot mol^{-1}$)	−780	−590	−420	−295
电负性	3.44	2.58	2.55	2.10
$E^{\ominus}(X_2/X^{2-})/V$		−0.476	−0.92	−1.14

从表 7-4 可以看出，氧族元素从上往下原子半径和离子半径逐渐增大，电离能和电负性逐渐减小。因而随着原子序数的增加，元素的非金属性逐渐减弱，金属性逐渐增强。氧和硫是典型的非金属元素，硒和碲是准金属元素，而钋是金属元素。

氧族元素原子的外层电子构型为 ns^2np^4，有 6 个价电子，因此它们都有获得 2 个电子达到稀有气体稳定结构的趋势，从而表现出较强的非金属性。氧族元素的电负性值比相邻的卤素小，故非金属活泼性比卤素要弱。

由于氧的电负性很大(仅次于氟)，所以通常与大多数金属元素形成二元的离子型化合物(如 Li_2O、MgO、Al_2O_3 等)；而硫、硒、碲与大多数金属元素化合时主要形成共价化合物，只有与少数电负性小的金属元素才能形成离子型化合物(如 Na_2S、BaS、K_2Se 等)。氧族元素与非金属元素化合均形成共价化合物。

氧只有与氟化合时才表现出正氧化态，与其他元素化合时一般形成氧化数为−2 的化合物。硫、硒、碲与电负性小的元素结合时表现−2 氧化态，而与电负性大的元素结合时，可表现出+2、+4、+6 氧化态，它们的最高氧化数与族数相一致。

氧族元素单质的化学活泼性按 O>S>Se>Te 的顺序变化。氧几乎能与所有元素(大部分稀有气体除外)化合。硫能与除稀有气体、碘、碲、金、铂、钯以外的绝大多数元素化合。硒和碲也能与许多元素化合生成相应的硒化物和碲化物。

7.2.2　氧和氧的重要化合物

1. 氧气的性质

常温下，氧气是一种无色、无味的气体。O_2 分子中有一个 σ 键和两个三电子 π 键，故有顺磁性。O_2 是非极性分子，因而在水中溶解度很小(293K 时为 $30mL\cdot L^{-1}$)，但它却是水生动植物赖以生存的基础。在动物血液中由于有携氧物质(人血液中为血红蛋白 Hb)的存在，O_2 的溶解度比在纯水中的大。

O_2 的解离能较大，在常温下氧的化学性质不活泼，仅能氧化那些还原性强的物质，如 NO、$SnCl_2$、H_2SO_3、KI 等。

在高温下，除卤素、部分贵金属及稀有气体外，氧几乎能与所有元素直接化合生成相应的氧化物，如

$$2Ca + O_2 = 2CaO$$
$$4Al + 3O_2 = 2Al_2O_3$$
$$4P + 5O_2 = P_4O_{10}$$
$$S + O_2 = SO_2$$

H_2S、CH_4、CO、NH_3 等具有还原性的物质能在氧气中燃烧而被氧化，如

$$2H_2S + 3O_2(\text{足量}) = 2SO_2 + 2H_2O$$

$$2CO + O_2 \longrightarrow 2CO_2$$

作为氧化剂，氧气在酸性溶液中的氧化性大于在碱性溶液中的氧化性，这是因为：

$$O_2 + 4H^+ + 4e^- \rightleftharpoons 2H_2O \qquad E^\ominus=1.229V$$

$$O_2 + 2H_2O + 4e^- \rightleftharpoons 4OH^- \qquad E^\ominus=0.401V$$

氧在金属冶炼、切割、焊接、医疗急救、高空飞行和海底潜水、登山、火箭发动机助燃、化学合成以及废水处理等领域有着广泛的应用。

2. 臭氧

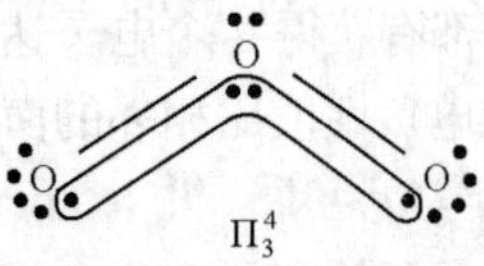
图 7-4　O_3 的结构

臭氧(O_3)是 O_2 的同素异形体，具有特殊的刺激性臭味。O_3 分子的结构如图 7-4 所示。

O_3 分子呈 V 字形，中心 O 原子采取 sp^2 不等性杂化，两个含未成对电子的杂化轨道与另两个 O 原子形成两个 σ 键，同时中心原子的 $2p_z$ 轨道和两个配位氧原子的 $2p_z$ 轨道均垂直于分子平面，互相重叠，形成大 π 键 Π_3^4。O_3 分子中没有未成对电子，所以是反磁性的。

O_3 是极性分子，$\mu=1.93\times10^{-30}C\cdot m$，它是唯一有偶极矩的单质，因此它在水中的溶解度比 O_2 大。O_3 分子的色散力大于 O_2 分子，所以臭氧的熔、沸点比氧高。

O_3 很不稳定，在常温下可缓慢分解，升温会加速分解。

$$2O_3 \longrightarrow 3O_2$$

O_3 具有强氧化性，其相关的标准电极电势如下：

$$O_3 + 2H^+ + 2e^- \rightleftharpoons O_2 + H_2O \qquad E^\ominus=2.08V$$

$$O_3 + H_2O + 2e^- \rightleftharpoons O_2 + 2OH^- \qquad E^\ominus=1.24V$$

由此可见，臭氧的氧化能力比氧强。它能氧化许多不活泼的单质，如 Hg、Ag、S 等，而氧不能。它还能将 I^- 迅速而定量地氧化成 I_2：

$$O_3 + 2I^- + H_2O \longrightarrow I_2 + O_2 + 2OH^-$$

分析化学中常利用此反应来进行臭氧的鉴定和定量分析。

臭氧作为氧化剂具有不易产生二次污染的优点，实际生活中可用于空气净化和饮水消毒。臭氧还是一种广谱杀菌剂，可以杀灭金黄色葡萄球菌、大肠杆菌、福氏痢疾杆菌、霍乱弧菌，以及“剧毒之首”的艾滋病病毒(HIV)等。臭氧还可用作棉、麻、纸张的漂白，皮毛的脱臭以及废水的处理等方面，如处理电镀工业污水时 O_3 与 CN^- 发生以下反应：

$$O_3 + CN^- \longrightarrow OCN^- + O_2$$

$$2OCN^- + 3O_3 + H_2O \longrightarrow 2HCO_3^- + N_2 + 3O_2$$

作为强氧化剂，臭氧几乎能与任何生物组织反应，因此臭氧对于人和各种动植物都是有害的。浓度在 $0.3mg\cdot m^{-3}$ 左右的臭氧能导致人皮肤刺痒，眼睛、鼻咽、呼吸道受刺激，肺功能受影响，引起咳嗽、气短和胸痛等症状。

大气中臭氧的含量很低，且分布不均匀。其中，在我们生活的对流层中，一般情况下臭氧浓度极低，不会对动植物产生影响。不过，随着汽车和工业排放的增加，地面臭氧污染在欧洲、北美、日本以及我国的许多城市中成为普遍现象。而在海拔 15～30km 这一区域则集中了 90%的臭氧，称为臭氧层。它能有效地吸收紫外线，是地球上生命的保护伞。

3. 过氧化氢

1) H_2O_2 的分子结构

过氧化氢分子中有过氧键—O—O—，两端各连一个 H 原子。实验和理论研究表明，H_2O_2 的结构如图 7-5 所示，为非直线形，4 个原子不在一个平面上。将一本书张开二面角 93°51′，过氧链在书的书脊上，2 个 H 原子分别在两个书页上，∠HOO 为 96°52′。

中心 O 原子采取 sp^3 不等性杂化。单电子轨道与 H 的 1s、另一 O 原子的单电子 sp^3 轨道成 σ 键，孤电子对使键角变得小于 109°28′。

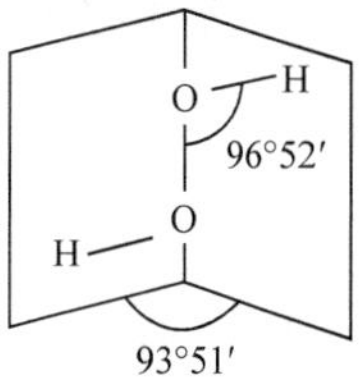

图 7-5　H_2O_2 的结构

2) 过氧化氢的性质

纯 H_2O_2 是淡蓝色黏稠状液体，极性比 H_2O 强，沸点比 H_2O 高，为 151.4℃，熔点与 H_2O 相近，为−0.89℃，与 H_2O 能以任意比例互溶。这表明液态时 H_2O_2 分子间有比 H_2O 还强的缔合作用。

H_2O_2 是个很弱的二元酸：

$$H_2O_2 \rightleftharpoons HO_2^- + H^+ \qquad K_{a1}^{\ominus}=2.4\times10^{-12}$$

它的酸强度比 HCN 还要弱，不能使石蕊溶液变红，但可与碱作用生成过氧化物和水。

H_2O_2 不稳定。由于分子中过氧键—O—O—的键能小，容易发生分解：

$$2H_2O_2 = 2H_2O + O_2$$

但在常温、纯度很高的情况下，分解速率不快。加热、光照或引入重金属离子(如 Co^{2+}、Mn^{2+}、Fe^{2+}等)，反应将大大加快，因此实验室中应将 H_2O_2 溶液装在棕色瓶内存放在阴凉处。

H_2O_2 具有氧化还原性，其相关的元素电势图为

$$E_a^{\ominus}/V \qquad O_2 \xrightarrow{+0.695} H_2O_2 \xrightarrow{+1.776} H_2O$$

$$E_b^{\ominus}/V \qquad O_2 \xrightarrow{-0.076} HO_2^- \xrightarrow{+0.878} OH^-$$

从元素电势图可以看出，无论在酸性溶液还是碱性溶液中 H_2O_2 都有氧化性，尤其在酸性溶液中氧化性更强。例如，在酸性溶液中 H_2O_2 能将 I^-氧化成单质碘：

$$2I^- + 2H^+ + H_2O_2 = I_2 + 2H_2O$$

油画的染料中含 Pb(Ⅱ)，长久与空气中的 H_2S 作用，会生成黑色的 PbS，使油画发暗。用 H_2O_2 涂刷，可使 PbS 氧化为 $PbSO_4$，使油画变白：

$$PbS + 4H_2O_2 = PbSO_4 + 4H_2O$$

H_2O_2 在碱性溶液中能将 CrO_2^-氧化成 CrO_4^{2-}。

$$2CrO_2^-(\text{绿}) + 3H_2O_2 + 2OH^- = 2CrO_4^{2-}(\text{黄}) + 4H_2O$$

H_2O_2 在酸性溶液中还原性不强，需强氧化剂才能将其氧化，如

$$2MnO_4^- + 5H_2O_2 + 6H^+ = 2Mn^{2+} + 5O_2 + 8H_2O$$

在碱性溶液中还原性有所增强，如

$$H_2O_2 + Ag_2O = 2Ag + O_2 + H_2O$$

H_2O_2 无论作氧化剂还是还原剂均不引入杂质，称为“干净的”氧化还原试剂。它的氧化性被用来漂白纤维织物和油画、杀菌消毒、食品防腐、火箭动力助燃以及环境废水处理等。它的还原性在工业上被用于除氯：

$$H_2O_2 + Cl_2 = 2Cl^- + O_2 + 2H^+$$

7.2.3 硫和硫的重要化合物

1. 单质硫

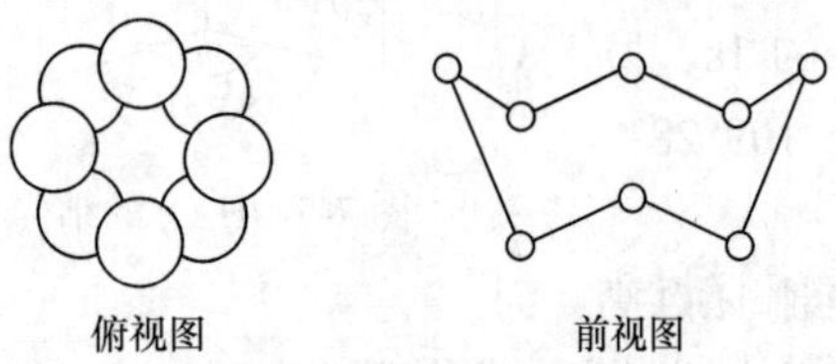

图 7-6 S_8 分子的形状

硫原子的外层电子构型为 $3s^23p^4$，既可以像氧元素一样形成双原子分子，也可以进行 sp^3 不等性杂化，用两个含未成对电子的杂化轨道与相邻的两个硫原子形成 σ 键，生成链状或环状的多原子分子 S_x，因此硫有许多同素异形体。其中最常见的是斜方硫和单斜硫，它们的分子式都是 S_8，斜方硫为环状结构，其形状如图 7-6 所示。

常温下斜方硫是硫的稳定单质，当加热到 95.5℃时斜方硫转变为单斜硫：

$$S_8(\text{斜方}) \underset{< 95.5℃}{\overset{> 95.5℃}{\rightleftharpoons}} S_8(\text{单斜})$$

继续加热至 160℃左右，S_8 分子中环被打开并进一步聚合形成颜色较深、黏度较大的长链分子，随着温度不断升高，长链又会断成短链，黏度也随之下降。

斜方硫和单斜硫均能溶于 CS_2、C_6H_6 等非极性溶剂，而链状硫则不能。

硫的性质也比较活泼，在高温下能与除稀有气体、碘、碲、金、铂、钯以外的绝大多数元素化合。例如，硫和单质作用：

$$S + O_2 \xlongequal{\triangle} SO_2$$

$$C + 2S \xlongequal{\triangle} CS_2$$

$$Fe + S \xlongequal{\triangle} FeS$$

$$Hg + S \xlongequal{\triangle} HgS$$

工业硫磺为易燃固体。空气中含有一定浓度硫磺粉尘时不仅遇火会发生爆炸，而且硫磺粉尘也很易带静电产生火花导致爆炸(爆炸下限为 $2.3g \cdot m^{-3}$)，继而燃烧引发火灾。

硫能与氧化性的酸(如浓硝酸或浓硫酸)作用，生成硫酸或二氧化硫。

$$S + 2HNO_3(\text{浓}) = H_2SO_4 + 2NO$$

$$S + 2H_2SO_4(\text{浓}) \xlongequal{\triangle} 3SO_2 + 2H_2O$$

硫与浓碱作用时发生歧化反应：

$$3S + 6NaOH = 2Na_2S + Na_2SO_3 + 3H_2O$$

硫的用途很广，可用来生产硫酸及各种含硫化合物、橡胶硫化剂、化肥、炸药、烟花、火柴、药物以及杀虫剂等。

2. 硫化氢与氢硫酸

1) 硫化氢的制法

在实验室中，通常用稀的非氧化性酸来制备 H_2S：

$$FeS + 2HCl(稀) = H_2S + FeCl_2$$

$$Na_2S + H_2SO_4(稀) = H_2S + Na_2SO_4$$

2) 硫化氢与氢硫酸的性质

硫化氢是无色、有臭鸡蛋气味的有毒气体，常温下在水中溶解度不大，饱和溶液的浓度约为 $0.1mol \cdot L^{-1}$，故制备时可用稀酸。

完全干燥的硫化氢在室温下不与空气中的氧气发生反应，但点燃时能在空气中燃烧，产生有毒的二氧化硫气体：

$$2H_2S + 3O_2 = 2SO_2 + 2H_2O$$

若空气不足或温度较低时，则生成游离态的 S 和 H_2O：

$$2H_2S + O_2 = 2S + 2H_2O$$

H_2S 可以使 $Pb(Ac)_2$ 试纸变黑，借此可以检验 H_2S 的存在：

$$H_2S + Pb(Ac)_2 = PbS(黑色) + 2HAc$$

氢硫酸为二元弱酸：

$$H_2S \rightleftharpoons H^+ + HS^- \qquad K_{a1}^{\ominus} = 1.07 \times 10^{-7}$$

$$HS^- \rightleftharpoons H^+ + S^{2-} \qquad K_{a2}^{\ominus} = 1.26 \times 10^{-13}$$

可见，氢硫酸比乙酸和碳酸都弱。

氢硫酸具有较强的还原性：

$$S + 2H^+ + 2e^- \rightleftharpoons H_2S \qquad E^{\ominus} = 0.142V$$

$$S + 2e^- \rightleftharpoons S^{2-} \qquad E^{\ominus} = -0.476V$$

碘、空气等能将氢硫酸氧化成单质硫，更强的氧化剂可以把其氧化成硫酸：

$$H_2S + I_2 = S + 2HI$$

$$2Fe^{3+} + H_2S = 2Fe^{2+} + S + 2H^+$$

$$H_2S + 4Br_2 + 4H_2O = H_2SO_4 + 8HBr$$

由于硫化氢水溶液有较强的还原性，暴露在空气中会被氧化，所以不能长久保存，必须现用现配。

3. 金属硫化物

金属硫化物根据性质可以分为轻金属硫化物和重金属硫化物。碱金属、碱土金属及铝的硫化物属于轻金属硫化物，其他金属的硫化物属于重金属硫化物。

1) 金属硫化物的颜色

重金属硫化物一般具有特征的颜色。例如，ZnS 白色，MnS 浅粉色，SnS 褐色，CdS 和 SnS_2 黄色，Sb_2S_3 和 Sb_2S_5 橙色，而 FeS、CoS、NiS、Ag_2S、CuS、Cu_2S、PbS 及 HgS 等均为黑色。

2) 金属硫化物的溶解性

室温下轻金属硫化物易溶或微溶于水，同时发生水解。重金属硫化物一般难溶于水。

难溶硫化物溶解度的大小不仅与其溶度积有关，还与溶液的酸度有关。由于氢硫酸为弱酸，所以加酸能有效地降低 S^{2-}浓度，使硫化物的溶解度增大，甚至完全溶解。

例 7-1　欲将 0.010mol ZnS 固体溶解在 1L 盐酸溶液中，则盐酸的最初浓度至少为多少？

解　ZnS 的 $K_{sp}^{\ominus}=2.5\times10^{-22}$，设盐酸的最初浓度为 x mol · L^{-1}，则

$$ZnS + 2H^+ \rightleftharpoons Zn^{2+} + H_2S$$

$$x-2\times0.010 \qquad 0.010 \qquad 0.010$$

$$K^{\ominus}=\frac{c(Zn^{2+})\cdot c(H_2S)}{[c(H^+)^2]}=\frac{c(Zn^{2+})\cdot c(H_2S)\cdot c(S^{2-})}{[c(H^+)]^2\cdot c(S^{2-})}=\frac{K_{sp}^{\ominus}}{K_{a1}^{\ominus}K_{a2}^{\ominus}}=1.85\times10^{-2}$$

$$\frac{0.010^2}{(x-2\times0.010)^2}=1.85\times10^{-2}$$

$$x=0.094(mol\cdot L^{-1})$$

上述计算表明，像 MnS、ZnS 这样的 $K_{sp}^{\ominus}$ 不太小的硫化物可溶于稀盐酸。而对于 $K_{sp}^{\ominus}$ 小一些的硫化物(如 PbS、CdS)则需要用浓度大的盐酸才能溶解，对于 $K_{sp}^{\ominus}$ 更小的硫化物(如 CuS、Ag_2S、HgS 等)，由于盐酸的酸度不足以使 S^{2-}浓度降到足够小，故浓盐酸不能将其溶解，需要用硝酸甚至王水才能溶解。表 7-5 列出了硫化物在酸中的溶解情况。

表 7-5　硫化物在酸中的溶解情况

<table>
<tr><td rowspan="3">溶于 0.3mol · L^{−1} 盐酸</td><td colspan="3">难溶于稀盐酸</td></tr>
<tr><td rowspan="2">溶于浓盐酸</td><td colspan="2">难溶于浓盐酸</td></tr>
<tr><td>溶于浓硝酸</td><td>溶于王水</td></tr>
<tr><td>MnS　ZnS　FeS
CoS　NiS</td><td>CdS　SnS　SnS₂
PbS　Sb₂S₃　Sb₂S₅</td><td>CuS　Cu₂S　Ag₂S
As₂S₃　As₂S₅　Bi₂S₃</td><td>HgS</td></tr>
</table>

注：表中列出的为实验结果，与理论计算结果不完全一致。

在实际工作中，当有几种离子可以同时生成硫化物沉淀时，通过控制溶液酸度可以使其中某些离子不沉淀，另一些离子沉淀完全，从而达到分离的目的。

3) 金属硫化物的还原性

金属硫化物具有还原性。例如，Na_2S 等试剂中常含有多硫化物，就是由于 S^{2-}首先被空气中 O_2 氧化成 S，S 再与 Na_2S 结合成多硫化物的结果：

$$2S^{2-}+O_2+2H_2O = 2S+4OH^-$$

$$Na_2S+(x-1)S = Na_2S_x(x=2\sim6)$$

因此 Na_2S 等试剂不宜长期保存。

再如，不溶于浓盐酸的 CuS 等可溶于热的稀硝酸，就是利用了硫化物的还原性：

$$3CuS+2NO_3^-+8H^+ = 3Cu^{2+}+3S+2NO+4H_2O$$

4) 金属硫化物的水解性

由于氢硫酸为弱酸，故硫化物都有不同程度的水解性。其中轻金属硫化物水解度很高，而重金属硫化物，其溶解的部分也会发生水解：

$$S^{2-}+H_2O \rightleftharpoons HS^-+OH^-$$

$$2CaS+2H_2O \rightleftharpoons Ca(HS)_2+Ca(OH)_2$$

某些氧化数高的金属硫化物(如 Al_2S_3、Cr_2S_3 等)在水中将完全水解：

$$Al_2S_3 + 6H_2O = 2Al(OH)_3 + 3H_2S$$

$$Cr_2S_3 + 6H_2O = 2Cr(OH)_3 + 3H_2S$$

5) 硫化物的酸碱性

不同元素的硫化物其酸碱性不同。与氧化物相似，元素的金属性越强，相应硫化物的碱性越强；反之，元素的非金属性越强，相应硫化物的酸性越强。对于同一元素的硫化物来说，高氧化态硫化物比低氧化态硫化物的酸性强，如

Na_2S	SnS	SnS_2	As_2S_3	Sb_2S_3	Bi_2S_3	As_2S_5
碱性	碱性	酸性	两性	两性	碱性	酸性

酸性硫化物可溶于碱性硫化物中，如 Sb_2S_3、Sb_2S_5、As_2S_3、As_2S_5、SnS_2、HgS 等酸性或两性硫化物都可与 Na_2S 反应：

$$As_2S_3 + 3Na_2S = 2Na_3AsS_3\text{(硫代亚砷酸钠)}$$

$$HgS + Na_2S = Na_2[HgS_2]$$

这类反应相当于酸性氧化物和碱性氧化物的反应，但硫化物的碱性要比相应氧化物的碱性弱一些。

4. 硫的氧化物、含氧酸及其盐

硫的氧化物种类不多，常见的只有二氧化硫和三氧化硫，而硫的含氧酸种类很多，它们又都能形成相应的盐。现将硫的某些含氧酸列于表 7-6 中。

1) 二氧化硫、亚硫酸及其盐

SO_2 的分子结构和 O_3 相似，S 原子采取 sp^2 不等性杂化，分子中有大 π 键 Π_3^4 (图 7-7)。

表 7-6　硫的某些含氧酸

分类	名称	化学式	硫的平均氧化数	结构式	存在形式
亚硫酸系列	亚硫酸	H_2SO_3	+4	H—O—S(=O)—O—H	盐
	连二亚硫酸	$H_2S_2O_4$	+3	H—O—S(=O)—S(=O)—O—H	盐
硫酸系列	硫酸	H_2SO_4	+6	H—O—S(=O)(=O)—O—H	酸、盐
	硫代硫酸	$H_2S_2O_3$	+2	H—O—S(=O)(=S)—O—H	盐
	焦硫酸	$H_2S_2O_7$	+6	H—O—S(=O)(=O)—O—S(=O)(=O)—O—H	酸、盐

续表

分类	名称	化学式	硫的平均氧化数	结构式	存在形式
连硫酸系列	连四硫酸	$H_2S_4O_6$	+2.5	H—O—S(=O)(=O)—S—S—S(=O)(=O)—O—H	盐
	连多硫酸	$H_2S_xO_6$ (x=3～6)		H—O—S(=O)(=O)—$(S)_{x-2}$—S(=O)(=O)—O—H	盐
过硫酸系列	过一硫酸	H_2SO_5	+6	H—O—S(=O)(=O)—O—O—H	盐
	过二硫酸	$H_2S_2O_8$	+6	H—O—S(=O)(=O)—O—O—S(=O)(=O)—O—H	酸、盐

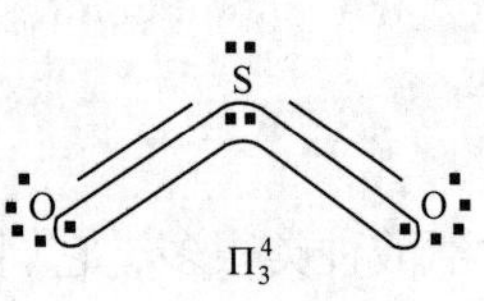

图 7-7　SO_2的分子结构

SO_2在常温下为无色、刺激性气体，易液化，沸点−10℃，易溶于水，1 体积 H_2O 可溶 40 体积 SO_2。SO_2是大气污染的元凶之一，并可导致酸雨的形成。

SO_2中 S 的氧化数为+4，处于中间价态，既有氧化性，又有还原性，但以还原性为主，如

$$I_2 + SO_2 + 2H_2O = H_2SO_4 + 2HI$$

$$2SO_2 + O_2 \xrightleftharpoons{V_2O_5} 2SO_3$$

SO_2能与有机色素发生加成反应，生成无色有机物，因此有漂白作用。这种漂白作用是暂时的，不同于漂白粉的氧化漂白作用。

SO_2溶于水得 H_2SO_3。H_2SO_3为二元中强酸，能形成酸式盐和正盐。除碱金属及铵的亚硫酸盐极易溶于水外，其他金属的亚硫酸盐均难溶于水或微溶于水，其中酸式盐的溶解度大于正盐的溶解度。难溶于水的亚硫酸盐都能溶于强酸。

亚硫酸及其盐的氧化还原性与 SO_2相似，在酸性条件下也是以还原性为主，只有遇到强还原剂时才表现出氧化性，在碱性条件下则显示强还原性。从硫的元素电势图中不难得出这一结论。

$$E_a^{\ominus}/V \qquad SO_4^{2-} \xrightarrow{+0.17} H_2SO_3 \xrightarrow{+0.45} S$$

$$E_b^{\ominus}/V \qquad SO_4^{2-} \xrightarrow{-0.93} SO_3^{2-} \xrightarrow{-0.66} S$$

亚硫酸及其盐在空气中就能被氧化：

$$2H_2SO_3 + O_2 = 2H_2SO_4(\text{很慢})$$

$$2Na_2SO_3 + O_2 = 2Na_2SO_4(\text{快})$$

因此，Na_2SO_3溶液必须随配随用，放置过久则失效。将上两个反应与 SO_2同 O_2反应的

难易程度对比，可以看出还原性强弱的次序为：亚硫酸盐>亚硫酸>SO_2。

亚硫酸及其盐与碘的反应常用于化学分析：

$$I_2 + H_2SO_3 + H_2O = H_2SO_4 + 2HI$$

亚硫酸及其盐的氧化性不强，只有遇到强还原剂时才表现出氧化性，如

$$H_2SO_3 + 2H_2S = 3S + 3H_2O$$

亚硫酸及其盐具有不稳定性。从元素电势图上看，亚硫酸及其盐在酸、碱中均可歧化分解，如

$$4Na_2SO_3 \xlongequal{\triangle} 3Na_2SO_4 + Na_2S$$

$$3H_2SO_3 = 2H_2SO_4 + S + H_2O$$

2) 三氧化硫、硫酸及其盐

(1) SO_3。气态 SO_3 分子呈平面三角形(图 7-8)。中心 S 原子用 sp^2 杂化轨道与 O 原子形成 σ 键，另外，整个分子还有一个大 π 键 Π_4^6。

纯净的 SO_3 是无色、易挥发的固体或液体，熔点 16.6℃，沸点 44.6℃。

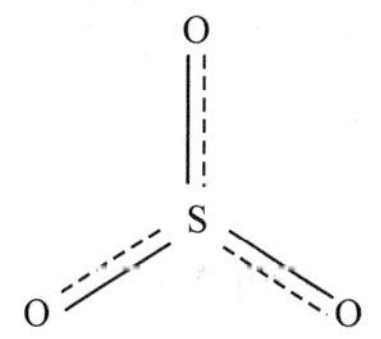

图 7-8　SO_3 的分子结构

SO_3 为酸性氧化物，与碱或碱性氧化物反应得到相应的盐。SO_3 的氧化性很强，在高温时能氧化一些金属和非金属，如

$$5SO_3 + 2P = 5SO_2 + P_2O_5$$

$$SO_3 + 2KI = K_2SO_3 + I_2$$

SO_3 极易与水化合，生成硫酸同时放出大量的热：

$$SO_3(g) + H_2O(l) = H_2SO_4(aq) \qquad \Delta_r H_m^{\ominus} = -132.44 kJ \cdot mol^{-1}$$

(2) 硫酸。纯硫酸为无色、油状液体，凝固点 10.3℃，沸点 338℃。具有如此高的沸点是硫酸分子间的氢键较强的缘故。实验室中经常利用硫酸的这一性质来制取挥发性强酸。

浓硫酸具有强吸水性和脱水性，不仅可以作为干燥剂来干燥氯气、氢气和二氧化碳等，还能从蔗糖、棉花、纸等有机物中“脱掉”与 H_2O 相当的 H 和 O 而使其炭化。因此硫酸对动植物组织有很强的腐蚀性。

硫酸的水合热很大，在稀释硫酸时只能在搅拌下将浓硫酸慢慢加入水中，否则会由于剧烈放热而发生喷溅甚至爆炸。

硫酸具有强酸性。H_2SO_4 在水溶液中第一级完全电离，第二级不完全电离：

$$HSO_4^- \rightleftharpoons H^+ + SO_4^{2-} \qquad K_{a2}^{\ominus} = 1.0 \times 10^{-2}$$

浓硫酸具有氧化性。热的浓硫酸能氧化许多金属和非金属，其还原产物是多种多样的。例如：

$$Zn + 2H_2SO_4(浓) = ZnSO_4 + SO_2 + 2H_2O$$

$$3Zn + 4H_2SO_4(较浓) = 3ZnSO_4 + S + 4H_2O$$

$$4Zn + 5H_2SO_4(较浓) = 4ZnSO_4 + H_2S + 4H_2O$$

$$Hg + 2H_2SO_4(浓) = HgSO_4 + SO_2 + 2H_2O$$

但是，在大多数情况下浓硫酸的还原产物还是以 SO_2 为主。

冷的浓硫酸可使钛、铝、铬、铁、钴、镍等钝化而不再反应。

稀 H_2SO_4 与浓 H_2SO_4 的氧化性有所不同，在稀 H_2SO_4 中起氧化作用的是 H^+，因此与活泼金属反应时生成氢气：

$$Zn + H_2SO_4(稀) = ZnSO_4 + H_2$$

硫酸是重要的工业原料，可用于制造肥料、药物、炸药、颜料、洗涤剂、蓄电池等，也广泛应用于石油精炼、金属冶炼及染料等工业中。常用作化学试剂，在有机合成中可用作脱水剂和磺化剂。

(3) 硫酸盐。硫酸盐有正盐和酸式盐之分。碱金属和铵既能生成正盐也能形成酸式盐，其他金属只能形成正盐。

硫酸盐的主要特点是：

可溶性硫酸盐从溶液中析出得到的晶体常含有结晶水，如 $CuSO_4 \cdot 5H_2O$、$CaSO_4 \cdot 2H_2O$、$MSO_4 \cdot 7H_2O$(M=Mg，Fe，Zn)等。这些含有结晶水的硫酸盐常称为矾。

硫酸盐易形成复盐，如$(NH_4)_2SO_4 \cdot MgSO_4 \cdot 6H_2O$、$(NH_4)_2SO_4 \cdot FeSO_4 \cdot 6H_2O$(莫尔盐)、$K_2SO_4 \cdot Al_2(SO_4)_3 \cdot 24H_2O$(明矾)、$K_2SO_4 \cdot Cr_2(SO_4)_3 \cdot 24H_2O$(铬钾矾)等。它们的共同特点是阳离子有两种，而阴离子则只有一种。

硫酸的酸式盐均易溶于水。在正盐中，除 Sr^{2+}、Ba^{2+}、Pb^{2+}、Tl^+的硫酸盐难溶，Ca^{2+}、Ag^+、Hg_2^{2+}的硫酸盐微溶外，其余硫酸盐均易溶。酸式盐的溶解度比正盐的大。

硫酸盐一般对热稳定。由于硫酸根是正四面体结构，难以变形，故硫酸盐均为离子晶体，热稳定性高。例如，碱金属的硫酸盐加热到熔点时(Na_2SO_4，884℃；K_2SO_4， 1069℃)仍不分解，碱土金属和铅的硫酸盐赤热时仍稳定。只有那些极化力较大的阳离子的硫酸盐才在高温时发生分解，如：

$$CuSO_4 \xlongequal{1237K} CuO + SO_3$$

3) 硫代硫酸盐

至今尚未制得纯的 $H_2S_2O_3$。在硫代硫酸盐中，最重要的是硫代硫酸钠 $Na_2S_2O_3 \cdot 5H_2O$，俗称海波。

$S_2O_3^{2-}$的结构与 SO_4^{2-}相似，为四面体型。在 $S_2O_3^{2-}$中，中心原子 S 周围有三个 O 原子和一个 S 原子，S 的氧化数为+2。硫代硫酸盐有三个主要性质。

(1) 遇酸立即分解。

$$S_2O_3^{2-} + 2H^+ = SO_2 + S + H_2O$$

此反应用于 $S_2O_3^{2-}$的鉴定。加酸时溶液变浑浊，同时产生使湿润 pH 试纸变红的气体，说明溶液中有 $S_2O_3^{2-}$。这一性质表明，在制备 $Na_2S_2O_3$ 时必须将溶液控制在碱性范围内。

(2) 还原性中强。$S_2O_3^{2-}$遇强氧化剂(如 Cl_2、Br_2)时被氧化成 SO_4^{2-}：

$$Na_2S_2O_3 + 4Cl_2 + 5H_2O = Na_2SO_4 + H_2SO_4 + 8HCl$$

因此硫代硫酸钠在纺织和造纸工业中被用作脱氯剂。$S_2O_3^{2-}$遇中等强度的氧化剂(如 I_2)时被氧化成连四硫酸根 $S_4O_6^{2-}$：

$$2S_2O_3^{2-} + I_2 = S_4O_6^{2-} + 2I^-$$

此反应能定量进行，是分析化学中“碘量法”的基础。

(3) 配位能力较强。例如，AgCl 溶解在 $Na_2S_2O_3$ 溶液中的反应为

$$AgBr + 2S_2O_3^{2-} = [Ag(S_2O_3)_2]^{3-} + Br^-$$

$Na_2S_2O_3$ 溶液作为定影液除去未感光的 AgBr 所发生的正是此反应。

4) 过硫酸及其盐

过氧化氢 H—O—O—H 分子中的 H 被磺基—SO_3H 取代的产物称为过硫酸。一个 H 被取代称为过一硫酸 H—O—O—SO_3H，两个 H 被取代称为过二硫酸 HO_3S—O—O—SO_3H。过二硫酸及其盐比较重要，常用的过二硫酸盐有$(NH_4)_2S_2O_8$ 和 $K_2S_2O_8$。

过二硫酸为无色晶体，65℃熔化并分解。与浓硫酸一样，过二硫酸也有强吸水性，并可使有机物炭化。由于分子中含过氧键，过二硫酸及其盐均不稳定，加热或在水溶液中均发生分解，如

$$2K_2S_2O_8 \xlongequal{\triangle} 2K_2SO_4 + 2SO_3 + O_2$$

$$2S_2O_8^{2-}(aq) + 2H_2O \xlongequal{} 4HSO_4^- + O_2$$

过二硫酸盐是强氧化剂，其标准电极电势为

$$S_2O_8^{2-} + 2e^- \xlongequal{} 2SO_4^{2-} \qquad E^{\ominus}=2.01V$$

在酸性溶液中能将 Mn^{2+}氧化成 MnO_4^-：

$$5S_2O_8^{2-} + 2Mn^{2+} + 8H_2O \xrightarrow{Ag^+催化} 2MnO_4^- + 10SO_4^{2-} + 16H^+$$

此反应在钢铁分析中用于锰含量的测定。

5) 焦硫酸及其盐

两分子硫酸脱去一分子水即得焦硫酸：

$$HSO_3—\boxed{OH + H}O—SO_3H \xlongequal{} H_2S_2O_7 + H_2O$$

焦硫酸在水中不能存在，它会与水反应再生成硫酸：

$$H_2S_2O_7 + H_2O \xlongequal{} 2H_2SO_4$$

焦硫酸比硫酸有更强的氧化性、吸水性和腐蚀性。

将碱金属的硫酸氢盐加热到熔点以上，可脱水制得焦硫酸盐，如

$$2KHSO_4 \xlongequal{\triangle} H_2O + K_2S_2O_7$$

$K_2S_2O_7$ 的组成相当于 $K_2SO_4 \cdot SO_3$，酸性较强，因此可以和碱性氧化物反应生成硫酸盐。在分析化学中常将焦硫酸盐作为熔矿剂与不溶于酸的金属氧化物(如 Al_2O_3、TiO_2 等)共熔，使之转变为可溶性的硫酸盐。

7.2.4　非金属氢化物酸性强弱规律

ⅤA～ⅦA 族的氢化物水溶液酸碱性变化规律如下：

NH_3	H_2O	HF
PH_3	H_2S	HCl
AsH_3	H_2Se	HBr
	H_2Te	HI

（竖直向下箭头）酸性增强

（水平向右箭头）酸性增强

决定无机酸强度的直接因素是与质子直接相连的负离子[①]的电荷密度。该离子的电荷密度越低，它对质子的引力就越弱，酸性就越强，反之亦然。在同一周期的氢化物中，从左向

① 严格地讲，非金属原子与氢原子之间是共价键，而非离子键，此处把非金属原子视为负离子是为了解释问题方便。

右中心离子所带负电荷依次减少，电荷密度依次降低，故氢化物的酸性依次增强；在同族氢化物中，从上到下中心离子的体积依次增大，电荷密度依次降低，故氢化物的酸性依次增强。

7.3 氮族元素

周期表中ⅤA 族(15 族)包括氮、磷、砷、锑、铋和镆六种元素，统称为氮族元素。氮主要以单质形式存在于大气中，磷则以化合态形式存在于自然界中，砷、锑和铋主要以硫化物矿石的形式存在。镆是人工合成放射性元素。氮和磷是构成动植物组织的必需元素。

7.3.1 氮族元素的通性

氮族元素的基本性质列于表 7-7 中。

表 7-7　氮族元素的性质

元素	N	P	As	Sb	Bi
原子序数	7	15	33	51	83
价层电子构型	$2s^22p^3$	$3s^23p^3$	$4s^24p^3$	$5s^25p^3$	$6s^26p^3$
主要氧化数	−3，0，+1，+2，+3，+4，+5	−3，0，+3，+5	−3，0，+3，+5	0，+3，+5	0，+3，+5
熔点/℃	−209.9	44.1	817(2.84MPa)	630.5	271.3
沸点/℃	−195.8	280	613(升华)	1750	1560
共价半径/pm	71	109	120	140	145
第一电离能/$(kJ \cdot mol^{-1})$	1402	1012	944.4	830.6	702.9
电子亲和能/$(kJ \cdot mol^{-1})$	—	72.03	78.54	100.92	90.92
电负性	3.04	2.19	2.01	2.05	1.9

从表 7-7 可以看出，本族元素从上往下原子半径逐渐增大，电离能和电负性逐渐减小，因而元素的非金属性逐渐减弱，金属性逐渐增强。氮和磷是典型的非金属元素，砷是准金属元素，而锑和铋是金属元素。

氮族元素原子的外层电子构型为 ns^2np^3，虽然有 5 个价电子，但价层 p 轨道处于半充满状态。由于电负性不是很大，所以与ⅥA、ⅦA 两族元素相比，形成−3 氧化态的趋势较弱，而形成正氧化态的趋势比较明显。实际上，只有氮和磷与电负性小的元素结合时才显−3 氧化态，而全族元素与电负性较大的元素结合时主要显+3 和+5 氧化态。氮族元素自上而下+3 氧化态化合物的稳定性增强，而+5 氧化态化合物(除氮外)的稳定性减弱，呈现惰性电子对效应。

铋的惰性电子对效应最强，原因在于铋有充满的 4f 和 5d 能级，而 f、d 电子对原子核的屏蔽作用较小，6s 电子又有较强的钻穿作用，使 6s 能级显著降低，成为“惰性电子对”而不易参加成键，故铋的+5 氧化态远不如+3 氧化态稳定。

氮族元素所形成的化合物主要是共价型的，而且半径越小，形成共价键的趋势越大。只有氮和磷与活泼金属形成的化合物(如 Mg_3N_2、Ca_3P_2)，以及半径较大的本族元素与氟形成的化合物(如 BiF_3 等)是离子型的。

除氮以外，本族其他元素原子的最外电子层都有空的 d 轨道，这些 d 轨道可接受电子对而成键，因此氮原子的配位数不超过 4，而其他原子的最大配位数为 6。

7.3.2　氮的重要化合物

1. 氨

氨是氮的最重要氢化物。在氨分子中，N 原子以不等性 sp^3 杂化轨道与 3 个 H 原子形成 σ 键，N 原子上还有一对不参与成键的孤电子对，故氨分子的构型为三角锥形。

常温、常压下，氨气是无色有刺激性气味的气体，由于 NH_3 分子间有氢键，所以其熔点(−77.74℃)和沸点(−33.42℃)都高于同族 P 的氢化物 PH_3。液氨的气化热较大，可用作制冷剂。

NH_3 分子的极性很大，并能与 H_2O 分子形成氢键，所以氨是水中溶解度最大的气体之一。

氨参加的化学反应主要有以下三种类型：

1) 配位反应

NH_3 分子中有一对孤电子对，能与其他离子或分子通过配位键形成配离子或加合物。例如，NH_3 与 Ag^+、Cu^{2+}、Cr^{3+}等形成配离子$[Ag(NH_3)_2]^+$、$[Cu(NH_3)_2]^{2+}$、$[Cr(NH_3)_6]^{3+}$，以及与 BF_3 分子形成加合物 $F_3B \cdot NH_3$。

NH_3 易溶于水，在水中主要形成 $NH_3 \cdot H_2O$ 和 $2NH_3 \cdot H_2O$ 等加合物(而不是 NH_4OH)，NH_3 分子与 H_2O 分子之间有氢键。在氨水中只有一小部分按下式发生解离：

$$NH_3 + H_2O \rightleftharpoons NH_4^+ + OH^-$$

25℃时 0.1mol · L^{-1} 氨水的解离度为 1.34%，所以氨水是弱碱。

2) 氧化反应

NH_3 分子中 N 的氧化数为−3，处于最低氧化态，因而 NH_3 有还原性，能发生氧化反应，如氨在氧气中燃烧能生成水和氮气(氨在空气中不能燃烧)：

$$4NH_3 + 3O_2 \xlongequal{\triangle} 6H_2O + 2N_2$$

而在铂催化剂存在下氨可被氧化成一氧化氮和水：

$$4NH_3 + 5O_2 \xrightarrow[\triangle]{Pt} 4NO + 6H_2O$$

氨的催化氧化反应是工业上生产硝酸的基础。

氨与氯气(或溴)可发生强烈作用：

$$3Cl_2 + 2NH_3 = N_2 + 6HCl$$

产生的 HCl 气体和剩余的 NH_3 进一步反应生成 NH_4Cl，产生白烟，工业上用此反应来检查氯气管道是否漏气。

氨在高温下还原性更强，能还原某些金属氧化物和氯化物，如氨气通过炽热的 CuO 会被氧化成氮气：

$$3CuO + 2NH_3 \xlongequal{\triangle} 3Cu + N_2 + 3H_2O$$

3) 取代反应

NH_3 中的氢可依次被取代，生成氨基(—NH_2)化合物、亚氨基(—NH)化合物和氮化物，如

$$2Na + 2NH_3 = 2NaNH_2 + H_2$$

$$3Mg + 2NH_3 = Mg_3N_2 + 3H_2$$

如果 NH_3 中的一个氢被—NH_2 取代，则生成联氨 N_2H_4，又称肼。联氨是二元弱碱，碱性比氨弱。联氨的配位能力也不如氨强。联氨最显著的化学性质是具有还原性，可以用来还原溶解在锅炉水中的氧以抑制其对锅炉的腐蚀，在军事上联氨被用作火箭动力的高能燃料：

$$N_2H_4(l) + 2H_2O_2(l) = N_2(g) + 4H_2O(l) \qquad \Delta_r H_m^{\ominus} = -642.5kJ \cdot mol^{-1}$$

如果 NH_3 中的一个氢被—OH 取代，则生成羟胺 NH_2OH。羟胺的碱性和配位能力也比氨弱，但羟胺也是一个比较好的还原剂，如能将 AgBr 还原为 Ag：

$$2NH_2OH + 2AgBr = 2Ag + N_2 + 2HBr + 2H_2O$$

$$2NH_2OH + 4AgBr = 4Ag + N_2O + 4HBr + H_2O$$

联氨和羟胺作还原剂的优点是还原性强，而且其氧化产物为气体，可以脱离反应系统，不给系统带来杂质。

2. 铵盐

NH_4^+电荷与碱金属离子相同，半径(143pm)介于 K^+(133pm)和 Rb^+(148pm)之间，因此 NH_4^+ 的性质与 K^+和 Rb^+极为相似，事实上铵盐的性质也类似于钾盐和铷盐。它们的盐类晶形相同，并有相似的溶解度。

大多数铵盐易溶于水。由于氨为弱碱，铵盐在水中会有一定程度的水解。强酸的铵盐其水溶液显酸性。

铵盐的热稳定性很差，固态铵盐加热极易分解，其分解产物因酸根不同而异。非氧化性酸组成的铵盐，分解产物一般为氨气及相应的酸或酸式盐：

$$NH_4Cl \xlongequal{\triangle} NH_3 + HCl$$

$$NH_4HCO_3 \xlongequal{\triangle} NH_3 + CO_2 + H_2O$$

$$(NH_4)_3PO_4 \xlongequal{\triangle} 3NH_3 + H_3PO_4$$

$$(NH_4)_2SO_4 \xlongequal{\triangle} NH_3 + NH_4HSO_4$$

氧化性酸的铵盐，在受热分解过程中 NH_3 被氧化成 N_2 或 N_2O，如

$$(NH_4)_2Cr_2O_7 \xlongequal{\triangle} N_2 + Cr_2O_3 + 4H_2O$$

$$NH_4NO_2 \xlongequal{\triangle} N_2 + 2H_2O$$

$$NH_4NO_3 \xrightarrow{210℃} N_2O + 2H_2O$$

如果温度高于 300℃，N_2O 会进一步分解为 N_2 和 O_2：

$$2NH_4NO_3 \xrightarrow{300℃} 2N_2 + O_2 + 4H_2O$$

由于该反应中产生大量气体和热量，容易发生爆炸，所以 NH_4NO_3 可用于制造炸药。

3. 氮的氧化物

氮和氧可以生成 N_2O、NO、N_2O_3、NO_2 和 N_2O_5 等多种氧化物。其中以 NO 和 NO_2 较为重要。除了 N_2O_5 以外，其他氮的氧化物在常温下都是气体。

1) N_2O

N_2O 为无色气体，俗称笑气，吸入少量有麻醉作用。

N_2O 的分子结构为直线形(图 7-9)，中心 N 原子采取 sp 杂化，分子中有两个大 π 键 Π_3^4。

2) NO

NO 的分子轨道式为 $NO[KK(\sigma_{2s})^2(\sigma_{2s}^*)^2(\sigma_{2p_x})^2(\pi_{2p_y})^2(\pi_{2p_z})^2(\pi_{2p_y}^*)^1]$，分子中有单电子，具有顺磁性。NO 有加合性，在低温下能聚合成 N_2O_2。在反应中，NO 的 $\pi_{2p_y}^*$ 轨道上的单电子易失去，而形成 NO^+(亚硝酰离子)。

NO 是无色气体，有还原性，在空气中迅速被氧化成红棕色的 NO_2。

$$2NO + O_2 = 2NO_2$$

NO 能松弛血管平滑肌，参与心脏功能、神经系统功能及免疫功能的调节，充当信使分子完成高级生命活动。医学上治疗心绞痛常用的药物硝酸甘油就是通过在体内释放出 NO 而起作用的①。1992 年被美国 *Science* 杂志评选为明星分子。

3) NO_2

NO_2 的分子结构为 V 字形(图 7-10)，∠ONO=134°，远大于 120°，表明 N 原子采取 sp^2 杂化与氧原子形成 σ 键，余下一个含单电子的杂化轨道，分子中有大 π 键 Π_3^4。

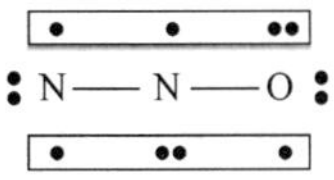

图 7-9　N_2O 的分子结构

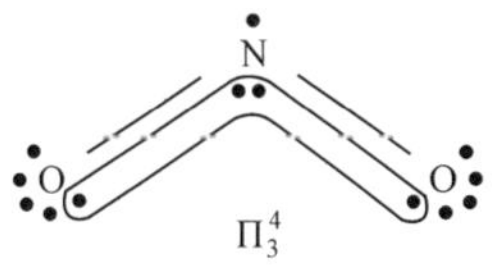

图 7-10　NO_2 的分子结构

NO_2 为棕红色气体，有毒，聚合后得到无色 N_2O_4 气体：

$$2NO_2 \rightleftharpoons N_2O_4$$

NO_2 有氧化性。NO_2 在水中发生歧化反应，生成硝酸和 NO：

$$3NO_2 + H_2O = 2HNO_3 + NO$$

NO_2 在太阳光照射下能发生光化学分解，是导致光化学烟雾的元凶之一。

4. 亚硝酸及其盐

将相同物质的量的 NO 和 NO_2 溶于冰水可得亚硝酸溶液：

$$NO + NO_2 + H_2O = 2HNO_2$$

亚硝酸为中强酸，不稳定，仅存在于稀的水溶液中，溶液浓缩或温度超过 0℃时会发生分解：

$$3HNO_2 = HNO_3 + 2NO + H_2O$$

亚硝酸盐比亚硝酸稳定，其中碱金属和碱土金属的亚硝酸盐尤为稳定，而极化力强、变形性大的阳离子的亚硝酸盐则不稳定，比较容易分解，如

$$AgNO_2 \xlongequal{\triangle} Ag + NO_2$$

亚硝酸及其盐既有氧化性，又有还原性，但以氧化性为主。

在酸性介质中，NO_2^-能将 I^-定量氧化为 I_2(用于测定 NO_2^-的含量)：

$$2HNO_2 + 2I^- + 2H^+ = 2NO + I_2 + 2H_2O$$

---

① 冯涛. 硝酸甘油·一氧化氮·伟哥·诺贝尔奖. 百科知识，1999，(01)：26-28。

遇强氧化剂时，则显示出还原性，如

$$2MnO_4^- + 5NO_2^- + 6H^+ = 2Mn^{2+} + 5NO_3^- + 3H_2O$$

在亚硝酸盐中，除浅黄色的 $AgNO_2$ 不易溶解外，其余的一般易溶。

亚硝酸根中氮原子和氧原子上都有孤电子对，可与金属离子形成配离子。在亚硝酸和亚硝酸钾的溶液中加入钴盐，生成$[Co(NO_2)_6]^{3-}$，其钾盐 $K_3[Co(NO_2)_6]$是黄色沉淀物。

亚硝酸盐是常用的食品添加剂，具有防腐和使肉制品呈现鲜红色的作用。但亚硝酸盐是有毒物质，摄入过多的亚硝酸盐会使人患高铁血红蛋白症，导致体内缺氧。除急性效应外，亚硝酸盐还会在体内经生物转化为致癌性的亚硝胺化合物。

5. 硝酸及其盐

1) 硝酸

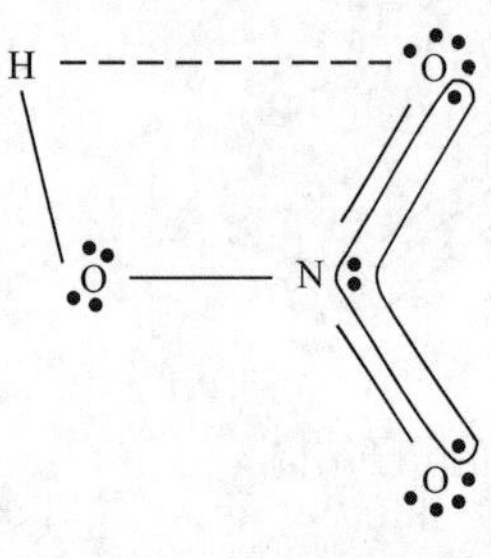

图 7-11　硝酸分子的结构

硝酸分子具有平面结构(图 7-11)，N 采取 sp^2 杂化，有一个大 π 键 Π_3^4，此外还有分子内氢键。

纯硝酸为无色透明的油状液体，能和水互溶。由于有分子内氢键，所以熔点(−41.6℃)和沸点(83℃)较低。一般市售硝酸密度为 $1.42g \cdot cm^{-3}$，含硝酸 68%，浓度约 $15mol \cdot L^{-1}$。溶解了过量 NO_2 的浓硝酸呈棕黄色，称为发烟硝酸。

HNO_3 不稳定，见光受热都易分解：

$$4HNO_3 = 4NO_2 + 2H_2O + O_2$$

所以应将其置于阴凉处避光保存。

硝酸具有强氧化性，其还原产物多种多样：$NO_2(g)$、$N_2O_3(g)$、$NO(g)$、$N_2O(g)$、$N_2(g)$、$NH_4^+(aq)$。

同非金属反应，浓硝酸还原产物主要是 NO_2，稀硝酸还原产物主要是 NO，如

$$6HNO_3(浓) + S \overset{\triangle}{=} H_2SO_4 + 6NO_2 + 2H_2O$$

$$2HNO_3(稀) + 3H_2S \overset{\triangle}{=} 3S + 2NO + 4H_2O$$

除 Au、Pt、Ta、Rh、Ir、Nb、Zr 等少数不活泼金属外，硝酸能与其他所有的金属反应。硝酸同金属反应的还原产物，一方面取决于金属的活泼程度，另一方面取决于硝酸的浓度(表 7-8)。

表 7-8　硝酸与金属反应的主要还原产物

硝酸浓度/($mol \cdot L^{-1}$)	还原剂	主要产物
12～16	金属	NO_2
6～8	金属	NO
2	金属	N_2O
<2	活泼金属	NH_4^+、N_2

由表 7-8 可以看出，HNO_3 浓度越稀，金属越活泼，还原产物中氮的氧化数越低。这表明，硝酸在与金属反应时，随着反应的不断进行，由于硝酸浓度不断降低，产物将发生变化，

得到的不会是绝对的纯净物，平常所写的只是主要产物而已。

金属被硝酸氧化后的产物与金属的活泼性有关。Sn、As、Sb、Bi、Mo、W 等与浓硝酸反应生成含氧酸或含水氧化物；其他金属与硝酸反应生成可溶性硝酸盐。冷的浓硝酸可使钛、铬、铝、铁、钴和镍等金属“钝化”，生成致密的氧化膜，从而阻止了硝酸对金属的进一步作用。

2) 硝酸盐

硝酸根离子为平面三角形结构，并含有一个大 π 键 Π_4^6 (图 7-12)。由于硝酸根离子的对称性高，所以硝酸盐在通常情况下是稳定的。

大部分硝酸盐都易溶于水。

硝酸盐在高温下也是不稳定的。固体硝酸盐的热分解有这样的规律：碱金属(除 Li 外)的硝酸盐，加热分解出氧和亚硝酸盐：

$$2NaNO_3 \overset{\triangle}{=\!=\!=} 2NaNO_2 + O_2$$

活泼性在 Li、碱土金属与 Cu 之间的金属的硝酸盐，分解出氧和二氧化氮，并生成金属氧化物：

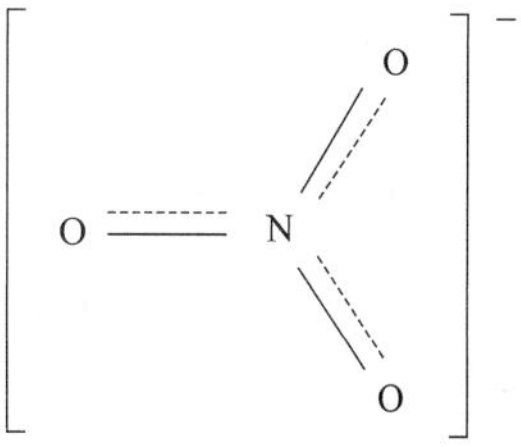

图 7-12　NO_3的结构

$$2Pb(NO_3)_2 \overset{\triangle}{=\!=\!=} 2PbO + 4NO_2 + O_2$$

活泼性在 Cu 之后的金属的硝酸盐，分解出氧和二氧化氮，并生成金属单质：

$$2AgNO_3 \overset{\triangle}{=\!=\!=} 2Ag + 2NO_2 + O_2$$

这是因为活泼金属的亚硝酸盐稳定，活泼性较差的金属的氧化物稳定，而不活泼金属的亚硝酸盐和氧化物都不稳定。

7.3.3　磷和磷的重要化合物

1. 单质磷

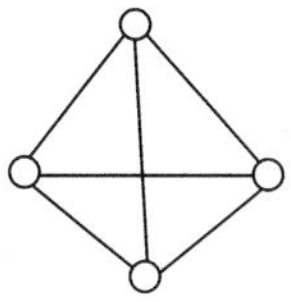

图 7-13　P_4分子的空间结构

磷有多种同素异形体，其中比较重要的有白磷、红磷和黑磷三种。

白磷的分子式为 P_4，呈正四面体结构(图 7-13)，4 个 P 原子位于四面体的四个顶点，彼此之间基本上以 p 轨道相互重叠形成 σ 键。由于键角∠PPP=60°，比 p 轨道夹角小许多，因此 P—P 键张力较大，键能很小，仅为 201kJ · mol^{-1}，故白磷的化学性质比较活泼。白磷是非极性分子，易溶于 CS_2、C_6H_6 等非极性溶剂中。白磷的燃点只有 34℃，在空气中能自燃，所以应将白磷保存在水中。取用白磷时必须用镊子，绝对不能直接用手拿，因为手温就足以使白磷燃烧而将手烧伤。白磷有剧毒，对人的致死量为 0.1g。

白磷不如红磷稳定。在隔绝空气的条件下，将白磷加热到 400℃，就可以完全转化为红磷。红磷有多种结构，其中一种是 P_4 四面体的一个 P—P 键断开后相互结合起来组成的链状结构。红磷的燃点较高，室温下不易与 O_2 反应，也不溶于有机溶剂。

将白磷在高压和一定温度下加热得到黑磷。黑磷是热力学上最稳定的磷单质，结构与石墨相似，有导电性，密度比红磷大，不溶于有机溶剂。

单质磷在浓碱溶液中容易发生歧化反应：

$$P_4 + 3NaOH + 3H_2O =\!=\!= PH_3 + 3NaH_2PO_2\text{(次磷酸钠)}$$

单质磷能和卤素化合，生成 PX_3 或 PX_5；在空气中燃烧生成 P_4O_6 或 P_4O_{10}；和硫化合生

成 P_4S_3 黄色固体；和金属反应生成磷化物。

白磷可以和有氧化性的金属离子反应，取代出金属，有时也可以与取代出来的金属进一步反应生成磷化物，如

$$11P + 15CuSO_4 + 24H_2O = 5Cu_3P + 6H_3PO_4 + 15H_2SO_4$$

因此，硫酸铜可以作白磷中毒的解药。

磷是构成生物高分子蛋白质、核酸、糖、脂肪的重要元素，是骨骼、牙齿的重要成分。此外，磷是构成 ATP 能量分子的重要组成，为生物合成和能量代谢所必需的成分。磷的化学规律控制着核糖、核酸、氨基酸、蛋白质的化学规律，从而控制着生命的化学进化。

2. 磷化氢

PH_3 为三角锥形，键角为 93.6°，接近 90°，表明磷原子基本上是三个纯 p 轨道参加成键，s 轨道参加杂化的趋势小，基本上被孤电子对占有，这一结构使 PH_3 与 NH_3 在性质上有较大的差异。

常温下磷化氢是无色气体，有大蒜味，水中溶解度和碱性都比 NH_3 小得多。磷化氢有剧毒，在空气中刚闻到 PH_3 气味就能引起中毒，可用活性炭吸附或强氧化剂氧化消除其毒性。

PH_3 的配位能力比 NH_3 强。这是因为 P 原子中有 3d 空轨道，可接受过渡金属离子反馈的 d 电子，形成 d-d π 配键，从而增强了配合物的稳定性。

PH_3 具有较强的还原能力，可把一些金属从它们的盐溶液中还原出来，如

$$PH_3 + 6Ag^+ + 3H_2O = 6Ag + 6H^+ + H_3PO_3$$

在 150℃时，纯的 PH_3 可在空气中自燃，生成 H_3PO_4：

$$PH_3 + 2O_2 = H_3PO_4$$

3. 磷的氧化物

磷的常见氧化物有三氧化二磷(P_4O_6)及五氧化二磷(P_4O_{10})。

1) 三氧化二磷

P_4 分子中的 P—P 键张力很大，在 O_2 分子的进攻下很容易断裂。当磷在不充分的空气中燃烧时，生成三氧化二磷 P_4O_6：

$$P_4 + 3O_2(\text{不足}) = P_4O_6$$

P_4O_6 是以 P_4 为基础形成的，在每两个 P 原子间嵌入一个氧原子，就形成一个类似于球状结构的 P_4O_6 分子，这种结构使得彼此之间易滚动，故 P_4O_6 分子有滑腻感。

P_4O_6 是白色吸湿性蜡状固体，易挥发、有毒、易溶于有机溶剂。

P_4O_6 和冷水反应速率较慢，最终产物是亚磷酸 H_3PO_3，故 P_4O_6 又称亚磷酐。P_4O_6 和热水作用，则发生歧化反应，生成磷酸和磷化氢：

$$P_4O_6 + 6H_2O(\text{冷}) = 4H_3PO_3$$

$$P_4O_6 + 6H_2O(\text{热}) = 3H_3PO_4 + PH_3$$

2) 五氧化二磷

磷在氧气充分的情况下燃烧时，生成五氧化二磷 P_4O_{10}：

$$P_4 + 5O_2(\text{充分}) = P_4O_{10}$$

P_4O_{10}可以看作是以P_4O_6为基础形成的。在P_4O_6分子中每个磷原子上还有一对孤电子对，当遇到氧分子的攻击时，该孤电子对会进入氧原子的空轨道形成 σ 配键，同时氧原子 p 轨道中的电子对向磷原子空的 d 轨道配位，形成 d-p π 配键。这样就得到了P_4O_{10}分子，简称五氧化二磷。

常温下，五氧化二磷是白色的固体粉末，易潮解，是吸水性最强的干燥剂(表 7-9)，甚至还能从许多化合物中夺取化合态的水，如

$$P_4O_{10} + 6H_2SO_4(冷) = 6SO_3 + 4H_3PO_4$$

$$P_4O_{10} + 12HNO_3(冷) = 6N_2O_5 + 4H_3PO_4$$

表 7-9　298K 时几种常用干燥剂的干燥效率

干燥剂	$CuSO_4$	$ZnCl_2$	$CaCl_2$	NaOH	H_2SO_4	KOH	P_4O_{10}
平衡水蒸气压/Pa	186	107	45.3	21.3	0.40	0.27	0.013

4. 磷的含氧酸及其盐

磷的含氧酸种类很多，表 7-10 中列出了磷的几种主要的含氧酸。

表 7-10　磷的主要含氧酸

分类	名称	化学式	磷的平均氧化数	结构式
次磷酸系列	次磷酸	H_3PO_2	+1	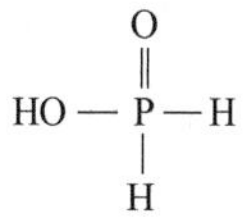
亚磷酸系列	亚磷酸	H_3PO_3	+3	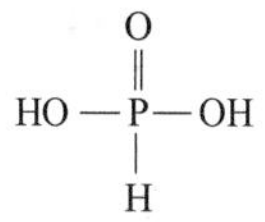
	焦亚磷酸	$H_4P_2O_5$	+3	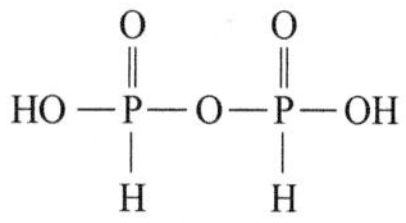
磷酸系列	正磷酸	H_3PO_4	+5	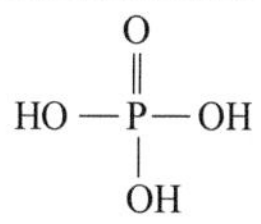
	焦磷酸	$H_4P_2O_7$	+5	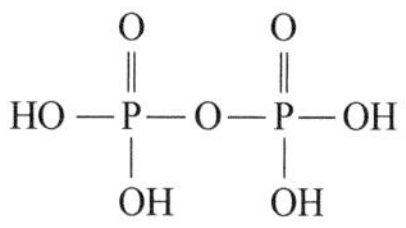
	聚偏磷酸	$(HPO_3)_n$	+5	环状结构

在磷的各种含氧酸中，磷原子均采取 sp^3 杂化。每个磷原子价层有一对孤电子对，与端氧原子之间形成 σ 配键和 d-p π 配键。

次磷酸、亚磷酸、正磷酸的分子中都只有一个非羟基氧，因此三者的酸性大体相近，都属于中强酸。焦磷酸、聚偏磷酸与磷酸相比含有更多的非羟基氧，它能对羟基氧的电子产生

吸引作用，从而使 O—H 键削弱，因此焦磷酸、聚偏磷酸的酸性比磷酸强。同理，焦亚磷酸的酸性比亚磷酸强。

在磷的含氧酸及其盐中，以磷酸和磷酸盐最为重要。

1) 磷酸

正磷酸通常简称磷酸。纯的磷酸是无色晶体，熔点 42℃，沸点 213℃。市售 H_3PO_4 试剂为黏稠溶液，H_3PO_4 的质量分数为 85%，浓度为 $15mol \cdot L^{-1}$。磷酸为高沸点酸，与形成氢键有关。

H_3PO_4 是一种三元中强酸。尽管其分子中 P 为最高氧化态(+5)，但它和同族的 HNO_3 不同，无论在酸性、中性还是碱性条件下都几乎不显氧化性。

磷酸根具有很强的配位能力，能与许多金属离子形成可溶性配合物。例如，Fe^{3+} 是分析化学中最常见的干扰离子之一，它的颜色常常会影响某些组分的测定，实际工作中常用磷酸与 Fe^{3+} 生成可溶性无色配合物 $H_3[Fe(PO_4)_2]$ 和 $H[Fe(HPO_4)_2]$ 以消除其干扰。

磷酸经强热时会脱水生成焦磷酸、三磷酸等多磷酸或聚偏磷酸。

$$2H_3PO_4 = H_2O + H_4P_2O_7(\text{焦磷酸})$$

$$3H_3PO_4 = 2H_2O + H_5P_3O_{10}(\text{三磷酸})$$

$$nH_3PO_4 = nH_2O + (HPO_3)_n(\text{聚偏磷酸})$$

2) 磷酸盐

磷酸盐分为正磷酸盐、多磷酸盐和偏磷酸盐。

正磷酸盐包括磷酸盐、磷酸一氢盐和磷酸二氢盐。同种金属离子的三种类型磷酸盐其溶解度有所不同。磷酸二氢盐的溶解度最大，磷酸盐的溶解度最小。磷酸二氢盐绝大多数易溶；而在磷酸一氢盐和磷酸盐中，只有碱金属(除锂外)盐和铵盐易溶，其余均难溶。因此，在含有 PO_4^{3-}、HPO_4^{2-} 或 $H_2PO_4^-$ 的溶液中加入 $AgNO_3$ 溶液，得到的都是 Ag_3PO_4 的黄色沉淀，如

$$H_2PO_4^- + 3Ag^+ = Ag_3PO_4\downarrow(\text{黄色}) + 2H^+$$

磷酸盐在水中都有不同程度的水解，使溶液呈现不同的 pH。例如，Na_3PO_4 溶液显碱性(pH>12)，Na_2HPO_4 溶液显弱碱性(pH=9～10)，NaH_2PO_4 溶液显弱酸性(pH=4～5)。

在磷酸盐溶液中加入硝酸和钼酸铵试液，加热数分钟，即析出磷钼酸铵黄色沉淀：

$$PO_4^{3-} + 12MoO_4^{2-} + 3NH_4^+ + 24H^+ = (NH_4)_3PO_4 \cdot 12MoO_3 \cdot 6H_2O\downarrow + 6H_2O$$

此反应用于磷酸根离子的鉴定。

正磷酸盐比较稳定，而磷酸一氢盐和磷酸二氢盐受热则发生脱水反应生成多磷酸盐或偏磷酸盐。如

$$2NaH_2PO_4 \xlongequal{\triangle} Na_2H_2P_2O_7 + H_2O$$

$$2Na_2HPO_4 \xlongequal{\triangle} Na_4P_2O_7(\text{焦磷酸钠}) + H_2O$$

$$NaH_2PO_4 + 2Na_2HPO_4 \xlongequal{\triangle} Na_5P_3O_{10}(\text{三聚磷酸钠}) + 2H_2O$$

$$3NaH_2PO_4 \xlongequal{\triangle} Na_3P_3O_9(\text{三聚偏磷酸钠}) + 3H_2O$$

各种磷酸盐的结构单元都是$[PO_4]$四面体，相互间以角氧连接成链状(多磷酸盐)或环状(偏磷酸盐)。

磷酸盐的最重要用途是作肥料。自然界中存在的磷矿石、骨粉(主要成分是磷酸钙)都是难溶于水的磷酸盐，必须将其转化为可溶性的酸式盐，以便于农作物吸收。此外，在食品和

饮料添加剂、牙膏磨料、催化剂等的成分中也都有磷酸盐。

三聚磷酸钠是重要的化工原料，它能与 Ca^{2+}、Mg^{2+}等许多金属离子生成可溶于水的配合物，因此被用于锅炉用水的软化和水垢的去除。三聚磷酸钠也曾用作洗涤剂的原料，以使硬水软化，但洗涤后的废水排入水体会导致水体的富营养化，不利于水生动物和鱼类的生存，因此现在已禁止生产和使用含磷的洗涤剂。

7.3.4　砷、锑、铋的重要化合物

1. 氢化物

砷、锑、铋都能形成氢化物 MH_3，这些氢化物均为无色、具有大蒜气味的剧毒气体，不稳定，且按 AsH_3、SbH_3、BiH_3 的次序越来越不稳定。AsH_3、SbH_3、BiH_3 都是很强的还原剂，还原性依次增强。砷、锑、铋的氢化物中比较重要的是 AsH_3。

AsH_3 不稳定，室温下在空气中能自燃：

$$2AsH_3 + 3O_2 = As_2O_3 + 3H_2O$$

在缺氧条件下，AsH_3 受热分解为单质：

$$2AsH_3 \xlongequal{500K} 2As + 3H_2$$

析出的砷聚集在器皿的冷却部位形成亮黑色的“砷镜”，法医学上据此鉴定砷的存在。该方法称为马氏(Marsh)试砷法。

另一种鉴定砷的方法是用 AsH_3 还原硝酸银：

$$2AsH_3 + 12AgNO_3 + 3H_2O = As_2O_3 + 12HNO_3 + 12Ag\downarrow$$

该方法称为古氏(Gutzeit)试砷法，其灵敏度超过马氏试砷法。

2. 氧化物及其水合物

砷、锑、铋可形成+3 价氧化物 M_2O_3 和+5 价氧化物 M_2O_5，这些氧化物及其水合物的酸碱性和氧化还原性变化如下：

碱性增强 →

← 还原性增强

酸性增强 ↓				氧化性增强 ↓
	As_2O_3	Sb_2O_3	Bi_2O_3	
	H_3AsO_3	$Sb(OH)_3$	$Bi(OH)_3$	
	(两性偏酸性)	(两性偏碱性)	(碱性)	
	As_2O_5	Sb_2O_5	Bi_2O_5	
	H_3AsO_4	$H[Sb(OH)_6]$	—	
	(酸性)	(两性偏酸性)	(不稳定)	

← 酸性增强

氧化性增强 →

1) As_2O_3 和亚砷酸盐

As_2O_3 为白色粉末，俗称砒霜，有剧毒。

“光绪之死”是我国 20 世纪初发生的重大历史事件，其死因也成为近代史上的一桩迷案。

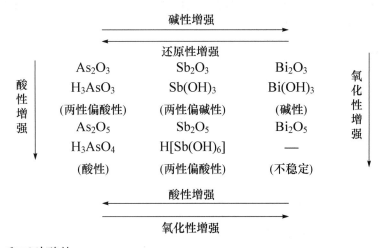

在光绪皇帝去世百年后通过一系列现代专业技术手段研究证实，光绪帝突然“驾崩”系砒霜中毒所致。

As_2O_3微溶于水，在热水中溶解度稍大，溶解后生成二元弱酸亚砷酸。As_2O_3易溶于碱，也能在浓盐酸中蒸馏得到$AsCl_3$：

$$As_2O_3 + 4NaOH = 2Na_2HAsO_3 + H_2O$$

$$As_2O_3 + 6HCl = 2AsCl_3 + 3H_2O$$

As_2O_3和亚砷酸盐的还原性较强，在弱碱性溶液中，I_2就能将亚砷酸盐氧化为砷酸盐：

$$NaH_2AsO_3 + I_2 + 4NaOH = Na_3AsO_4 + 2NaI + 3H_2O$$

As_2O_3的氧化性较弱，需用强还原剂才能将其还原，如

$$As_2O_3 + 6Zn + 12HCl = 2AsH_3 + 6ZnCl_2 + 3H_2O$$

此反应是前面提到的马氏试砷法的第一步反应。

2) $NaBiO_3$

$NaBiO_3$的氧化性很强，在酸性溶液中能将Mn^{2+}氧化成MnO_4^-：

$$5BiO_3^- + 2Mn^{2+} + 14H^+ = 5Bi^{3+} + 2MnO_4^- + 7H_2O$$

该反应是分析化学中定性检验溶液中有无Mn^{2+}的重要反应。在未知液中先加入硝酸或硫酸酸化，再加入固体$NaBiO_3$，加热后如果溶液变为紫红色，即表明溶液中有Mn^{2+}存在。

Bi(Ⅲ)由于存在较强的惰性电子对效应，还原性很弱，只有少数强氧化剂在强碱性溶液中才能将Bi(Ⅲ)氧化成Bi(Ⅴ)的化合物：

$$Bi(OH)_3 + Cl_2 + 3NaOH = NaBiO_3 + 2NaCl + 3H_2O$$

7.4 碳族元素

周期表中ⅣA族(14族)元素包括碳、硅、锗、锡、铅、𫓧六种元素，统称为碳族元素。在自然界中，碳既可以游离态存在，也可以化合态存在，它是动植物体的重要组成元素；硅主要以氧化物和含氧酸盐形式存在，它在地壳中的含量仅次于氧，居第二位；锗、锡、铅以化合态存在；𫓧是人工合成放射性元素。

7.4.1 碳族元素的通性

碳族元素的基本性质列于表7-11中。

表7-11　碳族元素的性质

元素	C	Si	Ge	Sn	Pb
原子序数	6	14	32	50	82
价层电子构型	$2s^22p^2$	$3s^23p^2$	$4s^24p^2$	$5s^25p^2$	$6s^26p^2$
主要氧化数	−4，0，+2，+4	0，+4	0，+2，+4	0，+2，+4	0，+2，+4
熔点/℃	3550	1414	937	232	327
沸点/℃	4329	3265	2830	2602	1749
共价半径/pm	75	114	120	140	145
离子(X^{4+})半径/pm	16	42	53	71	84

续表

元素	C	Si	Ge	Sn	Pb
第一电离能/(kJ · mol^{-1})	1086	786.5	762.2	708.6	725.6
电子亲和能/(kJ · mol^{-1})	121.78	134.07	118.94	107.30	35.12
电负性	2.55	1.90	2.01	1.96	1.8
晶体结构	原子晶体(金刚石) 层状晶体(石墨)	原子晶体	原子晶体	原子晶体(灰锡) 金属晶体(白锡)	金属晶体

碳族元素从上往下原子半径逐渐增大，元素的非金属性逐渐减弱，金属性逐渐增强。碳和硅是非金属元素，锗是准金属元素，锡和铅是金属元素。

碳族元素原子的价层电子构型为 ns^2np^2，能形成最高氧化态为+4 的化合物。受 ns^2 惰性电子对效应的影响，本族元素自上而下+4 氧化态化合物的稳定性逐渐降低，而+2 氧化态化合物的稳定性逐渐增强。碳和硅主要形成+4 氧化态的化合物，它们的+2 氧化态化合物都不稳定，铅则以+2 氧化态的化合物为主，它的+4 氧化态化合物氧化性很强，也不稳定。

7.4.2　碳及其无机化合物

1. 单质碳

碳有多种同素异形体，其中比较重要的有金刚石、石墨、碳原子簇(以富勒烯为代表)和石墨烯。

金刚石是典型的原子晶体。在金刚石晶体中，每个碳原子都以 sp^3 杂化轨道按四面体 4 个顶点的方向与相邻的 4 个碳原子形成共价单键，从而形成如图 7-14 所示的三维骨架。由于金刚石晶体中 C—C 键很强，因此金刚石是熔点最高的单质，同时也是硬度最大的物质(莫氏硬度为 10)。同时，由于碳的所有价电子都参与了共价键的形成，晶体中没有自由电子，所以金刚石不导电。天然金刚石是一种珍稀矿物，精心琢磨后的金刚石透明有光泽，能呈现出极艳丽的色彩，成为世界上最昂贵的珍宝，也是历代统治者权势和财富的象征。

石墨是典型的层状晶体。在石墨中，每个碳原子都以 sp^2 杂化轨道按平面三角形 3 个顶点的方向与相邻的 3 个碳原子形成共价单键，从而构成由无数个正六边形组成的平面层，如图 7-15 所示。在层中每个碳原子还有一个垂直于 sp^2 杂化轨道的 2p 轨道，该轨道中含有 1 个未成对电子，这些相互平行的 p 轨道相互重叠，形成遍及整个平面层的大 π 键。由于大 π 键的离域性，电子能沿每一平面层方向移动，使石墨具有良好的导电性、导热性，并具有光泽。又由于石墨晶体层与层之间距离较远，相互作用力与分子间力相当，在外力作用下容易滑动，所以石墨是很好的固体润滑剂。石墨可用于制造电极、润滑剂、铅笔芯、原子反应堆中的中子减速剂等，也可以用作坩埚以及合成金刚石的原料。

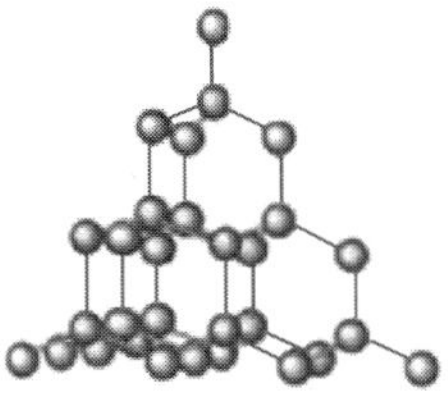

图 7-14　金刚石的晶体结构

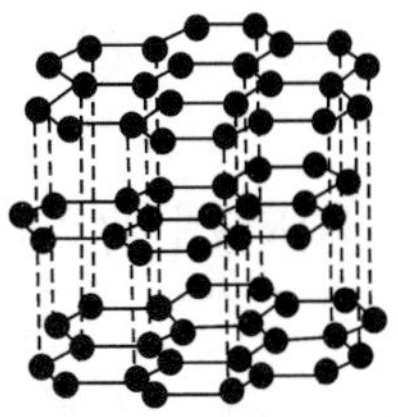

图 7-15　石墨的层状结构

1985 年，克若特(Kroto)和斯曼力(Smalley)等发现了 C_{60}，在 C_{60} 分子中每个碳原子参与形成 2 个六元环和 1 个五元环，60 个碳原子组成 12 个五元环和 20 个六元环，键角∠CCC 为 116°，每个 C 周围的三个 σ 键的键角之和为 348°，因此 60 个碳原子组成的五元环和六元环构成了一个酷似足球的球面，故 C_{60} 又称足球烯(图 7-16)。此后又相继发现了一系列这类多面体分子，碳原子数可达 32 到几百(均为偶数)，这些分子都呈现封闭的圆球形或椭球形外形，很像美国著名建筑师富勒(Fuller)设计建造的圆屋顶，因此又命名这类分子为富勒烯。C_{60} 本身是不导电的绝缘体，但当碱金属原子嵌入 C_{60} 分子的空隙后，C_{60} 与碱金属形成的系列化合物就成为超导体，如 K_3C_{60}。这种超导体具有很高的超导临界温度。与氧化物超导体比较，C_{60} 系列超导体具有完美的三维超导性，电流密度大，稳定性高，易于展成线材等优点，是一类极具价值的新型超导材料。

石墨烯是一种由碳原子以 sp^2 杂化轨道组成六角形呈蜂巢晶格的平面薄膜，只有一个碳原子厚度的二维材料。石墨烯一直被认为是假设性的结构，无法单独稳定存在，直至 2004 年，英国曼彻斯特大学物理学家安德烈 · 海姆和康斯坦丁 · 诺沃肖洛夫，成功地在实验中从石墨中分离出石墨烯，而证实它可以单独存在，两人也因此获得 2010 年诺贝尔物理学奖。石墨烯是世上最薄、最坚硬、电阻率最小、电子迁移速率极快、热传导性能好的纳米材料，几乎完全透明，被期待可用来发展出更薄、导电速度更快的新一代电子元件或晶体管。由于石墨烯实质上是一种透明、良好的导体，也适合用来制造透明触控屏幕、光板，甚至是太阳能电池。

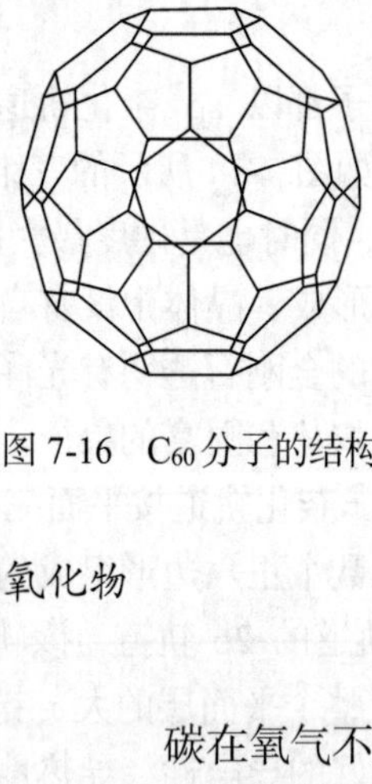

图 7-16　C_{60} 分子的结构

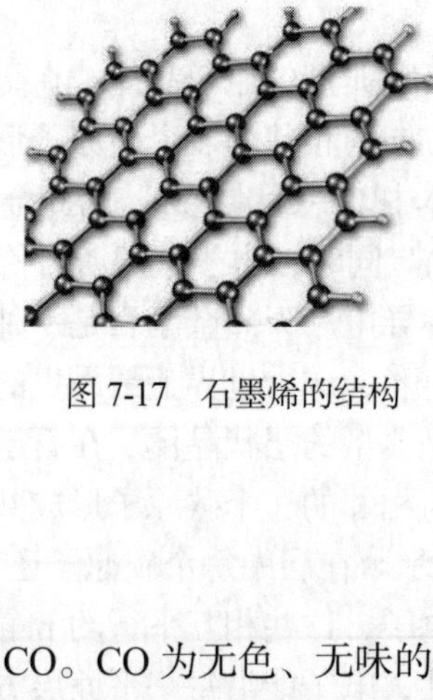

图 7-17　石墨烯的结构

2. 碳的氧化物

1) CO

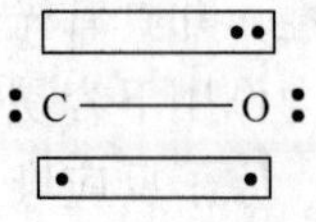

图 7-18　CO 分子的结构式

碳在氧气不充分的条件下燃烧生成 CO。CO 为无色、无味的有毒气体。CO 分子中碳原子与氧原子间形成三重键，一个 σ 键，两个 π 键。CO 与 N_2 分子所不同的是其中一个 π 键是配位键，这对电子是由氧原子提供的。CO 分子的结构式如图 7-18 所示。

CO 的主要化学性质是还原性和配位性。

CO 是冶金过程中的还原剂，可以将金属氧化物还原成金属，如

$$Fe_2O_3 + 3CO \xlongequal{} 2Fe + 3CO_2$$

CO 也可以将溶液中的 $PdCl_2$ 还原成 Pd，使溶液变黑：

$$CO + PdCl_2 + H_2O \xlongequal{} CO_2 + 2HCl + Pd\downarrow$$

该反应十分灵敏，常用来检验 CO。

由于 CO 分子中有 O 原子向 C 原子的 π 配键，使 C 原子周围电子密度增大，同时 C 的电负性不太大，对电子的束缚能力较弱，所以 C 原子给电子的能力强。因此 CO 可以作为配体与许多过渡金属形成羰基配合物，如

$$Fe(s) + 5CO(g) = Fe(CO)_5(l)$$

煤气的主要成分是 CO，当人吸入煤气后，CO 就会与人体血液中的血红蛋白结合成稳定的羰基配合物，从而使血红蛋白失去输送 O_2 的功能，引起中毒。

2) CO_2

矿物燃料的燃烧，碳酸钙矿石的分解，动物的呼吸等过程都产生 CO_2。常温常压下 CO_2 是无色气体，在 0.53MPa、−56.6℃下凝为干冰。

如图 7-19 所示，CO_2 分子是直线形的，中心 C 原子采取 sp 杂化，分子中有两个大 π 键 Π_3^4。

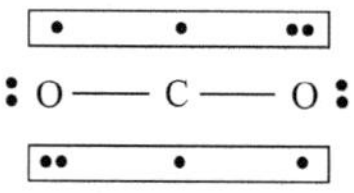

图 7-19 CO_2 分子的结构

CO_2 溶于水，室温下饱和 CO_2 溶液的浓度为 0.03～0.04mol · L^{-1}。温度升高，溶解度减小，所以常用煮沸的方法除去水中的 CO_2。

CO_2 不助燃，是常用的灭火剂。但镁燃烧时不能用 CO_2 扑灭，因 Mg 在 CO_2 中能继续燃烧：

$$2Mg(s) + CO_2(g) = 2MgO(s) + C(s)$$

CO_2 是酸性氧化物，与碱反应生成碳酸盐。将 CO_2 通入澄清的石灰水中，会产生浑浊：

$$CO_2 + Ca(OH)_2 = CaCO_3\downarrow + H_2O$$

这一反应可以用来检验 CO_2 气体。

CO_2 除用作灭火剂外，还用作制冷剂，在化学工业上用于生产小苏打($NaHCO_3$)、纯碱(Na_2CO_3)、碳酸氢铵和尿素，在饮料工业上用于生产碳酸饮料。近年来，CO_2 还被用于二次采油、绿色反应溶剂、超临界流体萃取、温室种植蔬菜的气肥等方面。

CO_2 能吸收太阳光中的红外线，产生温室效应。当小环境中 CO_2 的含量超过 20%时，也会使人中毒死亡。上海某粮库就发生过职工因粮仓中 CO_2 浓度过高而中毒死亡的事件。

3. 碳酸及其盐

CO_2 是碳酸的酸酐，但溶在水中的 CO_2 只有极少部分成为 H_2CO_3，大部分以 CO_2 的水合物形式存在。

碳酸是二元弱酸，在溶液中存在下列平衡：

$$CO_2 + H_2O \rightleftharpoons H_2CO_3 \rightleftharpoons H^+ + HCO_3^- \rightleftharpoons 2H^+ + CO_3^{2-}$$

$$CO_2 + H_2O \rightleftharpoons H^+ + HCO_3^- \qquad K_1^\ominus=4.46\times10^{-7}$$

$$HCO_3^- \rightleftharpoons H^+ + CO_3^{2-} \qquad K_2^\ominus=4.68\times10^{-11}$$

H_2CO_3-HCO_3^-系统是人体血液中最重要的缓冲系统。

碳酸与碱反应可以生成正盐和酸式盐。正盐中除碱金属(不包括 Li^+)、铵及铊(Tl^+)盐外都难溶于水。许多金属(如钙、钡)的酸式碳酸盐的溶解度较正盐的大，但易溶的 Na_2CO_3、K_2CO_3 的溶解度大于相应的酸式盐。

碳酸盐具有水解性。碱金属碳酸盐水解，溶液呈较强的碱性，而其酸式盐水解，溶液呈弱碱性。

Na_2CO_3与金属溶液反应，可能生成正盐、碱式盐或氢氧化物。当金属碳酸盐的溶解度小于相应氢氧化物时，生成正盐沉淀，如Ca^{2+}、Sr^{2+}、Ba^{2+}等；当氢氧化物的溶解度很小时，生成氢氧化物沉淀，如Fe^{3+}、Al^{3+}、Cr^{3+}等；当正盐与氢氧化物溶解度相近时，生成碱式盐沉淀，如Cu^{2+}、Mg^{2+}、Pb^{2+}、Fe^{2+}、Zn^{2+}、Co^{2+}、Ni^{2+}等，以Mg^{2+}与Na_2CO_3溶液反应为例：

$$2Mg^{2+} + 2CO_3^{2-} + H_2O \xlongequal{} Mg_2(OH)_2CO_3\downarrow + CO_2$$

碳酸盐的热稳定性低于相应的硫酸盐和硅酸盐。碳酸、碳酸氢盐和碳酸(正)盐的热稳定性顺序为：碳酸<碳酸氢盐<碳酸(正)盐，如

$$Na_2CO_3 \xlongequal{\text{灼烧}} Na_2O + CO_2$$

$$2NaHCO_3 \xlongequal{543K} Na_2CO_3 + CO_2 + H_2O$$

$$H_2CO_3 \xlongequal{} CO_2 + H_2O \text{(稍加热就分解)}$$

7.4.3 硅及其重要化合物

1. 单质硅

由于硅易与氧结合，所以自然界中没有发现单质硅的存在。晶体硅的结构与金刚石类似。

常温下，硅很不活泼，不能与氟以外的非金属反应，也不能与水和酸作用，但可以和强碱溶液作用放出氢气：

$$Si + 4OH^- \xlongequal{} SiO_4^{4-} + 2H_2$$

而在高温下硅能与氯、溴、碘、氧、硫、磷、碳等非金属发生反应。在加热或在有氧化剂存在的条件下，硅可以与氢氟酸反应：

$$3Si + 18HF + 4HNO_3 \xlongequal{} 3H_2SiF_6 + 4NO + 8H_2O$$

2. 二氧化硅

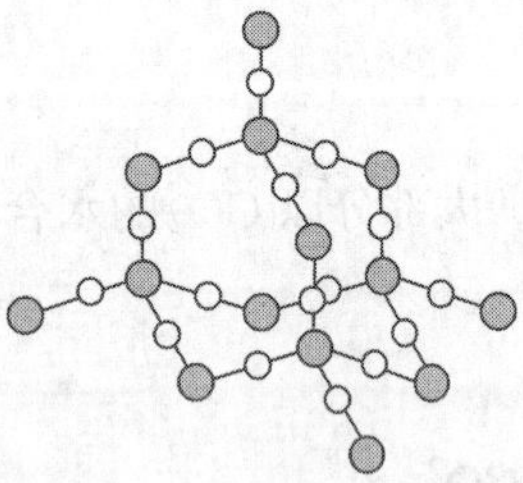

图 7-20 二氧化硅的结构

二氧化硅晶体属于原子晶体，在二氧化硅的结构(图 7-20)中，每个硅原子都采取sp^3杂化同周围 4 个氧原子结合成硅氧四面体，而每个氧原子都被两个四面体所共用。每个氧原子通过 O—Si 共价键跟 2 个硅原子相连。二氧化硅的这种结构决定了它与CO_2的性质大为不同。它硬度大，熔点高，不溶于水，化学性质很稳定。

二氧化硅属酸性氧化物，能被强碱溶液缓慢地侵蚀：

$$SiO_2 + 2NaOH \xlongequal{} Na_2SiO_3 + H_2O$$

在高温下能与碱性氧化物或Na_2CO_3反应：

$$SiO_2 + CaO \xlongequal{} CaSiO_3$$

$$SiO_2 + Na_2CO_3 \xlongequal{} Na_2SiO_3 + CO_2$$

在酸类中，只能与氢氟酸反应：

$$SiO_2 + 4HF \xlongequal{} SiF_4\uparrow + 2H_2O$$

$$+$$

$$2HF \xlongequal{} H_2SiF_6$$

因此，玻璃容器不能用于盛装氢氟酸，也不能用带磨口塞的玻璃瓶盛装浓度较大的NaOH溶液。

3. 硅酸　硅酸盐

向可溶性硅酸盐溶液中加入酸可得到胶冻状的沉淀或胶体溶液。硅的含氧酸很复杂，可用通式 $x\mathrm{SiO_2}\cdot y\mathrm{H_2O}$ 表示其组成，其中 x 和 y 是整数。x>1 时称为多硅酸。H_4SiO_4 称为原硅酸；H_2SiO_3 称为硅酸，也有人称之为偏硅酸，显然后者不符合无机物系统命名法的规定。

H_2SiO_3 是二元弱酸。将硅酸在 60～70℃烘干，300℃活化，即可得到白色透明的多孔固体——硅胶。硅胶有很好的吸水性，可作干燥剂，也可作某些气体的吸附剂及催化剂的载体等。

硅酸盐种类繁多，但基本上都是由[SiO_4]四面体以角氧相连而成，有的连成链状结构，如石棉(图 7-21)；有的连成层状结构，如云母(图 7-22)；有的连成骨架状结构，如石英。

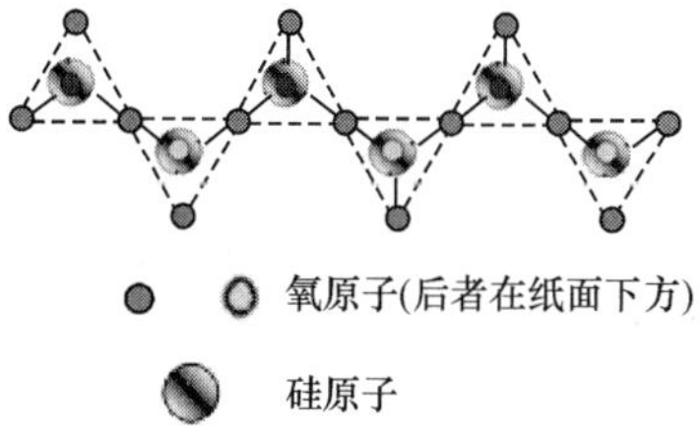

图 7-21　石棉的结构

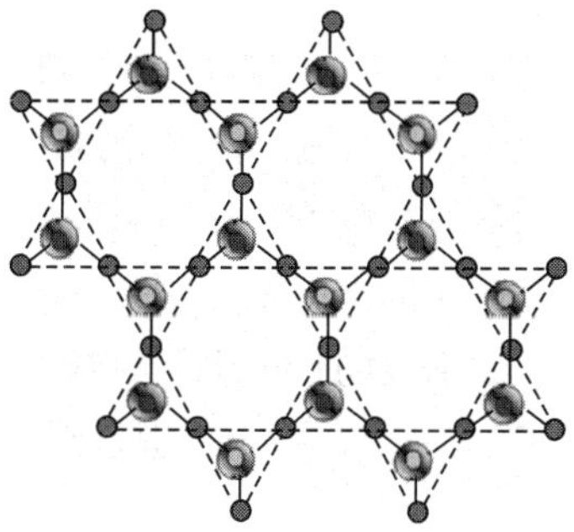

图 7-22　云母的结构

在硅酸盐中，碱金属的硅酸盐可溶于水，其余的大多不溶于水。可溶于水的硅酸盐在水中发生强烈水解，若同时加入铵盐，可使水解更加完全，如

$$\mathrm{Na_2SiO_3 + 2NH_4Cl = H_2SiO_3\downarrow + 2NaCl + 2NH_3\uparrow}$$

Na_2SiO_3 是一种玻璃态物质，常因含有铁而呈蓝色，溶于水后成为黏稠溶液，商品名为水玻璃，俗称泡花碱，在工业上用作黏合剂，木材经它浸泡后可以防腐、防火。

天然沸石是铝原子部分取代硅原子的铝硅酸盐，具有多孔结构，脱水后可用作干燥剂。人工合成的铝硅酸盐经适当处理后具有直径均一的孔穴，孔穴内表面积很大，具有很强的吸附能力，能让气体或液体混合物中比孔穴小的分子进入，比孔穴大的分子留在外面，从而起到“筛分”分子的作用，故称为分子筛。分子筛有较高的机械强度和热稳定性，常用于干燥气体、溶剂和作催化剂，在化工、冶金、石油、医药等部门中有广泛的应用。

7.4.4　锡、铅及其重要化合物

锡是银白色、熔点低而软的金属，有三种同素异形体，即灰锡(α-锡)、白锡(β-锡)和脆锡(γ-锡)。其中以白锡最为常见，它延展性好，可以制成器皿。低于 13℃时，白锡将缓慢地转化为粉末状的灰锡。这种变化先从某一点开始，然后像瘟疫一样迅速蔓延，使锡制品自行毁坏，此现象俗称“锡疫”。

常温下，锡表面生成一层保护膜，故锡在空气和水中都是稳定的。盛装食品罐头的材料马口铁就是表面镀锡的薄铁皮。锡与盐酸、稀硫酸、极稀的硝酸反应生成 Sn(Ⅱ)，如

$$\mathrm{Sn + 2HCl = SnCl_2 + H_2}$$

$$\mathrm{3Sn + 8HNO_3(极稀) = 3Sn(NO_3)_2 + 2NO + 4H_2O}$$

与浓硫酸、浓硝酸反应生成 Sn(Ⅳ)，如

$$Sn + 4HNO_3 = H_2SnO_3\downarrow + 4NO_2 + H_2O$$

与氢氧化钠溶液反应放出氢气：

$$Sn + 2OH^- + 2H_2O = Sn(OH)_4^{2-} + H_2$$

铅是人类最早使用的金属之一，熔点低，硬度小。新切开的铅呈银白色，在空气中表面会很快生成一层保护膜，使其能在空气或水中保持稳定。但在空气和水的同时作用下，铅也会缓慢变成 $Pb(OH)_2$：

$$2Pb + O_2 + 2H_2O = 2Pb(OH)_2$$

铅与硝酸反应，无论是浓硝酸还是稀硝酸，只生成 Pb(Ⅱ)，而不生成 Pb(Ⅳ)，但硝酸的浓度会影响自身的还原产物：

$$3Pb + 8HNO_3(\text{稀}) = 3Pb(NO_3)_2 + 2NO + 4H_2O$$

$$Pb + 4HNO_3(\text{浓}) = Pb(NO_3)_2 + 2NO_2 + 2H_2O$$

铅也可以与氢氧化钠溶液反应放出氢气。

铅主要用于制造合金，如铅蓄电池的极板、保险丝等。铅能抵挡 X 射线穿透，是制造放射性辐射、X 射线防护设备的材料。铅是有毒元素，铅中毒会造成血红素合成障碍而引起贫血症。过去，为了提高汽油的抗爆性，常向汽油中添加抗爆剂——四乙基铅，然而含铅的汽车尾气使大气遭到污染。目前世界大部分国家已淘汰含铅汽油。

1. 锡和铅的氧化物

锡的氧化物有 SnO 和 SnO_2。将 Sn(Ⅱ)盐的水解产物 $SnO\cdot nH_2O$ 加热脱水可得 SnO，而锡在空气中加热可得 SnO_2。

SnO 和 SnO_2 都不溶于水，且有两性，其中 SnO 两性偏碱性，而 SnO_2 两性偏酸性。经高温灼烧过的 SnO_2 与酸、碱不发生反应，但与碱熔融生成锡酸盐。

铅的氧化物有 PbO(黄色，俗名密陀僧)、Pb_3O_4(红色，也称红丹或铅丹)、Pb_2O_3(橙色)和 PbO_2(棕色)。

铅在空气中加热即得 PbO。在碱性溶液中用强氧化剂(如 NaClO)氧化 Pb(Ⅱ)的化合物可得 PbO_2：

$$pb(OH)_3^- + ClO^- = PbO_2 + Cl^- + OH^- + H_2O$$

铅的氧化物也都不溶于水，有两性，其中 PbO 两性偏碱性，而 PbO_2 两性偏酸性。

PbO_2 的氧化性很强，在酸性溶液中能将 Mn^{2+}氧化成 MnO_4^-：

$$5PbO_2 + 2Mn^{2+} + 4H^+ = 5Pb^{2+} + 2MnO_4^- + 2H_2O$$

在工业上，PbO_2 主要作为铅蓄电池的正极材料。

2. 锡和铅的氢氧化物及含氧酸盐

在 Sn^{2+}和 Pb^{2+}的溶液中加入强碱溶液，立即生成 $Sn(OH)_2$ 和 $Pb(OH)_2$ 沉淀：

$$Sn^{2+} + 2OH^- = Sn(OH)_2$$

$$Pb^{2+} + 2OH^- = Pb(OH)_2$$

$Sn(OH)_2$ 和 $Pb(OH)_2$ 都有两性，当碱过量时，沉淀溶解生成亚锡酸盐和亚铅酸盐：

$$Sn(OH)_2 + 2OH^- = Sn(OH)_4^{2-}$$

$$Pb(OH)_2 + OH^- = Pb(OH)_3^-$$

亚锡酸盐的还原性很强，能将 Bi^{3+} 还原成单质：

$$3Sn(OH)_3^- + 2Bi^{3+} + 9OH^- = 3Sn(OH)_6^{2-} + 2Bi$$

$SnCl_4$ 水解最初可得白色胶状沉淀 H_2SnO_3，称为 α-锡酸。把 α-锡酸在溶液中静置或加热就逐渐晶化，变成 β-锡酸。α-锡酸结构中含有大量水，既易溶于浓盐酸，也易溶于碱溶液中。β-锡酸结构与 SnO_2 类似，其化学性质不活泼，既不溶于浓盐酸，也不溶于浓 KOH 溶液中。

硝酸铅易水解，在硝酸铅溶液中加入碳酸钠溶液可得到碱式碳酸铅沉淀：

$$2Pb^{2+} + 2CO_3^{2-} + H_2O = Pb_2(OH)_2CO_3 + CO_2$$

碱式碳酸铅是覆盖力很强的白色颜料，俗称铅白。

3. 锡和铅的卤化物

锡、铅的卤化物可以分成二卤化物和四卤化物两大类。由于 Pb(Ⅳ)氧化性很强，所以四碘化铅和四溴化铅不能稳定存在。

$SnCl_2$ 是重要的还原剂，它能将汞盐还原成白色的亚汞盐：

$$2HgCl_2 + SnCl_2 + 2HCl = Hg_2Cl_2\downarrow + H_2SnCl_6$$

此反应可以用来鉴定溶液中的 Sn^{2+}。如果 $SnCl_2$ 过量，还可以把 Hg_2Cl_2 进一步还原为黑色的金属汞：

$$Hg_2Cl_2 + SnCl_2 + 2HCl = 2Hg\downarrow + H_2SnCl_6$$

$SnCl_2$ 极易水解而生成碱式盐沉淀：

$$SnCl_2 + H_2O = Sn(OH)Cl\downarrow + H^+ + Cl^-$$

为了防止水解和氧化，在配制 $SnCl_2$ 溶液时通常先将 $SnCl_2$ 固体溶解在浓盐酸中，待完全溶解后再加水稀释至所需浓度，并在溶液中加入少量的锡粒。

四氯化锡为无色液体，是典型的共价化合物，它极易水解，在潮湿空气中发烟。

将可溶性 Pb(Ⅱ)盐与氢卤酸作用析出相应的卤化铅。卤化铅中以 PbI_2 的溶解度为最小，但它溶于沸水或由于生成配合物而溶解于 KI 溶液中：

$$PbI_2 + 2KI = K_2[PbI_4]$$

$PbCl_2$ 难溶于冷水，但易溶于热水。在浓盐酸中，由于能形成配合物而溶解：

$$PbCl_2 + 2HCl = H_2[PbCl_4]$$

7.5　硼 族 元 素

周期表中ⅢA 族(13 族)元素包括硼、铝、镓、铟、铊、鉨六种元素，统称为硼族元素。铝在地壳中的含量仅次于氧和硅，其丰度居第三位，在金属元素中居首位。硼的丰度不大，在地壳中总是与其他元素化合伴生，不能单独形成矿物。镓、铟、铊属于分散的稀有元素。鉨是人工合成放射性元素。

硼族元素的基本性质列于表 7-12 中。

表 7-12 硼族元素的性质

元素	B	Al	Ga	In	Tl
原子序数	5	13	31	49	81
价层电子构型	$2s^22p^1$	$3s^23p^1$	$4s^24p^1$	$5s^25p^1$	$6s^26p^1$
主要氧化数	0，+3	0，+3	0，+1，+3	0，+1，+3	0，+1，+3
熔点/℃	2076	660	30	157	304
沸点/℃	3864	2518	2203	2072	1457
共价半径/pm	84	124	123	142	144
离子(X^{3+})半径/pm	20	53.5	74.5	80	89
第一电离能/($kJ \cdot mol^{-1}$)	800.6	577.5	578.8	558.3	589.3
电子亲和能/($kJ \cdot mol^{-1}$)	26.99	41.76	41.49	28.95	19.30
电负性	2.04	1.61	1.81	1.78	1.8
晶体结构	原子晶体	金属晶体	金属晶体	金属晶体	金属晶体

硼族元素从上往下原子半径逐渐增大，元素的非金属性逐渐减弱，金属性逐渐增强。硼是非金属元素，其他都是金属元素。

硼族元素原子的价层电子构型为 ns^2np^1，能形成最高氧化态为+3 的化合物。受 ns^2 惰性电子对效应的影响，本族元素自上而下+3 氧化态化合物的稳定性逐渐降低，而镓、铟、铊的+1 氧化态化合物的稳定性逐渐增强。+3 氧化态化合物的共价性比较明显，而+1 氧化态化合物的离子性比较明显。

本节主要讨论硼和铝及其重要化合物。

7.5.1 硼的重要化合物

单质硼有无定形硼和晶体硼。硼单质属于原子晶体，熔、沸点高。晶体硼的硬度仅次于金刚石。本节介绍硼的含氧化合物和卤化物。

1. 硼的含氧化合物

硼在地壳中主要以含氧化合物的形式存在。

1) B_2O_3 和硼酸

B_2O_3 为白色固体，有晶体和无定形两种，易与水结合并放热，可作吸水剂：

$$B_2O_3(\text{晶体}) + H_2O(g) = 2HBO_2(g)$$

$$B_2O_3(\text{无定形}) + 3H_2O(l) = 2H_3BO_3(aq)$$

熔融的 B_2O_3 可溶解许多金属氧化物而得到有特征颜色的偏硼酸盐玻璃，该反应用于定性分析中，称为硼珠实验：

$$CuO + B_2O_3 = Cu(BO_2)_2(\text{蓝色})$$

$$NiO + B_2O_3 = Ni(BO_2)_2(\text{绿色})$$

B_2O_3 溶于水生成硼酸。常见的硼酸有(正)硼酸 H_3BO_3、偏硼酸 HBO_2 及四硼酸 $H_2B_4O_7$ 三种。

H_3BO_3 分子中，B 原子以 sp^2 杂化轨道分别同 3 个 O 原子结合成平面三角形结构，每个 O 原子在晶体内又通过氢键联结成层状结构。层与层之间靠分子间力联系在一起。因此，硼酸晶体是片状的，有解理性，可作为润滑剂。

H_3BO_3 是一元弱酸，其反应机理为

$$H_3BO_3 + H_2O \longrightarrow B(OH)_4^- + H^+$$

2) 硼砂 $Na_2B_4O_7 \cdot 10H_2O$

硼砂是硼最重要的含氧酸盐，它是一种带有结晶水的四硼酸钠盐，其酸根离子是四硼酸根 $B_4O_5(OH)_4^{2-}$，结构式如图 7-23 所示。在四硼酸根离子中，有两个 B 是三配位的，两个 B 是四配位的，四硼酸根是由两个[BO_3]原子团和两个[BO_4]原子团共用氧原子而连接成的，所以硼砂的化学式也可写为 $Na_2B_4O_5(OH)_4 \cdot 8H_2O$。

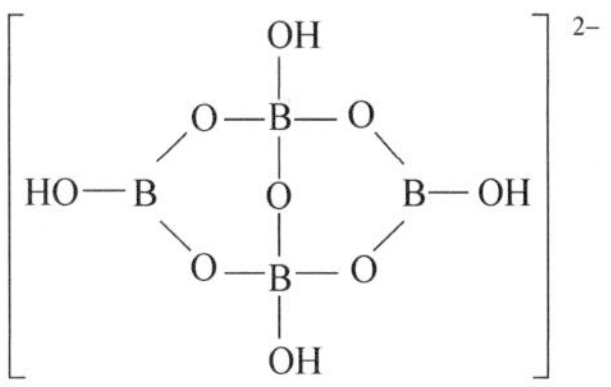

图 7-23　四硼酸根离子的结构式

硼砂是无色透明晶体，350～400℃脱水成 $Na_2B_4O_7$，$Na_2B_4O_7$ 能与许多金属氧化物形成偏硼酸盐，如

$$Na_2B_4O_7 + CoO \longrightarrow Co(BO_2)_2 \cdot 2NaBO_2(\text{蓝色})$$

利用这类反应可以鉴定某些金属离子，称为硼砂珠实验。

硼砂溶于水中时，$B_4O_5(OH)_4^{2-}$ 水解生成等物质的量的 H_3BO_3 和 $B(OH)_4^-$：

$$B_4O_5(OH)_4^{2-} + 5H_2O \longrightarrow 2H_3BO_3 + 2B(OH)_4^-$$

因此硼砂溶液常用作标准缓冲溶液，20℃时其 pH 为 9.24。

硼酸和硼砂大量用于玻璃工业，可以改善玻璃制品的耐热、透明性能，提高机械强度，缩短熔融时间。在搪瓷、陶瓷业中，用以增强搪瓷产品的光泽和坚牢度，也是釉药和颜料的成分之一。硼酸可作木材防腐剂，还可作杀虫剂。在农业上硼砂作含硼微量元素肥料，对许多作物有肥效，可提高油菜子的含油率。

2. 硼的卤化物

硼的卤化物属于共价化合物，其中最重要的是 BF_3 和 BCl_3。

在通常情况下，BF_3 是气体，BCl_3 也是气体(沸点 12.7℃)。它们在潮湿空气中都水解，生成两种酸，形成白色酸雾：

$$BX_3 + 3H_2O \longrightarrow H_3BO_3 + 3HX$$

其中 BF_3 仅部分水解，生成的 HF 能进一步与未水解的 BF_3 反应生成氟硼酸：

$$BF_3 + HF \longrightarrow H[BF_4]$$

$H[BF_4]$ 的形成是由于 BF_3 中的 B 原子有一个 2p 空轨道，而 HF 中的 F 原子价层有孤电子对，二者可以形成配位键。$H[BF_4]$ 为强酸，常见的氟硼酸盐为 $K[BF_4]$。

7.5.2　铝及其化合物

1. 单质铝

铝是银白色金属，在空气中由于表面形成一层薄薄的氧化膜而失去光泽。纯铝质轻，强

度低，导电性好，能与多种金属形成合金。

铝在通常情况下由于表面有氧化膜保护，所以显得不活泼。铝可被浓硫酸和浓硝酸钝化。铝属于两性金属，既能与盐酸反应，也能与氢氧化钠反应：

$$2Al + 6HCl = 2AlCl_3 + 3H_2$$

$$2Al + 2NaOH + 2H_2O = 2NaAlO_2 + 3H_2$$

铝属于典型的亲氧元素，还原性很强，可以从许多金属氧化物中夺得氧。例如，铝粉与氧化铁粉末的混合物，当遇到点燃的镁条时可引发如下反应：

$$2Al + Fe_2O_3 = 2Fe + Al_2O_3$$

反应放出大量的热，温度达 3000℃以上，完全可以将铁熔化，工程上利用这一原理来焊接毁坏的钢轨，此法称为铝热法。

2. 氧化铝和氢氧化铝

氧化铝有多种晶形，其中最主要的两种是 α-Al_2O_3 和 γ-Al_2O_3。

在自然界中以结晶状态存在的 α-Al_2O_3 称为刚玉。刚玉的熔点高，硬度仅次于金刚石。α-Al_2O_3 不溶于水，也不溶于酸或碱。

将 $Al(OH)_3$ 加热到 450℃左右可脱水得到 γ-Al_2O_3。γ-Al_2O_3 称为活性氧化铝，化学性质活泼，既溶于酸，也溶于碱。

在酸性的 Al^{3+} 溶液中加入氨水，将生成 $Al(OH)_3$。$Al(OH)_3$ 具有两性：

$$Al(OH)_3 + 3HCl = AlCl_3 + 3H_2O$$

$$Al(OH)_3 + NaOH = NaAl(OH)_4$$

生成的铝酸钠脱水可得偏铝酸钠 $NaAlO_2$。向碱性的铝酸钠溶液中通入 CO_2，又可以得到 $Al(OH)_3$。

3. 常见的铝盐

最常见的铝盐是三氯化铝、硫酸铝和明矾[$K_2SO_4 \cdot Al_2(SO_4)_3 \cdot 24H_2O$]。

常温下无水三氯化铝是无色晶体，它的共价性明显，易升华，能溶于有机试剂，在水中易水解，因此在水溶液中不能得到它的无水盐。无水三氯化铝可用干燥的氯气与铝在高温下反应得到：

$$2Al + 3Cl_2 = 2AlCl_3$$

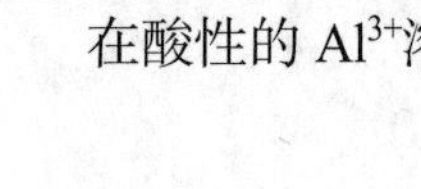

图 7-24　Al_2Cl_6 的结构

气态三氯化铝为二聚分子 Al_2Cl_6，其结构如图 7-24 所示。在 Al_2Cl_6 分子中，Al 原子采取 sp^3 杂化与三个 Cl 原子形成 σ 键，空出的一个杂化轨道接受另一 $AlCl_3$ 中一个 Cl 原子提供的孤电子对，形成配位键，从而建立起具有 Al—Cl—Al 氯桥键结构的二聚分子。

硫酸铝易与 K^+、Rb^+、Cs^+、NH_4^+、Ag^+等一价金属离子的硫酸盐结合成含有结晶水的复盐，其通式为 $MAl(SO_4)_2 \cdot 12H_2O$(M 代表一价金属离子)。硫酸铝钾[$K_2SO_4 \cdot Al_2(SO_4)_3 \cdot 24H_2O$]是无色晶体，俗称明矾。硫酸铝和明矾都易溶于水并水解，其水解产物从碱式盐到 $Al(OH)_3$ 都是胶状沉淀，具有吸附和凝聚作用，故硫酸铝和明矾被用作净水剂。

7.5.3　无机化合物的水解规律

除强酸强碱盐外，无机盐一般都存在着水解的可能性。其中，阴离子水解一般生成酸或酸式盐，金属阳离子一般水解生成碱或碱式盐，显正氧化态的非金属元素一般水解生成酸或配酸根阴离子。影响无机盐水解的结构因素主要有以下两点。

1. 阳离子的极化作用

阳离子的水解实际上是阳离子接纳 H_2O 中 O 原子孤电子对，形成氢氧化物或水合氧化物的过程。因此，阳离子的极化作用越强，结合氧原子的能力就越强，也就越容易发生水解。

一般来说，过渡金属离子、高价金属离子极化力较大，它们的盐通常容易水解。例如，NaCl 不水解，而 $AlCl_3$、$CrCl_3$ 极易水解；Ca^{2+}、Sr^{2+}的盐一般不水解，而 Zn^{2+}、Cd^{2+}、Hg^{2+}的盐一般都水解。

2. 原子轨道的空间效应

正氧化态的非金属元素如果有空的价电子轨道，其化合物一般容易水解。原因是该元素原子空的价电子轨道可以接受水分子中氧原了的孤电了对而形成配位键，使水分子的 IIO II 键断裂。

例如，碳、氮原子的价层没有空的 3d 轨道，故 CCl_4、NF_3 不易水解；而硅、磷原子价层有空的 3d 轨道，故 SiF_4、PF_3 容易水解：

$$3SiF_4 + 4H_2O = H_4SiO_4 + 2SiF_6^{2-} + 4H^+$$

硼原子价层有空的 2p 轨道，故 BCl_3 也容易水解：

$$BCl_3 + 3H_2O = H_3BO_3[\text{或 } B(OH)_3] + 3HCl$$

本 章 小 结

【主要内容】

(1) p 区元素包括ⅢA～ⅦA 族和零族元素，除 He 以外，它们的价层电子构型为 $ns^2np^{1\sim6}$。各族从上到下金属性逐渐增强，非金属性逐渐减弱。绝大多数元素具有多种氧化态，最高氧化态等于该元素原子最外层电子数目，正氧化态彼此之间差值一般为 2。ⅢA～ⅤA 族元素呈现惰性电子对效应。

(2) 卤素单质随着相对分子质量的增大，熔、沸点依次升高，颜色逐渐加深，氧化性依次减弱。氟是氧化性最强的单质。

卤化氢熔、沸点：$HF(\text{有氢键}) > HCl < HBr < HI$；热稳定性：$HF > HCl > HBr > HI$。氢卤酸酸性：$HF(\text{有氢键}) \ll HCl < HBr < HI$。氢氟酸能腐蚀玻璃。

非金属卤化物键型为共价型，金属卤化物键型与离子极化作用强弱有关。典型活泼金属卤化物属于离子型卤化物，而大多数金属的高价态卤化物属于共价型卤化物。对于同一金属而言，氟化物多为离子型，而碘化物多为共价型。高价金属卤化物易发生水解。卤离子是常见的配位体。

卤素含氧酸的酸性：$HClO_4$ 最强，HIO 最弱；氧化性：$HClO_4 < HBrO_4 > H_5IO_6$，$HClO \sim HClO_2 > HClO_3 > HClO_4$。

(3) 常温下 O_2 的化学性质不活泼，高温下很活泼。O_3 为 V 字形极性分子，有大 π 键 Π_3^4，具有强氧化性。

H_2O_2 为非直线形极性分子，二元弱酸，易分解，具有氧化还原性。

单质硫中斜方硫和单斜硫最常见，分子式都是 S_8，性质比较活泼。

硫化氢有臭鸡蛋味，有毒，室温饱和溶液浓度约为 $0.1mol \cdot L^{-1}$，二元弱酸，具有较强的还原性。

硫化物可以分成酸性、碱性、两性硫化物。具有还原性。金属硫化物分为轻金属硫化物和重金属硫化物。轻金属硫化物易溶于水，易水解。重金属硫化物一般有颜色，难溶于水。难溶硫化物的溶解度不仅与溶度积有关，还与溶液酸度有关。

SO_2 分子呈 V 字形，有大 π 键 Π_3^4。H_2SO_3 为二元中强酸。SO_2 和 H_2SO_3 既有氧化性又有还原性，但以还原性为主。

SO_3 分子呈平面三角形，有大 π 键 Π_4^6。浓 H_2SO_4 具有很强的吸水性、脱水性、酸性和氧化性。硫酸盐多数含有结晶水，易形成复盐。

硫代硫酸盐遇酸易分解，还原性及配位能力较强。

(4) 氨能进行配位反应、氧化反应和取代反应。氨水是一元弱碱。大多数铵盐易溶于水，同时发生水解。铵盐热稳定性很差。

NO 有还原性。NO_2 分子呈 V 字形，有大 π 键 Π_3^4，有氧化性，能聚合成 N_2O_4。

亚硝酸为弱酸，不稳定，既有氧化性，又有还原性。亚硝酸盐一般易溶于水。

硝酸分子有大 π 键 Π_3^4，分子内有氢键，不稳定，氧化性强，还原产物与还原剂种类及硝酸浓度有关。硝酸盐大多易溶于水。固体硝酸盐的热稳定性与阳离子的种类有关。

白磷分子式 P_4，正四面体结构，不稳定，易自燃，在碱中歧化。

PH_3 有剧毒，配位能力比 NH_3 强，还原能力较强，空气中能自燃。

P_4O_6 在热水中发生歧化反应；P_4O_{10} 易潮解，是吸水性最强的干燥剂。

H_3PO_4 是三元中强酸，磷酸根具有很强的配位能力。盐的溶解度：磷酸二氢盐>磷酸一氢盐>磷酸盐。各类磷酸盐在水中有不同程度水解。

$NaBiO_3$ 的氧化性很强，原因在于惰性电子对效应。

(5) 金刚石，三维骨架结构；石墨，层状结构；碳原子簇，笼状结构。

CO 具有还原性和配位性。CO_2 直线形分子，有两个大 π 键 Π_3^4，不能用于镁燃烧时灭火。

碳酸，二元弱酸。碳酸盐具有水解性。热稳定性：碳酸<碳酸氢盐<碳酸盐。

SiO_2，原子晶体，硬度大，熔点高，不溶于水，化学性质很稳定，但能与强碱及氢氟酸反应。硅酸盐由 $[SiO_4]$ 四面体以角氧相连而成。

锡和铅的氧化物有两性，其中 MO 型偏碱性，MO_2 型偏酸性。PbO_2 氧化性很强。$SnCl_2$ 极易水解，是重要的还原剂。

(6) 晶体硼熔、沸点，硬度高。

H_3BO_3，层状结构，一元弱酸。

硼砂 $Na_2B_4O_7 \cdot 10H_2O$，能与许多金属氧化物形成偏硼酸盐，常用于配制标准缓冲溶液。

铝，两性金属，可以从许多金属氧化物中夺得氧。

α-Al_2O_3 活性差；γ-Al_2O_3 活性高，既溶于酸，也溶于碱。

(7) 正、负离子之间不仅存在静电作用，而且存在极化作用，结果使离子键向共价键过渡，相应地引起化合物熔、沸点降低，溶解度下降，颜色加深，热稳定性降低等变化。

(8) 无机物若干性质的影响因素。

① 影响含氧酸氧化能力强弱的主要因素有：中心原子的电负性、中心原子与氧原子之间键(R—O)的强度、d-p π 键的强度。

② 影响无机酸强度的直接因素是与质子直接相连的原子的电子密度。该原子的电子密度越低，它对质子的引力就越弱，酸性就越强。

③ 影响无机盐水解的结构因素主要有阳离子的极化力和原子轨道的空间效应。

阅读材料

碳族新贵石墨烯

——21 世纪最神奇的材料之一

石墨烯，这三个字对于大多数人来说可能并不陌生，因为我们总能够在诸多领域听到这个名词，如石墨烯地暖、石墨烯面膜等。毫无疑问，你或者你的孩子已经用过石墨烯写过文字或算过题了，因为石墨烯的重要来源石墨，是典型铅笔芯的关键组成部分。它是继金刚石、石墨和富勒烯之后发现的碳元素的又一种同素异形体，是名副其实的碳族“亲兄弟”。石墨烯的基本结构单元为有机材料中最稳定的苯六元环，是最理想的二维纳米材料，也正是因其具有这一特性，一经面世，就拥有了“尊贵”的身份，是化学元素里名副其实“含着金钥匙出生”的碳族新贵。石墨烯是由曼彻斯特大学物理学教授 Geim 和 Novoselow 等在 21 世纪初用微机械剥离法从石墨中分离出来的一层，可见，石墨烯是一种非常薄的材料。

一层石墨烯的厚度只有 0.335nm，把 20 万片石墨烯薄膜叠加到一起，只有一根头发丝那么厚；厚 1mm 的石墨大约包含 300 万层石墨烯；铅笔在纸上轻轻划过，留下的痕迹就可能是几层甚至仅仅一层石墨烯。因此，石墨烯具有良好的透光性。它只吸收 2.3% 的光，相比于传统的半导体材料如 GaAs，单层石墨烯对光的吸收具有更低的饱和吸收度。这意味着，石墨烯在可见到近红外波段的光辐射下更容易达到饱和。这一独特的光学性质，使石墨烯可用作光纤激光器锁模的可饱和吸收体，产生超快激光。

自从石墨烯剥离成功，科学界就开启了对石墨烯的研究热潮。石墨烯也因此一跃成为当下最具研究价值的科研界“潜力股”。作为“00 后新贵”的石墨烯，其自身异于其他“兄弟”的结构决定了它具有许多优异的性能。薄并不是石墨烯唯一的特性。首先，石墨烯是一种超轻材料，面密度仅为 $0.77\text{mg}\cdot\text{m}^{-2}$。其次，石墨烯具有较高的电导率和热导率，除了比铜更优良的导电性能外，还拥有普通铝合金四倍的散热特性，也就是石墨烯拥有“体温级”的散热特性。2018 年华为 Mate 20 系列就将石墨烯应用到散热系统，此项技术的应用，给困扰手机行业多年的难题一个全新的解决方案，成为手机散热拐点，引领手机技术的再次升级。最后，石墨烯的力学性能也很好，是已知材料中强度和硬度最高的晶体结构，Lee 等发现石墨烯的抗拉强度和弹性模量分别高达 125GPa 和 1.1TPa，比最好的钢铁还高 100 倍，比高强碳纤维还高 20 倍。最近纽约市立大学先进科学研究中心(ASRC)的科学家发现，两层石墨烯层叠在一起可以变得跟钻石一样坚硬，连子弹都穿不透。根据 *Nature Nanotechnology* 上发表的研究，这种新材料的硬化只有在两层石墨烯层叠在一起时才会发生。当添加更多层时，硬化效果没有发生。石墨烯之所以能够具有如此优异的力学性能，主要是与碳原子之间的电子结构和化学键有关。当受到外部机械力时，碳原子平面通过弯曲变形，使碳原子不必重新排列来适应外力从而保持了结构稳定。石墨烯在许多行业被称为“超级”材料。2014 年，福特与供应商 Eagle Industries 和 XG Sciences 合作，发现当使用石墨烯与泡沫成分混合时，噪声降低 17%，机械性能提高 20%，耐热性能提高 30%。由于石墨烯也比碳纤维更轻，更坚固，福特还于 2016 年将石墨烯用作车身面板应用在 BAC 的 Mono 跑车上；2018 年，国际顶级期刊 *Nature* 主刊在其网站连发两篇长文，对美国麻省理工学院(MIT)Herrero 教授课题组有关石墨烯超导的最新成果予以报道。更值得注意的是，这两篇重磅级文章的第一作者均为来自中国的 21 岁博士生曹原。Herrero 教授与曹原开创性地发现，通过将两层自然状态下的二维石墨烯材料相堆叠，并控制两层间的扭曲角度为 1.1°，即可构建为性能出色的零电阻超导体。这项研究打开了非常规超导体研究的大门，有望大大提高能源利用效率与传输效率，或将引发一场超导材料领域的新革命。为此，*Nature* 将 2018 年度影响世界十大科学人物的第一名授予了曹原。石墨烯也可以应用于医学。石墨烯特殊的蜂巢式结构，使得石墨烯具有极大的表面积，极大的表面积加上极薄的厚度，就能够成为一个很好的载体，让石墨烯成为药物输送的工具，这样就能更好地将药物送到病灶，这对于很多疾病的治疗都会有显著的帮助，特别是癌症的相关治疗。石墨烯还能够改善材料的防腐性能。2018 年我国科学家将石墨烯改性防腐涂料应用于舟山基地 380m 世界最高输电塔上，石墨烯能够增强涂层的附着力、耐冲击等力学性能和对介质的屏蔽阻隔性能，尤其是能够显著提高热带海洋大气环境中服役涂层的抗腐蚀介质(水、氯离子、氧气等)的渗透能力，在大幅降低涂膜厚度的同时，提高了涂层的防腐寿命，该项技术处于国际领先水平。

石墨烯的这些独特的电学、光学、力学性能吸引着无数科学家孜孜不倦的探索。目前的研究表明，将石墨烯进行功能化改性，可在原有基础上赋予石墨烯更多的功能，使其在材料学、微纳加工、能源、生物医学和药物传递等方面具有重要的应用前景。目前，已有部分石墨烯基材料，但是石墨烯的高质量、大规模生产工艺技术仍然是制约其发展的主要因素。不过，任何事物的发展都需要经历一个过程，相信经过科学家的不懈努力，石墨烯基技术瓶颈将会被打破，不久的将来，“碳族新贵”石墨烯基础材料将在诸多领域得到应用，由“潜力股”成长为真正的“绩优股”，成为 21 世纪最有应用价值的材料之一。

习　题

1. 写出下列化合物的化学式。

(1) 高碘酸　　(2) 偏高碘酸　　(3) 亚氯酸　　(4) 次氯酸钙

2. 根据 ROH 理论比较下列各组化合物酸性的相对强弱。

(1) $HClO$　$HClO_2$　$HClO_3$　$HClO_4$

(2) H_3PO_4　H_2SO_4　$HClO_4$

(3) $HClO$　$HBrO$　HIO

3. 用价层电子对理论判断下列分子或离子的几何构型。

$$ClF_3 \quad BrF_5 \quad I_3^- \quad ClO_4^-$$

4. 下列各对物质在酸性溶液中能否共存？为什么？

(1) $FeCl_3$ 与溴水　　(2) $FeCl_3$ 与 KI 溶液

(3) NaBr 与 $NaBrO_3$ 溶液　　(4) KI 与 KIO_3 溶液

5. 试用元素电势图来判断下列歧化反应能否进行。

(1) $Cl_2 + 2OH^- = Cl^- + ClO^- + H_2O$

(2) $3Br_2 + 6OH^- = BrO_3^- + 5Br^- + 3H_2O$

(3) $5HIO = 2I_2 + IO_3^- + H^+ + 2H_2O$

(4) $3IO^- = 2I^- + IO_3^-$

6. 完成下列反应方程式。

(1) $I_2 + OH^- \longrightarrow$

(2) $Mn^{2+} + H_5IO_6 \longrightarrow$

(3) $I^- + Cl_2$(过量) $\longrightarrow$

(4) $Cl_2 + H_2O \longrightarrow$

(5) $4HClO_4 \xrightarrow{\triangle}$

(6) $CaSiO_3 + HF \longrightarrow$

(7) $NaBr + H_3PO_4$(浓) $\longrightarrow$

7. 试解释下列现象。

(1) 在卤化物中，各种元素最高氧化态都是以氟化物存在而不以碘化物存在。

(2) 碘难溶于水，却易溶于 KI 溶液中。

(3) I_2 溶于 CCl_4 中呈紫色，而在乙醚中却呈红棕色。

(4) 用浓硫酸与氯化物作用可制得氯化氢，却不能用同样方法来制取 HBr 和 HI。

(5) 将氯气持续通入含淀粉的碘化钾溶液中，先看到溶液由无色变蓝色，再看到蓝色消失。

(6)玻璃容器不能用于盛装氢氟酸，却可以用于盛装其他氢卤酸。

8. 计算下列过程的平衡常数，并说明漂白粉为什么在潮湿的空气中易失效。

$$ClO^- + H_2CO_3 = HClO + HCO_3^-$$

9. 为何实验室在 298.15K 下用盐酸和 MnO_2 制取 Cl_2 时，必须使用浓盐酸？试通过有关电极电势的计算予以说明。

[$c(HCl) > 5.4 mol \cdot L^{-1}$]

10. 简要回答：

(1) 氟的氧化数与其他卤素有何不同？

(2) 氟与水反应与其他卤素有何不同？

(3) 制备氟单质能否用氧化剂将 F^- 氧化？

(4) HF 的极性、熔点、沸点、酸性与其他卤化氢相比有何特殊性？

11. 简要回答：

(1) 为什么 AlF_3 的熔点高达 1563K，而 $AlCl_3$ 的熔点只有 433K？

(2) 为什么 AgF 比 AgCl 易溶？

(3) 为什么 PCl_5 比 PCl_3 熔点高，而 $FeCl_3$ 比 $FeCl_2$ 熔点低？

12. 过氧化氢在酸性溶液中遇到 Cl_2 或高锰酸钾时，发生的反应是什么？过氧化氢在其中显什么性质？

13. 硫化氢是常用的金属离子沉淀剂。将硫化氢通入含有 K^+、Mn^{2+}、Cu^{2+} 的混合溶液中时，哪个离子可以产生沉淀？若在混合溶液中加入硫化铵溶液，哪些离子可以产生沉淀？为什么？

14. 解释下列事实。

(1) 将 H_2S 通入 $Pb(NO_3)_2$ 溶液产生黑色沉淀，再加入过量 H_2O_2，沉淀变为白色。

(2) 在 $FeSO_4$ 溶液中通入 H_2S 不产生沉淀，但在 $FeSO_4$ 溶液中加入少量氨水后再通入 H_2S 则可产生 FeS 沉淀。

(3) 通 H_2S 于 $Al_2(SO_4)_3$ 溶液中得不到 Al_2S_3 沉淀。

15. 完成下列反应方程式。

(1) $PbS + O_3 \longrightarrow$

(2) $K_2Cr_2O_7 + H_2O_2 + H_2SO_4 \longrightarrow$

(3) $H_2O_2 + H_2S \longrightarrow$

(4) $H_2S + I_2 \longrightarrow$

(5) $Na_2S + S \longrightarrow$

(6) $CuSO_4 + H_2S \longrightarrow$

(7) $S + HNO_3$(浓)$\longrightarrow$

(8) $S + NaOH \longrightarrow$

(9) $S_2O_3^{2-} + H^+ \longrightarrow$

(10) $H_2S + KMnO_4 + H_2SO_4 \longrightarrow$

(11) $Na_2S_2O_3 + I_2 \longrightarrow$

(12) $S_2O_8^{2-} + Mn^{2+} + H_2O \xrightarrow{Ag^+催化}$

(13) $AgBr + Na_2S_2O_3 \longrightarrow$

(14) $HgS + HCl + HNO_3 \longrightarrow$

16. 将 H_2S 通入水中制得 H_2S 的饱和溶液，常温下这种溶液的浓度约为多少？这种溶液在空气中放置一段时间后，一方面浓度会降低，另一方面会出现浑浊。试解释这些现象。

17. 用分子轨道理论描述下列各物种中的键、键级、稳定性和磁性。

(1) O_2^+(二氧基阳离子)

(2) O_2

(3) O_2^-(超氧离子)

(4) O_2^{2-}(过氧离子)

18. 指出 SO_2、SO_3、O_3 分子中离域大 π 键的类型。

19. 人们已经得到 PCl_5、$AsCl_5$ 和 $SbCl_5$，为什么未能得到 NCl_5 和 $BiCl_5$?

20. 在稀硫酸介质中完成并配平下列反应方程式。

(1) $I^- + NO_2^- \longrightarrow$

(2) $NH_4^+ + NO_2^- \longrightarrow$

(3) $MnO_4^- + NO_2^- \longrightarrow$

(4) $MnO_4^- + As_2O_3 \longrightarrow$

(5) $NaBiO_3 + Mn^{2+} \longrightarrow$

(6) $I^- + NO_3^- \longrightarrow$

(7) $As_2O_3 + Zn \longrightarrow$

21. 解释下列实验现象。

(1) 分别向 NaH_2PO_4、Na_2HPO_4 和 Na_3PO_4 溶液中加入 $AgNO_3$ 溶液时，均得到黄色的 Ag_3PO_4 沉淀。

(2) 向 Na_2HPO_4 溶液中加入 $CaCl_2$ 溶液有白色沉淀生成，但向 NaH_2PO_4 溶液中加入 $CaCl_2$ 溶液没有沉淀生成。

(3) 用浓氨水检查氯气管道是否漏气。

(4) 浓硝酸在室内放置一段时间后会出现黄色，需存放在阴凉处。

22. 在 H_3PO_2、H_3PO_3 和 H_3PO_4 分子中都含有 3 个 H，为什么 H_3PO_2 是一元酸，H_3PO_3 是二元酸，而 H_3PO_4 是三元酸?

23. 写出下列铵盐、硝酸盐热分解的反应方程式。

(1) 铵盐：NH_4Cl　　$(NH_4)_2SO_4$　　$(NH_4)_2Cr_2O_7$

(2) 硝酸盐：KNO_3　　$Cu(NO_3)_2$　　$AgNO_3$

24. 在用硝酸酸化的 $MnCl_2$ 溶液中加入 $NaBiO_3$，溶液出现紫红色后又消失，写出有关的反应方程式。

25. 回答下列问题。

(1) 为什么氮的电负性比磷高，而磷的化学性质却比氮活泼？

(2) 为什么 Bi(Ⅴ)的氧化能力比同族其他元素都强？

(3) 为什么 P_4O_{10} 中 P—O 键长有两种，分别为 139pm 和 162pm？

(5) 为什么 $H_4P_2O_7$ 及 $(HPO_3)_n$ 的酸性比 H_3PO_4 强？

26. 写出 PCl_3、PCl_5、$POCl_3$、PCl_4^+ 和 PCl_6^- 的结构，并指出 P 原子的杂化轨道类型。

27. N_2 和 CO 具有相同的分子轨道和相似的分子结构，但 CO 与过渡金属形成配合物的能力比 N_2 强得多，试解释原因。

28. 为什么 CCl_4 遇水不水解，而 $SiCl_4$、BCl_3、NCl_3 却易水解？

29. 常温下，SiF_4 为气态，$SiCl_4$ 为液态；而 SnF_4 为固态，$SnCl_4$ 为液态，请解释原因。

30. 如何配制 $SnCl_2$ 溶液？

31. 试讨论 CO、CO_2、H_2CO_3 和 CO_3^{2-} 的成键情况。

32. 试用化学反应方程式表示下列反应。

(1) 二氧化硅与纯碱熔融

(2) 水玻璃与氯化铵作用

(3) Mg^{2+} 与 Na_2CO_3 溶液反应

(4) 锡与极稀的硝酸反应

(5) 锡与浓硝酸反应

(6) $SnCl_2$ 水解

(7) 三氟化硼与氢氟酸作用。

33. 在 CO_2 水溶液中存在哪些分子和离子？在常态下能否得到 $1mol \cdot L^{-1}$ 的碳酸溶液？为什么？

34. 下列各对离子能否共存于溶液中？不能共存者写出反应方程式。

(1) Sn^{2+} 和 Fe^{2+}　　(2) Sn^{2+} 和 Fe^{3+}

(3) Pb^{2+} 和 Fe^{3+}　　(4) SiO_3^{2-} 和 NH_4^+

35. 已知某原电池的正极是氢电极，$p(H_2)$=100kPa，负极的电极电势是恒定的。当氢电极中 pH=4.008 时，该电池的电动势为 0.412V；如果氢电极中所用的溶液变为一未知 $c(H^+)$ 的缓冲溶液，又重新测得原电池的电动势为 0.427V。计算该缓冲溶液的 H^+ 浓度和 pH。若缓冲溶液中 $c(HA)=c(A^-)=1.0mol \cdot L^{-1}$，求该弱酸 HA 的解离常数。

($1.8\times10^{-4}mol \cdot L^{-1}$，3.75；$1.8\times10^{-4}$)

36. 试根据金刚石和石墨的结构特点，比较它们的主要特性。

37. 为什么二氧化碳灭火器不能用于扑灭金属镁引起的火灾？

38. 将含有 Na_2CO_3 及 $NaHCO_3$ 的固体混合物 60.0g 溶于少量水中后稀释到 2L，测得该溶液的 pH 为 10.6，试计算原来的混合物中含 Na_2CO_3 及 $NaHCO_3$ 各多少克？

(Na_2CO_3 39.04g，$NaHCO_3$ 20.96g)

39. 白色固体 A 投入水中产生白色沉淀 B。A 溶于稀硝酸中得无色溶液 C。往 C 中加入 $AgNO_3$ 溶液析出白色沉淀 D。D 溶于氨水得溶液 E，将 E 酸化又析出 D。将 H_2S 气体通入溶液 C 中，产生褐色沉淀 F，F 溶于 $(NH_4)_2S_2$ 得溶液 G。将 G 酸化析出黄色沉淀 H。取少量溶液 C 加入 $HgCl_2$ 溶液得白色沉淀 I，继续加入 C，沉淀逐渐变灰，最后变为黑色沉淀 J。试确定 A、B、C、D、E、F、G、H、I、J 各代表什么物质，写出有关反应方程式。

40. H_3BO_3 与 H_3PO_3 的化学式相似，为什么 H_3BO_3 是一元酸，而 H_3PO_3 是二元酸？

41. 为什么铝制品不能置换水中的氢，而能置换碱中的氢？写出反应方程式。

42. 为什么碱金属硫化物与铝盐溶液作用时，仅生成氢氧化铝而得不到硫化铝？

43. 矾土中常含有氧化铁杂质，现将矾土和氢氧化钠共熔(此时生成偏铝酸钠)，用水溶解熔块。将得到的溶液过滤，在滤液中通入二氧化碳，再次得到沉淀。过滤后将沉淀灼烧，便得到较纯的氧化铝。试写出各步反应的方程式，并指出杂质铁是在哪一步除去的。

44. 写出硼砂与 CoO 共熔时的反应方程式。

45. 无水 $AlCl_3$ 如何制备？能否直接加热使 $AlCl_3 \cdot 6H_2O$ 脱水制备无水 $AlCl_3$？

46. 利用标准生成自由能的数据，讨论能否用铝热法从 Cr_2O_3、MnO_2、CaO、MgO 等氧化物中分别制取其单质。

第 8 章 d 区元素选述

d 区元素包括周期系ⅢB～ⅦB(3～7 族)、Ⅷ族(8～10 族)元素。这些元素位于长式元素周期表的中部。d 区元素与 ds 区元素通常合称为过渡元素。由于同周期过渡元素金属性递变不明显，通常人们按不同周期将过渡金属分为下列四个过渡系：

第一过渡系	Sc	Ti	V	Cr	Mn	Fe	Co	Ni	Cu	Zn
第二过渡系	Y	Zr	Nb	Mo	Tc	Ru	Rh	Pd	Ag	Cd
第三过渡系	Lu	Hf	Ta	W	Re	Os	Ir	Pt	Au	Hg
第四过渡系	Lr	Rf	Db	Sg	Bh	Hs	Mt	Ds	Rg	Cn

在这四个过渡系中，第一过渡系元素在自然界中的储量较多，它们的单质和化合物在各领域中的应用也较广泛。

8.1 d 区元素的通性

d 区第一过渡系元素的基本性质列于表 8-1 中。

表 8-1 d 区第一过渡系元素的基本性质

元素	Sc	Ti	V	Cr	Mn	Fe	Co	Ni
原子序数	21	22	23	24	25	26	27	28
价层电子构型	$3d^14s^2$	$3d^24s^2$	$3d^34s^2$	$3d^54s^1$	$3d^54s^2$	$3d^64s^2$	$3d^74s^2$	$3d^84s^2$
主要氧化数	+3	+3,+4	+5	+3,+6	+2,+4,+7	+2,+3	+2,+3	+2
熔点/℃	1541	1668	1917	1907	1246	1538	1495	1455
沸点/℃	2836	3287	3421	2671	2061	2861	2927	2913
共价半径/pm	159	148	144	130	129	124	118	117

8.1.1 d 区元素原子结构的特征

d 区元素原子的价电子层构型为$(n-1)d^{1\sim9}ns^{1\sim2}$(Pd 为 $4d^{10}5s^0$)，最外层只有 2 个(或 1 个)电子，这决定了它们较易提供而较难接受电子。因此，它们的单质都是金属，其金属性比同周期 p 区元素的强，而较 s 区元素的弱。

d 区元素从左到右原子序数增加，增加的电子依次进入$(n-1)$d 亚层，对 ns 电子具有较强的屏蔽作用，所以原子半径减小的幅度总体上小于主族元素(表 5-4)。镧系收缩导致同族第二、三过渡系元素的原子半径相近，性质相似，在形成矿物时往往共生，分离起来相当困难。

8.1.2　d 区元素的性质

1. 物理性质

d 区元素的单质都是高熔点、高沸点、密度大、导电、导热性和延展性良好的金属。

在同周期中，它们的熔点从左到右先逐渐升高，然后又缓慢下降。这是因为金属的熔点和沸点与金属键的强弱有一定关系，而金属键又随着原子中未成对的 d 电子的增加而增强。原子中未成对的 d 电子数越多，金属键越强，金属单质熔、沸点越高。应当指出，金属的熔点还与金属原子半径的大小、晶体结构等因素有关，并非单纯地取决于未成对 d 电子数目的多少。

在各周期中，熔点最高的金属在ⅥB 族出现(图 8-1)；在同一族中，第二过渡系 d 区元素单质的熔、沸点大多高于第一过渡系 d 区元素，而第三过渡系 d 区元素单质的熔、沸点又高于第二过渡系 d 区元素(ⅢB 族除外)。熔点最高的单质是钨。

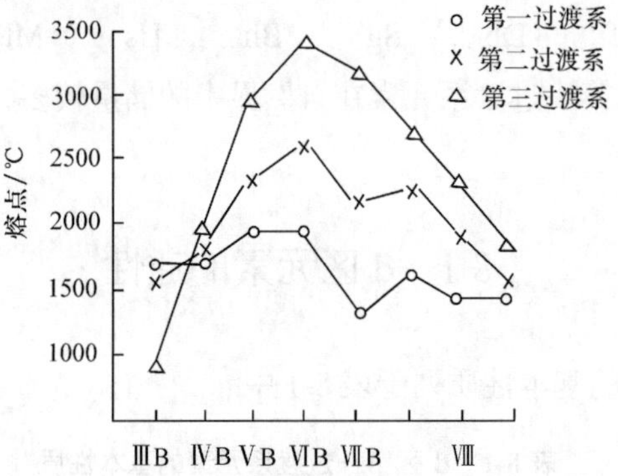

图 8-1　d 区元素的熔点

d 区元素单质的硬度也有与熔点类似的变化规律。硬度最大的金属单质是铬，仅次于金刚石。

d 区元素中，单质密度最大的是Ⅷ族的锇，其次是铱、铂、铼。这些金属都比室温下同体积的水重 20 倍以上，是典型的重金属。

2. 化学性质

在化学性质方面，除ⅢB 族外，第一过渡系 d 区元素的单质比第二、三过渡系 d 区元素的单质活泼(这与主族元素的情况恰好相反)。例如，第一过渡系中 d 区金属都能溶于稀的盐酸或硫酸，而第二、三过渡系 d 区元素的单质大多较难发生类似反应。有些仅能溶于王水或氢氟酸中，如锆、铪等；有些甚至不溶于王水，如钌、铑、锇、铱等；这些化学性质的差别，与第二、三过渡系 d 区元素的原子具有较大的电离能(I_1 和 I_2)和升华焓(原子化焓)有关。

d 区元素的单质能与活泼的非金属(如卤素和氧等)直接形成化合物。它们的氧化物的水合物有些是可溶性的，如 $H_2Cr_2O_7$、$HMnO_4$、$HReO_4$ 等；有些是难溶性的，如 $Sc(OH)_3$、$Y(OH)_3$ 等。但是氧化物及其水合物的酸碱性却有明显的规律。d 区元素一般可与氢形成金属型氢化物，如 TiH_2、$VH_{1.8}$、CrH_2、$PaH_{0.8}$ 等。金属型氢化物基本上保留着金属的一些物理性质，如金属光泽、导电性等，其密度小于相应的金属。

d 区元素容易形成配位化合物。这与 d 区元素的离子或原子都具有能量相近的(n−1)d、ns

及 *n*p 等价层空轨道，极利于形成各种成键能力较强的杂化轨道，以接受配位体提供的孤电子对有关。

3. 氧化态

d 区元素存在多种氧化态。d 区元素形成化合物时，不仅 *n*s 电子可以参与成键，而且(*n*−1)d 层的全部或部分 d 电子也可以参与成键，因此 d 区元素呈现相当宽的氧化数变化范围，且常以差值为 1 的规律变化。这种氧化数的表现，以第一过渡系的 d 区元素最为典型。

由表 8-2 可以看出，第一过渡系 d 区元素随原子序数的增加，3d 轨道中价电子数增加，最高氧化数升高。当 3d 轨道中的电子数达到或超过 5 时，3d 轨道逐渐趋于稳定，因而高氧化数状态不稳定(因呈强氧化性)，氧化数有逐渐降低的趋势。第二、三过渡系 d 区元素与第一过渡系的稍有不同：这些元素的最高氧化数的状态比较稳定。其中，铱的最高氧化数为+9，是到目前为止发现的氧化数最高的元素。

表 8-2　第一过渡系 d 区元素的氧化数

Sc	Ti	V	Cr	Mn	Fe	Co	Ni
$3d^14s^2$	$3d^24s^2$	$3d^34s^2$	$3d^54s^1$	$3d^54s^2$	$3d^64s^2$	$3d^74s^2$	$3d^84s^2$
	+2	+2	+2	+2	+2	+2	+2
+3	+3	+3	+3	+3	+3	+3	+3
	+4	+4	+4	+4	+4	+4	+4
		+5	+5	+5	+5		
			+6	+6	+6		
				+7			

在 d 区元素的多种氧化数中，一般来说，高氧化数者以含氧酸根的形式存在，如 CrO_4^{2-}、$Cr_2O_7^{2-}$、MnO_4^-、VO_4^{3-} 等；低氧化数者以水合离子形式存在，如 Mn^{2+}、Fe^{3+}、Co^{2+}等。

4. 化合物的颜色及其解释

过渡金属的主要特征之一，是过渡金属及其化合物常带有颜色。第一过渡系元素部分水合离子的颜色见表 8-3。

表 8-3　第一过渡系元素水合离子的颜色

d 电子数	0	1	2	3	4	5	6	7	8	9	10
水合离子	Sc^{3+} Ti^{4+}	Ti^{3+}	V^{3+}	Cr^{3+}	Cr^{2+} Mn^{3+}	Mn^{2+} Fe^{3+}	Fe^{2+}	Co^{2+}	Ni^{2+}	Cu^{2+}	Cu^+ Zn^{2+}
颜色	无色	紫色	绿色	蓝紫	蓝 红	淡红 淡紫	淡绿	粉红	绿	蓝	无色

注：(1) Fe^{2+}、Mn^{2+}的稀溶液几乎是无色的；
(2) Fe^{3+}在水溶液中水解，常呈黄色或黄褐色。

由表 8-3 可以看出，电子构型为 d^1～d^9 的过渡元素水合离子一般都带有颜色，这与过渡元素 d 轨道电子吸收部分可见光发生 d-d 跃迁有关。晶体场理论对此给出了比较满意的解释。

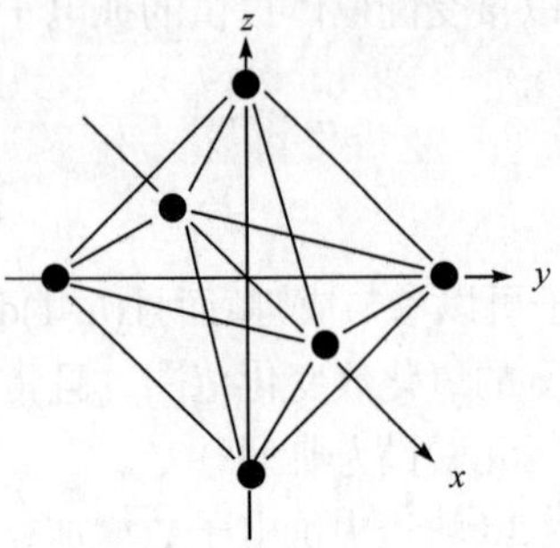

图 8-2 八面体场中的坐标

晶体场理论是将配位化合物中的中心离子和配位体看作是点电荷(或偶极子)，除考虑配位体阴离子负电荷或极性分子偶极子负端与中心离子正电荷间的静电引力外，着重考虑配位体上述电性对中心离子 d 电子的静电排斥力，即着重考虑中心离子 d 轨道在配位体电性作用下产生的能级分裂。

下面以八面体构型(图 8-2)的配位化合物为例说明 d 轨道能级分裂的情况。

在自由离子(原子)中，5 个 d 轨道的能量简并[图 8-3(a)]，其电子云角度分布图(图 5-9)表示 d 亚层轨道 5 种不同的伸展方向。如果将其置于带负电荷的球壳形均匀电场中心，均匀的排斥力使其能量同等程度地升高，即能量升高而不分裂[图 8-3(b)]。

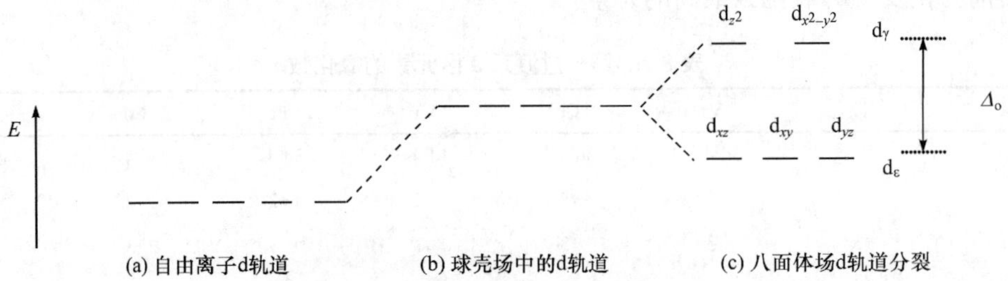

图 8-3 正八面体场中 d 轨道的分裂

在八面体构型的配位化合物中，6 个配位体分别占据八面体的 6 个顶点。由此产生的静电场称为八面体场。如果限定 6 个配位体各沿着 ±*x*、±*y*、±*z* 坐标轴接近中心离子，d_{z^2}、$d_{x^2-y^2}$ 两个轨道与 6 个配位体正相对，受电场作用大，能量升高得多，高于球形场。分裂后这两个轨道的能量简并，二重简并的 d 轨道可用光谱学符号记为 d_γ 轨道，或用群论符号记为 e_g 轨道。d_{xz}、d_{xy}、d_{yz} 三个轨道恰好插在配位体的空隙中，能量升高得少，低于球形场。分裂后这三个轨道的能量简并，三重简并的 d 轨道记为 d_ε 轨道，或 t_{2g} 轨道，如图 8-3(c)所示。

在配位体所形成的晶体场中，分裂后能量最高的 d 轨道与能量最低的 d 轨道的能量差称为分裂能，用 Δ 表示。分裂能的单位通常用 cm^{-1}、J 或 $kJ \cdot mol^{-1}$ 来表示。

分裂能的大小与配位体场的类型、中心离子及配位体的性质有关。不同配位体所产生的分裂能不同，常见配位体按分裂能递增次序为

$$I^- < Br^- < SCN^- < Cl^- < F^- < OH^- < —ONO^- < C_2O_4^{2-} < H_2O < NCS^- < NH_3 < en < NO_2^- < CN^- \approx CO$$

八面体场的分裂能记为 Δ_o，在数值上相当于一个电子或 1mol 电子由 d_ε 轨道跃迁至 d_γ 轨道所吸收的能量：

$$\Delta_o = E(d_\gamma) - E(d_\varepsilon)$$

由于 d 轨道发生能级分裂，d 轨道上的电子将重新分布。当 d 电子数处于 1～9 时，根据能量最低原理，能量较高的 d_γ 轨道电子尚未充满，晶体场中 d 轨道的电子在光照下吸收了能量相当于分裂能 Δ 的光能后，由 d_ε 轨道跃迁至 d_γ 轨道，称之为 **d-d 跃迁**。若 d-d 跃迁所需能量恰好在可见光能量范围内，即 d 电子在跃迁时吸收了可见光波长的光子，则化合物显示颜色。例如，$[Ti(H_2O)_6]^{3+}$ 显紫色，是由于它的最大吸收峰相当于 Δ_o=20300cm^{-1} 处，可见光通过

该离子的水溶液时与该波数相对应的蓝绿光被吸收，其互补色为紫红色。而 Sc^{3+}和 Zn^{2+}，其电子构型分别为 d^0 和 d^{10}，在可见光照射下不能产生 d-d 跃迁，因而没有颜色。

某些含氧酸根离子也是有颜色的，如 VO_4^{3-} (淡黄)、CrO_4^{2-} (黄)、$Cr_2O_7^{2-}$ (橙)、MnO_4^- (紫红)等，它们的颜色被认为是由电荷迁移引起的。当上述离子吸收一部分可见光的能量后，由于其中的 d 区元素氧化数高，夺取电子能力强，氧阴离子的电荷会向金属离子迁移。伴随着电荷迁移，这些离子呈现出一定的颜色。

5. d 区元素的催化性能及磁性

许多 d 区金属及其化合物具有催化性能。例如，V_2O_5 用于氧化 SO_2 为 SO_3，Pt-Rh 用于将氨氧化为 NO(制 HNO_3)，$PdCl_2$-$CuCl_2$ 用于氧化 C_2H_4 为 CH_3CHO，Fe-Mo 是合成氨的催化剂。d 区金属及其化合物之所以能起催化作用，在某些场合下是由于 d 区元素的多种氧化态有利于形成不稳定的中间化合物，从而降低了反应所需要的活化能；在另一些场合则是由于 d 区金属提供了适宜的反应表面，它的 ns 电子和(n−1)d 电子都可用来与反应物分子成键，因而增加了反应物在催化剂表面的浓度和削弱了反应物分子中的化学键(降低了反应的活化能)。

许多 d 区金属及其化合物都有一定磁性。前面已经讨论过，具有未成对电子的物质，都呈现顺磁性。多数 d 区金属及其化合物由于都具有未成对的电子而具有顺磁性。铁、钴、镍在外加磁场作用下磁性增强，在外磁场被移去后，仍保持很强的磁性，所以称为铁磁性物质。铁、钴、镍的合金都是良好的磁性材料。

本章将着重讨论 d 区元素中的钛、铬、锰、铁、钴、镍及其重要化合物。

8.2 钛和钛的重要化合物

8.2.1 单质钛

钛虽被列为稀有元素，但在地壳中的丰度为 0.56%，在所有元素中居第 9 位，比某些“普通元素”(如锌、铅、锡、铜)高得多，但冶炼比较困难。钛是亲氧元素，自然界主要以氧化物或含氧酸盐的形式存在。最重要的矿物是金红石(TiO_2)和钛铁矿($FeTiO_3$)。我国的钛资源丰富，已探明的钛矿储量位于世界前列。

单质钛为银白色，密度小、熔点高、机械强度大。这种性质使钛成为一种新兴的结构金属，特别是用于制造航空器和航天器。钛是一种非常活泼的金属。但其表面易形成致密的钝性氧化物保护膜，通常条件下对空气和水都是稳定的，与稀酸碱不起作用，特别是对湿的氯气和海水有良好的抗腐蚀性。因此，20 世纪 40 年代以来，钛已成为工业上最重要的金属之一，享有“未来的金属”的美称，被用来制造超音速飞机、导弹、火箭和化工厂的某些耐腐蚀设备等。

液体钛几乎能溶解所有的金属，因此可以和多种金属形成合金。世界上已研制出的钛合金有数百种，其中使用比较广泛的有 Ti-Al-V 合金和 Ti-Al-Sn 合金等。钛合金与人体具有很好的相容性，称为“亲生物金属”。用钛片和钛螺丝治疗骨折，只要过几个月，新骨和肌肉会把钛片等结合起来。目前，医疗上普遍使用 Ti-Al-V 合金来制造人工关节、骨钉、人工种植牙、颅骨修补和心脏起搏器，该合金已然成为最理想的人体植入材料。钛和镍的合金有较强的形状记忆功能，被公认为最佳形状记忆合金，用于介入治疗、整形外科和航天天线等。铁钛合金，储氢量大，价格低廉，能在常温常压下释放氢，可用作优良的储氢材料。铌钛合金是重要的合金型超导材料，其超导转变温度为 8～10K，加入其他元素还可以进一步提高超导性能。

钛遇热的浓盐酸和浓硫酸，生成 Ti^{3+}，也可溶于热的硝酸中生成 $TiO_2 \cdot nH_2O$，但最好的溶剂则是氢氟酸或含有 F^-的无机酸(酸中加入氟化物)：

$$2Ti + 6HCl(浓，热) = 2TiCl_3 + 3H_2$$

$$Ti + 6HF = [TiF_6]^{2-} + 2H^+ + 2H_2$$

这是因为配位化合物的形成破坏了表面氧化膜，改变了电极电势，促进了钛的溶解。

在高温时，钛能与氧、碳、氮、硫、卤素等生成稳定化合物。因此，炼钢时将钛以钛铁(钛的质量分数为 18%～25%)形态加入钢中，可除去钢中的这些杂质。钛的脱氧作用优于硅和锰。高温下，钛与氧、氯作用分别生成 TiO_2 和 $TiCl_4$，也能与水蒸气反应生成 TiO_2 和 H_2。

8.2.2　二氧化钛

自然界中，二氧化钛有三种晶形，分别为金红石、锐钛矿(四方)和板钛矿(三方)，最常见的是金红石。金红石是典型的晶体构型，属简单四方晶系(图 8-4)，其中 Ti 是八面体配位，配位数为 6，O 配位数为 3。自然界中的金红石是红色或桃红色晶体，有时因含有微量的 Fe、Sn、Cr、V、Nb、Ta 等杂质而呈黑色。

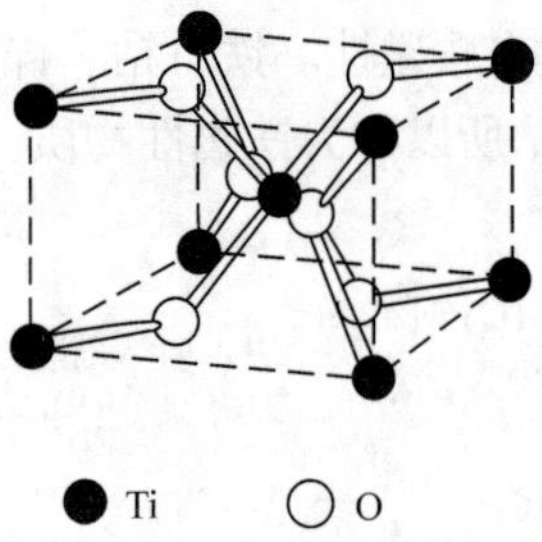

图 8-4　金红石的结构

纯净的二氧化钛又称钛白，它的制取方法是用干燥的氧气在 923～1023K 对四氯化钛进行气相氧化：

$$TiCl_4 + O_2 = TiO_2 + 2Cl_2$$

工业上可用钛铁矿为原料制备。硫酸分解钛铁矿的反应如下：

$$FeTiO_3 + 2H_2SO_4 = TiOSO_4 + FeSO_4 + 2H_2O$$

将溶液冷至 5℃结晶出 $FeSO_4 \cdot 7H_2O$，含有硫酸氧化钛 $TiOSO_4$ 的滤液经浓缩、水蒸气加热水解制得白色的偏钛酸 H_2TiO_3，然后经过滤、洗涤并在 1073～1123K 脱水得到二氧化钛：

$$TiOSO_4 + 2H_2O \xlongequal{\triangle} H_2TiO_3 + H_2SO_4$$

$$H_2TiO_3 \xlongequal{\triangle} TiO_2 + H_2O$$

这样可得到纯度 97%以上的二氧化钛。

无水二氧化钛为白色粉末，受热变浅黄色，冷却又变白色。二氧化钛不溶于水，也不溶于稀酸，但能缓慢地溶解在氢氟酸和热的浓硫酸中：

$$TiO_2 + 6HF = H_2TiF_6 + 2H_2O$$

$$TiO_2 + 2H_2SO_4 = Ti(SO_4)_2 + 2H_2O$$

$$TiO_2 + H_2SO_4 = TiOSO_4 + H_2O$$

从硫酸溶液中析出的是 $TiOSO_4 \cdot H_2O$ 的白色粉末而不是 $Ti(SO_4)_2$。在 $TiOSO_4 \cdot H_2O$ 晶体中，钛酰离子 TiO^{2+} 实际不是单个离子，而是含有钛原子和氧原子相间的 $(TiO)_n^{2n+}$ 锯齿形的长链：

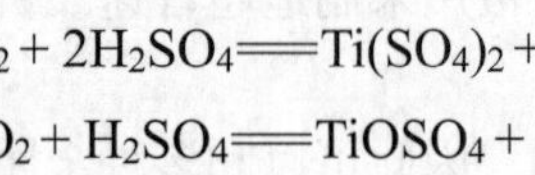

二氧化钛不溶于碱性溶液，但能与熔融的碱作用生成偏钛酸盐：

$$TiO_2 + 2KOH \!=\!=\!= K_2TiO_3 + H_2O$$

二氧化钛虽然显两性，但仍属化学性质稳定的物质。用作高级白色颜料除安全性(无毒)外还兼有铅白的遮盖性和锌白的持久性。广泛用于化妆品、油漆、塑料、搪瓷、橡胶等工业制造，在造纸工业中用作增白剂，在合成纤维工业中用作消光剂。此外，随着纳米技术的发展，纳米级二氧化钛因其具有特殊的物理、化学性质成为光催化剂的重要原料和材料科学领域研究的热点之一。光催化技术在彻底降解水中有机污染物、利用太阳能节约能源、维持生态平衡、实现可持续发展等方面有着突出的优点。因此，纳米二氧化钛必将迎来广阔的市场发展空间和应用前景。

8.2.3 四氯化钛

四氯化钛是钛的重要卤化物之一，以它为原料可制备一系列钛化合物和金属钛。四氯化钛为反磁性化合物，其晶体属于分子晶体。

工业上，四氯化钛是通过二氧化钛与碳、氯气共热来制备的：

$$TiO_2 + 2C + 2Cl_2 \!=\!=\!= TiCl_4 + 2CO$$

常温下，$TiCl_4$ 为无色液体(沸点 409K)，有刺激性气味。$TiCl_4$ 暴露在潮湿空气中极易水解生成浓厚白雾：

$$TiCl_4 + (n+2)H_2O \!=\!=\!= TiO_2 \cdot n\,H_2O + 4HCl$$

因而可用来制造烟幕弹。

$TiCl_4$ 易与醚、酮、胺等形成加合物，这一性质具有重要的现实意义。例如，三乙基铝 $(CH_3CH_2)_3Al$ 与 $TiCl_4$ 的溶液相互作用，生成一种棕色固体，即著名的齐格勒-纳塔(Ziegler-Natta)催化剂。当烯烃通过该混合物时，烯烃很容易发生聚合反应。

8.3 铬和铬的重要化合物

8.3.1 铬和铬的元素电势图

铬在地壳中的丰度为 0.0100%，在所有元素中居第 21 位，铬单质为银白色有光泽的金属，熔点(2180K)和沸点(2944K)都很高，硬度是金属单质中最高的。因其耐腐蚀、抗磨损，在空气和水中都相当稳定。在机械工业上，为了保护铁不生锈，常在铁制品外层镀上一层铬。由于铬的机械强度好，且有抗腐蚀性能，被用于钢铁合金中。将铬加到钢中可以制得不锈钢，不锈钢中铬的含量经常很高，如一种不锈钢为“1 铬 18 镍 9 钛”，是指含碳 1%，铬 18%，镍 9%，钛 1%。铬的主要矿物是铬铁矿 $Fe(CrO_2)_2$ (或用 $FeO \cdot Cr_2O_3$ 表示组成)。

铬原子的价电子层构型为 $3d^54s^1$。铬的最高氧化数为+6，也能形成氧化数为+5 到−2 的化合物。酸性和碱性溶液中的元素电势图如下：

$$E_a^{\ominus}/V \qquad Cr_2O_7^{2-} \xrightarrow{1.232} Cr^{3+} \xrightarrow{-0.407} Cr^{2+} \xrightarrow{-0.913} Cr$$

$$E_b^{\ominus}/V \qquad CrO_4^{2-} \xrightarrow{-0.13} Cr(OH)_3 \xrightarrow{-1.1} Cr(OH)_2 \xrightarrow{-1.4} Cr$$

在酸性溶液中 Cr(Ⅵ)的氧化性较强，Cr(Ⅱ)的还原性较强；在碱性溶液中 Cr(Ⅵ)不显氧化性，而 Cr(Ⅱ)和 Cr(Ⅲ)的还原性较强。铬的化合物中，氧化数为+3 和+6 的化合物最为重要。

8.3.2 铬(Ⅲ)的化合物

1. Cr_2O_3 和 $Cr(OH)_3$

三氧化二铬 Cr_2O_3 是绿色晶体，难溶于水，熔点很高，是冶炼铬的原料。广泛用于油漆的颜料，也用于使玻璃和瓷器着色，称为铬绿。未灼烧过的 Cr_2O_3 具有两性(与 Al_2O_3 同晶)，既可溶于浓硫酸中生成蓝紫色的硫酸铬 $Cr_2(SO_4)_3$，又可溶于浓氢氧化钠中生成绿色的亚铬酸钠 $Na[Cr(OH)_4]$或 $NaCrO_2$：

$$Cr_2O_3 + 3H_2SO_4 = Cr_2(SO_4)_3 + 3H_2O$$

$$Cr_2O_3 + 2NaOH = 2NaCrO_2 + H_2O$$

高温灼烧过的 Cr_2O_3 与 α-Al_2O_3 相似，对酸和碱均为惰性，需与焦硫酸钾 $K_2S_2O_7$ 共熔后，再转入溶液中。

氢氧化铬 $Cr(OH)_3$ 具有两性，与 $Al(OH)_3$ 的两性相似：

$$Cr(OH)_3 + 3H^+ = Cr^{3+} + 3H_2O$$

$$Cr(OH)_3 + OH^- = Cr(OH)_4^- \text{ (绿色) (或写成 } CrO_2^- + 2H_2O\text{)}$$

$Cr(OH)_3$ 在溶液中存在着如下平衡：

$$\underset{\text{紫色}}{Cr^{3+}} + 3OH^- \rightleftharpoons \underset{\text{灰蓝色}}{Cr(OH)_3} \rightleftharpoons H^+ + \underset{\text{绿色}}{CrO_2^-} + H_2O$$

2. 铬(Ⅲ)的盐类和配位化合物

常见的铬(Ⅲ)盐有氯化铬、硫酸铬和铬钾矾。这些盐类多带结晶水(与相应的铝盐的结晶水个数相同)：

$$CrCl_3 \cdot 6H_2O \qquad Cr_2(SO_4)_3 \cdot 18H_2O \qquad K_2SO_4 \cdot Cr_2(SO_4)_3 \cdot 24H_2O$$

Cr(Ⅲ)形成配位化合物的能力特别强，主要通过 d^2sp^3 杂化形成六配位八面体配位化合物。铬(Ⅲ)的配位化合物有一特点，就是某一配位化合物生成后，当其他配位体与之发生交换(或取代)反应时，速率很小，往往同一组成的配位化合物可有多种异构体存在，且因含配位体的数目不同而有不同的颜色。例如，$CrCl_3 \cdot 6H_2O$ 的配位化合物有三种水合异构体：

$$\underset{\text{蓝紫色}}{[Cr(H_2O)_6]Cl_3} \qquad \underset{\text{浅绿色}}{[CrCl(H_2O)_5]Cl_2 \cdot H_2O} \qquad \underset{\text{暗绿色}}{[CrCl_2(H_2O)_4]Cl \cdot 2H_2O}$$

若$[Cr(H_2O)_6]^{3+}$内界中的 H_2O 逐步被 NH_3 取代后，配离子颜色发生如下变化：

$$\underset{\text{蓝紫色}}{[Cr(H_2O)_6]^{3+}} \quad \underset{\text{紫红色}}{[Cr(NH_3)_2(H_2O)_4]^{3+}} \quad \underset{\text{橙红色}}{[Cr(H_2O)_2(NH_3)_4]^{3+}} \quad \underset{\text{黄色}}{[Cr(NH_3)_6]^{3+}}$$

在这里可以看到，随着内界中的 H_2O 逐步被 NH_3 所取代，配离子的颜色逐渐向长波方向移动。这种现象可以用晶体场理论加以解释(见 8.1.2 小节)。

向 Cr^{3+}的溶液中滴加 $NH_3 \cdot H_2O$，将生成 $Cr(OH)_3$ 沉淀，当 $NH_3 \cdot H_2O$ 过量时沉淀可以溶解，生成$[Cr(NH_3)_6]^{3+}$：

$$Cr^{3+} \xrightarrow{NH_3 \cdot H_2O} Cr(OH)_3 \xrightarrow{NH_3 \cdot H_2O + NH_4^+} [Cr(NH_3)_6]^{3+}$$

足量 NH_4^+ 的存在，将使平衡

$$NH_3 \cdot H_2O \rightleftharpoons NH_4^+ + OH^-$$

左移，可以增大 $NH_3 \cdot H_2O$ 的浓度，即使这样生成氨配位化合物的反应仍是不完全的。故分离 Cr^{3+}和 Al^{3+}时并不采用与 $NH_3 \cdot H_2O$ 生成配位化合物的方法，而是利用 Cr(Ⅲ)在碱性溶液中的还原性，使其转化为可溶性的 Cr(Ⅵ)，从而实现与 Al(Ⅲ)的分离。

Cr(Ⅲ)在碱性溶液中的还原性较强，易被氧化为 Cr(Ⅵ)：

$$CrO_4^{2-} + 2H_2O + 3e^- \rightleftharpoons CrO_2^- + 4OH^- \qquad E^\ominus = -0.13V$$

$$2CrO_2^- + 3H_2O_2 + 2OH^- = 2CrO_4^{2-} + 4H_2O$$

绿色　　　　　　　黄色

Cr(Ⅲ)在酸性溶液中的还原性很弱，需用强氧化剂方可将其氧化为 Cr(Ⅵ)：

$$Cr_2O_7^{2-} + 14H^+ + 6e^- \rightleftharpoons 2Cr^{3+} + 7H_2O \qquad E^\ominus = 1.232V$$

$$2Cr^{3+} + 3S_2O_8^{2-} + 7H_2O = Cr_2O_7^{2-} + 6SO_4^{2-} + 14H^+$$

水合氯化铬脱水时水解：

$$CrCl_3 \cdot 6H_2O = Cr(OH)Cl_2 + 5H_2O + HCl\uparrow$$

硫酸铬加热脱水时不水解，因为产物 H_2SO_4 不挥发，硫酸铬由于含结晶水的数量不同而具有不同的颜色：

$Cr_2(SO_4)_3 \cdot 18H_2O$　　　$Cr_2(SO_4)_3 \cdot 6H_2O$　　　$Cr_2(SO_4)_3$

蓝紫色　　　　　　绿色　　　　　　棕红色

与 Al^{3+}类似，Cr^{3+}电荷高，易与 OH^-结合，表现出很强的水解性：

$$2Cr^{3+} + 3S^{2-} + 6H_2O = 2Cr(OH)_3 + 3H_2S$$

$$2Cr^{3+} + 3CO_3^{2-} + 3H_2O = 2Cr(OH)_3 + 3CO_2\uparrow$$

制备硫化铬 Cr_2S_3 只能采用铬和硫在高温下加热的方法。

8.3.3　铬(Ⅵ)的化合物

铬(Ⅵ)的重要化合物有：三氧化铬、铬酸钾、重铬酸钾。

1. 三氧化铬和铬酸

三氧化铬 CrO_3 是暗红色针状结晶，有剧毒。电镀铬时用它与硫酸配成电镀液。CrO_3 溶于水生成黄色铬酸溶液，故称 CrO_3 为铬酐。CrO_3 受热易分解：

$$4CrO_3 = 2Cr_2O_3 + 3O_2\uparrow$$

CrO_3 是强氧化剂，遇乙醇等易燃有机物立即着火燃烧，本身还原为 Cr_2O_3。CrO_3 是酸性氧化物，遇碱作用生成铬酸盐。

铬酸 H_2CrO_4 是一种较强的酸，只存在于水溶液中，但其盐类却很稳定，用途也较广。H_2CrO_4 的第二步解离常数较小。

$$H_2CrO_4 \rightleftharpoons H^+ + HCrO_4^- \qquad K_{a1}^\ominus = 4.1$$

$$HCrO_4^- \rightleftharpoons H^+ + CrO_4^{2-} \qquad K_{a2}^\ominus = 3.2 \times 10^{-7}$$

2. CrO_4^{2-} 与 $Cr_2O_7^{2-}$ 的相互转化

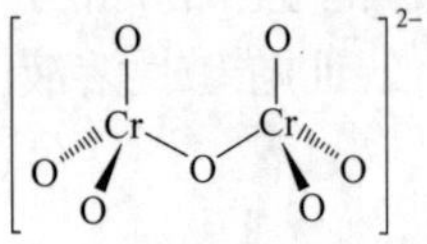

图 8-5　重铬酸根离子构型

向黄色的 CrO_4^{2-} 的碱性溶液中加入酸使其呈酸性时，溶液变为橙色的重铬酸根 $Cr_2O_7^{2-}$ (图 8-5)；反之，若向橙色 $Cr_2O_7^{2-}$ 的酸性溶液中加碱，又变为 CrO_4^{2-} 黄色溶液。这是因为溶液中存在下列平衡：

$$2CrO_4^{2-} + 2H^+ \rightleftharpoons Cr_2O_7^{2-} + H_2O \qquad K^\ominus = 1.0 \times 10^{14}$$

从平衡角度考虑，溶液中 CrO_4^{2-} 和 $Cr_2O_7^{2-}$ 的浓度受 H^+ 浓度的影响；向此溶液中加入 Ba^{2+}、Pb^{2+}、Ag^+，也能使平衡向左移动。因为这些阳离子的铬酸盐有较小的溶度积，所以不论是向 CrO_4^{2-} 溶液，还是向 $Cr_2O_7^{2-}$ 盐溶液中加入这些离子，生成的都是这些离子的铬酸盐沉淀，如

$$4Ag^+ + Cr_2O_7^{2-} + H_2O == 2Ag_2CrO_4 + 2H^+$$

3. 铬酸盐与重铬酸盐

最常见的 +6 价铬盐是铬酸钾 K_2CrO_4 和重铬酸钾 $K_2Cr_2O_7$。以 $K_2Cr_2O_7$ 作原料可制取三氧化铬、氯化铬酰、铬钒钾、三氯化铬等。

$$
K_2Cr_2O_7 \begin{cases}
\xrightarrow{\text{浓}H_2SO_4} CrO_3 \\
\xrightarrow{KCl,\ \text{浓}H_2SO_4} CrO_2Cl_2 \\
\xrightarrow{H_2SO_4,\ SO_2} KCr(SO_4)_2 \cdot 12H_2O \\
\xrightarrow{\text{浓}HCl} CrCl_3 \cdot H_2O
\end{cases}
$$

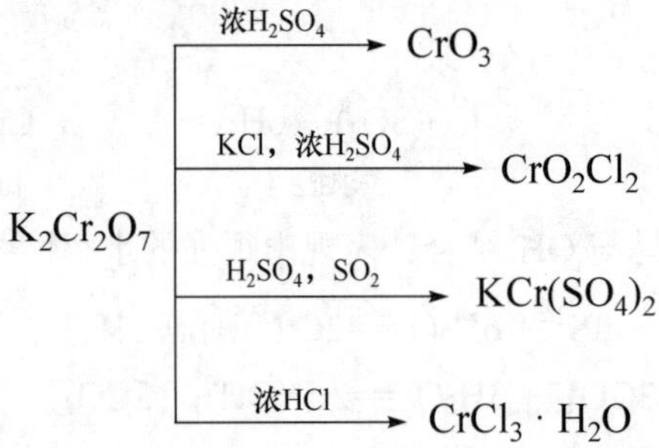

过去，在实验室中将 H_2SO_4(浓)与 $K_2Cr_2O_7$ 饱和溶液等体积混合配制洗液，此时有 CrO_3 析出：

$$K_2Cr_2O_7 + 2H_2SO_4(\text{浓}) == 2KHSO_4 + 2CrO_3 + H_2O$$

洗液利用了 CrO_3 的强氧化性及 H_2SO_4 的强酸性。由于 $Cr(VI)$ 污染环境，是致癌性物质，目前已很少使用。作为洗液代用品的是王水。因王水在放置过程中会分解，故应现用现配。

除碱金属、铵和镁的铬酸盐易溶外，其他铬酸盐均难溶。常见的难溶铬酸盐有 Ag_2CrO_4、$PbCrO_4$、$BaCrO_4$、$SrCrO_4$。

$$2Ag^+ + CrO_4^{2-} == Ag_2CrO_4(\text{砖红色}) \qquad K_{sp}^\ominus = 1.1 \times 10^{-12}$$

$$Pb^{2+} + CrO_4^{2-} == PbCrO_4(\text{黄色}) \qquad K_{sp}^\ominus = 2.8 \times 10^{-13}$$

$$Ba^{2+} + CrO_4^{2-} == BaCrO_4(\text{黄色}) \qquad K_{sp}^\ominus = 1.2 \times 10^{-10}$$

$$Sr^{2+} + CrO_4^{2-} == SrCrO_4(\text{黄色}) \qquad K_{sp}^\ominus = 2.2 \times 10^{-5}$$

相关的反应除用于制备(如制备 $PbCrO_4$ 颜料)外，还常用来检测这些阳离子。

这些铬酸盐均溶于强酸，故不会生成重铬酸盐沉淀：

$$2Pb^{2+} + Cr_2O_7^{2-} + H_2O \xlongequal{} 2PbCrO_4 + 2H^+$$

如要用 CrO_4^{2-}溶液检出 Pb^{2+}，只能在弱酸或弱碱介质中进行。这是因为 $PbCrO_4$ 既溶于酸又溶于碱

$$2PbCrO_4 + 2H^+ \xlongequal{} 2Pb^{2+} + Cr_2O_7^{2-} + H_2O$$

$$PbCrO_4 + 4OH^- \xlongequal{} PbO_2^{2-} + CrO_4^{2-} + 2H_2O$$

可用此反应区分 $PbCrO_4$ 与其他黄色铬酸盐沉淀。

$SrCrO_4$ 的溶解度较大，可溶于乙酸中，且 Sr^{2+}加入 $Cr_2O_7^{2-}$ 溶液中不能生成 $SrCrO_4$ 沉淀。

$K_2Cr_2O_7$ 是实验室中常用的氧化剂。在酸性溶液中，$Cr_2O_7^{2-}$ 能将 H_2S、KI、H_2SO_3 等氧化，而 $Cr_2O_7^{2-}$ 则被还原为三价铬离子 Cr^{3+}：

$$Cr_2O_7^{2-} + 3H_2S + 8H^+ \xlongequal{} 2Cr^{3+} + 3S + 7H_2O$$

加热时，$Cr_2O_7^{2-}$ 可以氧化浓 HCl 和 HBr：

$$H_2Cr_2O_7 + 14HCl \xlongequal{} 2CrCl_3 + 3Cl_2 + 2HCl + 7H_2O$$

在酸性溶液中，$Cr_2O_7^{2-}$ 将 Fe^{2+}氧化为 Fe^{3+}的反应是定量测定铁含量的基本反应：

$$Cr_2O_7^{2-} + 6Fe^{2+} + 14H^+ \xlongequal{} 2Cr^{3+} + 6Fe^{3+} + 7H_2O$$

由于 Cr(Ⅵ)的毒性远大于 Cr(Ⅲ)的毒性，所以工业上利用上述反应先将含铬废液中的 6 价铬还原成 3 价铬，使其毒性大为降低。然后调节溶液的 pH，使大部分 Cr^{3+}、Fe^{3+}和 Fe^{2+}转化为氢氧化物沉淀析出，进一步处理废液中残留的离子，得到副产物含铬的铁氧体。这种副产物是一种磁性材料，可以应用在电子工业上。采用该方法处理废水，既环保又利用了废物。

在 $Cr_2O_7^{2-}$ 的溶液中，加入过氧化氢 H_2O_2 和乙醚(或戊醇)时，有蓝色的过氧化铬 $CrO(O_2)_2$ (或写作 CrO_5，结构式 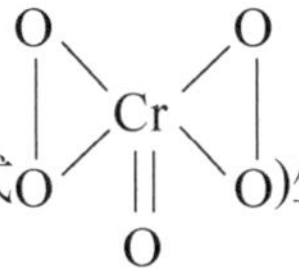)生成：

$$Cr_2O_7^{2-} + 4H_2O_2 + 2H^+ \xrightarrow{乙醚} 2CrO_5 + 5H_2O$$

$$CrO_5 + (C_2H_5)_2O \xlongequal{} CrO_5 \cdot (C_2H_5)_2O$$

这是检验铬(Ⅵ)或过氧化氢的一个灵敏反应，不过反应宜在低温下进行。

8.4　锰的重要化合物

8.4.1　锰和锰的元素电势图

位于ⅦB 族的锰在地壳中的丰度为 0.0950%，在所有元素中居第 12 位，是在地壳中含量仅次于铁和钛的第三种丰富的过渡元素，最重要的矿石是软锰矿 MnO_2。前些年人们发现深海海底存在团块形式的含锰矿物“锰结核”，这种瘤状物的总储量估计约 1×10^{12}t，人们获得这种矿的主要兴趣在于其中所含的铜、镍、钴。

金属锰外形似铁，块状锰是白色金属，质硬而脆。纯锰用途有限，但锰具有脱氧、脱硫

及调节作用(如阻止钢的粒缘碳化物的形成)，还能增加钢材的强度、韧性、可淬性，所以在钢铁及不锈钢制造过程中的应用非常广泛。单质锰比较活泼，在空气中被氧化，加热时生成 Mn_3O_4，与稀酸作用放出氢气而形成 $[Mn(H_2O)_6]^{2+}$；高温下可与卤素、硫、碳、磷等非金属作用。锰与热水作用生成 $Mn(OH)_2$ 并放出氢气，这一性质类似于金属镁。

锰原子的价电子层构型为 $3d^54s^2$，锰可表现出由−3 到+7 的氧化数，但常见的是+2、+4、+6 和+7。酸性溶液中以锰(Ⅱ)最稳定，中性及碱性溶液中以锰(Ⅳ)较稳定，锰(Ⅶ)具有氧化性，锰(Ⅵ)和锰(Ⅲ)易于歧化。零及负氧化数多存在于羰基化合物及其衍生物中，它们不稳定并且有很强的还原性。酸性和碱性溶液中的元素电势图如下：

$E_a^\ominus/V$

1.224

$$MnO_4^- \xrightarrow{0.558} MnO_4^{2-} \xrightarrow{2.265} MnO_2 \xrightarrow{0.907} Mn^{3+} \xrightarrow{1.541} Mn^{2+} \xrightarrow{-1.185} Mn$$

1.507

$E_b^\ominus/V$

$$MnO_4^- \xrightarrow{0.558} MnO_4^{2-} \xrightarrow{0.60} MnO_2 \xrightarrow{-0.20} Mn(OH)_3 \xrightarrow{0.15} Mn(OH)_2 \xrightarrow{-1.55} Mn$$

8.4.2 锰(Ⅱ)的化合物

1. 氢氧化物

锰(Ⅱ)的价电子层构型为 $3d^5$，处于半充满状态，所以锰(Ⅱ)盐在水溶液中是比较稳定的。

Mn^{2+} 溶液遇 NaOH 或 $NH_3 \cdot H_2O$ 都能生成碱性、近白色的 $Mn(OH)_2$ 沉淀。$Mn(OH)_2$ 极易被氧气氧化，甚至溶于水的少量氧气也能将其氧化成棕色的水合二氧化锰[习惯上写成 $MnO(OH)_2$，称为亚锰酸]：

$$E^\ominus[MnO_2/Mn(OH)_2] = -0.05V \qquad E^\ominus(O_2/OH^-) = 0.40V$$

$$Mn^{2+} + 2OH^- = Mn(OH)_2\text{(白色)}$$

$$2Mn(OH)_2 + O_2 = 2MnO(OH)_2$$

这个反应在水质分析中用于测定水中的溶解氧。

2. 锰(Ⅱ)盐和锰(Ⅱ)的配位化合物

锰(Ⅱ)的强酸盐易溶于水，如 $MnSO_4$、$MnCl_2$、$Mn(NO_3)_2$ 等，而多数弱酸盐难溶于水，如

	$MnCO_3$	MnS	MnC_2O_4
	白色	绿色	白色
$K_{sp}^\ominus$	2.3×10^{-11}	2.5×10^{-13}	1.7×10^{-7}

但它们可以溶于强酸中，这是过渡元素的一般规律。强酸根的 Mn(Ⅱ)盐在水溶液中只有微弱的水解作用。

硫酸锰在二价锰盐中是最稳定的，红热时也不分解。

硫酸锰以菱锰矿形式存在于自然界。硫酸锰用于制备其他二价锰盐、铁氧体和焊条，在

农业上用作促进种子发芽的药剂。氯化锰主要用于制造抗腐蚀的镁合金，也用于砖的着色和干电池。

带结晶水的 $MnS \cdot nH_2O$ 呈淡粉红色，无水 MnS 是绿色。MnS 难溶于水，但易溶于弱酸(如 HAc)中，故 MnS 不能在酸性溶液中沉淀。

很多含有结晶水的 Mn(Ⅱ)盐，如 $MnSO_4 \cdot 7H_2O$、$Mn(ClO_4)_2 \cdot 6H_2O$、$Mn(NO_3)_2 \cdot 6H_2O$ 等都含有$[Mn(H_2O)_6]^{2+}$，它是外轨型的，当 Mn^{2+}与强场配体等结合时，形成内轨型配离子，如$[Mn(CN)_6]^{4-}$。

在酸性溶液中，Mn(Ⅱ)的还原性较弱，Mn(Ⅱ)只有遇到强氧化剂[如铋酸钠 $NaBiO_3$、过二硫酸铵$(NH_4)_2S_2O_8$等]时才能被氧化成 Mn(Ⅶ)：

$$2Mn^{2+} + 5BiO_3^- + 14H^+ \xlongequal{\triangle} 2MnO_4^- + 5Bi^{3+} + 7H_2O$$

这一反应是鉴定 Mn^{2+}的特征反应。

8.4.3 锰(Ⅳ)的化合物

锰(Ⅳ)的重要化合物仅二氧化锰 MnO_2 最常见，实用而稳定。MnO_2 呈黑色粉末状，不溶于水、稀酸和稀碱，但可以和浓酸、浓碱反应：

$$2MnO_2 + 2H_2SO_4(浓) = 2\underset{浅粉色或肉色}{MnSO_4} + 2H_2O + O_2$$

$$MnO_2 + 2NaOH(浓) = \underset{亚锰酸钠}{Na_2MnO_3} + H_2O$$

锰(Ⅳ)为中间氧化态，既可作氧化剂又可作还原剂。MnO_2 在强酸中有氧化性，与还原剂作用时被还原为 Mn^{2+}：

$$MnO_2 + 4HCl(浓) = MnCl_2 + Cl_2 + 2H_2O$$

在碱性条件下 MnO_2 不显氧化性。但有氧化剂存在时，它能被氧化成 Mn(Ⅵ)化合物。例如，MnO_2 与 KOH 在空气中共熔时，可以得到深绿色的锰酸钾：

$$2MnO_2 + 4KOH + O_2 \xlongequal{熔融} 2K_2MnO_4 + 2H_2O$$

总之，MnO_2 在强酸中易被还原，在碱中有一定的还原性，在中性溶液中稳定。

MnO_2 大量用于干电池和制造紫色或黑色的玻璃。在工业上还是常用的氧化剂和催化剂，并且是生产锰盐的原料。

8.4.4 锰(Ⅵ)的化合物

锰(Ⅵ)的化合物中比较稳定的是锰酸钾 K_2MnO_4，深绿色，是锰(Ⅵ)在强碱中的存在形式。

由 8.4.1 小节锰的元素电极电势图可以看出，MnO_4^{2-} 在酸性条件下极易歧化，事实上在中性和弱碱性条件下也发生歧化，只有在相当强的碱(pH>14)中才稳定。

$$3MnO_4^{2-} + 4H^+ \rightleftharpoons 2MnO_4^- + MnO_2 + 2H_2O$$

$$3MnO_4^{2-} + 2H_2O \rightleftharpoons 2MnO_4^- + MnO_2 + 4OH^-$$

8.4.5 锰(Ⅶ)的化合物

锰(Ⅶ)最常见的化合物为高锰酸钾 $KMnO_4$，深紫色晶体，易溶于水，水溶液呈紫红色。

高锰酸钠易潮解，不常用。

$KMnO_4$是一个较稳定的化合物。但加热到 473K 以上时会分解并放出氧气：

$$2KMnO_4(s) \xlongequal{437K} K_2MnO_4 + MnO_2 + O_2\uparrow$$

$KMnO_4$的溶液并不十分稳定，在酸性溶液中 $KMnO_4$ 明显地分解：

$$4KMnO_4 + 2H_2SO_4 \xlongequal{} 4MnO_2 + 3O_2 + 2K_2SO_4 + 2H_2O$$

在中性或微碱性溶液中 $KMnO_4$ 分解得极慢，但光和 MnO_2 能加速其分解：

$$4KMnO_4 + 2H_2O \xlongequal{光，MnO_2} 4MnO_2 + 3O_2 + 4KOH$$

因此，应将 $KMnO_4$ 溶液中的 MnO_2 滤去，并将溶液储存在暗色的瓶子中。由于分解作用的存在，其浓度会随时间而变化，所以 $KMnO_4$ 标准溶液需在使用时标定。

$KMnO_4$是最重要的常用氧化剂之一，它的氧化能力和还原产物因介质的酸碱度不同而有显著差别。在酸性溶液中被还原成 Mn^{2+}；在中性或微碱性溶液中被还原成 MnO_2；在强碱性溶液中被还原成 MnO_4^{2-}，因为这些产物在相应的介质中稳定，如

酸性　$2MnO_4^- + 6H^+ + 5SO_3^{2-} \xlongequal{} 2Mn^{2+} + 5SO_4^{2} + 3H_2O$

中性　$2MnO_4^- + H_2O + 3SO_3^{2-} \xlongequal{} 2MnO_2 + 3SO_4^{2} + 2OH^-$

碱性　$2MnO_4^- + 2OH^- + SO_3^{2-} \xlongequal{} 2MnO_4^{2-} + SO_4^{2-} + H_2O$

在酸性溶液中 $KMnO_4$ 是很强的氧化剂，它可以氧化 Fe^{2+}、$C_2O_4^{2-}$、Cl^-等。

$$MnO_4^- + 8H^+ + 5Fe^{2+} \xlongequal{} Mn^{2+} + 5Fe^{3+} + 4H_2O(定量测定 Fe^{2+}的含量)$$

$$2MnO_4^- + 6H^+ + 5H_2C_2O_4 \xlongequal{} 2Mn^{2+} + 10CO_2 + 8H_2O(标定 KMnO_4 溶液浓度)$$

$$2MnO_4^- + 16H^+ + 10Cl^- \xlongequal{} 2Mn^{2+} + 5Cl_2 + 8H_2O(实验室制备氯气)$$

高锰酸钾在工业上用于漂白纤维和油脂脱色。它又是消毒剂和杀菌剂，0.1%的稀溶液常用于消毒水果、杯、碗等，5%溶液可治烫伤。

8.5　铁系元素的重要化合物

8.5.1　铁系元素及其元素电势图

因彼此性质相近，位于Ⅷ族的铁、钴、镍称为铁系元素，而钌、铑、钯、锇、铱、铂称为铂系元素。

铁系元素中以铁的分布最广，其在地球上的丰度居第四位。铁的主要矿物有赤铁矿(Fe_2O_3)、褐铁矿($2Fe_2O_3 \cdot 3H_2O$)、磁铁矿(Fe_3O_4)、菱铁矿($FeCO_3$)。赤铁矿和磁铁矿是炼铁的主要原料，黄铁矿(FeS_2)含硫量高，不适宜炼铁，是制造硫酸的重要原料。钴和镍的常见矿物是辉钴矿($CoAsS$)、砷钴矿($CoAs_2$)和硅镁镍矿[$(Ni, Mg)_6Si_4O_{10}(OH)_8$]、镍黄铁矿[$(Ni, Fe)_9S_8$]等。

铁系元素单质都是银白色具有光泽的金属，都有强磁性，许多铁、钴、镍合金是很好的磁性材料。铁和镍有很好的延展性，钴则较硬而脆。依 Fe、Co、Ni 顺序，原子半径略有减小，密度略有增大，熔点降低。

铁是用途最广泛的金属。它的物理性质很大程度上取决于它的纯度，高纯度的铁有很好的延展性，低纯度的铸铁却是脆性的。在普通钢中加入少量其他元素，如 Cr、Mo、W、Mn

等可炼成具有特殊功能的合金钢。铁也是生命体必需的微量元素，成年人体内含铁 4～6g(以 70kg 体重计)，是含量最多的微量元素。

钴主要用于制造特种钢和磁性材料。钴的化合物广泛用作颜料和催化剂。

镍主要用作其他金属的保护层或用来生产耐腐蚀的合金钢、硬币、镍-钛记忆合金及耐热元件。镍是一种很好的不饱和有机物氢化反应及水蒸气中甲烷裂解生产一氧化碳和氢等反应的催化剂。镍是吸氢能力最强的金属，最多可吸收 935 倍于自身体积的氢。

铁、钴、镍属于中等活泼的金属，活泼性按 Fe、Co、Ni 顺序递减。块状铁、钴、镍的纯单质在空气和纯水中是稳定的，含有杂质的铁在潮湿空气中慢慢形成结构疏松的棕色铁锈 $Fe_2O_3 \cdot 3H_2O$。常温下，铁、钴、镍与氧、硫、氯、溴等非金属不发生显著作用，但在加热条件下，将与上述非金属发生剧烈反应。例如，在 423K 以上 Fe 与 O_2 反应生成 Fe_2O_3 和 Fe_3O_4；Co 在 773K 以上与 O_2 反应生成 Co_3O_4，在 1173K 以上与 O_2 反应生成 CoO；Ni 在加热时与 O_2 反应仅能生成 NiO。

铁、钴、镍都可溶于稀酸放出氢气。铁与氧化性的酸作用，生成铁(Ⅲ)化合物，如

$$Fe + 2HCl = FeCl_2 + H_2\uparrow$$

$$2Fe + 6H_2SO_4(\text{浓}) \xlongequal{\triangle} Fe_2(SO_4)_3 + 3SO_2\uparrow + 6H_2O$$

$$Fe + 6HNO_3(\text{浓}) \xlongequal{\triangle} Fe(NO_3)_3 + 3NO_2\uparrow + 3H_2O$$

冷的浓 HNO_3 可使铁、钴、镍变成钝态。浓 H_2SO_4 在常温时也能使铁成钝态，故可用铁桶盛浓 H_2SO_4。铁、钴、镍难与强碱作用，其中，镍的稳定性最高，可使用镍制坩埚熔融强碱。

铁、钴、镍都能与一氧化碳形成羰基化合物，如 $Fe(CO)_5$、$Co_2(CO)_8$ 和 $Ni(CO)_4$。这些羰基化合物热稳定性较差，利用它们的热分解反应可以得到高纯度的金属。

铁、钴、镍的原子的价电子层构型分别为 $3d^64s^2$、$3d^74s^2$、$3d^84s^2$。由于 3d 轨道已超过 5 个电子，所以全部电子参加成键的可能性逐渐减小。它们的最高氧化数与族数不一致，铁、钴、镍目前认为的最高氧化态为 Fe(Ⅵ)、Co(Ⅳ)和 Ni(Ⅳ)，而稳定氧化态分别为 Fe(Ⅱ, Ⅲ)，Co(Ⅱ)和 Ni(Ⅱ)。铁系元素的元素电势图如下：

$E_a^\ominus$/V

$$FeO_4^{2-} \xrightarrow{2.20} Fe^{3+} \xrightarrow{0.77} Fe^{2+} \xrightarrow{-0.45} Fe$$

$$Co^{3+} \xrightarrow{1.83} Co^{2+} \xrightarrow{-0.28} Co$$

$$NiO_2 \xrightarrow{1.68} Ni^{2+} \xrightarrow{-0.26} Ni$$

$E_b^\ominus$/V

$$FeO_4^{2-} \xrightarrow{0.72} Fe(OH)_3 \xrightarrow{-0.56} Fe(OH)_2 \xrightarrow{-0.92} Fe$$

$$Co(OH)_3 \xrightarrow{0.17} Co(OH)_2 \xrightarrow{-0.73} Co$$

$$NiO_2 \xrightarrow{0.49} Ni(OH)_2 \xrightarrow{-0.72} Ni$$

8.5.2　化合物的溶解性

铁系元素的重要化合物列在表 8-4 中。

表 8-4　铁、钴、镍的重要化合物

分子式	颜色和状态	熔点/℃	沸点/℃	溶解性质	
				水	其他溶剂
$FeCl_3$	棕黑色层状晶体	304	～316	溶	溶于乙醇、丙酮、乙醚、甘油
$Fe(NO_3)_3 \cdot 9H_2O$	紫灰色晶体	47(分解)		溶	溶于乙醇
$FeSO_4 \cdot 7H_2O$	浅绿色晶体	～60(分解)		溶	溶于甘油，水溶液易被氧化
$FeCl_2$	白色晶体	677	1023	溶	溶于乙醇
$CoCl_2 \cdot 6H_2O$	粉红色晶体	87(分解)		溶	溶于乙醇、丙酮
$CoSO_4 \cdot 7H_2O$	淡紫色晶体	41(分解)		溶	微溶于乙醇
$Ni(NO_3)_2 \cdot 6H_2O$	青绿色晶体	56(分解)		溶	溶于乙醇
$NiSO_4 \cdot 7H_2O$	蓝绿色晶体	～100(分解)		溶	不溶于乙醇和乙醚

铁系金属的二价强酸盐几乎都溶于水。它们的水溶液由于水解作用的存在而有不同程度酸性。

铁系元素的碳酸盐、磷酸盐、硫化物等弱酸盐，以及氢氧化物和氧化物在水中都是难溶的。这些难溶化合物易溶于强酸。$Co(OH)_2$ 和 $Ni(OH)_2$ 易溶于氨水，在有 NH_4Cl 存在时，溶解度增大。

8.5.3　化合物的氧化还原性

在酸性溶液中，Fe^{3+}是中强氧化剂，可以将 I^-、H_2S、Sn^{2+}等强还原剂氧化。

$$2Fe^{3+} + 2I^- \!=\!=\!= 2Fe^{2+} + I_2$$

$$2Fe^{3+} + H_2S \!=\!=\!= 2Fe^{2+} + S + 2H^+$$

钴(Ⅲ)在酸性条件下是强氧化剂，NiO_2 氧化性更强，在水溶液中不稳定。

$$2Co(OH)_3 + 6HCl \!=\!=\!= 2CoCl_2 + Cl_2 + 6H_2O$$

钴(Ⅲ)只存在于固态化合物和配位化合物中。已知的镍(Ⅲ)化合物有氧化物 NiO(OH)，通过在碱性条件下碱金属的次氯酸盐氧化水溶液中镍(Ⅱ)盐制得。

介质可以改变电对的氧化还原性质。在碱性条件下，空气中的氧和过氧化氢(H_2O_2)等很容易将 $Fe(OH)_2$ 和 $Co(OH)_2$ 氧化为 $Fe(OH)_3$ 和 $Co(OH)_3$，但不能氧化 $Ni(OH)_2$，用溴水和氯水等强氧化剂才能氧化 $Ni(OH)_2$。在碱性条件下，碘水可以氧化 $Fe(OH)_2$。还原性：Fe(Ⅱ)>Co(Ⅱ)>Ni(Ⅱ)。

铁还能形成 Fe(Ⅵ)氧化态，如在强碱中 $Fe(OH)_3$ 可以被氧化生成紫色的 FeO_4^{2-}：

$$2Fe(OH)_3 + 3Cl_2 + 10OH^- \!=\!=\!= 2FeO_4^{2-} + 6Cl^- + 8H_2O$$

$$FeO_4^{2-} + Ba^{2+} \!=\!=\!= BaFeO_4(\text{红棕色})$$

含 FeO_4^{2-} 物种的碱性溶液酸化时，Fe(Ⅵ)迅速将自身键合的 O^{2-}氧化：

$$4FeO_4^{2-} + 20H^+ \!=\!=\!= 4Fe^{3+} + 3O_2 + 10H_2O$$

高铁酸盐 FeO_4^{2-} 在强碱性介质中才能稳定存在，是比高锰酸盐更强的氧化剂，是新型净水剂，具有氧化杀菌性质。生成的 $Fe(OH)_3$ 对各种阴离子有吸附作用，对水体中的 CN^-去除能力非常强。

有配位体存在时，低价金属离子的还原性增强：

$$2[Fe(CN)_6]^{4-} + I_2 = 2[Fe(CN)_6]^{3-} + 2I^-$$

$$2Fe^{2+} + I_2 + 12F^- = 2[FeF_6]^{3-} + 2I^-$$

$$2[Co(NH_3)_6]^{2+} + I_2 = 2[Co(NH_3)_6]^{3+} + 2I^-$$

8.5.4 化合物的水解性

盐的水解与金属离子的电荷高低有关，金属离子的电荷越高，极化能力越强，盐越容易水解。

低电荷的 Fe^{2+}、Co^{2+}、Ni^{2+}水解程度差，如缓慢加热 $CoCl_2 \cdot 6H_2O$ 逐步失去全部结晶水而不水解。

高电荷的 Fe^{3+}水解能力强，其盐的水溶液显强酸性。向 $FeCl_3$ 溶液中加入碳酸盐，有 CO_2 生成。铁(Ⅲ)的强酸盐溶于水，得不到淡紫色的$[Fe(H_2O)_6]^{3+}$，而是逐渐水解生成黄色的$[Fe(OH)(H_2O)_5]^{2+}$及如图 8-6 所示的二聚体$[Fe_2(OH)_2(H_2O)_8]^{4+}$。随着 pH 升高，生成棕色的 β-FeOOH 胶体，在更高的 pH 下，则最终生成 $Fe_2O_3 \cdot nH_2O$ 沉淀。因此，$FeCl_3$ 溶液与氨水、碳酸盐溶液作用，都生成氢氧化物 $Fe(OH)_3$ 沉淀。

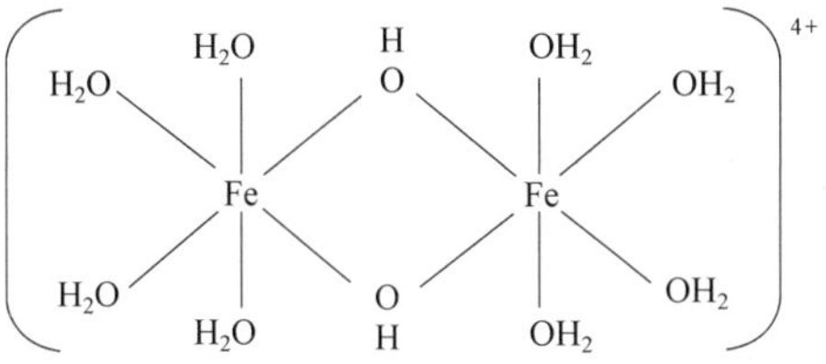

图 8-6　二聚体$[Fe_2(OH)_2(H_2O)_8]^{4+}$的结构示意图

大量的 $FeCl_3$ 用于污水处理，在 pH 为 6～7 的污水中，Fe^{3+}水解为胶状的 FeOOH，它对油腻、聚合物等悬浮物有较强的吸附能力，同时可以沉淀重金属离子、降低磷酸盐的浓度。

8.5.5 铁系元素有代表性的盐

水合硫酸亚铁 $FeSO_4 \cdot 7H_2O$ 俗称绿矾，其制备随原料状况不同可用多种制备方法，如可以经由黄铁矿氧化，也可经由铁屑溶于稀硫酸制得。绿矾不很稳定，在空气中逐渐风化(失水)，同时表面被空气氧化，出现铁锈色斑点：

$$4FeSO_4 + O_2 + 2H_2O = 4Fe(OH)SO_4(\text{棕黄色})$$

其复盐 $FeSO_4 \cdot (NH_4)_2SO_4 \cdot 6H_2O$(通常称为莫尔盐)在空气中较稳定，滴定分析中用于标定 $KMnO_4$ 和 $K_2Cr_2O_7$ 溶液的浓度。碱和铁(Ⅱ)盐在无氧条件下作用得到白色 $Fe(OH)_2$ 沉淀，它迅速与空气中的氧作用转变为灰蓝绿色，产物分别是 Fe(Ⅱ)和 Fe(Ⅲ)氢氧化物的混合物及水合 Fe_2O_3，最后转为棕色。$Fe(OH)_2$ 不仅溶于酸，也微溶于浓 NaOH，生成蓝绿色羟基配位化合物 $Na_4[Fe(OH)_6]$。

硫酸亚铁在农业上用作杀虫剂，医药上用作补血剂和局部收敛剂。它还是制备其他化合物的常用起始原料，如被用于蓝黑墨水及其他染料的生产，还可用作木材防腐剂。

铁的卤化物以三氯化铁 $FeCl_3$ 应用较广。

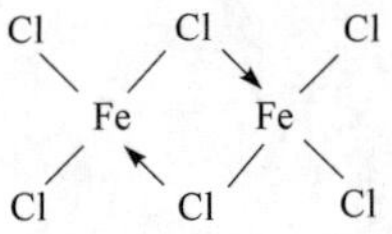

图 8-7　$FeCl_3$二聚体结构示意图

无水 $FeCl_3$ 由碎铁屑在 773～973K 条件下与干燥的氯气反应制得，是以共价键为主的化合物。无水 $FeCl_3$ 熔、沸点均较低，加热至 373K 左右即开始明显挥发，蒸气状态以二聚体(图 8-7)形式存在，极易吸潮而变成 $FeCl_3 \cdot nH_2O$。

三氯化铁用作某些有机反应的催化剂，工业上用作净水剂，制版中用作刻蚀剂(Fe^{3+}使 Cu 氧化)，医疗上用作止血剂($FeCl_3$ 可使蛋白质迅速凝聚)。

钴的主要卤化物是氟化高钴 CoF_3、氯化钴 $CoCl_2$。CoF_3 是淡棕色粉末，与水猛烈作用放出氧气。在有机合成上常被用作氟化剂，能将烃类变为氟碳化物，如

$$4CoF_3 + -CH_2- \longrightarrow 4CoF_2 + -CF_2- + 2HF$$

无水 $CoCl_2$ 为蓝色，钴(Ⅱ)的水合盐如卤化物、硫酸盐、硝酸盐等多为粉红色。它们均可通过氧化钴与对应的酸反应制备。

向钴(Ⅱ)盐溶液中加入碱先生成蓝色的 $Co(OH)_2$ 沉淀，这种蓝色的变体不稳定，放置或加热转化为粉红色的 $Co(OH)_2$，$Co(OH)_2$ 暴露在空气中被氧化成黑色的 $Co(OH)_3$。

氯化钴水合前后颜色不同，这一性质被用于制作显隐墨水和变色硅胶。稀的 $CoCl_2$ 水溶液在纸张上不显色，加热时脱水显蓝痕。含有 $CoCl_2$ 的干燥硅胶显蓝色，吸收空气中的水分后则变成粉红色。硅胶颜色变化反映了环境的干燥程度。氯化钴主要用于电解精炼钴及制备其他钴化合物。

Ni(Ⅱ)水合盐晶体多为绿色。硝酸镍是制备其他镍盐和含镍催化剂的原料，并用于镀镍和陶瓷彩釉。其水合晶体 $Ni(NO_3)_2 \cdot 6H_2O$ 灼烧可得灰黑色 Ni_2O_3。$Ni(OH)_2$ 为绿色沉淀，加热后转为暗绿色的 NiO。

8.6　铁系元素的配位化合物

铁系元素都是典型的配位化合物形成体，能形成许多配位化合物。

8.6.1　铁的配位化合物

Fe^{2+}和 Fe^{3+}在氨水中都生成氢氧化物沉淀，而不生成氨的配位化合物：

$$Fe^{2+} + 2NH_3 + 2H_2O = Fe(OH)_2\downarrow + 2NH_4^+$$

$$Fe^{3+} + 3NH_3 + 3H_2O = Fe(OH)_3\downarrow + 3NH_4^+$$

在盐酸溶液中，Fe^{3+}与 Cl^-形成黄色的$[FeCl_4]^-$及$[FeCl_4(H_2O)_2]^-$。由于能与有配位能力的溶剂分子生成配位化合物，$FeCl_3$ 可在含盐酸的水溶液中使用乙醚萃取。

$K_4[Fe(CN)_6] \cdot 3H_2O$ 晶体为黄色，俗称黄血盐，由 Fe(Ⅱ)化合物的水溶液和过量氰化物作用获得。黄血盐在溶液中遇 Fe^{3+}生成蓝色的沉淀 $KFe[Fe(CN)_6]$，即普鲁士蓝。$K_3[Fe(CN)_6]$晶体为红色，俗称赤血盐，可由黄血盐氧化得到：

$$2K_4[Fe(CN)_6] + Cl_2 = 2K_3[Fe(CN)_6] + 2KCl$$

赤血盐在溶液中遇 Fe^{2+}生成蓝色的滕氏蓝沉淀 $KFe[Fe(CN)_6]$。这两种蓝色沉淀物常用作油墨

及油漆的颜料。

近代化学研究表明，普鲁士蓝和滕氏蓝不但具有相同的化学组成，而且具有相同的结构(图 8-8)。低自旋 Fe^{2+}和高自旋 Fe^{3+}相间地排布在立方格子的顶角，CN^-基团排布在棱边上，CN^-配体中的 C 原子向 Fe^{2+}配位，N 原子向 Fe^{3+}配位。蓝色是电子在 Fe(Ⅲ)和 Fe(Ⅱ)之间传递的结果。因为两种价态的铁都在配位化合物内界，所以将其写成 $K[Fe^{Ⅲ}Fe^{Ⅱ}(CN)_6]$可能更合理。

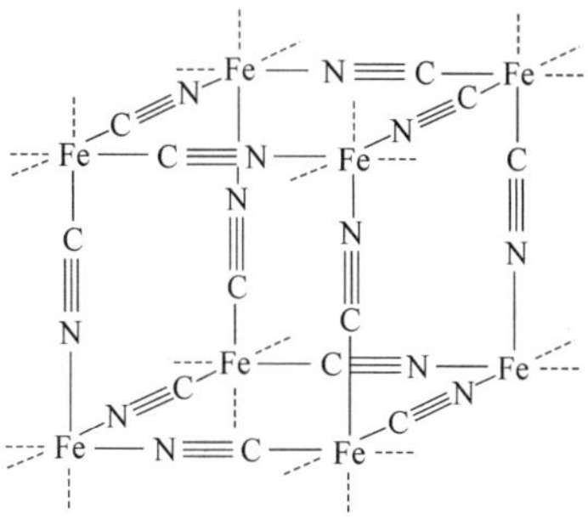

图 8-8　$K[FeFe(CN)_6]$的结构

配离子$[Fe(CN)_6]^{4-}$、$[Fe(CN)_6]^{3-}$的稳定常数特别大，分别为 1.0×10^{35}、1.0×10^{42}。在水溶液中与 H_2O 的取代反应呈惰性，难以解离出剧毒的 CN^-，因而黄血盐和赤血盐毒性极低。赤血盐受日光直射，能进行光化学反应而放出剧毒的氰气，故应将其保存在密闭的棕色瓶中。

化学上经常用 KSCN 或 NH_4SCN 在水溶液中与 Fe^{3+}生成红色的配位化合物来鉴定 Fe^{3+}，配离子可以写成$[Fe(SCN)_n]^{3-n}$ 或$[Fe(SCN)_n(H_2O)_{6-n}]^{3-n}$($n$=1～6)，随着溶液中配位化合物浓度增大，溶液的颜色从浅红到暗红。一般认为$[Fe(SCN)(H_2O)_5]^{2+}$是主要成分，但简单盐 $Fe(SCN)_3$和配离子$[Fe(SCN)_4]^-$及$[Fe(SCN)_6]^{3-}$的盐也都被证实存在。

Fe^{3+}与 F^-形成的配位化合物是无色的，主要成分是$[FeF_5(H_2O)]^{2-}$。利用这一点，经常用氟化物作三价铁的掩蔽剂。

当 pH≤4 时，Fe^{3+}与螯合剂磺基水杨酸$[C_6H_3(OH)(COOH)SO_3H]$反应，形成紫红色的$[Fe(C_6H_3(OH)(COO)SO_3)_3]^{3-}$螯合物，常用于比色法测定 Fe^{3+}。

Fe^{3+}与草酸根 $C_2O_4^{2-}$ 形成的$[Fe(C_2O_4)_3]^{3-}$为黄绿色。将 $FeCl_3$ 溶液与过量的浓 $K_2C_2O_4$ 溶液混合，则析出 $K_3[Fe(C_2O_4)_3]\cdot3H_2O$ 绿色晶体。$K_3[Fe(C_2O_4)_3]$具有光学活性，见光分解为 FeC_2O_4。

Fe^{2+}与 1, 10-二氮菲(phen)形成的配离子$[Fe(phen)_3]^{2+}$在水溶液中为红色，通过氧化可以转化为蓝色的$[Fe(phen)_3]^{3+}$，因此$[Fe(phen)_3]SO_4$ 可作为氧化还原滴定的指示剂。

一定条件下，铁与 CO 反应生成羰基配位化合物，如单核的 $Fe(CO)_5$，它的热稳定性较差，在常压和 250～300℃时分解得到金属粉末。这也是工业上制取高纯度铁粉的最基本的方法。

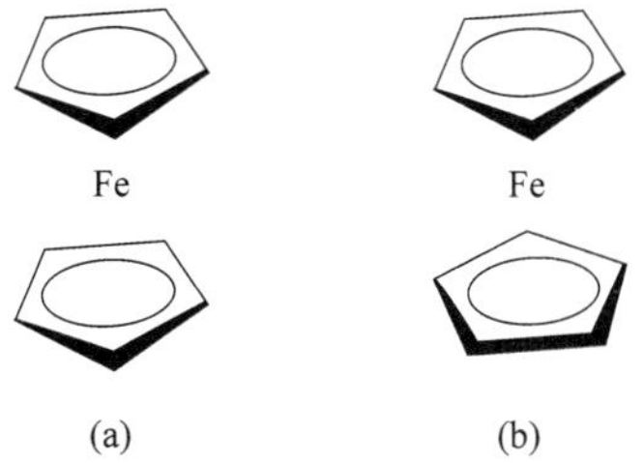

图 8-9　二茂铁的夹心结构

铁的一个重要配位化合物是环戊二烯基配位化合物 $Fe(C_5H_5)_2$，俗称二茂铁，橙黄色晶体。

研究表明，二茂铁在液态时是图 8-9(a)所示的重叠式构型，而在固态时接近于图 8-9(b)所示的交错式构型。二茂铁可用作汽油的抗震剂、橡胶及硅树脂的熟化剂以及紫外线的吸收剂，二茂铁及其衍生物还可用作火箭燃料添加剂。可以说，二茂铁是有机金属化学发展的一个里程碑。

8.6.2　钴和镍的配位化合物

钴和镍，尤其是钴能形成为数众多的配位化合物。其中 Co^{2+}能与 SCN^-形成蓝色的$[Co(SCN)_4]^{2-}$，但它在水中很不稳定(易被配位体 H_2O 取代)，在戊醇或丙酮中则较稳定，可以

用于鉴定 Co^{2+}。

将 $CoCl_2$ 浓溶液中加热，溶液由粉红色变为蓝色，冷却后溶液又变为粉红色，原因是存在下列平衡：

$$\underset{\text{粉红色}}{[Co(H_2O)_6]^{2+}} + 4Cl^- \rightleftharpoons \underset{\text{蓝色}}{[CoCl_4]^{2-}} + 6H_2O$$

向 $CoCl_2$ 浓溶液中加浓盐酸，也能使溶液由粉红色变为蓝色。

向 Co(Ⅱ)盐的溶液中加入适量氨水，生成蓝绿色沉淀 $Co(OH)_2$，氨水过量则沉淀溶解生成棕黄色的$[Co(NH_3)_6]^{2+}$。$[Co(NH_3)_6]^{2+}$具有较强的还原性，缓慢被空气中的氧氧化为更稳定的橙黄色$[Co(NH_3)_6]^{3+}$，也可以用双氧水作氧化剂。

Co^{3+}具有很强的氧化能力，在水溶液中不能稳定存在。所以，大多数的 Co(Ⅲ)化合物为配位化合物。由于 Co(Ⅲ)配位化合物比 Co(Ⅱ)配位化合物稳定，因而 Co(Ⅲ)配位化合物大多采用间接的方法从 Co(Ⅱ)配位化合物氧化制备。这类化合物中研究得最多的就是钴氨配位化合物。

黄色的 $K_3[Co(NO_2)_6]$微溶于水，因此用 $Na_3[Co(NO_2)_6]$可沉淀溶液中的钾离子(鉴定 K^+)。

Ni(Ⅱ)的配位化合物主要是八面体构型，其次是平面正方形和四面体构型的。向 Ni(Ⅱ)盐水溶液中加入氨水，先有绿色沉淀 $Ni(OH)_2$ 生成，氨水过量时沉淀溶解，得到$[Ni(NH_3)_6]^{2+}$蓝色溶液。$[Ni(NH_3)_6]^{2+}$为八面体构型。Ni(Ⅱ)的平面正方形配位化合物常见的有$[Ni(CN)_4]^{2-}$，还有二丁二肟合镍(Ⅱ)等。Ni(Ⅱ)与 CN^-反应先生成灰蓝色水合氰化物沉淀，然后溶于过量的 CN^-溶液中，形成橙黄色的$[Ni(CN)_4]^{2-}$。$[Ni(CN)_4]^{2-}$离子电极可用于镀镍液中镍含量的快速测定。

在弱碱性条件下，丁二酮肟与 Ni^{2+} 形成鲜红色螯合物沉淀：

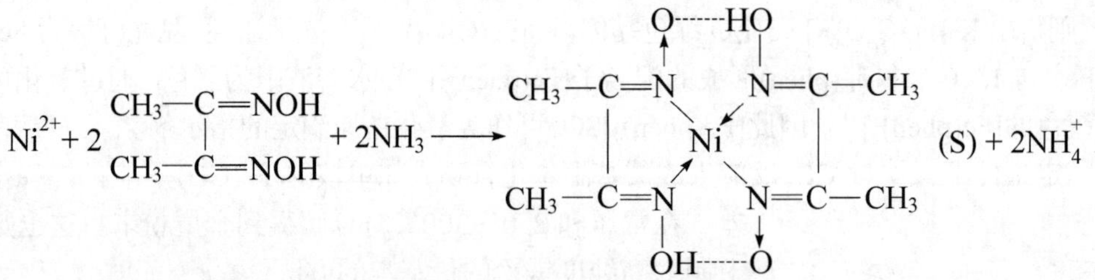

无色　　　　　　　　鲜红色

这是检验 Ni^{2+}的特征反应，因而丁二酮肟又称镍试剂。

钴和镍能形成一系列的羰基配位化合物。镍粉直接和 CO 作用，可生成具有四面体构型的无色液体 $Ni(CO)_4$。羰合物在常温常压下是易挥发的液体或固体，难溶于水，易溶于有机溶剂，有剧毒，受热易分解成金属单质和 CO。利用羰合物的生成及热分解，可以制备高纯度金属，如将 $Ni(CO)_4$ 加热分解可制备高纯度金属镍。

本 章 小 结

【主要内容】

(1) d 区元素包括周期系ⅢB～ⅦB 族、Ⅷ族，d 区元素原子的价层电子构型为$(n-1)d^{1\sim9}ns^{1\sim2}$(Pd

为 $4d^{10}5s^0$)，它们的单质都是金属。在同周期中，它们的化学活泼性自左向右减弱；除ⅢB 族外，同一个副族元素自上而下金属的活泼性减弱。

d 区元素具有多种氧化数。最高价态的氧化物(氢氧化物或水合氧化物)的酸性，随着原子序数的增加，从左向右依次递增；而同一元素不同氧化态的氧化物，其高价氧化物的酸性较强，而低价氧化物的碱性较强。

第一过渡系 d 区元素低价态稳定，如 Cr(Ⅲ)、Mn(Ⅱ)；而高价态不稳定，如 Cr(Ⅵ)和 Mn(Ⅶ)氧化性很强。第二、三过渡系 d 区元素是高价态稳定，而低价态不稳定，易被氧化。

d 区元素的水合离子和某些含氧酸根离子多具有颜色，被认为分别与 d-d 跃迁和电荷迁移有关。

d 区元素离子或原子因具有能量相近的价层空轨道，易形成配合物。

许多 d 区金属及其化合物都有一定磁性，这和它们具有未成对 d 电子有关，而 Fe、Co、Ni 及其合金则是铁磁性材料。

(2) 钛是一种非常活泼的金属。但其表面易形成致密的钝性氧化物保护膜，使其具有抗腐蚀性。钛不溶于稀酸碱，但溶于氢氟酸和热的浓酸。

纯净的 TiO_2 又称钛白。TiO_2 显两性，既能缓慢地溶解在氢氟酸和热的浓硫酸中，又能与熔融的碱作用。

$TiCl_4$ 暴露在潮湿空气中极易水解生成浓厚白雾，因而可用来制造烟幕弹。

(3) Cr_2O_3 俗称铬绿。未灼烧过的 Cr_2O_3 具有两性；高温灼烧过的 Cr_2O_3 对酸和碱均显惰性。

$Cr(OH)_3$ 具有两性，与 $Al(OH)_3$ 的两性相似。

Cr(Ⅲ)在碱性溶液中的还原性较强，易被氧化到 Cr(Ⅵ)，其在酸性溶液中的还原性很弱，需用强氧化剂方可将其氧化到 Cr(Ⅵ)。

Cr(Ⅵ)的含氧酸根在碱性溶液中主要以 CrO_4^{2-} 的形式存在，在酸性溶液中主要以 $Cr_2O_7^{2-}$ 的形式存在。

Cr_2O_3 和 $K_2Cr_2O_7$ 是 Cr(Ⅵ)的重要化合物，也是强氧化剂。

(4) 在酸性溶液中，Mn(Ⅱ)的还原性较弱，只有遇到强氧化剂时才能被氧化成 Mn(Ⅶ)。

MnO_2 在强酸中易被还原，在碱中有一定的还原性，在中性溶液中稳定。

$KMnO_4$ 的氧化能力和还原产物因介质的酸碱度不同而有显著差别。在酸性溶液中被还原成 Mn^{2+}；在中性或微碱性溶液中被还原成 MnO_2；在强碱性溶液中被还原成 MnO_4^{2-}，因为这些产物在相应的介质中稳定。

(5) 铁、钴、镍元素性质相似，合称铁系元素。它们属于中等活泼金属，活泼性按 Fe、Co、Ni 顺序递减。

铁系元素的碳酸盐、磷酸盐、硫化物等弱酸盐，以及氢氧化物和氧化物均难溶于水。

在酸性条件下，Fe(Ⅲ)、Co(Ⅲ)和 Ni(Ⅳ)的氧化性逐渐增强。

在强酸中，d 区元素的低价离子以水合离子状态存在，如 Fe^{2+}、Ni^{2+}；高价离子在水溶液中因电场过强发生部分水解，脱水后以“MO_n^{m+}”形式存在，如 TiO^{2+}。还有一些 d 区元素金属高氧化态在溶液中常显酸性，以酸根形式存在，如 CrO_4^{2-} 与 $Cr_2O_7^{2-}$、MnO_4^-。

阅读材料

中国学者的这项研究刷新了化学元素最高氧化态的纪录

氧化态是化学中重要的基本概念之一。国际纯粹与应用化学联合会(IUPAC)给出了“氧化态”准确的定义：一种化学物质中某个原子氧化程度的量度。氧化态属于元素本身固有的性质，能够反映元素或其化合物在化学反应的过程中得失电子的能力。由于稳定的高氧化态的元素或化合物可作为工业反应中氧化剂和催化剂，因此该类物质的设计合成受到人们的广泛关注。众所周知，元素在形成化学键时能够失去的电子的总数为其价层电子数。对于主族元素，最高氧化数为 8，也就是稀有气体的族数(ⅧA)，如 XeO_4 和 XeO_3F_2。对于过渡金属元素，其最外层及次外层电子均为价层电子，因此根据门捷列夫发现的元素周期律，元素的最高氧化态应不止为+8 价。然而，100 多年来，人们所发现的氧化数最高的过渡金属元素仍为+8 价，如 RuO_4 和 OsO_4。

过渡金属元素铱(Ir)位于元素周期表中的第六周期Ⅷ族，价电子层中有 9 个电子。因其原子半径较大，因此铱元素被人们认为最有可能失去全部价层电子而形成高于+8 价的氧化态(+9 价)。然而，之前人们所合成的含有铱元素的化合物中铱的最高价态却仅为+7 价。2009 年，复旦大学的周鸣飞课题组在超低温条件下(低于 6K)，在稀有气体的固体中(氖、氩或氪)，将脉冲激光溅射法所产生的金属铱原子和体系中微量的氧结合，首次合成出了具有 $5d^1$ 价层电子的+8 价的四氧化铱。红外吸收光谱实验结合量子化学理论计算证明该分子具有所有 IrO_4 异构体中最稳定的 D_{2d} 结构。2010 年，德国弗莱堡大学的 Riedel 课题组推测再次失去 $5d^1$ 价层电子后的四氧化铱阳离子($[IrO_4]^+$)可以稳定存在。

2014 年，周鸣飞课题组在之前研究的基础上，进一步改进了合成方法及检测方法。利用脉冲激光溅射-超声分子束载带技术，在氩气环境下首次合成出气相$[IrO_4]^+$。随后该课题组利用自主发展建立的基于串级飞行时间质谱技术的高灵敏红外光解离光谱实验装置，证实了$[IrO_4]^+$具有正四面体构型，其中铱具有 $5d^0$ 电子组态，处于+9 价态。该研究发表在 *Nature* 杂志上。周鸣飞教授的研究成果刷新了化学元素最高氧化态的记录，它的意义在于若能够找到$[IrO_4]^+$的宏观合成方法，将有望被广泛应用于一些重要的氧化和催化反应。虽然将贵金属铱的+9 价化合物作为氧化剂使用成本过高，但作为一种潜在的催化剂还是令人期待的。正如 *Science News* 杂志对铱元素+9 氧化态的研究工作给出的评价：“这一发现为许多工业化学反应开辟了新的可能性，更新了成键规则，改变了教科书的内容”。美国化学会 *Chemical & Engineering News* 杂志也将之评为 2014 年度十大化学研究之一。2019 年，周鸣飞教授领衔项目“瞬态新奇分子的光谱、成键和反应研究”获得 2018 年度国家自然科学二等奖。

习　题

1. 完成并配平下列反应方程式。

(1) $Ti + HF \longrightarrow$

(2) $TiO_2 + H_2SO_4$(浓) $\xrightarrow{\triangle}$

(3) $CrO_2^- + H_2O_2 + OH^- \longrightarrow$

(4) $Cr^{3+} + MnO_4^- + H_2O \longrightarrow$

(5) $Cr_2O_7^{2-} + Fe^{2+} + H^+ \longrightarrow$

(6) $MnO_4^- + H_2O_2 + H^+ \longrightarrow$

(7) $Mn^{2+} + NaBiO_3 + H^+ \longrightarrow$

(8) $MnO_4^- + SO_3^{2-} + H_2O \longrightarrow$

(9) $KMnO_4(s) \xrightarrow{\triangle}$

(10) $FeSO_4 + Br_2 + H_2SO_4 \longrightarrow$

(11) $Fe(OH)_3 + Cl_2 + OH^- \longrightarrow$

(12) $Co(OH)_2 + H_2O_2 \longrightarrow$

(13) $Co_2O_3 + HCl \longrightarrow$

2. 根据下列实验现象，给出反应方程式。

(1) 四氯化钛试剂瓶打开后会冒白烟。

(2) 向 $Cr_2(SO_4)_3$ 溶液中滴加 NaOH 溶液，先有灰蓝色沉淀生成，后沉淀溶解得绿色溶液。再加入 H_2O_2，溶液由绿色变为黄色。

(3) 硫酸亚铁溶液与赤血盐混合生成蓝色的滕氏蓝沉淀。

(4) 向 $MnSO_4$ 溶液中滴加 NaOH 溶液有白色沉淀生成，在空气中放置沉淀逐渐变为棕褐色。

3. 解释下列实验现象。

(1) 向 $K_2Cr_2O_7$ 与 H_2SO_4 溶液中加入 H_2O_2，再加入乙醚并摇动，乙醚层为蓝色，水层逐渐变绿。

(2) 在 $FeCl_3$ 溶液中加入 KSCN 溶液时出现血红色，再加入少许铁粉后血红色逐渐消失。

(3) 在水溶液中由 Fe^{3+} 和 KI 得不到 FeI_3。

(4) 向 $FeCl_3$ 溶液中加入 Na_2CO_3 溶液时得到 $Fe(OH)_3$ 沉淀，而不是生成 $Fe_2(CO_3)_3$ 沉淀。

(5) I_2 不能氧化 Fe^{2+}，但在 KCN 存在下，I_2 可以氧化 Fe^{2+}。

(6) 蓝色的变色硅胶吸水后变成粉红色。

4. 试解释若 $[Cr(H_2O)_6]^{3+}$ 内界中的 H_2O 逐步被 NH_3 取代后，溶液的颜色从紫红→浅红→橙红→橙黄→黄色的变化。

5. 试说明为什么在酸性 $K_2Cr_2O_7$ 溶液中，加入 Pb^{2+}，生成了黄色的 $PbCrO_4$ 沉淀。

6. 25℃时在酸性溶液中有下列电对的标准电极电势：

$$E^\ominus(MnO_4^-/MnO_4^{2-}) = +0.56V$$

$$E^\ominus(MnO_4^-/MnO_2) = +1.695V$$

$$E^\ominus(MnO_2/Mn^{2+}) = +1.23V$$

试解答以下问题：

(1) 列出标准电势图，并算出 $E^\ominus(MnO_4^{2-}/MnO_2)$。

(2) 据此说明 MnO_4^{2-} 在酸性溶液中是否稳定，并写出化学方程式。

(3) 据此说明 MnO_4^- 溶液与 Mn^{2+} 溶液混合时，将发生什么反应？并写出化学方程式。

(2.26V)

7. 下列化合物都有颜色。指出哪些化合物的颜色只是由电荷跃迁产生的。

(1) $[Cu(NH_3)_4]SO_4$	深蓝色	(2) Ag_2CrO_4	砖红色
(3) Na_2WS_4	橙色	(4) $BaFeO_4$	橙红色
(5) $Cu[CuCl_3]$	棕褐色	(6) $(NH_4)_2Cr_2O_7$	橙红色

8. 一紫色晶体溶于水得到绿色溶液 A，A 与过量氨水反应生成灰绿色沉淀 B。B 可溶于 NaOH 溶液，得到亮绿色溶液 C，在 C 中加入 H_2O_2 并微热，得到黄色溶液 D。在 D 中加入氯化钡溶液生成黄色沉淀 E，E 可溶于盐酸得到橙红色溶液 F。试确定各字母所代表的物质，写出有关的反应方程式。

9. 向一含有三种阴离子的混合溶液中，滴加 $AgNO_3$ 溶液至不再有沉淀生成。过滤，当用稀硝酸处理沉淀时砖红色沉淀溶解得红色溶液，但仍有白色沉淀，滤液呈紫色，用硫酸酸化后，加入 Na_2SO_3，则紫色逐渐消失。指出上述溶液中含哪三种阴离子，并写出有关反应方程式。

10. 一棕黑色固体 A 不溶于水，但可溶于浓盐酸，生成近乎无色溶液 B 和黄绿色气体 C。在少量 B 中加入硝酸和少量 $NaBiO_3(s)$，生成紫红色溶液 D。在 D 中加入一淡绿色溶液 E，紫红色褪去，在得到的溶液 F 中加入 KNCS 溶液又生成血红色溶液 G。再加入足量的 NaF 则溶液的颜色又褪去。在 E 中加入 $BaCl_2$ 溶液则生成不溶于硝酸的白色沉淀 H。试确定各字母所代表的物质，并写出有关反应的离子方程式。

11. 金属 M 溶于稀盐酸时生成 MCl_2，其磁矩为 $5.0\mu_B$。在无氧操作条件下，MCl_2 溶液遇 NaOH 溶液生成白色沉淀 A。A 接触空气逐渐变绿或蓝绿，最后变成棕色沉淀 B。灼烧时，B 转化为棕红色粉末 C。B 不溶于 NaOH 溶液，B 与草酸氢钾溶液在加热条件下得黄色溶液，蒸发、浓缩后有绿色晶体 D 析出。B 溶于盐酸生成黄色溶液 E。E 与 KI 溶液作用有 I_2 生成，再加过量的 NaF，I_2 又消失。若向 B 的浓 NaOH 悬浮液中通入氯气时可得到紫红色溶液 F。向 F 中加入 $BaCl_2$ 时有红棕色沉淀 G 生成。G 为强氧化剂。请给出 A、B、C、D、E、F、G 所代表的化合物，并写出反应方程式。

12. 某粉红色晶体溶于水，其水溶液 A 也呈粉红色。向 A 中加入少量 NaOH 溶液，生成蓝色沉淀，当 NaOH 溶液过量时，则得到粉红色沉淀 B。再加入 H_2O_2 溶液，得到棕色沉淀 C，C 与过量浓盐酸反应生成蓝色溶液 D 和黄绿色气体 E。将 D 用水稀释又变为溶液 A。A 中加入 KNCS 晶体和丙酮后得到天蓝色溶液 F。试确定各字母所代表的物质，并写出有关的反应方程式。

13. 某黑色过渡金属氧化物 A 溶于浓盐酸后得到绿色溶液 B 和气体 C，C 能使润湿的 KI-淀粉试纸变蓝。B 与 NaOH 溶液反应生成苹果绿色沉淀 D。D 可溶于氨水得到蓝色溶液 E，再加入丁二肟乙醇溶液则生成鲜红色沉淀。试确定各字母所代表的物质，并写出有关的反应方程式。

14. 溶液中含有 Fe^{3+} 和 Co^{2+}，如何将它们分离开并鉴定？

15. 如何将 Ag_2CrO_4、$BaCrO_4$ 和 $PbCrO_4$ 固体混合物中的 Ag^+、Ba^{2+}、Pb^{2+} 分离开？

16. 写出铅白、锌白、钛白的化学组成，指出钛白作颜料的优点。

17. 比较 $Cr(OH)_3$、$Fe(OH)_3$、$Al(OH)_3$ 性质的异同，怎样分离 Cr^{3+}、Al^{3+}、Fe^{3+}？

18. 举出鉴别 Fe^{3+}、Fe^{2+}、Co^{2+} 和 Ni^{2+} 常用的方法。

第 9 章 ds 区元素选述

ds 区元素包括ⅠB、ⅡB 族(11、12 族)元素，又称铜副族和锌副族元素，它们的价层电子构型分别为$(n-1)d^{10}ns^1$和$(n-1)d^{10}ns^2$。虽然最外层电子数和同周期的ⅠA和ⅡA族元素相同，但由于 ds 区元素次外层有 18 个电子，而ⅠA 和ⅡA 族元素次外层有 8 个电子，所以 ds 区元素有效核电荷更多一些，原子核对最外层的 *n*s 电子的引力也大一些，从而导致 ds 区元素活泼性比 s 区元素明显降低。因此，ds 区元素容易形成共价化合物。同时，由于 ds 区元素离子价层有能量相近的空轨道，所以形成配合物的倾向非常显著。

9.1 铜副族元素

9.1.1 铜副族元素的单质

Ⅰ副族包括铜、银、金和𬬭四种元素，其中𬬭是人工合成放射性元素。它们除最外层 *n*s 轨道电子参与成键外，次外层的$(n-1)$d 轨道电子也参与成键。铜、银、金具有美丽的外观颜色，铜为紫红色，银为白色，金为黄色，并能较长期保持不变，是人类最早发现并使用的三种金属，有“货币金属”之称。铜在地壳中的质量分数为$5.0\times10^{-3}\%$，列第 26 位；银和金在地壳中的质量分数比铜低很多。由于铜、银、金性质不够活泼，在自然界中有以单质状态存在的矿藏，但自然铜矿和银矿很少见，铜主要以硫化物、氧化物和碳酸盐形式存在，我国的铜矿储量居世界第三位。银主要以硫化物和氯化物形式存在，而金多以自然金形式存在于脉状矿床或冲积矿床中。

铜、银、金的基本性质列于表 9-1 中。

表 9-1 铜副族元素的基本性质

元素	Cu	Ag	Au
原子序数	29	47	79
价层电子构型	$3d^{10}4s^1$	$4d^{10}5s^1$	$5d^{10}6s^1$
主要氧化数	+1，+2	+1	+1，+3
熔点/℃	1085	962	1064
沸点/℃	2563	2162	2856
共价半径/pm	122	136	130
密度/(g · cm^{-3})	8.95	10.49	19.32

铜副族元素具有熔、沸点高，密度大，导热性、导电性、延展性好等特点。其中银的导电、传热能力是所有金属中最好的，铜居第二位。金的延展性很好，能被碾压成厚度为 0.01μm 的金箔，拉成线密度只有 0.5mg · m^{-1}的细丝。另外铜族元素还有抗腐蚀性强，可以形成配合

物，易形成合金等特性。

铜是人类最早发现并使用的金属。早在史前时代，人们就开始采掘露天铜矿，并用获取的铜制造武器、钱币和器皿，这对于早期的人类文明影响深远。现代铜被大量用来制造电缆电线，是电力、电子工业和航天工业最重要的金属之一，也用于制造化工设备和生产合金，铜合金主要用于机械零件。银主要用于制造合金、电镀、制镜和电池生产中。另外，银也大量用于制作银器、首饰和感光材料，以及医疗上用于补牙的银汞齐等。金主要作为黄金储备，一个国家的黄金储备可以在一定程度上衡量这个国家的经济实力。此外，金还用于铸币及制造首饰，并在镶牙、电子工业(耐腐蚀触点)、航天工业等方面有重要用途。

铜副族元素化学活泼性很差，并按铜、银、金的顺序减弱。

常温下铜、银、金在干燥纯净的空气中都比较稳定，在水中也不反应。但红热的铜和空气中的氧气反应会生成 CuO。银和金高温下在空气中仍然是稳定的。在含有 CO_2 的潮湿空气中，铜表面会慢慢生成一层绿色的铜锈：

$$2Cu + O_2 + H_2O + CO_2 = Cu(OH)_2 \cdot CuCO_3$$

银和金则不会发生上述反应。

铜和银在加热的情况下可与硫反应，特别是银在与含有 H_2S 的空气接触后，表面会因形成一层黑色的 Ag_2S 薄膜，而失去原有的光泽：

$$4Ag + 2H_2S + O_2 = 2Ag_2S + 2H_2O$$

铜副族元素都可以和卤素反应，铜在常温下就可以和卤素反应，银反应很慢，金则需要在加热的条件下才能与干燥的卤素发生反应。

铜、银、金都不能与稀盐酸或稀硫酸作用放出氢气，但铜和银可以溶于硝酸或热的浓硫酸，而金只能溶于王水：

$$Cu + 4HNO_3(\text{浓}) = Cu(NO_3)_2 + 2NO_2\uparrow + 2H_2O$$

$$3Cu + 8HNO_3(\text{稀}) = 3Cu(NO_3)_2 + 2NO\uparrow + 4H_2O$$

$$Cu + 2H_2SO_4(\text{浓}) \xlongequal{\triangle} CuSO_4 + SO_2\uparrow + 2H_2O$$

$$2Ag + 2H_2SO_4(\text{浓}) \xlongequal{\triangle} Ag_2SO_4 + SO_2\uparrow + 2H_2O$$

$$Au + 4HCl + HNO_3 = H[AuCl_4] + NO\uparrow + 2H_2O$$

铜是人体和植物生长必需的微量元素之一，是血浆铜蓝蛋白和超氧化物歧化酶的重要成分，它参与 30 多种酶的组成和活化，能促进糖、淀粉、蛋白质和核酸的代谢转化，从而影响机体能量代谢和生长。如果缺铜就会影响人体对铁的吸收，发生贫血。

9.1.2　铜的重要化合物

铜可以形成+1、+2 两种氧化态的化合物。

1. 氧化数为+1 的化合物

1) 氧化物

由于制备方法和条件不同，Cu_2O 粒径大小不同，可呈黄、橙、红、棕多种颜色。用糖还原 Cu(Ⅱ)盐的碱溶液可以得到红色的 Cu_2O：

$$2[Cu(OH)_4]^{2-} + CH_2OH(CHOH)_4CHO = Cu_2O\downarrow + 4OH^- + CH_2OH(CHOH)_4COOH + 2H_2O$$

分析化学中利用这个反应测定醛，医学上用这个反应检查糖尿病患者尿液中葡萄糖的含量。

高温下将 CuO 分解也可得到 Cu_2O。Cu_2O 为共价化合物，不溶于水，是弱碱性的有毒物质。Cu_2O 热稳定性好，在 1235℃高温条件下也只熔融不分解，主要用于玻璃、陶瓷工业作染料，还可用于船底漆。

Cu_2O 溶于稀 H_2SO_4 时，立即发生歧化反应：

$$Cu_2O + H_2SO_4 = Cu_2SO_4 + H_2O$$

$$Cu_2SO_4 = CuSO_4 + Cu$$

Cu_2O 与 HCl 反应，因生成难溶的白色氯化亚铜沉淀而不发生歧化：

$$Cu_2O + 2HCl = 2CuCl\downarrow + H_2O$$

Cu_2O 溶于氨水时形成无色配合物：

$$Cu_2O + 4NH_3 \cdot H_2O = 2[Cu(NH_3)_2]^+ + 2OH^- + 3H_2O$$

无色的$[Cu(NH_3)_2]^+$在空气中不稳定，立即被氧化成深蓝色的$[Cu(NH_3)_4]^{2+}$：

$$2[Cu(NH_3)_2]^+ + 4NH_3 + H_2O + \frac{1}{2}O_2 = 2[Cu(NH_3)_4]^{2+} + 2OH^-$$

Cu(Ⅰ)的配合物都是无色的，而 Cu(Ⅱ)配合物却都有颜色。这是因为 Cu(Ⅰ)的价电子构型为 $3d^{10}$，不能发生 d-d 跃迁，而 Cu(Ⅱ)的价电子构型为 $3d^9$，可以发生 d-d 跃迁。

2) 卤化物

除氟化亚铜外，其他三种卤化亚铜 CuX(X=Cl、Br、I)都是白色难溶于水的化合物，其溶解度按 Cl、Br、I 顺序降低。

CuCl 不溶于硫酸、稀硝酸，可溶于浓盐酸及碱金属氯化物溶液中，形成$[CuCl_2]^-$、$[CuCl_3]^{2-}$、$[CuCl_4]^{3-}$等配离子，用水稀释之后又重新得到 CuCl 白色沉淀：

$$[CuCl_2]^- \rightleftharpoons CuCl\downarrow + Cl^-$$

CuCl 的盐酸溶液能吸收 CO，形成氯化羰基亚铜 $CuCl(CO) \cdot H_2O$。

CuCl 溶于氨水、浓盐酸及碱金属的氯化物溶液中，形成配位化合物。

CuCl 在工业上可用作催化剂、还原剂、脱硫剂、脱色剂、凝聚剂、杀虫剂和防腐剂。

3) 硫化物

硫化亚铜 Cu_2S 是黑色难溶于水的化合物，只溶于浓、热硝酸和氰化钠溶液：

$$3Cu_2S + 16HNO_3 = 6Cu(NO_3)_2 + 3S + 4NO + 8H_2O$$

$$Cu_2S + 4CN^- = 2[Cu(CN)_2]^- + S^{2-}$$

2. 氧化数为+2 的化合物

1) 氧化物和氢氧化物

CuO 为黑色碱性氧化物，难溶于水，可溶于酸。热稳定性高，当温度超过 1000℃时才分解成红色的 Cu_2O 和 O_2：

$$4CuO = 2Cu_2O + O_2\uparrow$$

CuO 具有一定的氧化性，在高温下可被 H_2、C、CO、NH_3 等还原成单质铜：

$$3CuO + 2NH_3 = 3Cu + 3H_2O + N_2\uparrow$$

CuO 也可由某些含氧酸盐受热分解或在氧气中加热铜粉而制得：

$$2Cu(NO_3)_2 = 2CuO + 4NO_2 + O_2\uparrow$$
$$2Cu + O_2 = 2CuO$$

可溶性铜(Ⅱ)盐溶液中加入强碱，得到氢氧化铜 $Cu(OH)_2$ 沉淀。

$$Cu^{2+} + 2OH^- = Cu(OH)_2$$

$Cu(OH)_2$ 的热稳定性比碱金属氢氧化物差很多，受热易分解，当温度达到 353K 时，$Cu(OH)_2$ 脱水变成黑色的 CuO：

$$Cu(OH)_2 = CuO + H_2O$$

$Cu(OH)_2$ 略显两性，既可溶于酸，也可溶于过量的浓碱溶液：

$$Cu(OH)_2 + H_2SO_4 = CuSO_4 + 2H_2O$$
$$Cu(OH)_2 + 2NaOH = Na_2[Cu(OH)_4]$$

向 $CuSO_4$ 溶液中加入氨水，首先生成浅蓝色 $Cu(OH)_2$ 沉淀，当氨水过量时则生成深蓝色铜氨配离子：

$$Cu(OH)_2 + 4NH_3 \cdot H_2O = [Cu(NH_3)_4]^{2+} + 2OH^- + 4H_2O$$

2) 卤化铜

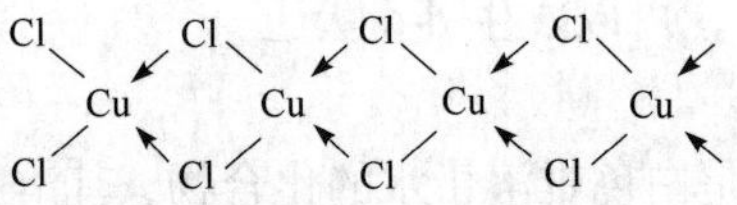

图 9-1　$CuCl_2$ 长链结构

卤化铜包括白色的 CuF_2、黄棕色的 $CuCl_2$、棕黑色的 $CuBr_2$ 和含结晶水的 $CuCl_2 \cdot H_2O$(蓝色)，它们都易溶于水。其中较重要的是氯化铜。

无水 $CuCl_2$ 是共价化合物，其结构为由 $CuCl_2$ 平面组成的长链(图 9-1)，每个 Cu 处于 4 个 Cl 形成的平面四边形的中心。

$CuCl_2$ 易溶于水，也易溶于一些有机溶剂(乙醇、丙酮)中。在很浓的 $CuCl_2$ 水溶液中，可形成黄色的 $[CuCl_4]^{2-}$ 配合物：

$$Cu^{2+} + 4Cl^- = [CuCl_4]^{2-}$$

而 $CuCl_2$ 的稀溶液为浅蓝色，这是因为形成了 $[Cu(H_2O)_4]^{2+}$ 水合离子：

$$[CuCl_4]^{2-} + 4H_2O = [Cu(H_2O)_4]^{2+} + 4Cl^-$$

$CuCl_2$ 浓溶液缓慢滴加水，依次观察到黄色、黄绿色、绿色、蓝绿色和蓝色。颜色变化是由于含有 $[CuCl_4]^{2-}$ 和 $[Cu(H_2O)_4]^{2+}$ 的相对量不同。

$CuCl_2$ 受强热后将发生下面的反应：

$$2CuCl_2 \xlongequal{\triangle} 2CuCl + Cl_2\uparrow$$

$CuCl_2$ 作为弱氧化剂可与 I^- 反应生成难溶的 CuI 沉淀和单质碘：

$$2CuCl_2 + 4I^- = 2CuI\downarrow + I_2 + 4Cl^-$$

3) 含氧酸盐

硫酸铜是最重要的铜盐。从水溶液中结晶出的蓝色 $CuSO_4 \cdot 5H_2O$，俗称胆矾，是最常见的存在形式。升高温度时，$CuSO_4 \cdot 5H_2O$ 逐步脱水，当温度高于 280℃时即形成无水 $CuSO_4$ 粉末，在更高温度下，$CuSO_4$ 将分解为 CuO 和 SO_3。

无水硫酸铜为白色粉末，易溶于水，不溶于有机溶剂，因其吸水性强，可以作有机合成中的干燥剂。

硫酸铜被广泛用于电解、电镀、颜料生产及其他铜化合物的制备过程。硫酸铜有杀菌能力，被广泛用于蓄水池、游泳池的消毒；医学上用它作收敛剂、防腐剂和催吐剂；硫酸铜和石灰乳的混合液俗称波尔多液，用作果树的杀虫和杀菌。

3. Cu(Ⅰ)和 Cu(Ⅱ)的相互转化

铜的电极电势图为

$E_a^{\ominus}/V$

$$Cu^{2+} \xrightarrow{0.153} Cu^{+} \xrightarrow{0.521} Cu$$

$$Cu^{2+} \xrightarrow{0.438} [CuCl_2]^{-} \xrightarrow{0.241} Cu$$

$$Cu^{2+} \xrightarrow{0.509} CuCl \xrightarrow{0.171} Cu$$

从电极电势图中可以看出，Cu^+在酸性水溶液中不稳定，会发生歧化反应：

$$2Cu^+ = Cu^{2+} + Cu$$

298.15K 时，上述反应的 $K^{\ominus}=1.2\times10^6$。由于 $K^{\ominus}$很大，Cu^+几乎全部歧化为 Cu^{2+}和 Cu。

铜的价层电子构型为 $3d^{10}4s^1$，按理说铜的特征氧化数应为+1 才对，可为什么在酸性水溶液中 Cu^+不稳定，而 Cu^{2+}却很稳定呢？这是因为在水溶液中 Cu^{2+}的水合热$(-2121kJ \cdot mol^{-1})$比 Cu^+的$(-582kJ \cdot mol^{-1})$负得多，故 Cu^{2+}更为稳定。而在高温及固态时，Cu(Ⅰ)还是要比 Cu(Ⅱ)稳定。

要使 Cu(Ⅰ)不发生歧化反应，可以设法降低 Cu^+在水溶液中的浓度，这就要求 Cu(Ⅰ)必须以难溶盐或配离子形式存在，如

$$Cu^{2+} + Cu + 2Cl^- = 2CuCl\downarrow$$

$$2Cu^{2+} + 6CN^- = 2Cu(CN)_2^- + (CN)_2$$

9.1.3　银的重要化合物

绝大多数银盐都是难溶化合物，只有 $AgNO_3$、Ag_2SO_4 和 AgF 是易溶盐。

$AgNO_3$ 是最重要的可溶性银盐。$AgNO_3$ 对热不稳定，如果有微量的有机物存在或在光照下 $AgNO_3$ 就会分解，因此 $AgNO_3$ 应保存在棕色瓶内。$AgNO_3$ 遇到蛋白质即生成黑色蛋白银，对有机组织有破坏作用，使用时应注意不要让它接触到皮肤。

$AgNO_3$ 遇碱生成白色的 AgOH 沉淀，AgOH 极不稳定，立即脱水变成棕黑色 Ag_2O，室温下观察不到白色沉淀。在低于 228K 下用强碱与可溶性银盐的乙醇溶液反应可得到 AgOH：

$$AgNO_3 + OH^- = AgOH + NO_3^-$$

$$2AgOH \longrightarrow Ag_2O + H_2O$$

Ag_2O 稳定性差，200℃即发生分解：

$$Ag_2O = 4Ag + O_2$$

$AgNO_3$ 可以和 NH_3、CN^-、$S_2O_3^{2-}$等多种配体形成配位数为 2 的配合物：

$$2Ag^+ + 2NH_3 + H_2O = Ag_2O + 2NH_4^+$$

$$Ag_2O + 2NH_3 + 2NH_4^+ = 2[Ag(NH_3)_2]^+ + H_2O$$

$AgNO_3$ 是中等强度氧化剂，能被一些强还原剂还原成单质银：

$$2AgNO_3 + H_3PO_3 + H_2O = H_3PO_4 + 2Ag + 2HNO_3$$

AgCl、AgBr、AgI 的颜色分别为白、淡黄、黄色，水中溶解度依次降低。AgCl 可被氨水溶解，形成$[Ag(NH_3)_2]^+$；AgBr 需 $Na_2S_2O_3$ 溶解，形成$[Ag(S_2O_3)_2]^{3-}$；而 AgI 则需 KCN 溶解，形成$[Ag(CN)_2]^-$。

9.2　锌副族元素

9.2.1　锌副族元素的单质

锌副族包括锌、镉、汞和鿔四种元素，其中鿔是人工合成放射性元素。锌的新磨光的表面呈蓝白色，镉和汞都是银白色金属。这三种元素都是亲硫元素，因此主要以硫化物形式存在于自然界中。它们的基本性质列于表 9-2 中。

表 9-2　锌副族元素的性质

元素	Zn	Cd	Hg
原子序数	30	48	80
价层电子构型	$3d^{10}4s^2$	$4d^{10}5s^2$	$5d^{10}6s^2$
主要氧化数	+2	+2	+1，+2
熔点/℃	420	321	−39
沸点/℃	907	767	357
共价半径/pm	120	140	132
密度/$(g \cdot cm^{-3})$	7.14	8.642	13.59

将表 9-2 与表 9-1 对照，可以看出，锌副族元素的熔、沸点比相应的铜副族元素低很多，并按 Zn、Cd、Hg 顺序下降。这主要是由于锌副族元素的金属键比铜副族元素的金属键弱。其原因可能是锌副族元素原子的最外层 s 电子成对后稳定性增大的缘故。而且这种稳定性随着锌副族元素的原子序数增大而增大。由于 Hg 的 6s 电子最稳定，金属键最弱，所以汞在室温下为液体。

由于锌副族元素+2 价是 18 电子构型的离子，极化力和变形性都很大，形成的化合物共价成分多，特别是氧化物、硫化物和卤化物，附加极化作用的结果使物质的溶解度、颜色、熔点、沸点都随金属离子核外电子层的增加呈规律性变化。

锌主要用于防腐镀层、各种合金及干电池中。镉主要用于电池生产。汞是常温下唯一的液态金属，汞在 273～473K 时体积膨胀系数与温度之间具有良好的线性关系，又不润湿玻璃，所以常被用在温度计和气压计中。汞的蒸气在电弧中能导电，并辐射出高强度的可见光和紫外线，可作各种灯源使用。

锌是人体中必需的微量元素之一，主要储存在人的血液、皮肤和骨骼中。而镉和汞则是毒性非常大的两种元素，镉主要在人的肝脏和肾脏内积累。常温下汞的蒸气压很低，但当其暴露在空气中时，仍会有少量蒸发，被人体所吸收。因此，使用汞时必须非常小心，万一洒落，必须尽量收集起来并保存在水中。

汞能够溶解其他金属而形成汞齐。汞齐在化学性质上与其他合金相似，同时又有其自身的特点，即溶解于汞中的金属含量不高时，所生成的汞齐常呈液态或糊状。如钠溶解于汞形成钠汞齐，钠汞齐与水接触时，其中的汞仍保持惰性，而钠则与水反应放出氢气。不过与金属钠相比，反应进行得比较平稳。利用钠汞齐反应比金属钠平稳的性质，在一些合成反应中常用钠汞齐作还原剂。一些以单质形式存在于矿石中的贵金属，也可利用汞的这一特性进行提取——汞齐法。

汞与过量硫磺粉在 140～160℃熔融反应，生成黑色硫化汞。过去人们也常用硫磺粉覆盖实验室中洒落且不易清理的汞。不过近年来有人发现此法效果并不好，反应相当慢，五六个小时也观察不到任何变化。还是用锌粉处理使之变成汞齐比较安全。

锌副族元素次外层 d 轨道全充满，d 轨道电子不易参与成键，常形成氧化数为+2 的化合物。但汞氧化数为+1 的化合物却是稳定的。锌副族元素单质的化学活泼性比同周期铜副族元素高，且同族元素随着周期数的增加活性递减，这与碱土金属恰好相反。锌和镉的物理性质和化学性质都比较相近，而汞和它们相差较大，在性质上与铜、银、金相似。

室温下锌、镉、汞在干燥的空气中都很稳定，在有 CO_2 存在的潮湿空气中锌表面很快变暗，形成一层碱式碳酸盐保护膜：

$$4Zn + 2O_2 + 3H_2O + CO_2 = ZnCO_3 \cdot 3Zn(OH)_2$$

锌在加热的条件下可以和绝大多数非金属如卤素、氧、硫、磷等反应。在 1273K 时锌在空气中燃烧生成 ZnO；而汞在 573～623K 时与氧明显反应，但在约 773K 以上 HgO 又分解为单质汞。

锌和镉的标准电极电势都是负值，纯锌在稀酸中反应极慢，但如果锌中含有少量金属杂质(如 Cu、Ag 等)，则因形成微电池，使置换氢气的速度明显加快。镉与稀酸反应很慢，而汞则不反应。但它们都能和氧化性酸(硝酸、浓 H_2SO_4)反应：

$$Hg + 2H_2SO_4(浓) = HgSO_4 + SO_2\uparrow + 2H_2O$$

$$3Hg + 8HNO_3 = 3Hg(NO_3)_2 + 2NO\uparrow + 4H_2O$$

过量的汞与冷的稀硝酸反应时，生成硝酸亚汞：

$$6Hg + 8HNO_3 = 3Hg_2(NO_3)_2 + 2NO\uparrow + 4H_2O$$

锌和铝相似，是两性金属，不但能溶于酸，还能溶于强碱溶液及氨水中：

$$Zn + 2NaOH + 2H_2O = Na_2[Zn(OH)_4] + H_2\uparrow$$

$$Zn + 4NH_3 + 2H_2O = [Zn(NH_3)_4]^{2+} + 2OH^- + H_2\uparrow$$

9.2.2　锌和镉的重要化合物

锌和镉在常见化合物中氧化数为+2。多数常见的盐类都含结晶水。形成配合物的倾向性也很大。

1. 氧化物和氢氧化物

ZnO 是白色粉末，俗名锌白，加热则变为黄色(氧的逸出造成晶格缺陷的缘故)，是制备其他含锌化合物的基本原料。ZnO 是典型的两性氧化物，有收敛性和一定的杀菌能力，在医药上常调制成软膏和制作橡皮膏。

CdO 是一种棕色(颗粒大小或晶格缺陷可能呈不同颜色)的粉末，易溶于酸而难溶于碱。主要用于制备含镉化合物，在有机合成中作为催化剂，在电镀工业中用于配制镉的电镀液，在颜料工业中用于生产黄色染料。

在锌盐和镉盐溶液中加入适量强碱，可得到相应的氢氧化物，其中 $Zn(OH)_2$ 为两性氢氧化物，$Cd(OH)_2$ 为两性偏碱化合物，后者只有在热、浓的强碱中才有很少一部分能发生缓慢溶解：

$$Zn(OH)_2 + 2OH^- = [Zn(OH)_4]^{2-}$$

$$Cd(OH)_2 + 2OH^- = [Cd(OH)_4]^{2-}$$

锌和镉的氢氧化物还可溶解于过量氨水：

$$Zn(OH)_2 + 4NH_3 = [Zn(NH_3)_4]^{2+} + 2OH^-$$

$$Cd(OH)_2 + 4NH_3 = [Cd(NH_3)_4]^{2+} + 2OH^-$$

$Zn(OH)_2$ 和 $Cd(OH)_2$ 加热时都可以脱水变成 ZnO 和 CdO。

2. 硫化物

在锌盐溶液中加入 $(NH_4)_2S$ 溶液，生成 ZnS 沉淀：

$$ZnCl_2 + (NH_4)_2S = ZnS\downarrow + 2NH_4Cl$$

ZnS 为白色难溶盐，不溶于乙酸，但可溶于 $0.3mol \cdot L^{-1}$ 盐酸。向锌盐溶液中通入 H_2S 气体时，因为在 ZnS 沉淀生成的过程中 H^+浓度不断增加，阻碍了 ZnS 进一步沉淀，有可能导致 ZnS 沉淀不完全。

ZnS 和硫酸钡共沉淀所形成的混合晶体 $ZnS \cdot BaSO_4$ 称为“立德粉”，是一种优良的白色染料。与传统的“铅白”相比，它的优点是无毒，遇到空气中的 H_2S 也不变黑，因 ZnS 也是白色。

CdS 又称为镉黄，可用作黄色染料。不溶于稀酸，但溶于浓酸。所以控制溶液的酸度，同时用通入 H_2S 气体的方法可使 Zn^{2+}和 Cd^{2+}分离。

3. 氯化物

无水氯化锌为白色易潮解的固体，它的溶解度很大，吸水性很强，有机化学中常用它作去水剂和催化剂。其溶液因 Zn^{2+}的水解而显弱酸性：

$$Zn^{2+} + H_2O \rightleftharpoons Zn(OH)^+ + H^+$$

加热 $ZnCl_2 \cdot H_2O$ 固体时，只能得到氯化锌的碱式盐，而得不到无水氯化锌：

$$ZnCl_2 \cdot H_2O = Zn(OH)Cl + HCl$$

在 $ZnCl_2$ 的浓溶液中，由于生成二氯·羟合锌(Ⅱ)酸而使溶液具有显著的酸性：

$$ZnCl_2 + H_2O = H[ZnCl_2(OH)]$$

后者能溶解金属氧化物：

$$FeO + 2H[ZnCl_2(OH)] = Fe[ZnCl_2(OH)]_2 + H_2O$$

在焊接金属时用 $ZnCl_2$ 清除金属表面的氧化物就是利用这一性质。“熟镪水”就是浓氯化锌溶液。焊接时它不损害金属表面，当水分蒸发后，可使融化的盐与金属表面充分接触，不再氧化。

9.2.3　汞的重要化合物

汞的常见氧化态有+1 和+2 两种。

1. 氧化数为+1 的化合物

Hg 的+1 价化合物称为亚汞化合物。在亚汞化合物中汞总是以双聚体 Hg_2^{2+} 形式出现。这与亚汞化合物的反磁性相一致。

亚汞盐多数为无色，微溶于水。只有极少数盐如 $Hg_2(NO_3)_2$ 是易溶盐，且易发生水解，可加入稀硝酸抑制水解：

$$Hg_2(NO_3)_2 + H_2O = Hg_2(OH)NO_3\downarrow + HNO_3$$

Hg_2Cl_2 为白色难溶于水的固体，因略有甜味，俗称甘汞。无毒，常用于制作甘汞电极。Hg_2Cl_2 是直线形分子(Cl—Hg—Hg—Cl)，分子中两个 Hg 原子各以 sp 杂化轨道形成共价键，分子中没有单电子，这已被实验所证实。

Hg_2Cl_2 见光易分解，应在棕色瓶中保存：

$$Hg_2Cl_2 = Hg + HgCl_2$$

Hg_2Cl_2 与氨水作用可发生歧化反应生成白色的氨基氯化汞和黑色的极为分散的单质汞，但黑色的覆盖能力强，而使沉淀颜色显灰黑色：

$$Hg_2Cl_2 + 2NH_3 = Hg(NH_2)Cl\downarrow + Hg\downarrow + NH_4Cl$$

此反应可用来鉴定亚汞离子。

2. 氧化数为+2 的化合物

1) 氧化物和氢氧化物

HgO 由于晶粒大小不同而有黄色和红色之分(黄色的颗粒小一些)。无论黄色还是红色 HgO，均属链状结构。HgO 的热稳定性远低于 ZnO 和 CdO，在 773K 时即可分解：

$$2HgO = 2Hg + O_2\uparrow$$

$Hg(OH)_2$ 极不稳定，当汞盐与强碱反应时，得到的是黄色 HgO，而不是 $Hg(OH)_2$ 固体：

$$Hg^{2+} + 2OH^- = HgO\downarrow + H_2O$$

HgO 呈碱性，溶于酸，不溶于碱。

2) 硫化物

固体硫化汞根据晶形不同分成两种，一种是 α-HgS，另一种是 β-HgS，前者为红色，后者为黑色。β-HgS 加热到 659K 时可以转变成比较稳定的 α-HgS。硫化汞在自然界中主要以 α-HgS 形式(俗称辰砂、朱砂)存在。

HgS 是溶解度最小的硫化物。即使在浓硝酸中也不溶解，但能溶解在王水、过量的浓 Na_2S 以及过量酸性 KI 溶液中：

$$3HgS + 8H^+ + 2NO_3^- + 12Cl^- = 3[HgCl_4]^{2-} + 3S\downarrow + 2NO\uparrow + 4H_2O$$

$$HgS + Na_2S = Na_2[HgS_2]$$

$$HgS + 2H^+ + 4I^- = [HgI_4]^{2-} + H_2S$$

3) 氯化物

$HgCl_2$ 为白色针状晶体，是直线形共价化合物，熔点低，易升华，俗称升汞。$HgCl_2$ 易溶于有机溶剂，微溶于水，有剧毒。其稀溶液有杀菌作用，医疗中用作外科消毒剂，又可用于农药，也可作有机反应催化剂。

$HgCl_2$ 在水中的解离度很小，在水中几乎以 $HgCl_2$ 分子形式存在，这是无机盐少有的性质。$HgCl_2$ 在水中稍有水解：

$$HgCl_2 + 2H_2O = Hg(OH)Cl + Cl^- + H_3O^+$$

在氨中发生氨解，生成白色的氨基氯化汞沉淀：

$$HgCl_2 + 2NH_3 = Hg(NH_2)Cl\downarrow + NH_4Cl$$

在酸性溶液中 $HgCl_2$ 是一个中强氧化剂，同一些还原剂(如 $SnCl_2$)反应可被还原成 Hg_2Cl_2：

$$2HgCl_2 + SnCl_2 + 2HCl = Hg_2Cl_2\downarrow + H_2[SnCl_6]$$

如果 $SnCl_2$ 过量，则 Hg_2Cl_2 将被进一步还原成金属汞，沉淀将变黑：

$$Hg_2Cl_2 + SnCl_2 + 2HCl = 2Hg\downarrow + H_2[SnCl_6]$$

分析化学中常用这一方法鉴定 Hg^{2+}或 Sn^{2+}。

4) 配合物

向汞盐溶液中加入 KI 溶液时，首先会产生红色的 HgI_2 沉淀：

$$Hg^{2+} + 2I^- = HgI_2\downarrow$$

当加入的 KI 过量时，则 HgI_2 沉淀溶解，变成无色的$[HgI_4]^{2-}$：

$$HgI_2 + 2I^- = [HgI_4]^{2-}$$

$[HgI_4]^{2-}$的碱性溶液称为奈斯勒(Nessler)试剂。如果溶液中有微量的 NH_4^+ 或者 NH_3 存在时，滴加奈斯勒试剂，立即产生特殊的橙红色沉淀：

$$2[HgI_4]^{2-} + NH_4^+ + 4OH^- = \left[O\begin{smallmatrix}Hg\\ \\Hg\end{smallmatrix}NH_2\right]I\downarrow + 7I^- + 3H_2O$$

这个反应常被用来鉴定 NH_4^+ 。

3. Hg(Ⅰ)和 Hg(Ⅱ)的相互转化

汞的元素电势图为

$$E_a^{\ominus}/V \qquad Hg^{2+}\ \frac{0.920}{\quad}\ Hg_2^{2+}\ \frac{0.789}{\quad}\ Hg$$

由电势图可知，Hg^{2+}和 Hg_2^{2+} 是中等强度的氧化剂，Hg_2^{2+} 在酸性介质中标准浓度时不能发生歧化反应，而能发生逆歧化反应。

用单质汞作还原剂，Hg^{2+}基本上都能转化成 Hg_2^{2+} 。Hg_2Cl_2 就是用此方法制备的。

但要想使 Hg_2^{2+} 歧化，则必须降低溶液中 Hg^{2+}的浓度，使之生成难溶盐或配合物，如

$$Hg_2^{2+} + S^{2-} = HgS\downarrow + Hg$$

$$Hg_2^{2+} + 4I^- = [HgI_4]^{2-} + Hg$$

本 章 小 结

【主要内容】

(1) ds 区元素包括ⅠB 族的铜、银、金和ⅡB 族的锌、镉、汞等八种元素，它们的价层电子构型分别为$(n-1)d^{10}ns^1$和$(n-1)d^{10}ns^2$。该区元素活泼性比 s 区元素明显降低，容易形成共价化合物。同时，形成配合物的倾向非常显著。

(2) 主要氧化数：Cu +1，+2；Ag +1；Au +1，+3；Zn +2；Cd +2；Hg +1(以Hg_2^{2+}形式存在)，+2。

(3) 铜、银、金、汞活泼性差，不能与非氧化性稀酸反应；锌、镉比较活泼。Zn 呈两性。汞能溶解其他金属而形成汞齐。

(4) CuO 有氧化性，高温下分解产生Cu_2O和O_2；HgO 不稳定，受热分解出 Hg。ZnO、CdO、HgO 碱性依次增强。$Cu(OH)_2$、$Cd(OH)_2$两性偏碱，$Zn(OH)_2$两性。

(5) ds 区元素氧化物、氢氧化物、硫化物均难溶于水，且硫化物比相应氧化物的溶解度更小。除 CuF、AgF 外，其他 Cu(Ⅰ)、Ag(Ⅰ)的卤化物难溶于水。

(6) 形成配合物时，Cu^+、Ag^+的配位数一般为 2，Cu^{2+}的配位数为 4；Zn^{2+}、Cd^{2+}的配位数为 4 或 6；Hg^{2+}的配位数一般为 4 或 2。Cu^+配合物无色($3d^{10}$，不能发生 d-d 跃迁)，而Cu^{2+}配合物有色($3d^9$，可以发生 d-d 跃迁)。

(7) 欲使 Cu(Ⅱ)转化为 Cu(Ⅰ)，需要还原剂，并且使 Cu(Ⅰ)以难溶盐或配离子形式存在；欲使 Hg(Ⅰ)转化为 Hg(Ⅱ)，也必须使 Hg(Ⅱ)形成难溶盐或配离子。

阅读材料

“身手不凡”的稀土永磁材料

稀土，是化学周期表中镧系元素和钪、钇共十七种金属元素的总称。由于具有特殊的原子结构，稀土元素非常活泼，其活泼性仅次于碱金属和碱土金属元素。它们个个“身手不凡”。它们与其他元素结合，便可组成品类繁多、功能千变万化、用途各异的新型材料，质量和性能也大幅度提升，被人们称为“现代工业的维生素”。稀土元素具有独特的磁(电)、光等物理和化学特性，这也造就了稀土功能材料具有独一无二的强磁性、光学、催化活性等。正是这些特殊性，使稀土成为交通、机械、医疗、家电、航天、军事等领域不可或缺的基础原料，更有一些国家把它归类为关系到世界和平与国家安全的关键性战略资源。

磁在我们的日常生活、工业生产和军事国防等许多领域中都发挥着神奇的作用，其中之一便是永磁材料。永磁材料一旦在磁场中被充磁后，如撤去外磁场，仍能保留很强的磁性，而且不易被退磁。这样，永磁体的外部空间就可以形成一个恒定的工作磁场，用来进行粒子加速、自动控制、核磁共振等。永磁材料种类较多，其中，稀土永磁材料的出现受到了世界磁学界和工业界的普遍关注。风力发电机、磁悬浮列车、新能源汽车、

变频空调、节能电梯、智能机器人、巡航导弹……这些改变人们生活的高科技奇迹中，都少不了它。稀土永磁在提供稳
定持久的磁性的同时又不需要消耗电能，使器械和设备的结构更简单，降低了制造和维修的成本。因此，稀土永磁是21世纪最环保节能的重要材料之一。

稀土永磁材料是由稀土元素铈、钕、钐等和过渡元素铁、钴等组成的高性能永磁合金。早在20世纪60年代，美国戴顿大学的Strnat等用粉末黏结法成功合成了第一代稀土永磁(SmCo5钐钴合金)，标志着稀土永磁时代的到来。随后的70年代，人们成功地开发了第二代稀土永磁SmCo17。第一代和第二代稀土永磁属于钐钴系稀土永磁材料，由于原料缺乏，价格昂贵。1983年日本住友特殊金属公司和美国通用汽车公司几乎同时成功研制出世界上磁性最强的第三代永磁材料——钕铁硼(NdFeB)合金。这种新型材料刚一问世，便轰动全球。钕铁硼是钕、氧化铁、硼和其他微量金属元素构成的合金，是目前性价比最佳的磁体，它能吸起自身质量几百倍甚至上千倍的物体，享有“永磁王”的美誉。

永磁王已经广泛进入永磁电机行业，由于永磁电机具有高效、节能、平稳和低噪声等优点，广泛应用于风力发电机、潜艇(含核潜艇)、新能源汽车、地铁机车及高铁机车驱动的动力源，也正在进入下一代永磁磁悬浮高速列车、自动化港口建设等。我国第一条投入商业运营的磁悬浮专线(上海磁悬浮列车)所用的磁体主要就是钕铁硼永磁材料。目前，我国自主研发的装备稀土永磁驱动电机的新一代高铁列车已在中车株洲电力机车有限公司下线，投入试验性运行，初步结果表明，列车运行更平稳、更快、噪声更低，并节能10%以上。另外，随着新能源汽车需求的快速增长，将促使稀土永磁更多地运用到新能源汽车上。据报道，每辆混合动力车较传统汽车要多消耗5kg NdFeB；纯电动车中，稀土永磁电机替代传统发电机要多使用5～10kg NdFeB。还有，长征系列运载火箭、“神州”系列、“天宫一号”等的成功发射都与采用高性能的稀土永磁材料密不可分。钕铁硼的高磁性使得高新技术产业中的磁器件高效化、集成化、轻型化及智能化成为可能，使许多过去不可能应用永磁材料的领域开始使用磁器件，因而开辟了一些全新的永磁应用领域。钕铁硼永磁体的问世无疑是永磁材料领域一次革命性的变革，具有划时代的意义。

另外，稀土永磁材料对军事的重要性如同汽车对石油的依赖，尤其是近几十年来，世界军事科技高速发展，几乎所有高科技武器都有稀土的身影，而且稀土永磁材料常位于高科技武器的核心部位。例如，美国“爱国者”导弹，正是在其制导系统中使用了约4kg的钐钴磁体和钕铁硼磁体，用于电子束聚焦，才能精确拦截来袭导弹。美国M1坦克的激光测距机和夜视仪、F-22超音速隐形战机的发动机等都有赖于稀土永磁材料。

当前，钕铁硼永磁体在我国的推广应用中还存在一定的弊病，主要体现在耐蚀性较差。国外各生产商又都把NdFeB的防腐技术作为重要技术信息严格保密。因此，发展具有我国自主知识产权的钕铁硼永磁材料防腐技术成为当前研究的重点。依据我国的国情，发展钕铁硼系稀土永磁材料产业非常适宜。因为我国是世界上开发和生产钕铁硼起步较早的国家之一，而且现在产量处于世界前列。“中东有石油，中国有稀土”，一语道出了中国稀土资源的地位。但是过去几十年，我国大量稀土矿被乱采贱卖，造成稀土资源储备大幅下降，而稀土产品的深加工，如稀土磁体的生产、使用、市场竞争等方面与国外相比还有相当差距，有待加强和提高。

与此同时，近年来各国科学家正在积极探索，继续寻找“物美价廉”的第四代新型稀土永磁材料，以期进一步降低成本，提高性能。主要探索对象是在稀土铁合金中添加第

三种或第四种元素。预期不久的将来新的材料会不断开发出来，相信随着稀土永磁材料应用的扩展，定会迎来一个永磁高新技术应用的新时代。

习　题

1. 完成并配平下列反应方程式。

(1) 向 $CuSO_4$ 溶液中缓慢滴加氨水。

(2) 用稀硫酸溶解 Cu_2O。

(3) 向 Cu_2S 中滴加 NaCN 溶液。

(4) 向 $CdCl_2$ 的稀溶液中不断滴加 NaOH 溶液。

(5) 向 $CuCl_2$ 溶液中加入金属 Cu。

(6) 向 $AgNO_3$ 溶液中滴加 NaOH 溶液。

(7) 向 $AgNO_3$ 溶液中缓慢滴加氨水至过量。

(8) 向 $AgNO_3$ 溶液中滴加 H_3PO_3 溶液。

(9) 向 $HgCl_2$ 溶液中滴加 $SnCl_2$ 溶液。

(10) 向 $Hg(NO_3)_2$ 溶液中加入金属 Hg。

(11) 用过量 HI 溶液处理 HgO。

(12) 向 $Hg(NO_3)_2$ 溶液中加入过量 Na_2S 溶液。

(13) 向 $Hg(NO_3)_2$ 溶液中滴加 NaOH 溶液。

(14) 向奈斯勒试剂中加少量铵盐。

(15) Au 溶于王水。

2. 用反应方程式解释下列实验现象。

(1) 铜器皿在潮湿空气中生成铜绿(铜锈)。

(2) 银器皿在空气中变黑。

(3) 氯化汞的饱和溶液和汞研磨变成白色糊状。

(4) 印刷电路的烂板过程。

(5) 焊接铁皮时，常先用浓 $ZnCl_2$ 溶液处理铁皮表面。

(6) HgS 不溶于浓 HCl、HNO_3 中而能溶于王水或 Na_2S 中。

(7) $HgCl_2$ 溶液中有 NH_4Cl 存在时，加入氨水得不到白色沉淀。

3. 请列出三条铜族元素与碱金属元素化学性质上的主要差别。

4. 试列出一种除去金属银中少量的金属铜杂质的化学方法。

5. 比较下列硫化物的颜色并说明原因。

ZnS(白色)　CdS(黄色)　HgS(黑色)

6. $[Cu(NH_3)_4]^{2+}$ 为深蓝色，而 $[Cu(NH_3)_4]^{+}$ 则为无色，是因为 $[Cu(NH_3)_4]^{+}$ 无__________跃迁，而 $[Cu(NH_3)_4]^{2+}$ 有__________跃迁。

7. 在一种含有配离子 A 的溶液中，加入稀盐酸，有刺激性气体 B、黄色沉淀 C 和白色沉淀 J 产生。气体 B 能使 $KMnO_4$ 溶液褪色。若通氯气于溶液中，得到白色沉淀 J 和含有 D 的溶液。D 与 $BaCl_2$ 作用，有不溶于酸的白色沉淀 E 产生。若在溶液 A 中加入 KI 溶液，产生黄色沉淀 F，再加入 NaCN 溶液，黄色沉淀 F 溶解，形成无色溶液 G，向 G 中通入 H_2S 气体，得到黑色沉淀 H。根据上述实验结果，确定 A、B、C、D、E、F、G、H 及 J 各为何种物质，并写出各步反应的方程式。

8. 在含有 Cu^{2+}、Zn^{2+}离子浓度相同的溶液中：

(1) 在溶液近中性时，通入 H_2S，则生成__________和__________沉淀。

(2) 在酸性较强的溶液中，通入 H_2S，则只有__________生成沉淀，原因是__________________。

参 考 文 献

北京大学《大学基础化学》编写组. 2003. 大学基础化学. 北京: 高等教育出版社
北京师范大学无机化学教研室, 华中师范大学无机化学教研室, 南京师范大学无机化学教研室. 2002. 无机化学. 4 版. 北京: 高等教育出版社
陈启元, 梁逸增. 2003. 医科大学化学. 北京: 化学工业出版社
陈荣, 高松. 2012. 无机化学学科前沿与展望. 北京: 科学出版社
大连理工大学无机化学教研室. 2008. 无机化学. 5 版. 北京: 高等教育出版社
樊行雪, 方国女. 2004. 大学化学原理及应用. 2 版. 北京: 化学工业出版社
傅洵, 许泳吉, 解从霞. 2007. 基础化学教程. 北京: 科学出版社
傅迎, 章小丽. 2018. 无机化学. 北京: 科学出版社
胡常伟. 2004. 大学化学. 北京: 化学工业出版社
孟凡昌, 张学俊. 2002. 大学化学习题集. 北京: 科学技术文献出版社
曲保中, 朱炳林, 周伟红. 2012. 新大学化学. 3 版. 北京: 科学出版社
邵学俊, 董平安, 魏益海. 2002. 无机化学. 2 版. 武汉: 武汉大学出版社
宋其圣. 2009. 无机化学学习笔记. 北京: 科学出版社
宋天佑, 程鹏, 王杏乔, 等. 2009. 无机化学(上册). 2 版. 北京: 高等教育出版社
宋天佑, 徐家宁, 程功臻, 等. 2010. 无机化学(下册). 2 版. 北京: 高等教育出版社
宋天佑. 2007. 简明无机化学. 北京: 高等教育出版社
唐有祺, 王夔. 1997. 化学与社会. 北京: 高等教育出版社
天津大学无机化学教研室. 2010. 无机化学. 4 版. 北京: 高等教育出版社
吴越. 1998. 催化化学. 北京: 科学出版社
徐春祥, 曹凤岐. 2004. 无机化学. 北京: 高等教育出版社
徐家宁. 2011. 无机化学核心教程. 北京: 科学出版社
许善锦. 2000. 无机化学. 3 版. 北京: 人民卫生出版社
杨宏孝. 2010. 无机化学简明教程. 北京: 高等教育出版社
浙江大学普通化学教研室. 2011. 普通化学. 6 版. 北京: 高等教育出版社
中国科学院化学学部, 国家自然科学基金委化学科学部. 2000. 展望 21 世纪的化学. 北京: 化学工业出版社

附　　录

附录 1　常用物理化学常数

常数	符号和数值
阿伏伽德罗常量*	N_A=6.02214076×$10^{23}$$mol^{-1}$
电子电荷*	e=1.602176634×10^{-19}C
电子静止质量	m_e=9.1093897(54)×10^{-31}kg
法拉第常量	F=9.6485309(29)×10^{4}C · mol^{-1}
普朗克常量*	h=6.62607015×10^{-34}J · s
玻尔兹曼常量*	k=1.380649×10^{-23}J · K^{-1}
摩尔气体常量	R=8.314510(70)J · mol^{-1} · K^{-1}
真空中的光速	c=2.99792458×10^{8}m · s^{-1}
原子的质量常数	u=1.6605402(10)×10^{-27}kg

数据摘自：Speight J G. Lange's Handbook of Chemistry. 16th ed. 2005。其中，*表示该常量已根据 2018 年 11 月 16 日第 26 届国际计量大会通过的关于“修订国际单位制(SI)”的 1 号决议进行了修订。

附录 2　国际单位制(SI)基本单位

量的名称	量的符号	单位名称	英文名称	单位符号
长度	l	米	meter	m
质量	m	千克	kilogram	kg
时间	t	秒	second	s
电流强度	I	安[培]	Ampere	A
热力学温度	T	开[尔文]	Kelvin	K
发光强度	I_v	坎[德拉]	candela	cd
物质的量	n	摩[尔]	mole	mol

注：[ ]内的字是在不致引起混淆的情况下可以省略的字。

附录 3　常用换算关系

物理量	换算关系
长度	1Å=1×10^{-10}m=100pm=0.1nm 1in=2.54cm
能量	1cal=4.184J 1eV=1.602×10^{-19}J
温度	$F/℉=\frac{9}{5}t/℃+32$

续表

物理量	换算关系
压力	$1Pa=1N \cdot m^{-2}$ $1atm=760mmHg=101.325kPa$ $1mmHg=1torr=133.3Pa$ $1bar=10^5Pa$
质量	$1lb=0.454kg$ $1oz=28.3g$
电量	$1esu=3.335\times10^{-10}C$
偶极矩	$1deb=3.33564\times10^{-30}C \cdot m$
其他	$1cm^{-1}=1.986\times10^{-23}J=0.124MeV$ $1eV=96.485kJ \cdot mol^{-1}$，$8065.5cm^{-1}$ $R=1.986cal \cdot mol^{-1} \cdot K^{-1}=0.08206dm^3 \cdot atm \cdot mol^{-1} \cdot K^{-1}$ $=8.314J \cdot mol^{-1} \cdot K^{-1}=8.314kPa \cdot dm^3 \cdot mol^{-1} \cdot K^{-1}$

附录 4　一些弱酸和弱碱的解离常数

中文名称	分子式	英文名称	级数	温度/K	$K_a^\ominus$	$pK_a^\ominus$
硼酸	H_3BO_3	boric acid	1	293	5.81×10^{-10}	9.236
碳酸	H_2CO_3	carbonic acid	1	298	4.45×10^{-7}	6.352
			2	298	4.69×10^{-11}	10.329
氢氰酸	HCN	hydrocyanic acid		298	6.17×10^{-10}	9.210
氢氟酸	HF	hydrofluoric acid		298	6.31×10^{-4}	3.200
过氧化氢	H_2O_2	hydrogen peroxide		298	2.29×10^{-12}	11.640
硫化氢	H_2S	hydrogen sulfide	1	298	1.07×10^{-7}	6.971
			2	298	1.26×10^{-13}	12.900
次溴酸	HBrO	hypobromous acid		298	2.82×10^{-9}	8.550
次氯酸	HClO	hypochlorous acid		298	2.90×10^{-8}	7.537
次碘酸	HIO	hypoiodous acid		298	3.16×10^{-11}	10.500
碘酸	HIO_3	iodic acid		298	1.57×10^{-1}	0.804
亚硝酸	HNO_2	nitrous acid		298	7.24×10^{-4}	3.140
高碘酸	HIO_4	periodic acid		298	2.29×10^{-2}	1.640
磷酸	H_3PO_4	phosphoric acid	1	298	7.11×10^{-3}	2.148
			2	298	6.34×10^{-8}	7.198
			3	298	4.79×10^{-13}	12.320
硅酸	H_4SiO_4	silicic acid	1	303	2.51×10^{-10}	9.600
			2	303	1.58×10^{-12}	11.801
硫酸	H_2SO_4	sulfuric acid	2	298	1.02×10^{-2}	1.991
亚硫酸	H_2SO_3	sulfurous acid	1	298	1.29×10^{-2}	1.889
			2	298	6.24×10^{-8}	7.205
甲酸	HCOOH	formic acid		298	1.77×10^{-4}	3.751

续表

中文名称	分子式	英文名称	级数	温度/K	$K_a^\ominus$	$pK_a^\ominus$
乙酸	CH_3COOH	acetic acid		298	1.75×10^{-5}	4.756
乳酸	$CH_3CHOHCOOH$	lactic acid		298	1.39×10^{-4}	3.858
草酸	$H_2C_2O_4$	oxalic acid	1	298	5.36×10^{-2}	1.271
			2	298	5.35×10^{-5}	4.272
苯酚	C_6H_5OH	phenol		298	1.02×10^{-10}	9.991
氨	NH_3	ammonia(+1)		298	5.68×10^{-10}	9.246

数据摘自：Speight J G. Lange's Handbook of Chemistry. 16th ed. 2005。表中化合物英文名称后括号内的数字代表质子化的 H^+的个数；表中的 $K_a^\ominus$ 和 $pK_a^\ominus$ 即为质子化的化合物的酸式数据，由此可以计算出化合物的碱式数据。

附录 5　常见难溶电解质的溶度积

分子式	英文名称	$K_{sp}^\ominus$	$pK_{sp}^\ominus$
AgBr	silver bromide	5.35×10^{-13}	12.27
Ag_2CO_3	silver carbonate	8.46×10^{-12}	11.07
AgCl	silver chloride	1.77×10^{-10}	9.75
Ag_2CrO_4	silver chromate	1.12×10^{-12}	11.95
AgI	silver iodide	8.52×10^{-17}	16.07
Ag_2S	silver sulfide	6.30×10^{-50}	49.20
AgSCN	silver thiocyanate	1.03×10^{-12}	11.99
Ag_2SO_4	silver sulfate	1.20×10^{-5}	4.92
Ag_2SO_3	silver sulfite	1.50×10^{-14}	13.82
$Al(OH)_3$	aluminium hydroxide	1.3×10^{-33}	32.89
$AlPO_4$	aluminium phosphate	9.84×10^{-21}	20.01
$Be(OH)_2$	beryllium hydroxide	6.92×10^{-22}	21.16
$Bi(OH)_3$	bismuth hydroxide	6.0×10^{-31}	30.4
Bi_2S_3	bismuth sulfide	1.00×10^{-97}	97
$CaCO_3$	calcium carbonate	2.80×10^{-9}	8.54
$CaC_2O_4\cdot H_2O$	calcium oxalate water	2.32×10^{-9}	8.63
$CaCrO_4$	calcium chromate	7.1×10^{-4}	3.15
CaF_2	calcium fluoride	5.30×10^{-9}	8.28
$Ca(OH)_2$	calcium hydroxide	5.50×10^{-6}	5.26
$Ca_3(PO_4)_2$	calcium phosphate	2.07×10^{-29}	28.68
$CaSO_4$	calcium sulfate	4.93×10^{-5}	4.31
$CaSO_3$	calcium sulfite	6.8×10^{-8}	7.17
$Cr(OH)_2$	chromium(Ⅱ) hydroxide	2×10^{-16}	15.7
$Cr(OH)_3$	chromium(Ⅲ) hydroxide	6.3×10^{-31}	30.20

续表

分子式	英文名称	$K_{sp}^{\ominus}$	$pK_{sp}^{\ominus}$
$CoCO_3$	cobalt carbonate	1.4×10^{-13}	12.84
$Co(OH)_2$(新生成)	cobalt(Ⅱ) hydroxide	5.92×10^{-15}	14.23
$Co(OH)_3$	cobalt(Ⅲ) hydroxide	1.6×10^{-44}	43.80
β-CoS	cobalt sulfide	2.0×10^{-25}	24.70
CuBr	copper(Ⅰ) bromide	6.27×10^{-9}	8.20
CuCl	copper(Ⅰ) chloride	1.72×10^{-7}	6.76
$CuCO_3$	copper(Ⅱ) carbonate	1.4×10^{-10}	9.86
CuC_2O_4	copper(Ⅱ) oxalate	4.43×10^{-10}	9.35
CuI	copper(Ⅰ) iodide	1.27×10^{-12}	11.90
$Cu(IO_3)_2$	copper(Ⅱ) iodate	6.94×10^{-8}	7.16
CuOH	copper(Ⅰ) hydroxide	1×10^{-14}	14
$Cu(OH)_2$	copper(Ⅱ) hydroxide	2.2×10^{-20}	19.66
$Cu_3(PO_4)_2$	copper(Ⅱ) phosphate	1.40×10^{-37}	36.85
CuS	copper(Ⅱ) sulfide	6.30×10^{-36}	35.20
Cu_2S	copper(Ⅰ) sulfide	2.5×10^{-48}	47.60
CuSCN	copper(Ⅰ) thiocyanate	1.77×10^{-13}	12.75
$FeCO_3$	iron(Ⅱ) carbonate	3.13×10^{-11}	10.50
$Fe(OH)_2$	iron(Ⅱ) hydroxide	4.87×10^{-17}	16.31
$Fe(OH)_3$	iron(Ⅲ) hydroxide	2.79×10^{-39}	38.55
FeS	iron(Ⅱ) sulfide	6.30×10^{-18}	17.20
$HgBr_2$	mercury(Ⅱ) bromide	6.20×10^{-20}	19.21
Hg_2Br_2	mercuryr(Ⅰ) bromide	6.40×10^{-23}	22.19
Hg_2Cl_2	mercuryr(Ⅰ) chloride	1.43×10^{-18}	17.84
HgI_2	mercury(Ⅱ) iodide	2.90×10^{-29}	28.54
Hg_2I_2	mercury(Ⅰ) iodide	5.20×10^{-29}	28.72
HgS(红)	mercury(Ⅱ) sulfide	4.00×10^{-53}	52.4
HgS(黑)	mercury(Ⅱ) sulfide	1.60×10^{-52}	51.80
Hg_2S	mercury(Ⅰ) sulfide	1.00×10^{-47}	47.0
Hg_2SO_4	mercury(Ⅰ) sulfate	6.50×10^{-7}	6.19
$MgCO_3$	magnesium carbonate	6.82×10^{-6}	5.17
MgF_2	magnesium fluoride	5.16×10^{-11}	10.29
$Mg(OH)_2$	magnesium hydroxide	5.61×10^{-12}	11.25
$Mn(OH)_2$	manganese hydroxide	1.90×10^{-13}	12.72
MnS(结晶)	manganese sulfide	2.50×10^{-13}	12.60
$Ni(OH)_2$(新生成)	nickel hydroxide	5.48×10^{-16}	15.26

续表

分子式	英文名称	$K_{sp}^{\ominus}$	$pK_{sp}^{\ominus}$
$PbCl_2$	lead chloride	1.70×10^{-5}	4.77
$PbCO_3$	lead carbonate	7.40×10^{-14}	13.13
PbF_2	lead fluoride	3.30×10^{-8}	7.48
PbI_2	lead iodide	9.80×10^{-9}	8.01
$Pb(OH)_2$	lead hydroxide	1.43×10^{-15}	14.84
PbS	lead sulfide	8.0×10^{-28}	27.10
$PbSO_4$	lead sulfate	2.53×10^{-8}	7.60
$ZnCO_3$	zinc carbonate	1.46×10^{-10}	9.94
$Zn(OH)_2$	zinc hydroxide	3.00×10^{-17}	16.5
α-ZnS	zinc sulfide	1.60×10^{-24}	23.80
β-ZnS	zinc sulfide	2.50×10^{-22}	21.60

数据摘自：Speight J G. Lange's Handbook of Chemistry. 16th ed. 2005。

附录 6　标准电极电势(298.15K)

1. 在酸性溶液中

电对	电极反应 氧化型 $+ze^- \rightleftharpoons$ 还原型	$E^{\ominus}$/V
Li^+/Li	$Li^+ + e^- \rightleftharpoons Li$	−3.0401
K^+/K	$K^+ + e^- \rightleftharpoons K$	−2.931
Ca^{2+}/Ca	$Ca^{2+} + 2e^- \rightleftharpoons Ca$	−2.868
Na^+/Na	$Na^+ + e^- \rightleftharpoons Na$	−2.71
Mg^{2+}/Mg	$Mg^{2+} + 2e^- \rightleftharpoons Mg$	−2.372
Al^{3+}/Al	$Al^{3+} + 3e^- \rightleftharpoons Al$	−1.676
Ti^{3+}/Ti	$Ti^{3+} + 3e^- \rightleftharpoons Ti$	−1.209
Mn^{2+}/Mn	$Mn^{2+} + 2e^- \rightleftharpoons Mn$	−1.185
V^{2+}/V	$V^{2+} + 2e^- \rightleftharpoons V$	−1.175
Cr^{2+}/Cr	$Cr^{2+} + 2e^- \rightleftharpoons Cr$	−0.913
Ti^{3+}/Ti^{2+}	$Ti^{3+} + e^- \rightleftharpoons Ti^{2+}$	−0.369
Zn^{2+}/Zn	$Zn^{2+} + 2e^- \rightleftharpoons Zn$	−0.7618
Cr^{3+}/Cr	$Cr^{3+} + 3e^- \rightleftharpoons Cr$	−0.744

续表

电对	电极反应 氧化型 $+ze^- \rightleftharpoons$ 还原型	$E^\ominus$/V
TiO_2/Ti^{2+}	$TiO_2 + 4H^+ + 2e^- \rightleftharpoons Ti^{2+} + 2H_2O$	–0.502
Fe^{2+}/Fe	$Fe^{2+} + 2e^- \rightleftharpoons Fe$	–0.447
Cr^{3+}/Cr^{2+}	$Cr^{3+} + e^- \rightleftharpoons Cr^{2+}$	–0.407
Cd^{2+}/Cd	$Cd^{2+} + 2e^- \rightleftharpoons Cd$	–0.4030
Co^{2+}/Co	$Co^{2+} + 2e^- \rightleftharpoons Co$	–0.28
Ni^{2+}/Ni	$Ni^{2+} + 2e^- \rightleftharpoons Ni$	–0.257
AgI/Ag	$AgI + e^- \rightleftharpoons Ag + I^-$	–0.15224
Sn^{2+}/Sn	$Sn^{2+} + 2e^- \rightleftharpoons Sn$	–0.1375
Pb^{2+}/Pb	$Pb^{2+} + 2e^- \rightleftharpoons Pb$	–0.1262
Fe^{3+}/Fe	$Fe^{3+} + 3e^- \rightleftharpoons Fe$	–0.037
H^+/H_2	$2H^+ + 2e^- \rightleftharpoons H_2$	0.000
$AgBr/Ag$	$AgBr + e^- \rightleftharpoons Ag + Br^-$	0.07133
S/H_2S	$S + 2H^+ + 2e^- \rightleftharpoons H_2S(aq)$	0.142
Sn^{4+}/Sn^{2+}	$Sn^{4+} + 2e^- \rightleftharpoons Sn^{2+}$	0.151
Cu^{2+}/Cu^+	$Cu^{2+} + e^- \rightleftharpoons Cu^+$	0.153
SO_4^{2-}/H_2SO_3	$SO_4^{2-} + 4H^+ + 2e^- \rightleftharpoons H_2SO_3 + H_2O$	0.172
$AgCl/Ag$	$AgCl + e^- \rightleftharpoons Ag + Cl^-$	0.22233
Hg_2Cl_2/Hg	$Hg_2Cl_2 + 2e^- \rightleftharpoons 2Hg + 2Cl^-$	0.26808
Cu^{2+}/Cu	$Cu^{2+} + 2e^- \rightleftharpoons Cu$	0.3419
$[Fe(CN)_6]^{3-}/[Fe(CN)_6]^{4-}$	$[Fe(CN)_6]^{3-} + e^- \rightleftharpoons [Fe(CN)_6]^{4-}$	0.358
H_2SO_3/S	$H_2SO_3 + 4H^+ + 4e^- \rightleftharpoons S + 3H_2O$	0.449
Cu^+/Cu	$Cu^+ + e^- \rightleftharpoons Cu$	0.521
I_2/I^-	$I_2 + 2e^- \rightleftharpoons 2I^-$	0.5355
MnO_4^-/MnO_4^{2-}	$MnO_4^- + e^- \rightleftharpoons MnO_4^{2-}$	0.558
O_2/H_2O_2	$O_2 + 2H^+ + 2e^- \rightleftharpoons H_2O_2$	0.695
Fe^{3+}/Fe^{2+}	$Fe^{3+} + e^- \rightleftharpoons Fe^{2+}$	0.771

续表

电对	电极反应 氧化型 + ze^- ⇌ 还原型	$E^{\ominus}$/V
Hg_2^{2+}/Hg	$Hg_2^{2+} + 2e^- \rightleftharpoons 2Hg$	0.7973
Ag^+/Ag	$Ag^+ + e^- \rightleftharpoons Ag$	0.7996
Hg^{2+}/Hg	$Hg^{2+} + 2e^- \rightleftharpoons Hg$	0.851
Hg^{2+}/Hg_2^{2+}	$2Hg^{2+} + 2e^- \rightleftharpoons Hg_2^{2+}$	0.920
Br_2/Br^-	$Br_2(l) + 2e^- \rightleftharpoons 2Br^-$	1.0873
MnO_2/Mn^{2+}	$MnO_2 + 4H^+ + 2e^- \rightleftharpoons Mn^{2+} + 2H_2O$	1.224
O_2/H_2O	$O_2 + 4H^+ + 4e^- \rightleftharpoons 2H_2O$	1.229
$Cr_2O_7^{2-}/Cr^{3+}$	$Cr_2O_7^{2-} + 14H^+ + 6e^- \rightleftharpoons 2Cr^{3+} + 7H_2O$	1.36
Cl_2/Cl^-	$Cl_2 + 2e^- \rightleftharpoons 2Cl^-$	1.35827
ClO_4^-/Cl^-	$ClO_4^- + 8H^+ + 8e^- \rightleftharpoons Cl^- + 4H_2O$	1.389
PbO_2/Pb^{2+}	$PbO_2 + 4H^+ + 2e^- \rightleftharpoons Pb^{2+} + 2H_2O$	1.455
$HClO/Cl^-$	$HClO + H^+ + 2e^- \rightleftharpoons Cl^- + H_2O$	1.482
HO_2/H_2O_2	$HO_2 + H^+ + e^- \rightleftharpoons H_2O_2$	1.495
MnO_4^-/Mn^{2+}	$MnO_4^- + 8H^+ + 5e^- \rightleftharpoons Mn^{2+} + 4H_2O$	1.507
$HClO_2/Cl^-$	$HClO_2 + 3H^+ + 4e^- \rightleftharpoons Cl^- + 2H_2O$	1.570
NiO_2/Ni^{2+}	$NiO_2 + 4H^+ + 2e^- \rightleftharpoons Ni^{2+} + 2H_2O$	1.678
MnO_4^-/MnO_2	$MnO_4^- + 4H^+ + 3e^- \rightleftharpoons MnO_2 + 2H_2O$	1.679
H_2O_2/H_2O	$H_2O_2 + 2H^+ + 2e^- \rightleftharpoons 2H_2O$	1.776
Co^{3+}/Co^{2+}	$Co^{3+} + e^- \rightleftharpoons Co^{2+}(2mol \cdot L^{-1}\ H_2SO_4)$	1.92
$S_2O_8^{2-}/HSO_4^-$	$S_2O_8^{2-} + 2H^+ + 2e^- \rightleftharpoons 2HSO_4^-$	2.123

2. 在碱性溶液中

电对符号	电极反应 氧化型 + ze^- ⇌ 还原型	$E^{\ominus}$/V
$Ca(OH)_2/Ca$	$Ca(OH)_2 + 2e^- \rightleftharpoons Ca + 2OH^-$	−3.02
$Mg(OH)_2/Mg$	$Mg(OH)_2 + 2e^- \rightleftharpoons Mg + 2OH^-$	−2.690

续表

电对符号	电极反应 氧化型 $+ze^- \rightleftharpoons$ 还原型	$E^\ominus$/V
$Al(OH)_4^-/Al$	$Al(OH)_4^- + 3e^- \rightleftharpoons Al + 4OH^-$	−2.310
SiO_3^{2-}/Si	$SiO_3^{2-} + 3H_2O + 4e^- \rightleftharpoons Si + 6OH^-$	−1.697
$Cr(OH)_3/Cr$	$Cr(OH)_3 + 3e^- \rightleftharpoons Cr + 3OH^-$	−1.48
$Zn(OH)_4^{2-}/Zn$	$Zn(OH)_4^{2-} + 2e^- \rightleftharpoons Zn + 4OH^-$	−1.199
SnO_2/Sn	$SnO_2 + 2H_2O + 4e^- \rightleftharpoons Sn + 4OH^-$	−0.945
SO_4^{2-}/SO_3^{2-}	$SO_4^{2-} + H_2O + 2e^- \rightleftharpoons SO_3^{2-} + 2OH^-$	−0.93
H_2O/H_2	$2H_2O + 2e^- \rightleftharpoons H_2 + 2OH^-$	−0.8277
$Fe(OH)_3/Fe(OH)_2$	$Fe(OH)_3 + e^- \rightleftharpoons Fe(OH)_2 + OH^-$	−0.56
S/HS^-	$S + H_2O + 2e^- \rightleftharpoons HS^- + OH^-$	−0.478
S/S^{2-}	$S + 2e^- \rightleftharpoons S^{2-}$	−0.47627
NO_2^-/NO	$NO_2^- + H_2O + e^- \rightleftharpoons NO + 2OH^-$	−0.46
O_2/H_2O_2	$O_2 + 2H_2O + 2e^- \rightleftharpoons H_2O_2 + 2OH^-$	−0.146
$CrO_4^{2-}/Cr(OH)_3$	$CrO_4^{2-} + 4H_2O + 3e^- \rightleftharpoons Cr(OH)_3 + 5OH^-$	−0.13
NO_3^-/NO_2^-	$NO_3^- + H_2O + 2e^- \rightleftharpoons NO_2^- + 2OH^-$	0.01
$[Co(NH_3)_6]^{3+}/[Co(NH_3)_6]^{2+}$	$[Co(NH_3)_6]^{3+} + e^- \rightleftharpoons [Co(NH_3)_6]^{2+}$	0.108
$Co(OH)_3/Co(OH)_2$	$Co(OH)_3 + e^- \rightleftharpoons Co(OH)_2 + OH^-$	0.17
O_2/OH^-	$O_2 + 2H_2O + 4e^- \rightleftharpoons 4OH^-$	0.401

数据摘自：Haynes W M. CRC Handbook of Chemistry and Physics. 97th ed. 2016-2017。

附录 7　一些配位化合物的稳定常数

配离子	$K^\ominus_{稳}$	$pK^\ominus_{稳}$	配离子	$K^\ominus_{稳}$	$pK^\ominus_{稳}$
$[AgCl_2]^-$	1.10×10^5	5.04	$[Ag(SCN)_2]^-$	3.72×10^7	7.57
$[AuCl_2]^+$	6.31×10^9	9.8	$[Cu(SCN)_2]^-$	1.51×10^5	5.18
$[CdCl_4]^{2-}$	6.33×10^2	2.8	$[Hg(SCN)_4]^{2-}$	1.70×10^{21}	21.23
$[CuCl_3]^{2-}$	5.01×10^5	5.7	$[Al(EDTA)]^-$	1.29×10^{16}	16.11
$[FeCl_4]^-$	1.02×10^0	0.01	$[Ca(EDTA)]^{2-}$	1.00×10^{11}	11.0
$[HgCl_4]^{2-}$	1.17×10^{15}	15.07	$[Ag(en)_2]^+$	5.00×10^7	7.70

续表

配离子	$K^\ominus_稳$	$pK^\ominus_稳$	配离子	$K^\ominus_稳$	$pK^\ominus_稳$
$[PtCl_4]^{2-}$	1.00×10^{16}	16.0	$[Cu(en)_2]^+$	6.31×10^{10}	10.8
$[ZnCl_4]^{2-}$	1.58×10^0	0.20	$[Zn(en)_3]^{2+}$	1.29×10^{14}	14.11
$[AgBr_2]^-$	2.14×10^7	7.33	$[Ag(NH_3)_2]^+$	1.12×10^7	7.05
$[AgI_3]^{2-}$	4.78×10^{13}	13.68	$[Co(NH_3)_6]^{2+}$	1.29×10^5	5.11
$[Ag(CN)_2]^-$	1.30×10^{21}	21.1	$[Co(NH_3)_6]^{3+}$	1.58×10^{35}	35.2
$[Ag(CN)_4]^{3-}$	4.00×10^{20}	20.6	$[Cu(NH_3)_2]^+$	7.24×10^{10}	10.86
$[Cd(CN)_4]^{2-}$	6.02×10^{18}	18.78	$[Cu(NH_3)_4]^{2+}$	2.09×10^{13}	13.32
$[Cu(CN)_2]^-$	1.00×10^{24}	24.0	$[Ni(NH_3)_6]^{2+}$	5.49×10^8	8.74
$[Cu(CN)_4]^{3-}$	2.00×10^{30}	30.30	$[Ni(NH_3)_4]^{2+}$	9.12×10^7	7.96
$[Fe(CN)_6]^{4-}$	1.00×10^{35}	35	$[Cr(OH)_4]^-$	7.94×10^{29}	29.9
$[Fe(CN)_6]^{3-}$	1.00×10^{42}	42	$[Cu(OH)_4]^{2-}$	3.16×10^{18}	18.5
$[Hg(CN)_4]^{2-}$	2.50×10^{41}	41.4	$[Fe(OH)_4]^{2-}$	3.80×10^8	8.58
$[Ni(CN)_4]^{2-}$	2.00×10^{31}	31.3	$[Ag(S_2O_3)_2]^{3-}$	2.88×10^{13}	13.46
$[Zn(CN)_4]^{2-}$	5.00×10^{16}	16.7	$[Cu(S_2O_3)_2]^{3-}$	1.66×10^{12}	12.22

数据摘自：Speight J G. Lange's Handbook of Chemistry. 16th ed. 2005。

附录 8　一些单质和化合物的热力学函数(298.15K，100kPa)

物质	英文名称	状态	$\Delta_f H^\ominus_m$ / $(kJ\cdot mol^{-1})$	$\Delta_f G^\ominus_m$ / $(kJ\cdot mol^{-1})$	$S^\ominus_m$ / $(J\cdot K^{-1}\cdot mol^{-1})$
Ag	silver	s	0	0	42.6
AgBr	silver bromide	s	−100.4	−96.9	107.1
AgCl	silver chloride	s	−127.0	−109.8	96.3
AgI	silver iodide	s	−61.8	−66.2	115.5
Ag_2O	silver(Ⅰ) oxide	s	−31.1	−11.2	121.3
Al	aluminum	s	0	0	28.3
Al_2O_3	aluminum oxide	s	−1675.7	−1528.3	50.9
As	arsenic(gray)	s	0	0	35.1
As_2O_5	arsenic(Ⅴ) oxide	s	−924.9	−782.3	105.4
As_2S_3	arsenic(Ⅲ) sulfide	s	−169.0	−168.6	163.6
B	boron(rhombic)	s	0	0	5.9
B_2O_3	boron oxide	s	−1273.5	−1194.3	54.0
Ba	barium	s	0	0	62.5
$BaSO_4$	barium sulfate	s	−1473.2	−1362.2	132.2
Be	beryllium	s	0	0	9.5
Bi	bismuth	s	0	0	56.7
Bi_2O_3	bismuth oxide	s	−573.9	−493.7	151.5

续表

物质	英文名称	状态	$\Delta_f H_m^\ominus$ / (kJ · mol^{-1})	$\Delta_f G_m^\ominus$ / (kJ · mol^{-1})	$S_m^\ominus$ / (J · K^{-1} · mol^{-1})
Br_2	bromine	l	0	0	152.2
C	carbon(graphite)	s	0	0	5.7
C	carbon(diamond)	s	1.9	2.9	2.4
CO	carbon monoxide	g	−110.5	−137.2	197.7
CO_2	carbon dioxide	g	−393.5	−394.4	213.8
Ca	calcium	s	0	0	41.6
$CaCl_2$	calcium chloride	s	−795.4	−748.8	108.4
CaF_2	calcium fluoride	s	−1228.0	−1175.6	68.5
$CaCO_3$	calcium carbonate(calcite)	s	−1207.6	−1129.1	91.7
$CaCO_3$	calcium carbonate(aragonite)	s	−1207.8	−1128.2	88.0
$Ca(OH)_2$	calcium hydroxide	s	−985.2	−897.5	83.4
CaO	calcium oxide	s	−634.9	−603.3	38.1
$CaSO_4$	calcium sulfate	s	−1434.5	−1322.0	106.5
Cd	cadmium	s	0	0	51.8
CdS	cadmium sulfite	s	−161.9	−156.5	64.9
Cl_2	chloride	g	0	0	223.1
Co	cobalt	s	0	0	30.0
$Co(OH)_2$	cobalt(Ⅱ) hydroxide	s	−539.7	−454.3	79.0
CoO	cobalt(Ⅱ) oxide	g	−237.9	−214.2	53.0
Cr	chromium	s	0	0	23.8
Cr_2O_3	chromium(Ⅲ) oxide	s	−1139.7	−1058.1	81.2
Cu	copper	s	0	0	33.2
CuCl	copper(Ⅰ) chloride	s	−137.2	−119.9	86.2
Cu_2O	copper(Ⅰ) oxide	s	−168.6	−146.0	93.1
Cu_2S	copper(Ⅰ) sulfide	s	−79.5	−86.2	120.9
$CuCl_2$	copper(Ⅱ) chloride	s	−220.1	−175.7	108.1
CuO	copper(Ⅱ) oxide	s	−157.3	−129.7	42.6
CuS	copper(Ⅱ) sulfide	s	−53.1	−53.6	66.5
F_2	fluorine	g	0	0	202.8
Fe	iron	s	0	0	27.3
$FeCl_2$	iron(Ⅱ) chloride	s	−341.8	−302.3	118.0
FeS	iron(Ⅱ) sulfide	s	−100.0	−100.4	60.3
$FeSO_4$	iron(Ⅱ) sulfate	s	−928.4	−820.8	107.5
$FeCl_3$	iron(Ⅲ) chloride	s	−399.5	−334.0	142.3
FeO	iron(Ⅱ) oxide	s	−272.0		
Fe_2O_3	iron(Ⅲ) oxide	s	−824.2	−742.2	87.4
Fe_3O_4	iron(Ⅱ, Ⅲ) oxide	s	−1118.4	−1015.4	146.4

续表

物质	英文名称	状态	$\Delta_f H_m^\ominus$ / (kJ·mol^{-1})	$\Delta_f G_m^\ominus$ / (kJ·mol^{-1})	$S_m^\ominus$ / (J·K^{-1}·mol^{-1})
H_2	hydrogen	g	0	0	130.7
HCl	hydrogen chloride	g	−92.3	−95.3	186.9
HF	hydrogen fluoride	g	−273.3	−275.4	173.8
HI	hydrogen iodide	g	26.5	1.7	206.6
HNO_2	nitrous acid	g	−79.5	−46.0	254.1
HNO_3	nitric acid	l	−174.1	−80.7	155.6
H_2O	water	l	−285.8	−237.1	70.0
H_2O	water	g	−241.8	−228.6	188.8
H_2O_2	hydrogen peroxide	l	−187.8	−120.4	109.6
H_2O_2	hydrogen peroxide	g	−136.3	−105.6	232.7
H_3PO_4	phosphorous acid	s	−1284.4	−1124.3	110.5
H_3PO_4	phosphorous acid	l	−1271.7	−1123.6	150.8
H_2SO_4	sulfuric acid	l	−814.0	−690.0	156.9
H_2S	hydrogen sulfide	g	−20.6	−33.4	205.8
H_2SiO_3	metasilicic acid	s	−1188.7	−1092.4	134.0
H_4SiO_4	orthosilicic acid	s	−1481.1	−1332.9	192.0
Hg	mercury	l	0	0	75.9
Hg_2Cl_2	mercury(Ⅰ) chloride	s	−265.4	−210.7	191.6
Hg_2I_2	mercury(Ⅰ) iodide	s	−121.3	−111.0	233.5
$HgCl_2$	mercury(Ⅱ) chloride	s	−224.3	−178.6	146.0
HgI_2	mercury(Ⅱ) iodide	s	−105.4	−101.7	180.0
HgO	mercury(Ⅱ) oxide	s	−90.8	−58.5	70.3
HgS	mercury(Ⅱ) sulfide	s	−58.2	−50.6	82.4
I_2	iodine(rhombic)	s	0	0	116.1
K	potassium	s	0	0	64.7
KBr	potassium bromide	s	−393.8	−380.7	95.9
KCl	potassium chloride	s	−436.5	−408.5	82.6
KF	potassium fluoride	s	−567.3	−537.8	66.6
KI	potassium iodide	s	−327.9	−324.9	106.3
KCN	potassium cyanide	s	−113.0	−101.9	128.5
K_2CO_3	potassium carbonate	s	−1151.0	−1063.5	155.5
KIO_3	potassium iodate	s	−501.4	−418.4	151.5
KNO_2	potassium nitrite	s	−369.8	−306.6	152.1
KNO_3	potassium nitrate	s	−494.6	−394.9	133.1
$KMnO_4$	potassium permanganate	s	−837.2	−737.6	171.7
K_2SO_4	potassium sulfate	s	−1437.8	−1321.4	175.6
KSCN	potassium thiocyanate	s	−200.2	−178.3	124.3
KOH	potassium hydroxide	s	−424.6	−379.4	81.2

续表

物质	英文名称	状态	$\Delta_f H_m^\ominus$ / (kJ·mol⁻¹)	$\Delta_f G_m^\ominus$ / (kJ·mol⁻¹)	$S_m^\ominus$ / (J·K⁻¹·mol⁻¹)
Li	lithium	s	0	0	29.1
Mg	mangesium	s	0	0	32.7
$MgCl_2$	mangesium chloride	s	−641.3	−591.8	89.6
$MgCO_3$	mangesium carbonate	s	−1095.8	−1012.1	65.7
$Mg(OH)_2$	mangesium hydroxide	s	−924.5	−833.5	63.2
$Mg(NO_3)_2$	mangesium nitrate	s	−790.7	−589.4	164.0
MgO	mangesium oxide	s	−601.6	−569.3	27.0
$MgSO_4$	mangesium sulfate	s	−1284.9	−1170.6	91.6
Mn	manganese	s	0	0	32.0
$MnCl_2$	manganese(Ⅱ) chloride	s	−481.3	−440.5	118.2
MnO_2	manganese(Ⅳ) oxide	s	−520.0	−465.1	53.1
MnS	manganese(Ⅱ) sulfide	s	−214.2	−218.4	78.2
N_2	nitrogen	g	0	0	191.6
NO	nitric oxide	g	91.3	87.6	210.8
NO_2	nitrogen dioxide	g	33.2	51.3	240.1
N_2O	nitrous oxide	g	81.6	103.7	220.0
N_2O_4	dinitrogen tetroxide	l	−19.5	97.5	209.2
NH_3	ammonia	g	−45.9	−16.4	192.8
N_2H_4	hydrazine	g	95.4	159.4	238.5
NH_4Cl	ammonia chloride	s	−314.4	−202.9	94.6
NH_4NO_3	ammonia nitrate	s	−365.6	−183.9	151.1
$NH_3 \cdot H_2O$	ammonia water	l	−361.2	−254.0	165.6
Na	sodium	s	0	0	51.3
NaCl	sodium chloride	s	−411.2	−384.1	72.1
NaOH	sodium hydroxide	s	−425.8	−379.5	64.5
Na_2SO_4	sodium sulfate	s	−1387.1	−1270.2	149.6
Na_2CO_3	sodium carbonate	s	−1130.7	−1044.4	135.0
$NaHCO_3$	sodium hydrogen carbonate	s	−950.8	−851.0	101.7
Ni	nickel	s	0	0	29.9
$Ni(OH)_2$	nickel(Ⅱ) hydroxide	s	−529.7	−447.2	88.0
NiS	nickel(Ⅱ) sulfide	s	−82.0	−79.5	53.0
O_2	oxygen	g	0	0	205.2
O_3	ozone	g	142.7	163.2	238.9
P	phosphorus(white)	s	0	0	41.1
P	phosphorus(red)	s	−17.6	—	22.8
PCl_3	phosphorus(Ⅲ) chloride	g	−287.0	−267.8	311.8
PCl_5	phosphorus(Ⅴ) chloride	g	−374.9	−305.0	364.6

续表

物质	英文名称	状态	$\Delta_f H_m^\ominus$ / (kJ·mol⁻¹)	$\Delta_f G_m^\ominus$ / (kJ·mol⁻¹)	$S_m^\ominus$ / (J·K⁻¹·mol⁻¹)
Pb	lead	s	0	0	64.8
$PbCl_2$	lead(Ⅱ) chloride	s	−359.4	−314.1	136.0
PbI_2	lead(Ⅱ) iodide	s	−175.5	−173.6	174.9
PbO	lead(Ⅱ) oxide(massicot)	s	−217.3	−187.9	68.7
PbO	lead(Ⅱ) oxide(litharge)	s	−219.0	−188.9	66.5
PbO_2	lead(Ⅳ) oxide	s	−277.4	−217.3	68.6
PbS	lead(Ⅱ) sulfide	s	−100.4	−98.7	91.2
$PbSO_4$	lead(Ⅱ) sulfate	s	−920.0	−813.0	148.5
S	sulfur(rhombic)	s	0	0	32.1
SO_2	sulfur dioxide	g	−296.8	−300.1	248.2
SO_3	sulfur trioxide	g	−395.7	−371.1	256.8
Si	silicon	s	0	0	18.8
$SiCl_4$	silicon tetrachloride	l	−687.0	−619.8	239.7
$SiCl_4$	silicon tetrachloride	g	−657.0	−617.0	330.7
SiF_4	silicon tetrafluoride	g	−1615.0	−1572.8	282.8
SiO_2	silicon dioxide(α)	s	−910.7	−856.3	41.5
Sn	tin(white)	s	0	0	51.2
Sn	tin(gray)	s	−2.1	0.1	44.1
SnO	tin(Ⅱ) oxide	s	−280.7	−251.9	57.2
SnO_2	tin(Ⅳ) oxide	s	−577.6	−515.8	49.0
Sr	strontium	s	0	0	55.0
$SrCO_3$	strontium carbonate	s	−1220.1	−1140.1	97.1
Ti	titanium	s	0	0	30.7
TiO_2	titanium(Ⅳ) oxide	s	−944.0	−888.8	50.6
Zn	zinc	s	0	0	41.6
$ZnCl_2$	zinc chloride	s	−415.1	−369.4	111.5
ZnO	zinc oxide	s	−350.5	−320.5	43.7
$ZnSO_4$	zinc sulfate	s	−982.8	−871.5	110.5
ZnS	zinc sulfide(wurtzite)	s	−192.6	—	—
ZnS	zinc sulfide(sphalerite)	s	−206.0	−201.3	57.7
$ZnCO_3$	zinc carbonate	s	−812.8	−731.5	82.4

数据摘自：Haynes W M. CRC Handbook of Chemistry and Physics. 97th ed. 2016-2017。